| 제2판 |

표준 유체역학

FLUID MECHANICS

장태익 지음

공학도를 위한 알기 쉬운 유체역학 이론서

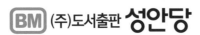
(주)도서출판 **성안당**

■ 도서 A/S 안내

성안당에서 발행하는 모든 도서는 저자와 출판사, 그리고 독자가 함께 만들어 나갑니다.

좋은 책을 펴내기 위해 많은 노력을 기울이고 있습니다. 혹시라도 내용상의 오류나 오탈자 등이 발견되면 "좋은 책은 나라의 보배"로서 우리 모두가 함께 만들어 간다는 마음으로 연락주시기 바랍니다. 수정 보완하여 더 나은 책이 되도록 최선을 다하겠습니다.

성안당은 늘 독자 여러분들의 소중한 의견을 기다리고 있습니다. 좋은 의견을 보내주시는 분께는 성안당 쇼핑몰의 포인트(3,000포인트)를 적립해 드립니다.

잘못 만들어진 책이나 부록 등이 파손된 경우에는 교환해 드립니다.

저자 문의 e-mail : janghan0553@kpu.ac.kr(장태익)

본서 기획자 e-mail : coh@cyber.co.kr(최옥현)

홈페이지 : http://www.cyber.co.kr   전화 : 031) 950-6300

머|리|말

유체역학은 고전적인 학문으로서 취급하는 물질로는 공기와 같은 기체와 물과 같은 액체로 구분할 수 있다. 이러한 물질들은 항상 주위에서 볼 수 있으며 인간이 살아가는 데 필수 물질이다. 따라서 이러한 물질을 학문적으로 접근하여 보다 더 발전시켜야 할 기초 응용과학의 필수 학문분야가 되었고, 그 정보를 이해하고 적용하여 현대 생활을 더 윤택하게 해야 할 것이다.

유체역학은 학문의 발달과 함께 그 교육과 응용이 괄목할 만큼 발전하고 있다. 특히 컴퓨터의 발달과 더불어 그 계산능력은 유체역학에도 직접적인 영향을 주어 경계층이론과 난류와 같은 어려운 문제까지도 쉽게 해결할 수 있게 되었다. 이는 국내의 기계공학뿐만 아니라 토목, 건축, 항공역학, 조선공학에까지도 큰 성장을 거듭하게 되었고, 각 분야가 괄목할 만한 수준까지 이르렀다고 본다.

이제 유체역학은 어려운 학문으로만 여겨서는 안 되며 유체의 개념을 더 쉽게 다루어야 한다. 이에 본서는 간결하게 이론을 정립하고 응용할 수 있도록 기본적으로 알아야 될 지식들을 최대한 간추려 정리하였다.

이 책은 유체역학을 조금이라도 가깝게, 혹은 혼자 공부하거나 각종 시험에 대비하고자 하는 수험생들에게 도움이 되도록 자습서로서의 역할을 기대하면서 저술하였다. 특히 내용의 일부는 기 출판된 국내도서들의 「유체역학」과 외국도서들을 많이 참고하였다.

각 문제에서는 국제적으로 정하여 사용되는 SI단위를 취급함으로써 국제 단위계에 익숙해지도록 하였다. 특히 전문대학 및 대학 그리고 대학원 학생까지도 도움이 될 수 있도록 다양한 수준으로 기술하였으므로 독자 여러분들에게 좋은 참고서가 될 것으로 기대한다.

끝으로 좋은 책을 만들기 위해 노력하였으나 오류가 있을 것이다. 앞으로 계속 수정, 보완해 나갈 것을 약속드리며, 이 책의 발행에 협조해 주신 성안당출판사의 이종춘 회장님과 관계자 여러분께 감사드린다.

저자 **장태익**

차례

제 **1** 장   유체의 개념과 성질

제 **2** 장   유체 정역학

제**3**장 유체 운동학

제**4**장 운동량 방정식과 그 응용

CONTENTS

제 8 장　개수로 유동

제 9 장　압축성 유체

제 10 장　유체의 계측

CONTENTS

제 1 장

유체의 개념과 성질

1.1 유체의 정의

1 물질(substance)

유체역학적인 면에서 본다면 모든 물질은 유체와 고체로 분류할 수 있다. 공학적으로는 물질에 전단력을 가했을 때 어떠한 반응을 나타내느냐 하는 것으로 분류한다.

고체는 정적인 처짐에 의해서 전단력을 지지할 수 있지만, 유체는 아무리 작은 힘을 가하더라도 곧 운동으로 나타난다. 이와 같이 전단력에 저항하지 못하고 계속해서 변형을 일으키는 물질을 유체라고 정의한다.

유체는 액체와 기체로 구분되며, 액체의 경우는 응집력이 강하기 때문에 대기 중에 놓아 둘 때 자유표면을 갖지만 기체는 공기 중에서 확산되어 버린다[그림 1-1(a), (b)]. 여기서 자유표면(free surface)이란 액체와 기체가 만나는 면을 말한다.

자유표면(free surface)

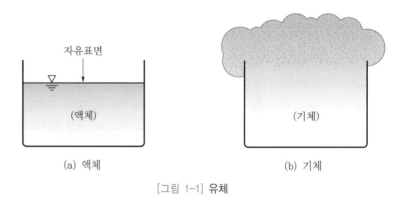

(a) 액체   (b) 기체

[그림 1-1] 유체

2 유체(fluid)

압축성 유체
(compressible fluid)

비압축성 유체
(incompressible fluid)

유체는 크게 압축성 유체(compressible fluid)와 비압축성 유체(incompressible fluid)로 구분된다. 물과 같이 압력의 변화에 대하여 부피가 변하지 않는 유체, 즉 밀도가 일정한 유체를 비압축성 유체라 하고, 공기와 같이 작은 압력변화에도 쉽게 부피가 변하는 유체, 즉 밀도변화가 큰 유체를 압축성 유체라 한다.

예를 들어 상온에서의 액체는 보통 비압축성 유체로 보고, 저속으로 자유 흐름(건물, 자동차 주위의 공기 흐름)을 하는 기체도 때로는 비압축성 유체로 취급한다.

반면에 초음속 비행기 주위를 흐르는 공기와 압축기에서 압축되는 공기 등과 같은 기체는 압축성 유체로 취급한다.

유체의 흐름에는 점성에 의하여 마찰손실이 존재하게 된다. 그러나 유동 상태에 따라 점성을 무시할 수도 있고, 기체와 같은 압축성인 유체의 경우 이상유체(완전유체)로 분류한다.

이상유체

3 연속체(continuum)

저압의 기체는 분자 간 간격이 크고 입자가 넓게 분포되어 있으나 입자들의 집합체, 즉 연속체로 취급한다. 즉 연속체란 분자와 분자 사이의 공간과 구멍이 존재하지 않는 물질을 말하며 공학적인 목적에 따라 유체 입자들의 흐름에 있어서 특성 길이가 분자 간의 길이보다 크다고 가정한 것이다. 이와 같이 연속체로 취급하기 위해서는 유체로 취급하는 공간의 영역이 분자의 자유행로보다 커야 한다. 여기서 분자의 자유행로란 운동량변화 없이도 움직일 수 있는 거리를 말한다.

연속체

1.2 차원과 단위

1 차원(dimension)

물리적 양을 차원으로 표시할 수가 있고, 물리적 현상에 대하여 길이(L : length), 질량(M : mass), 시간(T : time) 등과 같이 일정한 기본량이 필요하다. 이 물리량이 기본량의 조합으로 표현될 때 차원(dimension)이라 한다. 즉 차원은 MLT(질량의 기본차원), FLT(힘의 기본차원)라는 두 분류의 차원이 있다. 기본차원에서 유도된 차원을 유도차원이라 한다. 질량의 차원 $[M]$은 뉴턴(Newton)의 제2법칙인 운동법칙에 의하여 다음과 같다.

차원(dimension)

$$F = ma$$
$$\rightarrow [F] = [M][LT^{-2}] = MLT^{-2}$$
$$\therefore M = \frac{[F]}{[LT^{-2}]} = [FL^{-1}T^2]$$

2 단위(unit)

절대단위계   단위는 크게 절대단위계, 중력단위계, 국제단위계로 나눌 수 있다. 절대단위계는 길이, 질량, 시간의 단위를 기본단위로 하고, 이것을 기본량으로 하여 물리량을 유도할 때 길이(cm), 질량(g), 시간(sec)의 단위로 나타내는데, 이러한 절대단위계를 CGS 단위계라 한다. 즉 이 단위계에서의 힘의 단위는 1g의 물체에 1cm/sec^{2}의 가속도를 내게 하는 힘이며, 이것을 1dyne(1g×1cm/sec^2, 10^{-3}Newton)이라 한다. 또 길이, 질량, 시간의 단위를 각각 [m : kg : s]로 하여 이를 기본단위로 유도하는 단위계를 MKS 단위계라 한다. 즉 이 단위계에서 질량 1kg의 물체에 1m/sec^{2}의 가속도를 내게 하는 힘을 1Newton(1kg×1m/sec^2=10^5dyne)이라 한다.

중력단위계   중력단위계는 길이, 힘, 시간을 기본단위로 하고 이것을 기본량으로 하여 물리량의 단위를 유도하게 된다. 힘의 단위로서 물체에 미치는 중력, 즉 질량 1kg의 물체의 무게를 1kgf로 표시하고 1킬로그램중으로 읽는다. 즉, 1kgf=1kg×9.81m/sec^2=9.81N이 된다. 보통 공학에서는 힘을 kg으로 표시하기도 하는데 이를 공학단위라고도 한다. 이때 질량을 표시할 때 힘과 구별하기 위해 kgm 등으로 표시하기도 한다.

국제단위계   국제단위계(System's International D'units)의 경우는 보통 SI단위로 부르며 이 SI단위계에서는 미터계의 기본단위로 길이[m], 질량[kg], 시간[s], 물리량[mol], 온도[K], 전류[A], 광량[cd]의 7가지 기본단위가 있고 이 기본단위로부터 유도된 유도단위로 측정할 수 있으며, 힘의 경우 유도단위는 N[Newton]으로 정

유도단위   의한다. 즉 힘의 중력단위 kgf와 유도단위 Newton의 관계는 1kgf=9.8N이다.
여러 물리량의 단위와 차원은 다음 [표 1-1]과 같다.

[표 1-1] 차원과 단위

물리량	SI단위계			중력단위계	
	차원	기본단위	유도단위	차원	단위
길이	L^*	m, cm	m, cm, mm	L^*	m, ft
힘	MLT^{-2}	kg·m/sec^2	N, dyne	F^*	kgf, lbf
시간	T^*	sec	sec	T^*	sec
질량	M^*	kg	kg, g	$FL^{-1}T^2$	kgf·sec^2/m
밀도	ML^{-3}	kg/m^3	kg/m^3, g/cm^3	$FL^{-4}T^2$	kgf·sec^2/m^4
속도	LT^{-1}	m/sec	m/sec, cm/sec	LT^{-1}	m/sec
압력	$ML^{-1}T^{-2}$	kg/m·sec^2	Pa, N/m^2	FL^{-2}	kgf/m^2

*는 각 단위계의 기본차원을 나타낸다.

[표 1-2]는 미국과 유럽 여러 나라들이 많이 사용하고 있는 영국단위계와 국 영국단위계
제단위계(SI단위)를 비교한 것이다.

[표 1-2] 각종 물리량의 기호 및 단위의 비교

물리량	단위의 명칭	기호	SI단위	환산(BG → SI단위)
가속도	meter per second squared	$\vec{a}$	m/s²	1ft/s²=0.3048m/s²
각가속도	radian per second squared	α	rad/s²	rad/s²
각도	radian	θ	rad	rad
각속도	radian per second	ω	rad/s	rad/s
길이	meter	L	m	1ft=0.3048m
넓이	square meter	$A(L^2)$	m²	1ft²=0.0929m²
모멘트	Newton-meter	M	N·m	1lbf·ft=1.356N·m
밀도	kilogram per cubic meter	ρ	kg/m³	kg/m³
속도	meter per second	$\vec{V}$	m/s	1ft/s=0.3048m/s
시간	second	T	s	s
압력	Pascal	Pa	N/m²	1lbf/ft²=47.88Pa
에너지	Joule	J	N·m	1lbf·ft=1.356J
역적	Newton-second	N · s	kg·m/s	1lbf·s=4.448N·s
응력	Pascal	σ	N/m²	1lbf/ft²=47.88Pa
일	Joule	J	N·m	1lbf·ft=1.356J
동력	Watt	$P(W)$	J/s	1lbf·ft/s=1.356W
주파수	Hertz	Hz	s⁻¹	s⁻¹
질량	kilogram	m	kg	1lb=0.4536kg
체적	고체 : cubic meter	V	m³	1ft³=0.02832m³
	액체 : liter	ℓ	10^{-3}m³	1gal=3.785ℓ
힘	Newton	F	N	1lbf=4.448N

3 각종 물리량의 단위 환산

힘(force)은 중력단위로 kgf, SI단위로는 N이 사용되고 그 크기는 다음과 같다.

• 중력단위 : 1kgf=1kg×9.8m/s²=9.8kg·m/s²=9.8N
• SI단위 : 1N=10⁵dyne

일(work)은 중력단위에서 kgf·m, SI단위에서 J로 쓰고 J은 N·m이며 그 크기
를 비교할 때 다음과 같다.

- 중력단위 : $1\text{kgf} \times 1\text{m} = 1\text{kgf} \cdot \text{m} = 9.8\text{N} \cdot \text{m} = 9.8\text{J}$
- SI단위 : $1\text{J} = 1\text{N} \cdot \text{m} = 10^{7}\text{dyne} \cdot \text{cm} = 10^{7}\text{erg}$ (단, $1\text{erg} = 1\text{dyne} \cdot \text{cm}$)

동력(watt : W)은 단위시간에 대한 일의 크기를 말하며 다음과 같이 비교할 수 있다. 여기서, $W = J/s$로 정의된다.

- 중력단위 : $1\text{kgf} \cdot \text{m/s} = 9.8\text{J/s} = 9.8\text{W}$
- SI단위 : $1\text{W} = 1\text{J/s}$

압력(pressure)

압력(pressure)이란 평균 압력의 개념으로 단위면적에 작용하는 힘의 크기 정도이고, SI단위에서는 파스칼(Pascal : Pa)이라 한다.

$$P = \frac{F}{A} \ [\text{kgf/m}^2] : \text{중력단위}$$

$$P = \frac{F}{A} \ [\text{N/m}^2] : \text{SI단위}$$

여기서, $Pa = N/m^2$이다. [표 1-3]은 물의 밀도와 비중량을 각 단위계로 나타내고 있다.

[표 1-3] 각종 단위계와 단위의 비교

단위계 \ 양		질량	힘 (무게중량)	4℃ 표준대기압 하의 물	
				밀도(ρ)	비중량(γ)
미터계	절대단위 (질량계)	kg	$\text{kg} \cdot \text{m/sec}^2$	$1{,}000\text{kg/m}^3$	$9{,}800\text{kg/m}^2 \cdot \text{sec}^2$
	공학단위 (중력계)	$\text{kgf} \cdot \text{sec}^2/\text{m}$	kgf	$\dfrac{1{,}000}{9.8}\text{kgf} \cdot \text{sec}^2/\text{m}^4$	$1{,}000\text{kgf/m}^3$
SI단위		kg	N	$1{,}000\text{kg/m}^3$	$9{,}800\text{N/m}^3$
영국 단위계	절대단위	lbm	$\text{lbm} \cdot \text{ft/sec}^2$	62.4lbm/ft^3	62.4×32.17 $\text{lbm/ft}^2 \cdot \text{sec}^2$
	공학단위	$\text{lbf} \cdot \text{sec}^2/\text{ft}$	lbf	$\dfrac{62.4}{32.17}\text{lbf} \cdot \text{sec}^2/\text{ft}^4$	62.4lbf/ft^3
차원	MLT계	M	MLT^{-2}	ML^{-3}	$ML^{-2}T^{-2}$
	FLT계	$FL^{-1}T^2$	F	$FL^{-4}T^2$	FL^{-3}

예제 1.1

어떤 힘이 질량 4kg에 작용하여 8m/sec²의 가속도를 발생시켰다. 만약 이 힘을 2kg의 물체에 작용시킨다면 가속도는 얼마이겠는가?

풀이 뉴턴의 운동법칙에서 $F = ma$

따라서 미지힘 $F = 4\mathrm{kg} \times 8\mathrm{m/sec}^2 = 32\mathrm{N}$

$$= 32\mathrm{N} \times \frac{1\mathrm{kgf}}{9.8\mathrm{N}} = 3.27\mathrm{kgf}$$

질량 2kg에 대하여 같은 힘으로 가속도 a의 크기는, $32\mathrm{N} = 2\mathrm{kg} \times a$

∴ $a = 16\mathrm{m/sec}^2$

1.3 밀도, 비중량, 비체적, 비중

1 밀도(density)

단위체적당 유체의 질량을 밀도라 한다. 질량을 m, 체적을 V, 밀도를 ρ라 하면 ρ의 정의식은 다음과 같다.

밀도

$$\rho = \frac{질량}{체적} = \frac{m}{V} \left[\mathrm{kg/m}^3, \; \frac{\mathrm{kgf \cdot sec}^2}{\mathrm{m}^4}, \; \mathrm{kg/ft}^3, \; \mathrm{kg/in}^3 \right] \tag{1.1}$$

만약 물의 밀도를 ρ_w라 하면 물에 대한 밀도의 크기는

$$\rho_w = 1{,}000\mathrm{kg/m}^3 \; 또는 \; 1{,}000\mathrm{N \cdot sec}^2/\mathrm{m}^4 : \mathrm{SI} \; 기본단위 \; 및 \; 유도단위$$
$$= 102\mathrm{kgf \cdot sec}^2/\mathrm{m}^4 : 중력단위$$

이다.

2 비중량(specific weight)

비중량은 단위체적당 유체의 중량으로 정의한다. 무게를 W, 중력가속도를 g, 비중량을 γ라 하면 γ의 정의식은 아래와 같다.

비중량

$$\gamma = \frac{중량(무게)}{체적} = \frac{W}{V} \left[\mathrm{N/m}^3, \; \mathrm{kgf/m}^3, \; \mathrm{kgf/in}^3 \right] \tag{1.2a}$$

또 뉴턴(Newton)의 법칙에 의하여 밀도와 비중량은 다음 식과 같이 나타낼 수 있다.

$$\rho = \frac{\gamma}{g} \tag{1.2b}$$

여기서, γ : 비중량, g : 중력가속도

물의 비중량 이 식에 의해 물의 밀도로부터 물의 비중량을 계산할 수 있다. 상온에서 물의 비중량을 γ_w라 하면 γ_w의 크기는 다음과 같고 중력가속도는 표준 $g = 9.8\mathrm{m/s^2}$이다.

$$
\begin{aligned}
\gamma_w &= \rho_w g \\
&= 102\mathrm{kgf \cdot sec^2/m^4} \times 9.8\mathrm{m/sec^2} \fallingdotseq 1{,}000\mathrm{kgf/m^3} \ : \ \text{중력단위} \\
&= 1{,}000\mathrm{N \cdot sec^2/m^4} \times 9.8\mathrm{m/sec^2} \fallingdotseq 9{,}800\mathrm{N/m^3} \ : \ \text{SI단위}
\end{aligned}
$$

3 비체적(specific volume)

비체적 비체적은 단위질량당 체적, 즉 밀도의 역수로 정의된다. 이때 비체적을 v라고 하면 v의 정의는 다음 식과 같다.

$$v = \frac{체적}{질량} = \frac{V}{m} = \frac{1}{\rho} \ [\mathrm{m^3/kg}] \tag{1.3}$$

여기서 $\rho = \dfrac{\gamma}{g}$이므로 비체적과 비중량의 관계는 다음과 같음을 알 수 있다.

$$v = \frac{g}{\gamma} \tag{1.4}$$

4 비중(specific gravity)

비중 같은 체적을 가신 물의 실량 또는 무세에 내한 어떤 물질의 질량비 또는 무게비를 비중이라 한다. 비중을 SG라고 한다면 SG 혹은 S의 정의된 식은 다음과 같다.

$$SG = \frac{대상\ 물질의\ 비중량(\gamma)}{물의\ 비중량(\gamma_w)}$$

$$\therefore SG = \frac{\gamma}{\gamma_w} = \frac{\rho}{\rho_w} \tag{1.5}$$

여기서, ρ_w : 물의 밀도, γ_w : 물의 비중량

비중은 무차원수이며, 물의 비중은 1이 된다. 즉 $SG_w = 1$이다.

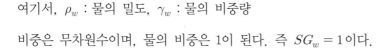

체적이 5m³인 유체의 무게가 3,500kgf이었다. 이때 (1) 비중량, (2) 밀도, (3) 비중을 SI단위로 나타내어라. 단, $\rho_w = 1,000\text{kg/m}^3$이다.

풀이 (1) 비중량 : $\gamma = \dfrac{W}{V} = \dfrac{3,500 \times 9.8\text{N}}{5\text{m}^3} = 6,860\text{N/m}^3$

$\qquad\qquad = \dfrac{3,500\text{kgf}}{5\text{m}^3} = 700\text{kgf/m}^3$: 중력단위

(2) 밀도 : $\rho = \dfrac{M}{V} = \dfrac{\gamma}{g} = \dfrac{6,860\text{N/m}^3}{9.8\text{m/s}^2} = 700\text{kg/m}^3$

$\qquad\qquad = \dfrac{700\text{kgf/m}^3}{9.8\text{m/s}^2} = 71.43\text{kgf}\cdot\text{s}^2/\text{m}^4$: 중력밀도

(3) 비중 : $SG = \dfrac{\gamma}{\gamma_w} = \dfrac{\rho}{\rho_w} = \dfrac{700}{1000} = 0.7$

$\qquad\qquad \therefore \gamma = 6,860\text{N/m}^3, \ \rho = 700\text{kg/m}^3, \ SG = 0.7$

$\qquad\qquad$ 단, $\gamma_w = 1,000\text{kgf/m}^3 = 102\text{kgf}\cdot\text{s}^2/\text{m}^4 = 9,800\text{N/m}^3$

1.4 뉴턴의 점성법칙

1 점성(viscosity)

유체는 점성이란 성질을 가지며, 점성은 유체 흐름에 저항하는 값의 크기로 결정된다. 따라서 점성이란 유체에 전단력이 생기게 하는 성질이다.

점성

그런데 기체의 점성은 온도의 증가와 더불어 증가하는 경향이 있고 액체의 경우는 반대로 온도가 상승하면 점성이 감소한다. 왜냐하면 기체의 주된 점성은 분자 상호 간의 마찰로 인하여 결정되는데 온도가 상승하면 분자 간의 충돌이 심해지기 때문이고, 이에 비해 액체는 분자 간의 응집력이 점성을 좌우하기 때문에 온도상승에 따라 응집력이 감소하여 점성이 감소한다.

응집력

2 뉴턴(Newton)의 점성법칙

[그림 1-2]와 같은 실험에 의하면 평행한 두 평판 사이에 점성유체가 있을 때 위 평판을 일정한 속도 U로 운동시키는 데 필요한 힘 F는 위 평판의 넓이 A와 속도 v에 비례하고 두 평판 사이의 수직거리에 반비례한다.

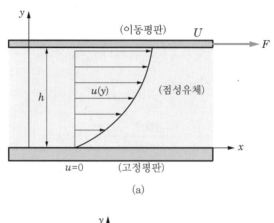

(a)

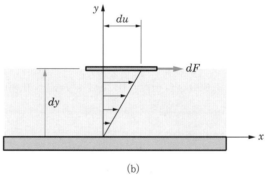

(b)

[그림 1-2] Newton의 점성법칙

즉, 힘과는 비례 관계에 있다. 따라서

$$F \propto A\frac{U}{h} \ \ \text{또는} \ \ \tau = \frac{F}{A} = \mu\frac{U}{h} \tag{a}$$

(a)의 식을 미분형으로 나타내면 위 그림 (b)와 같은 경우 다음과 같이 쓸 수 있다.

$$\tau = \mu\frac{du}{dy} \tag{1.6}$$

여기서, τ : 전단응력

μ : 점성계수

$\dfrac{du}{dy}$: 속도구배 또는 각변형률

식 (1.6)을 뉴턴(Newton)의 점성법칙이라 하고 이 법칙을 만족하는 유체를 뉴턴 유체, 만족하지 않는 유체를 비뉴턴 유체, 점성이 없고 비압축성인 유체를 이상 유체라 한다. 이러한 유체의 전단특성을 그림으로 나타내면 다음과 같다.

뉴턴 유체

비뉴턴 유체

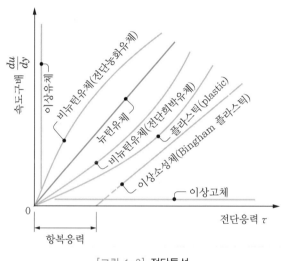

[그림 1-3] 전단특성

3 점성계수의 단위와 차원

점성계수(viscosity)의 단위는 FLT 차원으로 할 때는 [kgf·sec/m²], [N·sec/m²], [dyne·sec/cm²]이고, MLT 차원으로 할 때는 [kg/m·sec], [g/cm·sec]이 된다. 또 점성계수의 단위로는 보통 푸아즈(poise)를 사용한다. 1poise라 함은 1dyne·sec/cm² 또는 1g/cm·sec를 말한다.

점성계수(viscosity)

푸아즈(poise)

점성계수의 차원은 FLT로 할 때는

$$\mu = \frac{\tau}{du/dy}\left[\frac{FL^{-2}}{LT^{-1}/L} = FTL^{-2}\right]$$

MLT로 할 때는

$$\mu = \left[FTL^{-2} = ML^{-1}T^{-1} \right]$$

이다.

유체 유동의 방정식에서 μ보다 이것을 밀도 ρ로 나눈 값, 즉 $\nu = \dfrac{\mu}{\rho}$를 주로 사용하는데 이때 ν를 동점성계수(kinematic viscosity)라 한다.

동점성계수의 단위는 보통 스토크스(stokes)를 사용하며 1stokes라 함은 1cm²/sec를 말한다. 동점성계수의 단위로 [m²/sec]도 사용된다. [표 1-4]는 물과 공기의 점성계수와 동점성계수 값을 나타낸 것이다.

이와 같이 앞에서 설명한 점성계수의 단위 [poise]와 동점성계수의 단위 [stokes]는 유도단위이다. 그리고 μ와 ν값에서 μ값은 공기보다 물이 크지만 ν는 물보다 공기가 크다.

동점성계수의 차원을 알아보면

$$\nu = \frac{\mu}{\rho} \left[\frac{ML^{-1}T^{-1}}{ML^{-3}} = L^2 T^{-1} \right]$$

이다.

[표 1-4] 물과 공기의 점성계수, 동점성계수

온도 [℃]	점성계수 [poise]		동점성계수 [stokes]	
	물	공기[×10⁻⁶]	물	공기
0	0.017887	171.0	0.017887	0.1322
10	0.013061	176.0	0.013065	0.1410
20	0.010046	180.9	0.010064	0.1501
30	0.008019	185.7	0.008054	0.1594
40	0.006533	190.4	0.006584	0.1689
50	0.005497	195.1	0.005546	0.1786
60	0.004701	199.8	0.004781	0.1885
70	0.004062	204.4	0.004154	0.1986
80	0.003556	208.9	0.003659	0.2089
90	0.003146	213.3	0.003259	0.2194
100	0.002821	217.6	0.002941	0.2300

간격이 500mm이고, 가로 2m, 세로 0.5m인 평행한 평판 사이에 점성계수 16푸아즈(poise)인 기름이 차 있다. 위 평판이 0.50m/sec 속도로 상대운동을 할 경우 위 평판에 걸리는 힘은?

풀이 $\tau = \mu \dfrac{du}{dy} = \mu \dfrac{u}{h}$

푸아즈(poise)의 단위는 $[\mathrm{dyne \cdot sec/cm^2}]$이므로

$$\tau = 16 \mathrm{dyne \cdot sec/cm^2} \times \frac{50\mathrm{cm/sec}}{50\mathrm{cm}} = 16\mathrm{dyne/cm^2}$$

$$\therefore F = \tau A = 16 \times 200 \times 50 = 160{,}000\mathrm{dyne} = 1.6\mathrm{N}$$

점성계수가 3.2poise이고 비중량이 784dyne/cm³이다. 이때 이 유체의 동점성계수는?

풀이 $\rho = \dfrac{\gamma}{g} = \dfrac{784\mathrm{dyne/cm^3}}{980\mathrm{cm/sec^2}} = 0.8\mathrm{g/cm^3}$ (단, $\mathrm{dyne = g \cdot cm/sec^2}$)

동점성계수의 정의에서 $\nu = \dfrac{\mu}{\rho}$, $\mu = 3.2\mathrm{poise} = 3.2\mathrm{g/cm \cdot s}$

$$\therefore \nu = \frac{\mu}{\rho} = \frac{3.2}{0.8}\mathrm{cm^2/sec} = 4\,\mathrm{stokes}$$

동점성계수가 0.004m²/sec이고, 비중이 0.8인 기름의 점성계수는 몇 poise인가?

풀이 $\rho = \rho_w \cdot SG = 1000\mathrm{kg/m^3} \times 0.8 = 800\mathrm{kg/m^3}$

$$\therefore \mu = \rho\nu = 800 \times 0.004 = 3.2\mathrm{kg/m \cdot sec} = 32\mathrm{g/cm \cdot sec}$$
$$= 32\mathrm{poise}$$

1.5 이상기체

완전기체

이상기체

분자의 체적이 없고 분자 상호 간에 인력이 작용하지 않으며 분자의 충돌이 완전탄성충돌을 하는 기체를 가상하여 완전기체 또는 이상기체라 정의한다.

그러나 이러한 기체는 실제로 존재하지 않으므로 우리는 분자의 크기에 비하여 분자 간 거리가 매우 큰 상태에 있는 기체를 이상기체로 취급한다. 그러므로 공기, 산소, 수소, He 등은 특별히 고압 저온인 경우를 제외하고는 이상기체로 취급할 수 있다.

보일–샤를의 법칙
(Boyle–Charles Law)

즉, 보일–샤를의 법칙(Boyle–Charles Law)으로 알려진 식

$$Pv = RT$$

또는

$$P = \rho RT \tag{1.7}$$

기체상수(gas constant)

를 만족시키는 기체를 이상기체 또는 완전기체라 한다. 여기서, P는 절대압력, ρ는 밀도, R은 기체상수(gas constant)라고 하며 T는 절대온도이다. 기체상수는 기체가 이상기체일 때만 일정한 값이다.

압력과 온도의 통상적인 공학 범위에서는 일반기체를 이상기체로 보고 계산해도 무방하다. 기체가 상태방정식을 만족하지 않는 경우, 즉 액화점(liquefaction) 가까이 있거나 극히 고압이거나 저온에서는 일반기체가 이상기체 상태방정식을 정확히 만족시키지는 못한다.

1 아보가드로의 법칙

아보가드로
(Avogadro)의 법칙
일반기체상수
(universal gas constant)

아보가드로(Avogadro)의 법칙, 즉 "일정 압력과 온도 하의 모든 기체는 단위체적당 같은 수의 분자를 가진다."를 각 기체에 적용하면 일반기체상수(universal gas constant)를 계산할 수 있다.

기체상수 R_1과 R_2, 비중량 γ_1과 γ_2이고 같은 압력 P와 같은 온도 T인 두 기체를 생각하면 각각 상태방정식으로부터 다음 관계식이 성립한다. 즉,

$$\frac{R_1}{R_2} = \frac{P/\rho_1 T}{P/\rho_2 T} = \frac{\rho_2}{\rho_1} = \frac{M_2}{M_1}$$

가 되고, M_1과 M_2를 각각의 기체 분자량이라 하면 위의 식은 다음과 같다.

$$M_1 R_1 = M_2 R_2 = c \tag{1.8}$$

모든 기체에 대하여 $MR = c = R_u = \overline{R}$가 되어 모든 기체의 "기체상수와 분자량의 곱은 일정하다"는 결과를 얻는다. 이 일정한 값 MR을 일반기체상수 R_u라 하고 공학에서 널리 사용한다.

그러므로 이상기체 상태방정식은 다음과 같이 수정될 수 있다. 이때 $\overline{v}$는 몰당 **이상기체 상태방정식** 비체적으로 정의한 경우이다.

$$PV = nR_u T = n\overline{R}\,T$$
$$P\overline{v} = \overline{R}\,T \tag{1.9}$$

[표 1-5]는 일반기체들의 기체상수값들인데 일반기체상수의 값이 일정하지 **일반기체상수의 값** 않고 조금씩 다름을 알 수가 있다. 이것은 실체기체를 완전기체로 가정했기 때문이며, 특히 분자당 2원자 이상인 다원자 기체는 아보가드로의 법칙 $MR = c$와 잘 일치하지 않는다.

[표 1-5] 기체상수

(20℃, 1atm)

기체	기체상수(R) [kJ/kg·K]	일반기체상수 $R_u = (MR) = \overline{R}$ [kJ/kmol·K]
이산화탄소(carbon dioxide)	0.188	8.264
산소(oxygen)	0.260	8.318
공기(air)	0.287	8.314
질소(nitrogen)	0.297	8.302
메탄(methane)	0.518	8.302
헬륨(helium)	2.077	8.307
수소(hydrogen)	4.127	8.318

2 일반기체상수(R_u)의 크기

표준상태에서 공기의 경우 R_u를 구하면 다음과 같이 찾을 수 있다. 즉, $P = 1\text{atm}$, $T = 0℃ + 237.15[\text{STP}]$일 때 이상기체 상태방정식을 사용하면,

$$PV = nR_u T$$

$$\therefore R_u = \frac{PV}{nT} = \frac{101{,}325\mathrm{N/m^2} \times 22.4\mathrm{m^3}}{1\mathrm{kmol} \times 273\mathrm{K}}$$

$$\left.\begin{array}{l} \fallingdotseq 8314.4\mathrm{J/kmol \cdot K} \\[4pt] \fallingdotseq 8.314\mathrm{kJ/kmol \cdot K} \\[4pt] \fallingdotseq 848\mathrm{kgf \cdot m/kmol \cdot K} \end{array}\right\} \tag{1.10}$$

기체상수 R의 단위

기체상수 R의 단위와 차원은 다음과 같다.

$$R = \frac{P}{\rho T}\left[\frac{Pv}{T} = \frac{(\mathrm{N/m^2}) \cdot (\mathrm{m^3/kg})}{\mathrm{K}} = \left(\frac{\mathrm{N \cdot m}}{\mathrm{kg \cdot K}}\right) = \left(\frac{\mathrm{J}}{\mathrm{kg \cdot K}}\right)\right]$$

또는 $[\mathrm{kJ/kg \cdot K}]$

따라서 R의 차원은 $L^2 T^{-2} K^{-1}$이 된다.

예제 1.6

이상기체인 공기의 기체상수 R은 몇 J/kg·K인가?

풀이 $RM = C = R_u$: 일반기체상수 $= 8314.4\,\mathrm{J/kmol \cdot K}$

$$\therefore R = \frac{R_u}{M} = \frac{8314.4\mathrm{J/kmol \cdot K}}{28.97\mathrm{kg/kmol}} \fallingdotseq 286.9\mathrm{J/kg \cdot K} \fallingdotseq 287\mathrm{J/kg \cdot K}$$

예제 1.7

CO_2의 기체상수 R은 몇 J/kg·K인가?

풀이 $RM = C = R_u = 8314.4\mathrm{J/kmol \cdot K}$

$$R = \frac{R_u}{M} = \frac{8314.4\mathrm{J/kmol \cdot K}}{44\mathrm{kg/kmol}} \fallingdotseq 188.9\mathrm{J/kg \cdot K} \fallingdotseq 189\mathrm{J/kg \cdot K}$$

1.6 체적탄성계수

모든 유체는 외부로부터 압력을 받으면 압축되고 압축과정에서 가해진 에너지는 탄성에너지로 유체 내부에 저장된다. 이 저장된 에너지는 압력을 제거할 때 가역과정이라고 가정하면 유체를 완전히 압축 전 상태로 되돌아가게 한다. 같은 압력변화에 대하여 압축되는 정도는 유체에 따라 다르다. 그러므로 압력과 체적변화 사이의 관계를 정량적으로 다루기 위하여 유체의 압축률(compressibility)을 다음과 같이 정의한다.

압축률(compressibility)

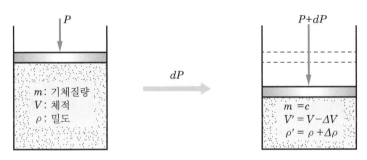

[그림 1-4] 유체의 압축

즉, 압축률은 주어진 압력변화에 대한 체적(밀도)의 변화율로 나타낼 수 있다. [그림 1-4]와 같이 밀폐 유체가 최초 P의 압력에서 미소 압력변화 dP가 있을 때 압축률(β)은

$$\beta = \frac{\text{체적변화율}}{\text{미소 압력변화}}$$
$$= \frac{-dv/v}{dP} = -\frac{1}{v} \cdot \frac{dv}{dP}$$
$$= \frac{1}{\rho}\frac{d\rho}{dP} \tag{1.11}$$

여기서 (−)부호는 압력의 증가에 따라 체적이 감소한다는 것을 의미한다. 또 P는 압력, v는 비체적을 나타낸다. 이때 v 대신 전체적 V로 대신할 수 있다.

압축률의 역을 체적탄성계수(bulk modulus)로 정의한다. 따라서 체적탄성계수를 K라 할 때 식 (1.11)로부터 다음과 같은 식을 만들 수 있다.

체적탄성계수
(bulk modulus)

$$K = \frac{1}{\beta}$$

$$= \frac{1}{-\frac{1}{v}\frac{dv}{dP}}$$

$$= -v\frac{dP}{dv} \left. \right\}$$

$$= \rho\frac{dP}{d\rho}$$

(1.12)

식 (1.12)를 변형하면

$$dP = -K\frac{dv}{v} = K\frac{d\rho}{\rho}$$

(1.13)

를 얻는다. 이 식은 탄성에너지에서처럼 유체에 압력이 가해지면, 그 가해진 압력(압력의 변화량)과 체적변형률이 비례함을 의미하고 체적탄성계수 K는 비례상수이다. 즉 유체를 압축할 때에는 탄성체에서의 후크(Hooke)의 법칙이 그대로 성립한다. 체적탄성계수 K는 압력에 의하여 체적이 변화할 때 변화 과정에 따라 다른 값을 갖는다.

후크(Hooke)의 법칙

예를 들면 공기나 산소와 같이 완전기체로 취급할 수 있는 기체의 K는 다음과 같다.

1 등온적으로 압축될 때 체적탄성계수

이상기체는 등온에서 $Pv = c$이다. 따라서 P는 다음 식과 같다.

$$P = \frac{c}{v} = cv^{-1}$$

(a)

식 (a)를 v로 미분하면 식 (b)가 된다.

$$\frac{dP}{dv} = -cv^{-2} = -\frac{c}{v^2} = -\frac{P}{v}$$

(b)

식 (b)를 식 (1.11)에 대입하여 정리하면

$$\therefore \ K = -v\frac{dP}{dv} = v\frac{P}{v}$$

$$= P \tag{1.14}$$

가 된다. 따라서 등온일 때 이상기체의 체적탄성계수 K는 압력의 크기와 같고 단위도 압력의 단위와 같다.

2 단열압축일 때 체적탄성계수

단열일 때 이상기체의 체적탄 성계수

단열의 경우 이상기체는 $Pv^{\kappa} = c$ 이다. 그러므로 P는

$$P = \frac{c}{v^{\kappa}} = cv^{-\kappa} \tag{c}$$

이다. 식 (c)를 v에 대하여 미분하면

$$\frac{dP}{dv} = -\kappa cv^{-\kappa-1}$$

$$= -\kappa\frac{P}{v} \tag{d}$$

이다.

이 식 (d)를 식 (1.12)에 대입하여 정리하면 다음 식과 같다.

$$\therefore \ K = -v\frac{dP}{dv} \tag{1.15}$$

$$= \kappa P$$

즉, 단열일 때 이상기체의 체적탄성계수 K는 압력에 비열비 κ를 곱한 크기와 같고 단위는 역시 압력의 단위와 같다. 여기서 압력 P는 절대압력임을 유의하여야 한다.

물은 표준대기압 1atm 온도 20℃에서 대략 $K = 2{,}150$MPa, 공기는 대략 $K = 142$kPa 정도의 체적탄성계수를 갖는다. 그러므로 공기는 물보다 약 15,000 ~ 20,000배, 물은 강철보다 약 200배의 압축률을 갖는다. 이처럼 예를 통해 알 수 있듯이 액체는 기체에 비해 압축하기가 어렵다. 그러므로 대부분의 문제에서 액체는 비압축성 유체로 다루고 있다. 특별히 기체가 압력의 변화가 작을 경우 기체라도 액체와 같이 비압축성 유체로 취급할 수도 있다.

비압축성 유체

압력을 60N/cm²로 증가시켜 체적 감소율이 0.023%였을 때 이 유체의 경우 체적 탄성계수는?

풀이 $K=-V\cdot\dfrac{dP}{dV}=-\dfrac{V}{dV}\cdot dP=\dfrac{60\text{N}/\text{cm}^2}{\dfrac{0.023}{100}}=2.6\times10^5\text{N}/\text{cm}^2$

단, 체적 감소율 $=\dfrac{dV}{V}$ 또는 $\dfrac{\Delta V}{V}$ 이다.

어떤 액체가 0.01m³의 체적을 갖는 강체 실린더 속에서 700N/cm²의 압력을 받고 있다. 이때 압력이 1,400N/cm²으로 증가되었을 때, 액체의 체적이 0.0099m³로 축소되었다면 이 액체의 체적탄성계수 K는 얼마인가?

풀이 $\Delta P=700\text{N}/\text{cm}^2$, $\dfrac{\Delta V}{V}=-\dfrac{0.0001}{0.01}=-0.01$

체적탄성계수의 정의에 따라서 K값은 다음과 같다.

$$\therefore K=-\frac{\Delta P}{\Delta V/V}=\frac{700}{0.01}=70,000\text{N}/\text{cm}^2$$

3 유체 내의 교란에 의한 압력파의 속도

압력파   유체 속에서 어떠한 교란으로 발생되는 압력파는 강체에서와는 다르게 무한한 속도를 갖지 않고 유한한 속도로 전파된다. 유체 내에서의 압력파의 전파속도는 체적탄성계수와 밀접한 관계가 있다. 유체 내에서 교란에 의하여 생긴 압력파의 전파속도 a는 다음 식으로 주어진다.

등온일 때 압력파   등온일 때 압력파의 전파속도 a를 찾아보면

$$a=\sqrt{\frac{dP}{d\rho}} \tag{1.16}$$

$\dfrac{dP}{d\rho}=\dfrac{K}{\rho}$ 이므로 식 (1.16)은

$$a = \sqrt{\frac{K}{\rho}} = \sqrt{\frac{P}{\rho}}$$

$$\therefore \ a = \sqrt{RT}\,[\mathrm{m/s}] \tag{1.17}$$

이다. R의 단위가 J/kg·K이면 성립되고, 만약 R가 kg·m/kg·K이면

$$a = \sqrt{gRT}\,[\mathrm{m/s}] \tag{1.18}$$

가 된다.

또 단열일 때 압력파의 전파속도 a는 다음과 같다. 즉, 극히 작은 압력파로 인한 유체의 밀도변화(체적변화)는 가역 단열과정(마찰이 없고 단열적 ; isentroic process)이므로 기체 내에서 압력파의 속도는 다음과 같이 나타낼 수 있다.

단열일 때 압력파

기체 내에서 압력파의 속도

$$a = \sqrt{\frac{dP}{d\rho}} = \sqrt{\frac{K}{\rho}}$$

$$\therefore \ a = \sqrt{\frac{\kappa P}{\rho}} \tag{1.19}$$

만약 유체가(압력파가 전파되는) 기체이고 이 기체가 이상기체로 취급할 수 있는 기체이면 기체 내에서의 음속 c는 다음 식으로 계산된다.

소리에 의하여 공기는 국부적인 교란이 생기고, 이 교란이 진동에 의해 미소한 압력의 변화로 유한속도로 공기 중에 퍼져 나간다. 이렇게 소리에 의한 교란진동이 압력파의 형태로 퍼져 나가는 속도를 음속(speed of sound) c라 하고 다음 식으로부터 그 크기를 구한다.

음속(speed of sound)

$$\therefore \ c = \sqrt{\kappa RT}\,[\mathrm{m/s}] \tag{1.20}$$
$$\text{단, } R : \text{ J/kg·K (SI)}$$

여기서 $c\,[\mathrm{m/sec}]$는 음속(압력파의 전파속도)이고 κ는 비열비(C_p/C_v)로서 [표 1-6]과 같으며, $R[\mathrm{J/kg·K}]$는 기체상수, T는 절대온도(켈빈온도)이다.

비열비

만일 기체상수의 값을 $R[\mathrm{kg·m/kg·K}]$로 사용하면 음속은 다음 식으로 계산하여야 한다.

$$c = \sqrt{\kappa gRT}\,[\mathrm{m/s}] \tag{1.21}$$

따라서 식 (1.20)과 (1.21)을 공기 속에서의 음속(sonic) α로 놓으면

$$\alpha = \sqrt{\kappa R T}$$

또 공학단위일 때는

$$\alpha = \sqrt{\kappa g R T} \tag{1.22}$$

가 된다.

마하 수(Mach number)

　　기체역학에서 고속유동을 연구할 때 우리는 마하 수(Mach number)를 취급하게 된다. 이때 마하 수(Mach number) M_a는 물체 또는 유체속도의 음속에 대한 비로 정의한다.

　　즉

$$M_a = \frac{V}{c} \tag{1.23}$$

　　V는 물체 또는 유체의 속도이다. 그리고 물체 또는 유체의 유동속도는 다음과 같이 분류한다.

아음속(subsonic velocity)
음속(sonic velocity)
초음속
(supersonic velocity)

　　$M_a < 1$: 아음속(subsonic velocity)

　　$M_a = 1$: 음속(sonic velocity)

　　$M_a > 1$: 초음속(supersonic velocity)

　　[표 1-7]은 20℃ 표준 대기압 하에서의 일반 유체들의 탄성계수를 표시한 것이다.

[표 1-6] 각 기체의 비열비와 정압비열

유체	비열비(κ)	정압비열(C_p)[kJ/kg·K]
이산화탄소(CO_2)	1.28	0.8582
산소(O_2)	1.40	0.9092
공기(Air)	1.40	1.004
질소(N_2)	1.40	1.038
메탄(CH_4)	1.31	2.190
헬륨(He)	1.66	5.223
수소(H_2)	1.40	14.446

[표 1-7] 일반 유체들의 탄성계수

(20℃, 표준대기압)

유체(액체)	탄성계수(K)[kN/m²]
벤젠(C_6H_6)	1.03425×10^6
사염화탄소(CCl_4)	1.103200×10^6
에틸알코올(C_2H_5OH)	1.206625×10^6
글리세린($C_3H_8O_3$)	4.323850×10^6
수은(Hg)	26.201000×10^6
물(H_2O)	2.068500×10^6

예제 1.10

공기의 온도가 15℃일 때 소리의 속도는 몇 m/sec인가? $R = 287 J/kg \cdot K$ 이다.

풀이 $\alpha = \sqrt{\kappa R T}$

$\quad = \sqrt{1.4 \times 287 \times (273 + 15)} \fallingdotseq 340 m/s$

1.7 표면장력과 모세관 현상

1 표면장력(surface tension)

스푼이나 컵에 물을 채울 때 물이 넘치기 직전의 수면은 컵 상단의 평면보다 약 3mm 가량 높다. 또 잔잔한 물 위에 비중이 물보다 훨씬 큰 금속성 바늘이 뜨는 이유, 책상 위에 떨어진 물방울이 볼록한 형태를 유지하는 이유 등은 물의 표면장력 때문이다.

표면장력은 액체 표면에 나타나는 현상이며, 액체와 기체 또는 성질이 다른 액체와 액체 간에도 일어난다. 이와 같은 표면장력은 자유표면(free surface)을 최소로 하려는 성질로 정의된다. 정의식으로는 단위면적당의 에너지 또는 단위 길이당의 힘, 즉 σ[N/m]로 나타내며 이 장력은 분자 간의 응집력에 의존하므로 온도의 증가에 따라 다음 [표 1-8]과 같이 감소한다.

표면장력

분자 간의 응집력

[표 1-8] 액체의 표면장력

$\sigma[N/m]$

물질	표면유체	0℃	10℃	20℃	40℃	70℃	100℃
물	공기	0.075558	0.074186	0.072716	0.069482	0.064386	0.0588
	포화증기	0.073206	0.071932	0.07056	0.067424	0.062524	0.057134
수은	진공	0.47334	0.47236	0.47138	0.46746	0.46256	0.4557
에틸 알코올	공기	0.02401	0.023128	0.022246	0.02058	0.018228	–
	알코올증기	–	0.023618	0.022736	0.020972	0.018326	0.015484

얇은 곡면의 경우 표면장력

얇은 곡면의 경우 표면장력을 알아보면 다음과 같다.

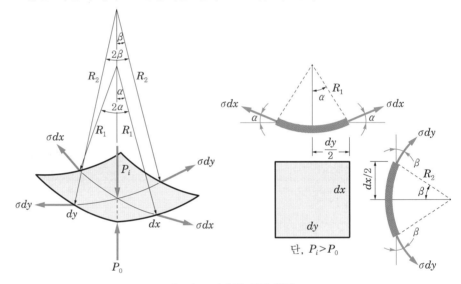

[그림 1-5] 얇은 곡면 액체

[그림 1-5]에 표시된 바와 같이 곡률반경 R_1과 R_2를 가지는 2차 곡면의 미소 면적요소 $dxdy$를 생각해보자. 압력차 $P_i - P_0 = 0$이 아니면 요소의 정적평형이 유지되기 위해서는 표면장력을 고려해야 하다 면적요소에 수직인 방향의 힘의 평형방정식은

$$\sum F_y = 0 \; ; \; P_0 dxdy - P_i dxdy + 2\sigma dx \sin\alpha + 2\sigma dy \sin\beta = 0$$
$$\rightarrow (P_i - P_0)dxdy = 2\sigma dx \sin\alpha + 2\sigma dy \sin\beta$$

여기서 $\sin\alpha = \dfrac{dy/2}{R_1} = \dfrac{dy}{2R_1}$, $\sin\beta = \dfrac{dx/2}{R_2} = \dfrac{dx}{2R_2}$를 적용하면, 위의 식은 다음과 같이 ΔP를 나타낼 수 있다.

$$\therefore \; (P_i - P_0)dxdy = 2\sigma dxdy\frac{1}{2R_1} + 2\sigma dxdy\frac{1}{2R_2}$$

이 되고, $\Delta P = P_i - P_0$라 놓으면 결국 표면장력 σ는 다음과 같다.

$$\Delta P = \left(\frac{1}{R_1} + \frac{1}{R_2}\right)\sigma$$

$$\therefore \; \sigma = \frac{\Delta P(R_1 R_2)}{R_2 + R_1} \tag{1.24}$$

[그림 1-6]과 같은 액체 실린더의 경우(물기둥)는 그림과 같이 되고, 이것으로   액체 실린더
부터 표면장력 σ를 찾으면 힘의 평형방정식은 다음과 같다.

$$\sum F_y = 0 \; ; \; 2\sigma L - P_i 2RL + P_0 2RL = 0$$
$$(P_i - P_0)2RL = 2\sigma L$$

따라서 ΔP와 σ는 다음 식으로부터 구한다.

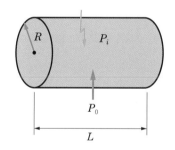

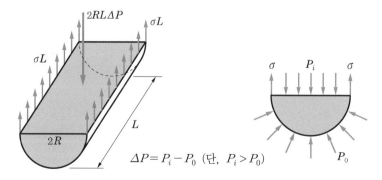

[그림 1-6] 액체 실린더의 힘의 평형

$$\Delta P = \frac{2\sigma L}{2RL} = \frac{\sigma}{R}$$

$$\therefore \; \sigma = \Delta PR = \frac{\Delta P d}{2} \tag{1.25}$$

여기서 R는 액체 실린더의 반경이고, d는 직경이다.

꽉 찬 물방울 이번에는 꽉 찬 물방울(droplet)과 같은 경우 표면장력 σ는 다음과 같이 구할 수 있다.

[그림 1-7]에 힘의 평형방정식을 적용하면 다음 식과 같다.

$$\sum F_y = 0 \; ; \; P_0 \pi R^2 - P_i \pi R^2 + 2\pi R\sigma = 0$$

$$\rightarrow (P_i - P_0)\pi R^2 = 2\pi R\sigma$$

따라서 ΔP와 σ는 다음 식으로부터 구할 수 있다.

$$\Delta P = \frac{2\pi R\sigma}{\pi R^2} = \frac{2\sigma}{R}$$

$$\therefore \; \sigma = \frac{\Delta PR}{2} = \frac{\Delta P d}{4} \tag{1.26}$$

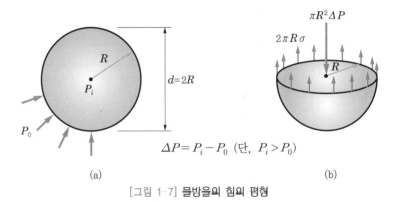

$$\Delta P = P_i - P_0 \; (단, \; P_i > P_0)$$

(a)　　　　　　　　　　　　　　　(b)

[그림 1-7] 물방울의 힘의 평형

비눗방울 [그림 1-8]의 비눗방울과 같이 내부에 기체가 차 있을 경우 내부와 외부의 압력차를 계산해 보면 다음과 같다. 비눗방울에서 내부압력을 P_i, 외부압력을 P_0, 막 내부의 압력을 P라고 할 때 막 외면의 표면장력에 의한 압력차는 식 (1.26)을 적용하면,

$$P - P_0 = \frac{2\sigma}{R_2} \fallingdotseq \frac{2\sigma}{R} \tag{a}$$

이다. 또 막 내면의 표면장력에 의한 압력차는 다음 식과 같다. 즉,

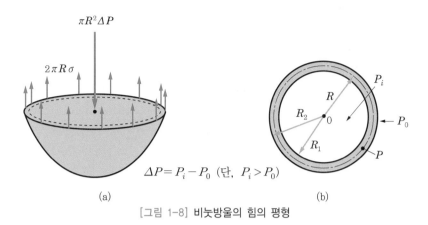

$$\Delta P = P_i - P_0 \ (단, \ P_i > P_0)$$

[그림 1-8] 비눗방울의 힘의 평형

$$P_i - P = \frac{2\sigma}{R_1} \fallingdotseq \frac{2\sigma}{R} \tag{b}$$

이다. 식 (a), (b)로부터 P를 소거하여 정리하면 $P_i - P_0$는

$$P_i - P_0 = \frac{4\sigma}{R} = \frac{8\sigma}{d} \tag{1.27}$$

여기서, $R_1 \fallingdotseq R$이다. 만약, 비눗방울의 두께가 매우 얇아 하나의 표면장력이 [그림 1-8]의 (a)와 같이 작용할 경우 꽉 찬 구의 액체와 같은 식 (1.26)을 사용할 수가 있다.

예제 1.11

비눗방울의 내부와 외부의 압력 차 $\Delta P = 0.025\text{N/cm}^2$일 때, 이 비눗방울의 표면장력은 몇 N/m인가? (단, 비눗방울의 직경은 $d = 5\text{cm}$이다.)

풀이 $\sigma = \dfrac{\Delta P d}{4} = \dfrac{0.025 \times 10^4 \times 5 \times 10^{-2}}{4} = 3.125 \, \text{N/m}$

---

2 모세관 현상(capillarity in tube)

　모세관 현상이란 액체 속에 모세관을 세울 때 모세관 내에서 액체가 올라가거나 내려가는 현상을 말한다. 모세관 안에서 액체의 모세관 현상은 액체의 표면장력과 고체면과의 친화력, 즉 부착력에 의하여 결정된다. [그림 1-9(a)]에 나타난 바와 같이 유리관과 같은 모세관을 물속에 세울 때 모세관 내에서 액체가 상승할 수도 있고, [그림 1-9(b)]와 같이 모세관을 수은 속에 넣으면 부착력에 비

모세관 현상

부착력

하여 응집력이 크기 때문에 수은 기둥이 내려가게 되는 경우도 있다. 즉 [그림 1-9 (b)]와 같은 경우 유리관 내의 수은은 부착력에 비하여 응집력이 크기 때문에 그림과 같이 하강하고 자유표면은 凹면을 형성한다.

상승높이($\overline{h}$)　　이때 모세관 현상에 의해 올라간 상승높이(h)를 찾아보자. [그림 1-10]과 같이 직경 d인 시험관을 비중량 γ인 유체 속에 넣으면 상승한 높이 h로 된다.

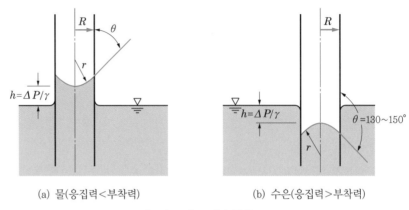

(a) 물(응집력<부착력)　　　　　(b) 수은(응집력>부착력)

[그림 1-9] 모세관 현상

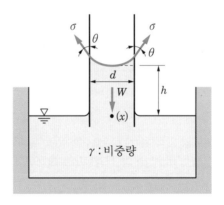

[그림 1-10] 액체 기둥의 상승

모세관 현상에 의한 상승높이　　　모세관 현상에 의한 상승높이는 표면장력으로 인한 수직분력과 상승된 액체 무게가 평형을 유지하는 데에서 비롯된다. 그러므로 x인 점에 힘의 평형식을 적용하면 다음과 같다.

$$\sum F_y = 0 \; ; \; \uparrow \oplus$$
$$\sigma \cos \theta \cdot \pi d - W = 0$$

여기서 $W = \gamma \dfrac{\pi d^2}{4} h$ 이므로 앞의 식은 다음과 같고, 상승높이 h는 식 (1.28)이 된다.

$$\sigma \cos\theta \pi d = \gamma \frac{\pi d^2}{4} h$$

$$\therefore \ h = \frac{4\sigma\cos\theta}{\gamma d} \tag{1.28}$$

만약 d가 일정하다면 상승높이의 크기의 비는 순수물(h) > 상수도(h) > 수은(h)의 순서대로 높게 올라간다.

이때 θ는 접촉각(angle of contact)으로서 깨끗한 유리와 깨끗한 물에 대하여는 접촉각 $\theta \simeq 0 \sim 4°$이나, 수은과 유리의 접촉각은 $\theta = 130° \sim 150°$ 정도이다.

[표 1-9]는 액체와 관의 종류에 따라 결정되는 접촉각을 표시한 것이다.

접촉각(angle of contact)

[표 1-9] 유체의 접촉각

고체	유체	표면유체	온도	접촉각
	수은	공기	실온	139°
유리	수은	물	〃	41°
	물	올레인산	〃	80°
운모	수은	공기	〃	126°
	물	아밀알코올	〃	0°
철(Fe)	올리브유	공기	〃	27°33′
	물	공기	〃	5°10′
동(Cu)	물	공기	〃	6°41′
납(Pb)	물	공기	〃	2°36′

시험관을 물속에 넣어서 상승높이가 15cm일 때 σ는 몇 N/cm인가? 단, 시험관 $d=10$cm이다. 그리고 σ의 작용방향은 $\theta=6°$이다.

풀이 $h=\dfrac{4\sigma\cos\theta}{\gamma d}\;\Rightarrow\sigma=\dfrac{\gamma dh}{4\cos\theta}$ 단, 물의 $\gamma=9,800\text{N}/\text{m}^3$이다.

$$\therefore\;\sigma=\frac{9,800\times10^{-6}\text{N}/\text{cm}^3\times10\text{cm}\times15\text{cm}}{4\times\cos6°}$$

$$\fallingdotseq0.3695\text{N}/\text{cm}$$

반경이 1mm인 모세관에서 유체의 상승은 각각 얼마인가?

(1) 표면장력 0.0744N/m, 비중량 9,800N/m³이고, 접촉각은 0이다.

(2) 수은의 표면장력 0.489N/m, 비중량 133.280×10³N/m³이고, 접촉각은 130°이다.

풀이 (1) $h=\dfrac{2\sigma\cos\theta}{\gamma R}=\dfrac{2\times0.0744\times\cos0°}{9,800\times0.001}=1.5184\times10^{-2}\text{m}$

$\fallingdotseq1.5184\text{cm}\fallingdotseq15.184\text{mm}$

(2) $h=\dfrac{2\times0.489\times\cos130°}{133,280\times10^3\times0.001}=-4.7167\times10^{-3}\text{m}\fallingdotseq-0.472\text{cm}$

$\fallingdotseq-4.72\text{mm}\,(-\;;\text{하강})$

01 비중 0.88인 벤젠의 밀도[kg/m³]는 얼마인가?

02 어떤 유체의 밀도가 1386.3N·sec²/m⁴일 때 비중량은 몇 N/m³인가?

03 밀도가 846N·s²/m⁴인 유체의 비중량[N/m³]은 얼마인가?

04 비중량이 12.2N/m³이고, 동점성계수가 0.15010×10^{-4}m²/sec인 건조한 공기의 점성계수는 몇 poise인가?

05 뉴턴 유체란?

06 온도 20℃, 압력 760mmHg의 공기의 밀도를 구하라. (단, 수은의 비중은 13.6, 공기의 기체상수 $R = 287$J/kg·K이다.)

07 비중이 0.8인 기름의 점성계수가 0.005N·sec/m²이다. 이 기름의 동점성계수는 몇 m²/sec인가?

08 절대 단위에서 점성계수의 차원은?

09 점성계수가 0.8poise이고, 밀도가 90kg/m³인 기름의 동점성계수는 몇 m²/sec인가?

10 점성계수 $\mu = 0.60$poise, 비중=0.60인 유체의 동점성계수 ν는 stokes 단위로 얼마인가?

11 넓은 수평면 뒤에 액체의 층이 있다. 이 액체면 뒤를 세로 0.2m, 가로 0.3m인 큰 평판이 평면과 2mm의 간격을 두고 속도 1.2m/sec로 움직일 때 평판이 받는 저항력이 D가 280N이다. 평면 사이의 속도 분포가 일정할 때 액체의 점성계수는 몇 poise인가?

12 그림과 같이 폭 0.06m의 틈 속 가운데 매우 넓고 얇은 판이 있다. 이 얇은 판 위에는 점성계수가 μ인 유체가 있고, 아랫면에는 점성계수가 2μ인 유체가 있다. 이 얇은 판이 0.3m/sec의 속도로 움직일 때 1m²당 필요한 힘이 30N이었다. 이때 점성계수 μ는 몇 N·sec/m²인가?

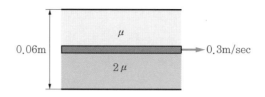

13 어떤 기름의 동점성계수가 1.5stokes이고, 비중량이 0.0085N/cm³일 때의 점성계수는?

14 무게가 45,000N인 어떤 오일의 체적이 5.36m³이다. 이 오일의 비중량은?

15 어느 이상기체 압력 20N/cm², 온도 45℃일 때의 비체적이 0.48m³/kg이다. 이 기체의 기체상수는 얼마인가?

16 비중이 3.2인 액체의 비체적은 어느 것인가?

17 상온에서 어떤 액체의 비중이 1.8일 때 이 액체의 밀도[kg/m³]는?

18 10N·sec/m²는 몇 poise인가?

19 온도 20℃이고, 압력이 100N/cm²인 산소의 밀도는? (단, 공기의 기체상수 287J/kg·K)

20 온도 4.5℃의 이산화탄소 2.3kg이 체적 0.283m³의 용기에 가득 차 있다. 가스의 압력 [N/m²]은?

21 체적탄성계수란?

22 완전기체란 무엇인가?

23 공기의 비열비는 κ이고 기체상수가 R이다. 절대온도가 T인 공기에서의 음속은?

24 물속에서 작은 압축파의 속도는 몇 m/s인가? (단, 물의 체적탄성계수 $K = 20.7 \times 10^8$N/m²이다.)

25 온도 30℃, 압력 40N/cm²abs의 질소 10m³를 등온 압축하여 체적이 2m³가 되었을 때 압축 후의 체적탄성계수[N/m²]는 얼마인가?

26 상온 상압의 물의 체적을 1% 축소시키는 데 요하는 압력은 몇 Pa인가? (단, 압축률의 값은 $0.475 \times 10^{-5} \text{m}^2/\text{N}$이다.)

27 액체에 $8,000 \text{N/cm}^2$의 압력을 가했더니 체적이 0.5%가 감소되었다. 이 액체의 압축률은 몇 m^2/N인가?

28 30℃인 공기 중에서 음속은?

29 4℃의 물의 체적탄성계수 $K = 20 \times 10^4 \text{N/cm}^2$이다. 이 물속에서의 음속은? (단, 4℃ 순수한 물의 $\rho = 1,000 \text{kg/m}^3$이다.)

30 15℃의 물속에 압력파가 전달되는 속도는 몇 m/s인가? (단, 상온의 물의 압축률 $\beta = 0.5 \times 10^{-5} \text{cm}^2/\text{N}$이다.)

31 지름이 40mm인 비눗방울의 내부 초과압력이 20N/m^2일 때 표면장력 $\sigma[\text{N/cm}]$는 얼마인가?

32 지름 3mm인 물방울의 내부 압력$[\text{N/cm}^2]$은? (단, 물의 표면장력은 $75 \times 10^{-3} \text{N/m}$이다.)

33 안지름 5mm인 액주계로 압력을 측정하니 수주 400mm였다. 관 속의 액체는 물이며, 이때 표면장력은 $75.7 \times 10^{-3} \text{N/m}$이고 접촉각은 10°라 하면 실제의 게이지 압력은 수주로 몇 mmAq인가?

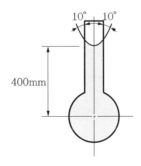

34 대기압 속에 있는 지름 1mm인 수은 구의 내부 압력은 주위의 대기압과 어떻게 다른가? (단, 20℃의 수은 $\sigma = 48.1 \times 10^{-2} \text{N/m}$이다.)

35 직경이 5cm인 비누 풍선 속의 내부 초과압력이 $20.8 \times 10^{-5}\text{N/cm}^2$일 때 비누막의 표면 장력은?

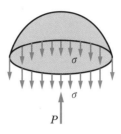

36 지름 0.1cm인 비눗방울을 10cm까지 불어서 크게 하는 데 필요한 일은? (단, 비눗물의 표면장력은 $35 \times 10^{-2}\text{dyne/cm}$이다.)

37 지름 4cm인 비눗방울 속의 내부 초과압력이 $20 \times 10^{-5}\text{N/cm}^2$일 때 이 비누막의 표면장력은 몇 N/cm인가?

38 지름 1mm의 모세관에서 물의 최대 상승높이는? (단, $\theta \fallingdotseq 3°$이고, $\sigma = 7.41 \times 10^{-2}\text{N/m}$이다.)

01 공기는 산소와 질소가 체적비 1 : 4로 조정된 혼합가스이다. 표준 상태에 있어서의 공기의 비중량은 얼마인가?

02 상온(常溫)의 물의 밀도는?

03 공기 중에서 31.5N이고 물속에서 25.2N일 때 이 물체의 비중은?

04 간격 4mm를 가진 평행하게 놓여진 2매의 평판 사이에 점성계수 15.14poise의 식물유의 오일이 들어 있다. 한쪽 판을 고정시키고 다른 판을 5m/sec의 속도로 움직일 때 기름 속에 유기되는 전단응력은 몇 N/m²인가?

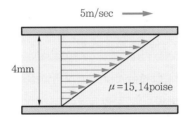

05 45,000N의 어떤 오일의 체적이 5.63m³이었다. 이 오일의 비중과 밀도 비중량은 얼마인가?

06 어떤 오일의 체적이 5.8m³이고 무게가 44×10³N이다. 이 오일의 비중을 계산하면?

07 체적이 4.2m³인 액체의 무게가 34×10³N이라면 비중과 비체적[m³/kg]은 각각 얼마나 되겠는가?

08 온도 35℃, 압력 57N/cm²abs인 산소의 동점성계수는? (단, 산소의 $\mu = 206 \times 10^{-4}$N·sec/m²이다.)

09 온도 40℃, 압력 60N/cm²인 산소의 밀도[kg/m³]는?

10 압력 20N/cm², 온도 40℃일 때의 비중량이 20.8N/m³이다. 이 기체의 분자량[kg/kmol]은 얼마인가?

11 속도분포의 방정식이 $u = ay^2$일 때 내벽면으로부터 수직거리 20cm와 40cm에서의 속도 기울기는? (단, 여기서 u, y는 각각 m/sec와 m의 단위를 갖는다.)

12 실린더 내에서 압축된 액체가 압력 10×10^3N/cm²에서 0.4m³인 체적이, 압력 20×10^3N/cm²에서는 0.39m³의 체적을 갖는다면 이 액체의 체적탄성계수 K[N/m²]는 얼마인가?

13 어떤 액체가 0.01m³의 체적을 갖는 강체의 실린더 속에서 700N/cm²의 압력을 받고 있다. 그런데 압력이 1,400N/cm²으로 증가되었을 때 액체의 체적은 0.0099m³로 축소되었다. 이 액체의 체적탄성계수 K[Pa]는?

14 유체의 압축률의 차원은?

15 실린더 내의 액체가 압력 10×10^3N/cm²일 때, 체적이 0.5m³이었던 것이 압력을 20×10^3N/cm²로 가했을 때 체적이 0.495m³로 되었다. 이 액체의 체적탄성계수 K는 몇 dyne/cm²인가?

16 가운데가 찬 물방울 내부의 압력이 대기압보다 0.07N/cm² 만큼 높다. 물방울의 표면장력이 87.5×10^{-5}N/cm라면 이때 물방울의 지름은 얼마이겠는가?

17 비눗방울 속의 압력 P를 표면장력 T와 비눗방울의 지름 d[cm]로 표시하면?

18 물속에 지름 $d = 0.01$mm의 구멍이 뚫려 있는 섬유의 한 끝을 삽입할 때 물기둥의 상승은? (단, 물과 섬유의 표면장력 : 0.7dyne/cm, 접촉각은 $\theta = 9°$이다.)

01 기체의 단열압축 과정에서 압력과 체적의 관계는 $Pv^k = c$이다. 이 경우 체적탄성계수 K의 값은?

02 20℃ 공기의 음속과 20℃ 물의 음속의 전파속도를 계산하여라. (단, 공기비열비 $k = 1.4$이고, 기체상수 $R = 287 \text{N·m/kg·K}$이다. 물의 밀도 $\rho = 999.2 \text{kg/m}^3$이고, 체적탄성계수 $K = 211 \times 10^7 \text{N/m}^2$이다.)

03 달 표면에서 20kg을 저울로 달면 몇 뉴턴(Newton)이고, 몇 kgf인가? (단, 달에서의 중력가속도는 $g = 1.64 \text{m/sec}^2$이다.)

04 $1,000 \text{N/cm}^2$의 압력을 받아서 액체의 체적이 0.024% 감소했다면, 이 액체의 체적팽창계수 $K[\text{N/m}^2]$는?

05 속도분포 $u = 3y^{4/3}$로 표시될 때(u는 cm/sec, y는 cm) 벽면상 및 벽면에서 5cm가 되는 점의 속도 기울기를 구하라.

06 체적이 5m^3인 유체의 무게가 35×10^3N이었다면, 이때 비중량, 밀도, 비중을 중력단위로 나타내라.

07 체적이 3m^3인 어느 기름의 무게가 25.2×10^3N이었다. 비중량, 밀도, 비체적 및 비중을 공학중력단위, 공학절대단위, 영국단위계로 구하라.

08 직경 2mm의 유리관이 접촉각 10°인 유체가 담긴 그릇 속에 세워져 있다. 유리와 액체 사이의 표면장력이 60dyn/cm, 유체밀도가 800kg/m^3일 때 액면으로부터의 모세관 액체 높이[cm]를 계산하라.

09 지름이 8cm이고, 축베어링 지름이 8.02cm, 폭이 30cm인 슬리브 베어링에서 간극은 일정하다고 가정할 때 다음에 답하여라.
(1) 축방향으로 축이 0.5m/s의 속도로 움직일 때 항력[N]은 얼마인가?
(2) 축이 1,800rpm으로 회전할 때 토크와 소비동력[Ps]을 구하라. (단, $\nu = 0.005\text{m}^2/\text{s}$이고, $s = 0.9$이다.)

10 두 평판이 간격 t로 평행하게 아래 그림과 같이 수면과 α의 각도를 이루고 액체에 잠겨 있다. θ를 접촉각, γ를 액체의 비중량이라 할 때 모세관 현상에 의하여 올라갈 수 있는 상승 높이 h를 계산하는 식을 유도하여라.

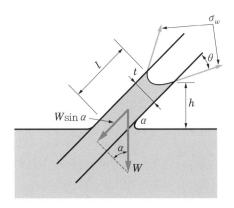

11 면적 0.09m²이고, 무게 136N인 평판이 경사 25°인 경사면을 미끄러져 내려오고 있다. 이 사이에 두께 0.015cm이고, 점성이 0.01kg/m·sec인 기름으로 채워져 있을 때 평판의 속도는 얼마인가?

12 실린더 내의 피스톤이 하방향으로 10m/sec로 움직일 때 점성에 의한 동력[PS] 상실은 얼마인가? (단, 기름의 점성계수 $\mu = 2.6 \times 10^{-2}$N·sec/m²이다.)

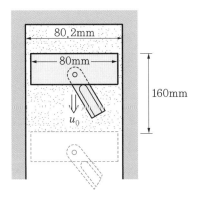

13 외경 4cm, 내경 3cm인 얇은 동전(coin)을 수면으로 끌어올리는 데 $F = 0.08$N의 힘이 필요하다. 동전의 무게가 6.37g중[6242.6dyne]이라면 이때의 표면장력[dyne]의 값은?

14 길이 1m, 지름 30.05cm의 슬리브(sleeve) 안에서 지름 30.0cm의 원축을 축방향으로 $u = 0.15$m/sec의 속력으로 등속운동시키는 데 10N의 힘을 필요로 하였다. 슬리브와 축 사이에는 기름이 주입되어 있고, 슬리브와 축은 동심을 이루면서 운동한다. 점성계수[kg/cm·sec]를 계산하여라.

15 보일러 용기에서 기포가 생겨 직경의 크기가 R이 된 다음 끓어 오른다면 이 기포의 팽창에 의해서 한 일은 얼마인지 식을 보여라. (단, 기포 주위의 압력은 P_0이고, 표면장력은 σ이다.)

16 지름이 0.05mm인 20℃의 꽉찬 물방울이 있다. 외부압력을 $P_a = 101.33$kPa이라 할 때 방울 내부의 압력[N/cm²]은 얼마인가?

17 그림과 같이 직경 d인 모세관의 이론 상승높이 H는?

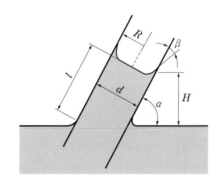

18 노즐로부터 지름이 0.1mm의 자유분류가 분출된다. 물의 온도를 20℃라 할 때 분류의 내외압력차[N/cm²]는 얼마이겠는가?

19 반지름 r_0인 튜브 속의 흐름이 다음과 같이 주어질 때, $u = u_0(1 - r^4/r_0^4)$ 평균속도를 구하라. (단, 여기서 u_0는 파이프의 중심속도이다.)

20 높이 46cm이고, 밑변지름이 50cm인 직각 원형뿔에 0.028m³의 물을 채우면 물 표면이 얼마나 상승[cm]하겠는가?

21 20℃인 공기가 고체벽을 지날 때 사인형태의 경계층을 이룬다. 이 경계층의 두께는 6mm이고, 정점에서의 속도가 10m/s일 때 다음과 같이 떨어진 점에서의 전단력을 계산하라. (단, $\mu = 1.8 \times 10^{-5}$kg/m·sec이다.)

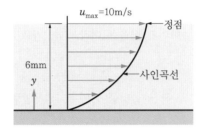

22 다음 그림에서 위 표면을 통해 나가는 유량을 Q라 하면 이 유량을 입구속도 u_0와 높이 δ로 표시하는 식을 보여라.

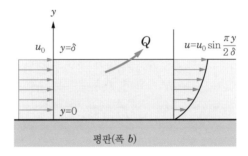

23 폭 20m이고, $h=2$m, $u_0=1.5$m/s인 배수로에서 속도가 다음 식으로 주어질 때 10^6m³의 물을 방출하는 데 얼마의 시간이 걸리는지 계산하라.

$$u = U_0 \left(\frac{y}{h} \right)^{1/7}$$

24 경사평판 위를 뉴턴 유체가 흘러 내려가고 있다. 평판 위는 공기와 접촉하고 있으며, 거의 영향을 미치지 않는다고 할 때 뉴턴의 점성법칙을 이용하여 속도 u를 벽면으로부터의 거리 y로 나타내어라. (단, 기울기는 θ이고 중력가속도와 점성계수는 각각 g, μ이다.)

25 지름이 d인 두 원판이 간격 h를 두고 평행으로 놓여 있다. 두 원판 사이에는 점성계수가 μ인 액체가 주입되어 있다. 구동축에 회전력 T를 정상상태에서 구동축과 피동축이 각각 ω_1, ω_2의 각속도로 회전하였다. 미끄럼의 크기 $\omega_1 - \omega_2$를 T, μ, d와 h의 항으로 표시하여라. (단, 원심력의 영향을 고려하지 않는다.)

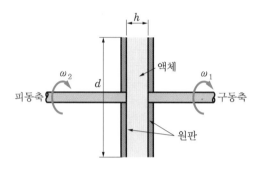

26 그림과 같은 원추형 회전체가 일정 각속도 10rad/sec로 회전하고 있다. 회전체와 용기 사이의 간극은 0.25mm이고, 그 사이에는 $\mu = 1.49 \mathrm{N \cdot sec/m^2}$인 글리세린이 주입되어 있다. 정상상태에서 필요한 회전력을 계산하여라. 회전체는 밑면의 반지름이 10cm, 높이가 20cm이다.

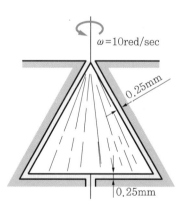

제2장

유체 정역학

2.1 유체 정역학의 정의

1 유체 정역학(fluid statics)과 유체 동역학(fluid dynamics)

유체가 정지하고 있거나 균일속도로 움직이고 있을 때는 전단력을 받지 않고 압력만을 받게 된다. 이와 같이 압력만을 받는 상태를 정적상태라 하고, 정적 또

유체 정역학 는 정지상태에 있는 유체에 의해서 생기는 힘을 다루는 학문을 유체 정역학이라 한다. 즉, 유체 정역학은 유체 내의 입자들 간에 상대운동이 없는 유체들을 다루는 학문이며, 여기에는 정지유체, 등가속도 직선운동을 하는 유체, 등속 원운동

속도 기울기 을 하고 있는 유체 등을 취급한다. 또 정지유체 내의 속도 기울기는 '0'이며 그리고 유체가 점성이 있다고 하여도, 점성력이나 유체의 전단응력은 고려하지 않는다.

따라서 정지유체가 면에 미치는 압력에 의한 힘은 면에 수직인 방향으로만 작용되고 면에 접하는 방향으로는 전달되지 않는다.

유체 동역학 유체유동을 유체 동역학적 견지에서 분석하면, 유체입자의 이동(translation), 변형(deformation), 회전(rotation)으로 크게 나눌 수 있다. 유체가 운동할 때는 이들 운동 형태가 단독으로 일어나든가 또는 서로 조합해서 발생한다. 이와 같은 임의 유체유동(flow) 형태를 해석하기 위한 방법을 유체 동역학이라 한다.

2.2 정지유체 내의 압력

1 압력(pressure)

압력 압력은 유체에 의하여 미소입자 또는 미소면적에 작용되는 힘의 세기로 정의되고, 압력의 크기가 균일하지 못한 경우일지라도 단위면적보다 작은 미소면적에 작용되는 힘의 크기를 단위면적당의 힘의 크기로 환산하여 압력의 크기를 나타내게 된다.

압력의 분포가 균일한 경우에는 면적 A에 작용되는 힘의 크기를 F라 할 때 압력 P는

$$P = \frac{F}{A} \tag{2.1}$$

이고, 압력분포가 균일하지 않을 때는 식 (2.1)은 평균압력으로 나타내게 되고 각 점에서의 압력은

평균압력

$$P = \lim_{\delta A \to \delta A'} \frac{\delta F}{\delta A} = \frac{dF}{dA}$$

로 구하여야 한다.

위에서 $\delta A'$는 0에 접근하는 극한의 미소면적이다.

그렇다면 정지유체 속에서의 압력에 관한 성질을 다음의 3가지로 구분해서 알아보자.

정지유체 속에서의 압력

① 정지유체 내의 압력은 면에 항상 수직이다[그림 2-1(a)].

② 정지유체 내의 한 점에 작용하는 압력은 방향에 관계없이 그 크기가 같다[그림 2-1(b)].

③ 밀폐된 용기 중에서 정지유체의 일부에 가해진 압력은 유체 중의 모든 부분에 일정하게 전달된다[그림 2-1(c)]. 이것을 파스칼(Pascal)의 정의라 부른다.

파스칼(Pascal)의 정의

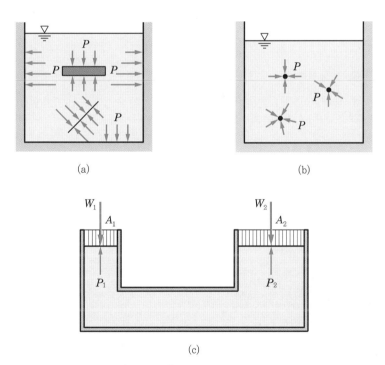

[그림 2-1] 정지유체 내의 압력

즉, $P_1 = P_2$에서 $P_1 = \dfrac{W_1}{A_1}$, $P_2 = \dfrac{W_2}{A_2}$ 이므로

$$\therefore \quad \frac{W_1}{A_1} = \frac{W_2}{A_2} \tag{2.2}$$

정지하고 있는 유체 속의 한 점에 작용하는 압력의 세기는 모든 방향에서 같
압력 프리즘(prism) 은 크기로 작용한다. 이에 대한 증명은 [그림 2-2]와 같이 압력 프리즘(prism)의 3면에 작용하는 힘에 대한 평형방정식으로부터 찾을 수 있다.

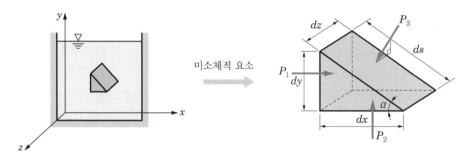

[그림 2-2] 점을 삼각프리즘형으로 고립시켜 확대

x방향 힘의 평형식 ;

$$\sum F_x = 0 \; ; \; P_1 dy dz - P_3 ds dz \sin\alpha = 0$$

$$\therefore \quad P_1 = P_3 \tag{a}$$

단, $dy = ds \sin\alpha$

y방향 힘의 평형식 ;

$$\sum F_y = 0 \; ; \; P_2 dx dz - P_3 dz ds \cos\alpha = 0$$

$$\therefore \quad P_2 = P_3 \tag{b}$$

단, $dx = ds \cos\alpha$

따라서 식 (a)와 (b)로부터 $P_1 = P_2 = P_3$로 서로 그 크기가 같게 됨을 알 수 있다.

예제 2.1

다음과 같은 유압 잭(hydraulic jack)의 밀폐된 실린더에서 물체의 무게 $\overline{W_B}$를 들어올리기 위한 레버에 가하는 힘은 몇 N인가? (단, $W_B = 10\text{kN}$, $d_B = 7.0\text{cm}$, $d_A = 2.5\text{cm}$이다.)

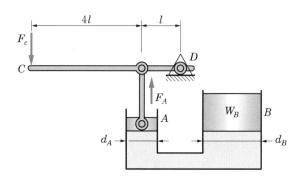

풀이 (1) $P_A = P_B$

$$\left(\text{단, } P_B = \frac{W_B}{A} = \frac{W_B}{\frac{\pi}{4}d_B{}^2}, \ P_A = \frac{F_A}{A} = \frac{F_A}{\frac{\pi}{4}d_A{}^2} \right)$$

$$\therefore \ \frac{F_A}{\frac{\pi}{4}d_A{}^2} = \frac{W_B}{\frac{\pi}{4}d_B{}^2} \qquad \qquad ⓐ$$

(2) $\sum M_D = 0 \, ; \, \curvearrowleft \oplus$

$$+ (F_c \cdot 5l) - (F_A \cdot l) = 0$$

$$\Rightarrow F_A = 5F_c \qquad \qquad ⓑ$$

식 ⓑ를 식 ⓐ에 대입하여 정리하면,

$$\frac{5F_c}{d_A{}^2} = \frac{W_B}{d_B{}^2} \Rightarrow F_c = \frac{1}{5}\left(\frac{d_A}{d_B}\right)^2 W_B$$

$$\therefore \ F_c = \frac{1}{5} \times \left(\frac{2.5}{7.5}\right)^2 \times 10,000 \fallingdotseq 80\text{N}$$

1 유체에 작용되는 힘과 전압력

표면력(surface force)

체적력(body force)

유체에 작용되는 힘의 종류에는 압력에 의한 표면력(surface force)이 있고, 중력이나 원심력 그리고 전·자기력 및 구심력에 의한 체적력(body force)이 있다. 정지유체의 경우는 중력의 방향으로 압력과 중력이 동시에 작용하게 되고 두 가지 힘을 동시에 고려하게 된다. 이때 전·자기력은 미미하여 고려하지 않아도 큰 무리가 없다.

평균압력

이미 알고 있는 평균압력 P에 의한 힘은 전압력 $\underline{P}$ 또는 F로 표기하고 P에 의해 투사된 수직면적의 곱으로 나타낸다. 중력에 의한 힘은 유체의 무게와 같다.

전압력

따라서 $\underline{P} = PA$ [N]이다. 여기서 γ는 유체 비중량[N/m³]이고 V는 유체가 차지하고 있는 체적[m³]이라면 전압력(total pressure)의 크기는 다음 식과 같다.

$$\underline{P} = \gamma h A = \gamma V \tag{c}$$

2 비압축성 유체와 압축성 유체 내의 압력변화

비압축성 유체
(incompressible fluid)

비압축성 유체(incompressible fluid)의 한 점에 작용하는 정수압력은 다음 [그림 2-3]을 가지고 유체깊이에 따른 압력변화를 알아볼 수 있다.

가정은 유체 분자 간에 상대운동이 없으며 따라서 미소면적요소의 유체에는 전단력이 생기지 않고 오직 압력과 중력만이 작용하게 된다.

정적인 유체에서의 힘의 평형조건은 x방향의 힘의 평형을 적용할 경우 $\sum F_x = 0$ 이다.

그림에서처럼 좌측 단면에서의 압력은 P이고 중력에 의한 체적력은 x방향으로는 모두 같다고 보면 체적력은 고려하지 않아도 된다. 따라서 우측면에서의 압력의 크기는

$$P + \frac{\partial P}{\partial x} dx$$

이다. x방향 압력에 의한 힘을 합하면 다음과 같다.

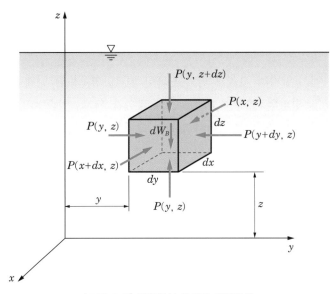

[그림 2-3] 비압축성 유체의 압력변화

$$Pdydz - \left(P + \frac{\partial P}{\partial x}dx\right)dydz = 0$$

$$\therefore \ \frac{\partial P}{\partial x} = 0 \tag{2.3}$$

이것은 x의 수평방향으로 압력의 기울기는 없고 압력의 크기는 일정하다는 것을 말해준다.

x의 수평방향으로 압력의 기울기

같은 방법으로 y방향에 대해 생각하면, x방향과 같이 중력에 의한 체적력은 y의 어느 점이나 같다고 가정하면 y방향 압력의 기울기는 없다. 즉,

y방향 압력의 기울기

$$\frac{\partial P}{\partial y} = 0 \tag{2.4}$$

가 된다. 즉, y방향으로도 어느 점에서나 압력변화가 없이 y변화에 대하여 일정하다는 것을 알 수가 있다.

z방향 힘의 평형은 다음과 같이 식을 세우면 된다. z방향을 생각할 경우 중력에 의한 체적력 dW_B를 고려해야 하므로 $\sum F_z = 0$을 적용하면 아래와 같이 된다.

$$Pdxdy - \left(P + \frac{\partial P}{\partial z}dz\right)dxdy - \rho g dxdydz = 0$$

위의 식을 간단히 정리하면 z방향 압력의 기울기가 된다. 즉,

z방향 압력의 기울기

$$\frac{\partial P}{\partial z} = -\rho g \tag{2.5}$$

압력의 기울기 변화   위의 해석에서 압력의 기울기 변화는 오직 중력방향으로만 있게 됨을 알 수가 있다. 따라서 z방향의 경우는 P가 z만의 함수가 되고, 비중량이 일정한 경우 식 (2.5)를 적분하면 임의의 점에서 압력의 크기와 z방향 크기에 따른 압력차를 구할 수 있다.

$$\int_1^2 dP = -\gamma \int_1^2 dz$$

따라서

$$P_2 - P_1 = \rho g(z_1 - z_2) \tag{2.6}$$

[그림 2-4]에서 액체의 자유표면을 2로 잡으면 $P_2 - P_1 = -\rho gh$와 같다. 여기서, h는 자유표면으로부터의 거리이다. 자유표면에서의 압력을 0으로 두고, 임의 깊이 속의 압력 P_1을 임의 깊이 속의 압력 P라 하면 이것은 게이지 압력이다.

$$P = \gamma h \tag{2.7}$$

이 식은 압력과 수두와의 관계를 나타낸 편리한 식으로, P는 게이지 압력이 된다. 따라서 임의의 깊이 h에서 절대압 P_{abs}는 P와 국소대기압 P_0를 합한 결과이다.

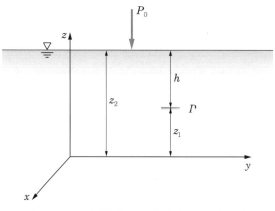

[그림 2-4] 정지유체 임의의 깊이 h에서의 압력

압축성 유체
(compressible fluid)   다음은 압축성 유체(compressible fluid)의 임의의 깊이에 따른 압력변화를 알아보자.

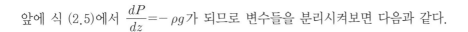
앞에 식 (2.5)에서 $\dfrac{dP}{dz} = -\rho g$ 가 되므로 변수들을 분리시켜보면 다음과 같다.

$$\frac{dP}{\rho} = -gdz \qquad\qquad (a)$$

이 식을 기본으로 압축성 유체의 압력을 구하면 다음과 같다.

(1) 온도가 일정할 때 $(T = c)$;

압축성 유체가 등온일 때 다음의 식이 성립한다. 즉, 이상기체 상태식으로부터

압축성 유체가 등온일 때

$$\rho = \frac{P}{RT} = cP \qquad\qquad (b)$$

식 (a)에 식 (b)를 대입하면

$$\int_{P_0}^{P} \frac{dP}{cP} = -\int_{0}^{z} gdz \rightarrow \frac{1}{c}\left[\ln P\right]_{P_0}^{P} = -g\left[z\right]_{0}^{z}$$

따라서 $\ln \dfrac{P}{P_0} = -cgz$ 이 된다. 양변에 exp를 취하면

$$e^{\ln \frac{P}{P_0}} = e^{-cgz}$$

$$\therefore \ \ \frac{P}{P_0} = e^{-cgz}$$

가 된다.

여기서 $c = \dfrac{1}{RT}$ 이므로 위 식의 P는

$$\therefore \ \ P = P_0 e^{-\frac{gz}{RT}} = P_0 \exp\left[-\frac{gz}{RT_0}\right] \qquad\qquad (2.8)$$

로 다시 쓸 수가 있다. 그리고 $T = T_0$로 해수면 온도이다. 즉 $T_0 = 15\,℃ = 288.16\text{K}$ 로 대류권에서 대기의 평균온도이다.

대류권에서 대기의 평균온도

위의 식 (2.8)은 지구에 대하여 근사식이지만 실제로 지구 평균대기온도는 해발 11,000m 고도까지 대기의 온도가 거의 z에 따라 $T \simeq T_0 - \beta z$와 같이 선형적으로 떨어진다. 이때 $\beta = 0.00650\text{K}/\text{m}$의 크기로 기온저감률(lapse rate)로서 매일 다소의 변화는 있다.

기온저감률(lapse rate)

(2) 단열과정($s = c$)일 때 ;

압력에 따른 위치점을 역으로 생각해볼 수 있다. 단열의 상태관계방정식으로부터

$$Pv^\kappa = c \;\rightarrow\; P\left(\frac{1}{\rho}\right)^\kappa = c$$

$$\rho = cP^{\frac{1}{\kappa}} \tag{c}$$

식 (c)를 식 (a)에 대입하여 적분

$$\int_{P_0}^{P} \frac{dP}{cP^{\frac{1}{\kappa}}} = -\int_{0}^{z} gdz$$

$$\frac{1}{c}\frac{1}{1-\frac{1}{\kappa}}\left[P^{1-\frac{1}{\kappa}} - P_0^{1-\frac{1}{\kappa}}\right] = -gz$$

$$\frac{P_0^{1-\frac{1}{\kappa}}}{c}\frac{\kappa}{\kappa-1}\left[1 - \left(\frac{P}{P_0}\right)^{1-\frac{1}{\kappa}}\right] = gz \tag{d}$$

또한 식 (c)의 양변에 $\dfrac{1}{P}$ 을 곱하고 역수를 취하면 다음 식 (e)가 된다.

$$\frac{P}{\rho} = \frac{P}{cP^{\frac{1}{\kappa}}} = \frac{P^{1-\frac{1}{\kappa}}}{c} = RT \tag{e}$$

유체의 임의의 위치 $\overline{z}$ 식 (d)에 식 (e)를 대입하면 압축성 유체의 임의의 위치 z를 $\dfrac{P}{P_0}$의 압력비로

부터 구할 수 있게 된다. 즉,

$$RT_0\frac{\kappa}{\kappa-1}\left[1 - \left(\frac{P}{P_0}\right)^{1-\frac{1}{\kappa}}\right] = gz$$

$$\therefore\; z = \frac{\kappa}{\kappa-1}\frac{RT_0}{g}\left[1 - \left(\frac{P}{P_0}\right)^{1-\frac{1}{\kappa}}\right] \tag{2.9}$$

가 된다. 이때 P_0와 T_0는 기준상태에서 해수면 위의 대기압력과 대기온도이다.

표준대기상태(STP) 여기서 표준대기상태(STP)란 $T_0 = 15℃$, $P_0 = 1\text{atm}$를 말한다.

예제 2.2

비중이 0.8인 기름의 임의점 $h=3$m에서의 압력은 몇 kPa(gage pressure)인가?

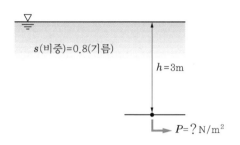

풀이 $P=\gamma h = s\gamma_w h = 0.8 \times 9,800\text{N/m}^3 \times 3\text{m}$
$= 23,520\text{N/m}^2$
$= 23.52\text{kPa} \ (= \text{게이지 압력})$

2.4 압력의 단위, 대기압력, 게이지 압력, 절대압력

압력이란 한 입자에 작용하는 힘의 크기를 말한다. 그러나 일반적으로는 평균 압력의 개념으로 단위면적당 힘으로 나타내게 된다.

1 압력의 단위(unit)

압력의 단위로는 SI단위계에서는 파스칼 Pa(pascal)$=[\text{N/m}^2]$, 미터계 중력단위로는 $[\text{kgf/m}^2]$, 영국단위계에서는 psi(Pound per Square Inch : lb/in^2)를 주로 사용한다. 즉, 알기 쉽도록 다음과 같이 압력의 단위를 나열해보기로 하자.

압력의 단위
파스칼

• 중력단위 :

   $\text{kgf/cm}^2, \ \text{kgf/m}^2, \ \text{lb/in}^2=\text{psi}, \ \text{lb/ft}^2=\text{psf}$

• SI단위 :

   $\text{N/m}^2=\text{Pa}$

- 공학단위로 기압 :

$$1at = 1kgf/cm^2$$
$$= 735.5mmHg(Torr)$$
$$= 10mAq : 물기둥 높이$$
$$= 14.5lb/in^2 (=psi)$$
$$= 0.980665bar$$
$$= 980.665mbar(millibar)$$
$$= 98066.5Pa$$
$$= 98.0665kPa$$
$$= 980.665hPa$$

압력의 단위 환산은 다음과 같다.

- SI단위 :

$$1Pa = 1N/m^2 = \frac{1}{9.81}kgf/m^2 = \frac{1}{32.2}b/ft^2$$

- 수은주(Hg) :

$$1mmHg = 13.6mmAq = 13.6 \times 10^{-4}kgf/cm^2$$

- 수주[$H_2O(Aq)$] :

$$1mmAq = 1kgf/m^2 = 1 \times 10^{-4}kgf/cm^2$$

- SI 유도단위 :

$$1bar = 10^5 N/m^2 (=Pa) = 10^6 dyne/cm^2 = 750.5mmHg = 1,000mbar(millibar)$$

2 대기압력(atmospheric)

표준대기압력은 바다의 수면 위에 나타나는 대기의 압력을 말하며, 그 압력의 크기는 다음과 같다. 이때 바다 수면 위는 표준온도 및 습도 조건이 주어진 상태에시의 입력이다.

- 표준대기압력 : atm

$$1atm = 101325Pa = 101.325kPa$$
$$= 760mmHg(Torr)$$
$$= 10.332mAq$$
$$= 1013.25hPa$$
$$= 14.7lb/in^2 (psi)$$
$$= 1.01325bar$$

=1013.25mbar(millibar)

또, 국소대기압은 지역의 고도, 습도, 온도에 따라 다르게 나타나는 대기의 압력으로 같은 조건하의 표준대기압보다 낮다.

국소대기압

3 게이지 압력(gage pressure)

국소대기압을 기준으로 어느 지역의 측정 대상에 나타나는 게이지상의 압력을 말하는 것으로 이 게이지 압력은 국소대기압보다 클 경우도 있고 작을 때도 있다. 특히 작게 표시되는 압력을 진공압, 즉 부압이라 한다. 그 크기는 [그림 2-5]로 비교하여 알 수가 있다.

게이지 압력

진공압

대부분의 압력계는 압력차, 즉 주위압력과 측정압력(게이지압)의 차이로 나타낸다. 이때 압력차(pressure difference)는 게이지압이며 대기압력에 대하여 상대적으로 비교측정값이다. 보통은 주위압력이란 대기압력(여기서는 국소대기압)으로 게이지압이 203kPa일 때 대기압력보다 203kPa 높다는 뜻이 되므로 국소대기압이 101kPa이라면 절대압력은 대기압력과 게이지압을 합한 크기 304kPa이 되는 것이다. 따라서 절대압력은 다음과 같은 크기로 설명된다.

4 절대압력(absolute pressure)

완전진공을 기준으로 측정한 압력을 말하며 완전진공상태의 절대압력은 0(zero)이 된다.

물리학이나 이론식에 나타나는 압력은 완전진공을 기준으로 한 절대압력(absolute pressure)을 주로 사용하지만 일반 공학에서 사용되는 압력은 국소대기압을 기준으로 한 게이지 압력(gage pressure)이다. 그 크기 비교는 [그림 2-5]로 알 수 있다.

절대압력
(absolute pressure)

게이지 압력
(gage pressure)

국소대기압보다 큰 압력을 양압력(+), 국소대기압 이하의 압력을 음압력(−)으로 구분하기도 하지만, 보통 압력이라 함은 게이지 압력의 양압력을 뜻하게 되고 음압력을 진공압력으로 표시한다. 절대압력은 압력 단위 뒤에 abs를 붙여서 구분하여 사용한다.

양압력

음압력

[그림 2-5]는 대기압보다 큰 게이지 압력과 대기압보다 작은 진공압력을 비교한 것이며 압력 사이에는 다음과 같은 관계가 성립된다. 그림에서 절대압력의 크기는 $P_{abs,1}$과 $P_{abs,2}$로 서로 다른 크기임에 주의해야 한다. 이상기체 상태방정식에서 사용하는 압력은 이러한 절대압력의 크기를 사용하게 된다.

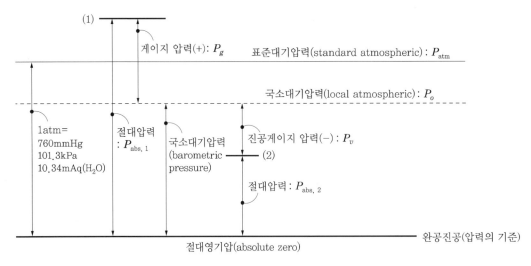

[그림 2-5] 절대압력과 게이지 압력

그림으로부터 압력의 크기를 비교하여 식으로 공식화하면 다음과 같다.

절대압력＝국소대기압력＋게이지 압력
＝국소대기압력－진공압력[음(－)의 게이지 압력]

$$\therefore \left.\begin{array}{l} P_{abs} = P_o + P_g \\ = P_o - P_v \end{array}\right\} \tag{2.10}$$

아네로이드(Aneroid) 압력계

부르돈(Bourdon) 압력계

절대압력을 측정하는 기구로는 아네로이드(Aneroid) 압력계와 수은 기압계 (1643년 Torricelli에 의함)가 있으며 [그림 2-6], 대기압에 대한 상대적 압력인 게이지 압력 측정기구로는 부르돈(Bourdon) 압력계와 각종 액주계 등이 있다 [그림 2-7].

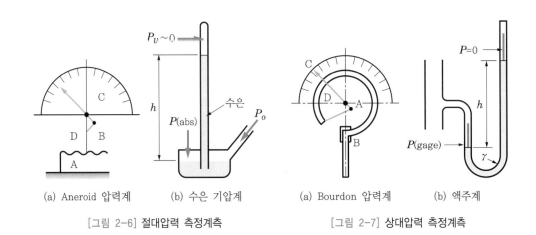

(a) Aneroid 압력계　　(b) 수은 기압계

[그림 2-6] 절대압력 측정계측

(a) Bourdon 압력계　　(b) 액주계

[그림 2-7] 상대압력 측정계측

또 압력계의 구별에 있어서 Bourdon 압력계와 Aneroid 압력계 등을 기계적 압력계라 한다.

예제 2.3

국소대기압이 750mmHg이고, 게이지압이 150kPa일 때 절대압력은 몇 kPa인가? 또 몇 mmHg인가?

풀이 절대압력 = 국소대기압 $\begin{cases} +\,게이지압 \\ -\,진공압 \end{cases}$

[참조] 국소대기압을 kPa로 $\Rightarrow$ 760mmHg : 101.3kPa

$= 750\text{mmHg} : P_x(\text{kPa})$

$$P_x = \frac{101.3 \times 750}{760} \fallingdotseq 99.97\text{kPa}$$

$\therefore$ 절대압력 $\fallingdotseq 99.97 + 150 \fallingdotseq 250\text{kPa}$

$760\text{mmHg} : 101.3\text{kPa} = P_x\text{mmHg} : 250\text{kPa}$

$$\therefore \ P_x = \frac{760 \times 250}{101.3} = 1,875.62\text{mmHg}$$

예제 2.4

진공도가 10%인 용기 안의 절대압력은 몇 mmHg인가? 단, 국소대기압이 760mmHg 이다.

풀이 진공도(%) $= \dfrac{진공압}{국소대기압} \times 100 = 10\%$

진공압 $= 760 \times 0.1 = 76\text{mmHg}$

$\therefore$ 절대압력 = 대기압 - 진공압 $= 760 - 76 = 684\text{mmHg}$

절대 압력계

절대 압력계로는 주로 대기압과 진공압력을 측정하고 기계 압력계로는 대체로 높은 압력(수백기압까지)을 측정하는 데 이용된다. 반면 $P = \gamma h$를 이용하는 액주계로는 비교적 작은 압력이나 압력차 10Pa 이내를 측정하는 데 적절하며 더욱 정밀한 압력 측정에는 미압계를 사용한다.

수은 기압계
(mercury barometer)

수은 기압계(mercury barometer)는 일명 토리첼리(Torricelli) 기압계라고 불리며 대기의 절대압력을 측정하는 장치이다. 수은의 비중량을 γ_{Hg} 라 하면 대기압 P_0는 다음과 같은 식으로부터 그 크기를 구할 수 있다.

$$P_0 = \gamma_{Hg} h \tag{2.11}$$

그림과 같은 수은 기압계의 경우 수은주의 높이는 대기압을 표시하며 760mmHg가 곧 1기압이다[그림 2-8].

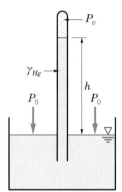

[그림 2-8] 수은 기압계의 원리

피에조미터(piezometer)

피에조미터(piezometer)는 액주계 내의 액체가 측정하려 하는 유체와 같은 경우의 압력계를 피에조미터라고 부르고, 탱크(tank)나 관(tube) 속의 작은 유체압을 측정하는 액주계이다([그림 2-9] 참조).

이 경우 A점의 절대압력 P_A는 다음과 같다. 즉,

$$P_A = P_0 + \gamma(H' - y) = P_0 + \gamma H \tag{2.12}$$

이다. 위의 식 (2.12)는 피에조미터의 압력 산출식이다.

또 B점의 절대압력 P_B는 다음 식과 같다.

$$P_B = P_0 + \gamma H' \tag{2.13}$$

이때 P_0가 대기압이면 이것을 기준으로 하여 그 크기를 0(zero)으로 놓고 게이지 압력을 구할 수 있다.

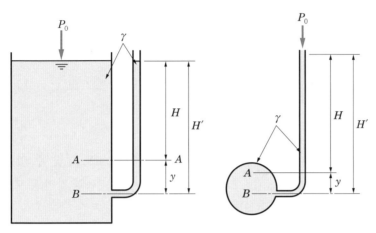

[그림 2-9] 피에조미터(piezometer)

기타 압력계로는 마노미터(manometer)가 있고, 여기에는 U자관과 시차 액주계 등이 있다. 이때 액주계의 액체가 측정하려 하는 유체와 다른 유체가 사용되는 경우를 마노미터(manometer)라 한다.

마노미터(manometer)

U자관에서 압력 측정은 다음과 같다. [그림 2-10]과 같은 U자관 마노미터로부터 게이지 압력의 크기를 구하면 다음 식과 같고, 절대압력은 이 식에 대기압을 더한다.

U자관 마노미터

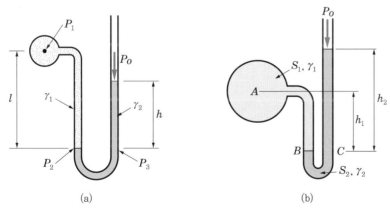

[그림 2-10] U자관 마노미터

$P_2 = P_3$이므로 파스칼 원리로부터 식을 세우면 [그림 2-10(a)]로부터 다음과 같다.

$$P_1 + \gamma_1 l = \gamma_2 h$$

$$\therefore \ P_1 = \gamma_2 h - \gamma_1 l \tag{2.14}$$

같은 원리로부터 [그림 2-10(b)]의 경우 식을 세우면 다음과 같다. 즉, $P_B = P_A + \gamma_1 h_1$, $P_C = \gamma_2 h_2$ 따라서 $P_B = P_C$이므로 A관 내의 압력의 크기는

$$P_A + \gamma_1 h_1 = \gamma_2 h_2$$

$$\therefore \ P_A = \gamma_2 h_2 - \gamma_1 h_1 \tag{2.15}$$

이 된다. 따라서 액주계 내의 각각의 압력을 비중량으로도 구할 수 있다.

시차 액주계
(differential manometer)

또 시차 액주계(differential manometer)의 경우는 다음과 같이 두 가지로 생각하여 압력차를 알아볼 수 있다.

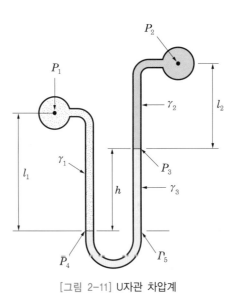

[그림 2-11] U자관 차압계

U자관 시차 액주계

[그림 2-11]과 같은 U자관 시차 액주계의 차압계로부터 압력차 $P_1 - P_2$를 구하면 다음과 같이 된다.

$$P_4 = P_1 + \gamma_1 l_1, \ P_5 = P_2 + \gamma_2 l_2 + \gamma_3 h \text{이고, 따라서 } P_4 = P_5 \text{이므로}$$
압력차 $P_1 - P_2$는

$$\Delta P = P_1 - P_2 = \gamma_2 l_2 + \gamma_3 h - \gamma_1 l_1 \tag{2.16}$$

이다. 만일 압력 P_2를 정확히 알고 있는 경우라면 큰 압력 P_1을 측정할 수 있다.

다음 [그림 2-12]는 역U자관 마노미터로서 압력을 측정하려는 액체의 γ_1 및 γ_2보다 가벼운 γ_3를 쓴 경우이다. 이때의 압력차는 같은 원리를 사용할 때 다음과 같다. 즉,

역U자관 마노미터

$P_4 = P_1 - \gamma_1 l_1, \ P_5 = P_2 - \gamma_2 l_2 - \gamma_3 h$ 이고

따라서 $P_4 = P_5$이므로

$P_1 - P_2$의 압력차는

$$\Delta P = P_1 - P_2 = \gamma_1 l_1 - \gamma_2 l_2 - \gamma_3 h \tag{2.17}$$

이 된다.

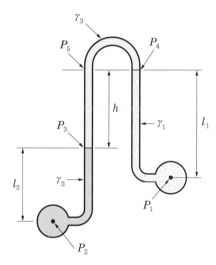

[그림 2-12] 역U자관 차압계

이번에는 벤투리미터(venturi meter)이다. 앞서의 시차 액주계의 원리를 사용하면 쉽게 압력차 ΔP를 찾을 수 있다.

벤투리미터(venturi meter)

[그림 2-13]으로부터

$$P_C = P_A + \gamma H = P_A + \gamma (h + H') \tag{a}$$

$$P_D = P_B + \gamma H' + \gamma_0 h \tag{b}$$

따라서 파스칼 원리로부터 $P_C = P_D$이므로 벤투리미터의 시차를 이용한 압력차 $P_A - P_B$는 다음과 같다. 즉,

$P_A + \gamma h + \gamma K = P_B + \gamma K + \gamma_0 h$ 가 되고 이항정리하면

$\Delta P = P_A - P_B = \gamma_0 h - \gamma h = (\gamma_0 - \gamma)h$

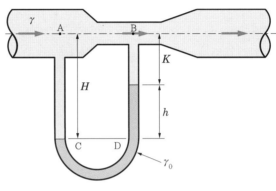

[그림 2-13] 벤투리미터

이때, $H = h + K$이다. 따라서 비중 $S_0 = \dfrac{\gamma_0}{\gamma_w}$이므로 위의 식은 다음과 같다.

$$\therefore \ \Delta P = (S_0\gamma_w - S\gamma_w)h = (S_0 - S)\gamma_w h \tag{2.18}$$

식 (2.18)로부터 액주계 내의 유체 비중과 벤투리관 내의 유동유체의 비중을 알면 액주계의 눈금차를 통하여 차압의 크기가 구해진다.

미세 압력계 (micro manometer)의 경우는 다음과 같다. [그림 2-14]에서 압력 $P_A = P_B$이므로 평형상태에 있을 때의 위치가 C, D의 압력차에 의해 그림의 위치에서 평형을 이루고 있다면 용기의 큰 단면적을 A_a, U자관의 작은 단면적을 a라 할 때 압력차는 식 (2.19)로 구해진다. 이 식에서 괄호 안의 상수가 작은 수이어야 미압계로서의 기능을 갖게 되므로 a는 A_a에 비해 매우 작아야 하고 γ_3는 γ_2보다 약간 커야 한다. 같은 위치에 압력이 같다고 가정하여 식을 세우면 다음과 같이 된다. 여기서 A_a는 큰 관의 단면적이고, a는 작은 액주계의 단면적이다.

$$P_C + \gamma_1(y_1 + \Delta y) + \gamma_2\left(y_2 - \Delta y + \frac{h}{2}\right)$$
$$= \gamma_3 h + \gamma_2\left(y_2 + \Delta y - \frac{h}{2}\right) + \gamma_1(y_1 - \Delta y) + P_D$$

여기서 $\Delta y A_a = \dfrac{h}{2}a$ 이므로 위의 식에 적용하고 이항정리하여 미압차 $P_C - P_D$

미압차

를 구하면

$$P_C - P_D = h\left[\gamma_3 - \gamma_2\left(1 - \frac{a}{A_a}\right) - \gamma_1\frac{a}{A_a}\right] \tag{2.19}$$

이 된다.

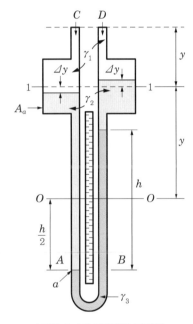

[그림 2-14] U자관형 미압계

또 경사 미압계(inclined-micro manometer)는 [그림 2-15]에서 보는 바와 같이 작은 게이지 압력의 측정 또는 기체끼리의 작은 압력차를 측정하는 기구이 다. 압력차가 없을 때 액면은 $A - B$의 점선 위치에서 평형을 이루고 있다.

경사 미압계(inclined -micro manometer)

C에서 D보다 높은 압력을 연결했을 때 경사 유리관을 따라서 L만큼에 대한 수직거리로는 h만큼 관 속의 액면은 상승하였고 단면적이 큰 C의 액면은 $\dfrac{a}{A_a}L$ 만큼 조금 하강할 것이다.

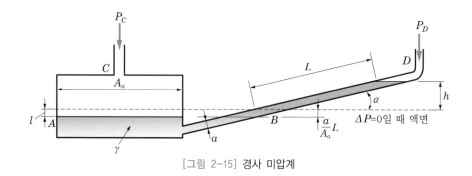

[그림 2-15] 경사 미압계

기체의 자중은 무시하고 C, D의 관 단면적을 A_a, a, 경사각을 α라고 할 때 파스칼 원리로부터 압력차는 다음과 같다.

$$P_C = P_D + \gamma \left(L\sin\alpha + \frac{a}{A_a}L \right)$$

$$\therefore \ P_C - P_D = L\gamma \left(\sin\alpha + \frac{a}{A_a} \right) \tag{2.20}$$

따라서 L의 길이만 측정되면 압력차를 알 수가 있다. 이때 경사각 α가 너무 작으면 오히려 자체오차를 증가시키므로 30° 이하의 작은 경사는 피해야 한다. 만약 C의 게이지 압력만을 측정하려면 C를 대기압에 연결하면 되고 액주가 직접 압력이나 속도를 읽을 수 있도록 보정될 때는 흔히 통풍계(draft gauge)라 칭한다.

통풍계(draft gauge)

예제 **2.5**

관로에 흐르는 유량을 측정하는 게이지로서 아래의 그림과 같은 오리피스게이지(orificemeter)가 사용된다. 유량은 오리피스에서 생기는 압력차를 가지고 계산한다. 압력차 $P_1 - P_2$를 계산하여라. 액주계 액체의 비중 $S_0 = 2.95$, 유동유체의 비중 $S = 0.8$, 액주계 읽음 눈금자 $H = 300$mm이다.

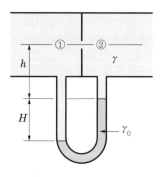

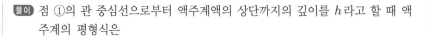

풀이 점 ①의 관 중심선으로부터 액주계액의 상단까지의 깊이를 h라고 할 때 액주계의 평형식은

$$P_1 + \gamma(h + H) - \gamma_0 H - \gamma h = P_2 \qquad \text{ⓐ}$$

이므로 압력차는 $P_1 - P_2 = H(\gamma_0 - \gamma)$이다.

단, $H = 300\text{mm} = 0.3\text{m}$, $\gamma_0 = (2.95) \cdot (9,800) = 28,910\text{N/m}^3$,

$\gamma = (0.8) \cdot (9,800) = 7,840\text{N/m}^3$

를 [식 ⓐ]에 대입하면

$$P_1 - P_2 = (0.3)(28,910 - 7,840) = 6,321\text{N/m}^2$$
$$= 6.321\text{kPa}$$

예제 2.6

아래 그림과 같은 경사 액주계를 사용하였을 때 공기의 게이지 압력 P_A를 계산하여라. (단, 물의 밀도는 1,000kg/m³이다.)

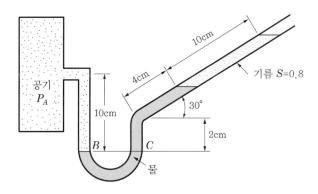

풀이 공기에 의한 정수압력을 무시하면 액주계의 평형식은 다음과 같다.

$$P_A = P_C$$
$$= (0.02 + 0.04\sin30°)(9,800) + (0.1\sin30°)(0.8)(9,800)$$
$$= P_B$$

P_A에 관해서 계산하면 그 결과는 다음과 같다.

$$\therefore \ P_A = 784\text{N/m}^2$$

2.6 정지유체 속에 잠겨 있는 물체에 작용하는 힘

구조물 중 유체와 접하고 있는 경우 보통은 수력학적인 힘을 계산해야 한다. 이때 밀도변화를 무시하면 식 (2.7)을 적용시킬 수 있으며 압력은 깊이에 비례하게 된다.

1 수평으로 놓인 평면이 받는 힘

[그림 2-16]과 같이 비중량 γ인 정지유체에 깊이 h만큼 깊이로 단면적 A의 평판이 수평으로 놓여 있을 때 전압력 크기는

평판이 수평으로 놓여 있을 때 전압력

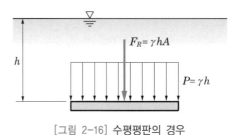

[그림 2-16] 수평평판의 경우

$$F_R = \gamma h A \tag{2.21}$$

이다.

그러므로 전압력 F는 상방향 위에 있는 유체의 무게인 것을 알 수 있다. 왜냐하면 평판의 면적 A와 유체깊이 h가 평판 위의 유체의 체적이 되고, 여기에 유체의 비중량 γ를 곱한 결과가 된 것이기 때문이다.

2 수직으로 놓인 평판에 작용하는 힘

다음 수직평면의 전압력의 크기를 알아보자. [그림 2-17]과 같이 비중량 γ인 유체 속에 평판이 수직으로 a의 깊이 속에 b의 높이를 가지고 단면적 A로 잠겨 있다.

평판의 미소면적 dA에 작용하는 힘 dF는

$$dF_R = PdA$$
$$F_R = \int dF_R = \int_a^{a+b} PdA$$

따라서 전압력은 위의 식을 적분하여 구할 수 있다. 여기서 $P = \gamma y$, $dA = cdy$ 이므로 다시 고쳐 쓰고 적분하면 된다.

$$\therefore F_R = \int_a^{a+b} \gamma y c(y) dy$$

만약 $c = \text{const.}$(일정)라면 임의의 단면을 갖는 직사각형 수직단면의 형태가 되고 그 전압력의 크기는 다음과 같다.

$$F_R = \gamma c \int_a^{a+b} y dy$$
$$= \gamma c \left[\frac{y^2}{2} \right]_a^{a+b}$$
$$= \frac{\gamma c}{2}(2ab + b^2) \tag{2.22}$$

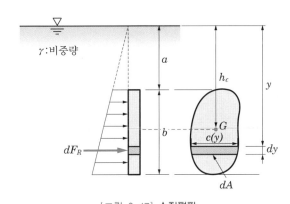

[그림 2-17] 수직평판

이 식을 통하여 간단한 형태의 관계식으로 바꾸기 위해 다음과 같이 가정하여 정리해보자. 즉, 만약 $a = 0$이라면 평판의 단면 상부가 자유표면에 접한 경우가 되고 결국 $a = 0$을 대입하면 식 (2.22)는 아래 식과 같게 된다.

$$\therefore F_R = \frac{\gamma c b^2}{2} = \gamma \frac{b}{2}(c \times b)$$
$$= \gamma h_c A \tag{2.23}$$

여기서 $A = c \times b$가 평판의 면적이 되고, h_c는 도심까지 수직 유효도심 깊이이다. 따라서 식 (2.23)은 평판의 단면적 A를 알고 있을 때 수직평판의 전압력을 찾아낼 수 있는 일반적인 식이라 할 수 있다.

수직평판의 전압력

3 경사지게 놓여 있는 평판에 작용하는 힘

경사진 평면에
작용하는 전압력

다음은 경사진 평면에 작용하는 전압력 F_R를 알아보자. [그림 2-18]은 액체
속에 완전히 잠겨 있는 평판을 나타낸 것이며, 자유표면과 각 θ를 이루고 있다.
그러므로 깊이는 평판에 따라서 비례하게 된다. [그림 2-18]에서 경사평판의 미
소면적 dA에 작용하는 전압력 dF_R에 대하여 식을 세우면 다음과 같다.

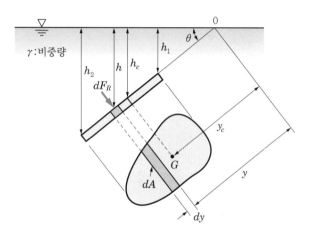

[그림 2-18] 각 θ로 경사져 있는 임의 평판에 작용하는 힘

미소면적요소에 작용하는 전압력 $dF_R = \gamma y \sin\theta dA$ 이다. 따라서 전평판의 단
면적 A에 대하여는 적분하여 얻어낸다. 즉,

$$F_R = \int dF_R = \int_A \gamma y \sin\theta dA$$

$$= \gamma \sin\theta \int_A y dA = \gamma y_c \sin\theta A$$

$$= \gamma h_c A \tag{2.24}$$

경사평판의 도심(centroid)

여기서, h_c는 경사평판의 도심(centroid)까지의 수직 깊이이고 $\displaystyle\int_A y dA = y_c A$,
$h_c = y_c \sin\theta$ 이다.

4 전압력 중심

다음은 전압력 중심 y_p에 대하여 알아보자. 이 y_p는 도심깊이 y_c보다는 밑에 있다. dA에 작용하는 분포력 dF_R의 O축에 수직한 X축에 관한 단면 1차 모멘트와 전압력 F_R의 X축에 관한 모멘트가 같다고 놓으면, 즉 $\int dM = y_p F_R$이다. 따라서 앞서 정리된 식과 값을 적용하면 y_p는

전압력 중심

도심깊이

단면 1차 모멘트

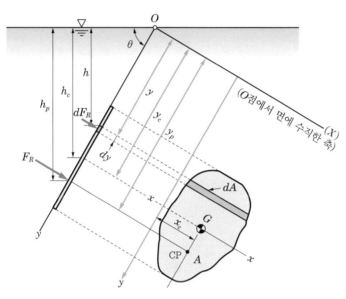

[그림 2-19] 평판의 전압력 중심

$$F_R \times y_p = \int_A \gamma h y dA = \int_A \gamma y \sin\theta y dA$$
$$= \gamma \sin\theta \int_A y^2 dA$$

여기서, $I_X = \int_A y^2 dA$이므로 위의 식은 다음과 같다. 즉, F_R와 y_p는 90° 관계이므로 곱($\times$)은 스칼라 식으로 쓰고 정리해보면,

$$F_R y_p = \gamma \sin\theta I_X$$

$$y_p = \frac{\gamma \sin\theta I_X}{F_R}$$

$$= \frac{\gamma \sin\theta I_X}{\int_A \gamma y \sin\theta dA}$$

$$= \frac{\gamma \sin\theta I_X}{\gamma y_c \sin\theta \mathrm{A}} = \frac{I_X}{y_c A}$$

평행축 정리

이 식에서 $I_X = I_c + y_c^{\,2} A$의 평행축 정리를 이용하여 다시 쓰면 y_p를 구할 수 있다.

$$\therefore\ y_p = \frac{I_c + y_c^{\,2} A}{y_c A}$$

$$= y_c + \frac{I_c}{y_c A} \qquad (2.25)$$

또는 $y_p = y_c + \dfrac{I_c}{y_c A}$로 쓸 수도 있고, y_c는 도심까지의 경사깊이이며 I_c는 도심을 통과하는 축에 대한 단면 2차 모멘트(moment of inertia)이다. 만약 θ가 $90°$이면 $y_c = h_c$가 된다.

단면 2차 모멘트 (moment of inertia)

위의 식으로부터 y_p는 y_c보다 $[I_c / y_c A]$만큼 밑에 있음을 알 수가 있다. 만약 물속에 잠겨 있는 도형이 x축 또는 y축에 대칭일 때는 x의 도심과 힘의 작용점은 일치한다.

예제 2.7

그림과 같이 사각 단면의 일부가 자유표면과 일치할 때 평판에 작용하는 힘은 몇 N인가? 공학단위 kgf로는 얼마인가? (단, 물의 비중량 γ_w =9,800N/m³의 경우이다.)

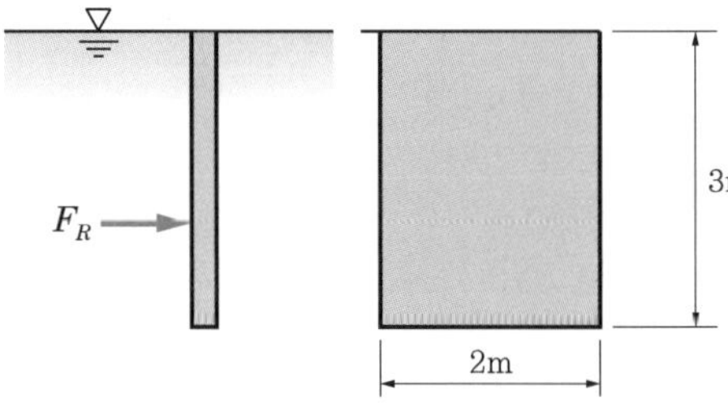

풀이 $F_R = \gamma h_c A = (9{,}800)\left(\dfrac{3}{2}\right)(2 \times 3) = \dfrac{9{,}800 \times 2 \times 3^2}{2} = 88{,}200\text{N}$

또는 $F_R = (88{,}200\text{N}) \times \left(\dfrac{1}{9.8}\text{kgf/N}\right) = 9{,}000\text{kgf}$

예제 2.8

폭 2.4m, 높이 3m인 수문의 상단이 힌지로 되어 있다. 지금 물이 1.5m만큼 찼을 때 하단에 얼마의 힘(N)을 주어야 열 수가 있는가?

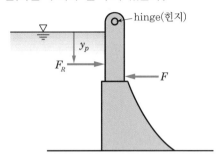

풀이 먼저 압력중심을 구하면

$$y_p = \frac{I_G}{y_c A} + y_c = \frac{2.4 \times (1.5)^3/12}{\frac{1.5}{2} \times 2.4 \times 1.5} + \frac{1.5}{2} = 1\text{m}$$

$F_R = \gamma h_c A$ 이므로

$$F_R = 9,800 \times \frac{1.5}{2} \times 1.5 \times 2.4 = 26,460\text{N}$$

따라서 힌지점에 모멘트 : $(1.5+1) \times 26,460 = 3 \times F$
$$\therefore F = 22,050\text{N}$$

예제 2.9

지름이 1.2m인 원형 수문이 다음 그림과 같이 연직으로 설치되어 있다. 수문 상단 O점은 힌지(hinge)되어 있고, 또 수면으로부터 3m 깊이에 위치하고 있다. 수문에 작용하는 힘, 압심의 위치, 또 수문을 여는 데 필요한 힘 F을 구하라.

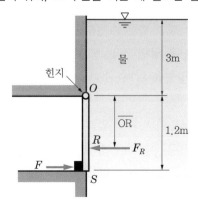

풀이 수문의 도심까지의 깊이는 3m+0.6m=3.6m, 물의 비중량은 $\gamma = 9800\text{N/m}^3$ 이므로 수문에 작용하는 힘 F_R은

$$F_R = (\text{도심점의 압력}) \times (\text{수문의 넓이})$$

$$= \gamma h_c A = (9,800)(3.6)\left(\frac{\pi}{4} \times 1.2^2\right)$$

$$= 39,900\text{N}$$

또 $y_p = h_p (\text{수직평판}) = y_c + \dfrac{I_G}{A y_c}$

도심을 지나는 원형 단면에 관한 관성모멘트는 $I_C = \dfrac{\pi d^4}{64}$ 이다.

따라서 $y_p = h_p = y_c + \dfrac{\pi d^4/64}{(\pi/4)d^2 y_c} = y_c + \dfrac{d^2}{16 y_c}$

$$= 3.6 + \frac{(1.2)^2}{(16)(3.6)} = 3.63\text{m}$$

즉, 도심(중심)을 지나는 연직선상에 도심으로부터 0.03m 아래에 위치한다. 수문을 여는 데 필요한 힘 F은 힌지점에 관한 모멘트를 취하면 얻을 수가 있다.

$$\overline{OS} \times F = \overline{OR} \times F_R$$

$$F = \frac{\overline{OR} \times F_R}{\overline{OS}} = \frac{(3.63-3)(39,900)}{1.2} = 20,948\text{N}$$

2.7 정지유체 속에 잠겨 있는 곡면에 작용하는 힘

곡면의 한쪽이 받는 정적인 힘은 수평과 수직성분으로 표시하는 것이 편리하다. 즉, 힘의 크기와 방향을 알면 직각 성분을 곧 구할 수 있고, 반대로 직각 성분을 알면 힘의 크기와 방향을 알 수 있다. 따라서 [그림 2-20]과 같이 1/4곡면판이 유체 속에 잠겨 있을 때 곡면에 작용하는 힘(전압력)을 찾아보자.

[그림 2-20]의 경우 곡면이 받는 전압력의 성분들은 자유 물체도의 평형 조건을 적용하면 쉽게 구해진다. 즉 정적 평형상태를 생각할 때 유체가 외부로부터 받은 힘을 생각하게 되므로 유체가 벽면에 미치는 힘은 그 반대방향으로 작용되는 것이다.

자유 물체도의 평형 조건

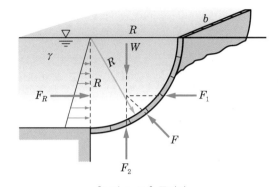

[그림 2-20] 곡면판

1 곡면판이 자유표면과 만나는 경우

x방향의 힘의 평형조건으로부터 F_1의 크기를 구하면 다음과 같다. x방향의 힘의 평형조건

$$\sum F_x = 0 \; ;$$
$$F_R - F_1 = 0$$
$$F_R = F_1 = \gamma h_c A = \gamma \left(\frac{R}{2} \right)(Rb)$$

$$\therefore \; F_1 = \gamma b \frac{R^2}{2} \tag{2.26}$$

단위폭에 대하여 위의 식은

$$\therefore \; F_1 = \gamma \frac{R^2}{2}$$

이 된다. 다음은 y방향의 힘의 평형조건으로부터 F_2의 크기를 구하면 다음과 같 y방향의 힘의 평형조건
다.

$$\sum F_y = 0 \; ;$$
$$- W + F_2 = 0$$
$$F_2 = W$$
$$= \gamma V = \gamma \frac{\pi R^2}{4} b \tag{2.27}$$

여기서 W는 유체의 무게이며 단위폭에 대하여 위의 식은

$$F_2 = \gamma \frac{\pi R^2}{4}$$

이 된다. 이때 전 지지력 F는 $F = \sqrt{F_1{}^2 + F_2{}^2}$ 이고 $\theta = \tan^{-1} \dfrac{F_2}{F_1}$ 이다.

2 곡면판이 임의 깊이 속에 잠겨 있는 경우

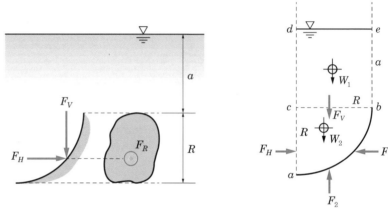

(a) 잠겨진 곡면   (b) 곡면 위 유체의 자유물체도

[그림 2-21] 잠긴 곡면에 작용하는 정수력

수평방향의 힘의 크기 x방향의 힘이 평형조건으로부터 수평방향의 힘의 크기인 전압력 F_H를 구하면 다음 식이 된다.

$$\sum F_x = 0 \,;$$
$$F_1 - F_H = 0 \;\rightarrow\; F_H = F_1$$
$$F_H = \int_a^{a+R} \gamma y \, dA$$
$$\therefore\; F_H = \gamma h_c A = \gamma \left(a + \frac{R}{2}\right)(Rb) = F_1 \tag{2.28}$$

수직방향의 힘의 크기   다음은 y방향의 경우 힘의 평형조건으로부터 수직방향의 힘의 크기인 F_V를 구한다.

$$\Sigma F_y = 0 ;$$

$$F_V - F_2 = 0 \rightarrow F_V = F_2$$

$$F_V = W_1 + W_2 = \gamma V_1 + \gamma V_2$$

$$\therefore \ F_V = \gamma (Ra)b + \gamma \left(\frac{\pi R^2}{4} \right) b = F_2 \tag{2.29}$$

위의 식에서 W_1과 W_2는 잠겨 있는 곡면 위의 유체의 각각의 무게이다. 이상과 같이 수평분력은 곡면의 수평 투영면적에 작용하는 전압력과 같고, 수직분력은 곡면의 연직 상방에 있는 유체 무게와 같다.

또 수평분력의 작용점은 앞 절에서 구한 평면에서의 전압력 작용점 위치와 같고, 수직분력의 작용점은 유체 무게중심을 통과하는 수직선상에 있다.

> 수평분력의 작용점
>
> 수직분력의 작용점

2.8 부력

부력(buoyancy)에 관한 원리는 기원전 B.C. 200년경 아르키메데스(Archimedes)가 발견한 것인데, 부력은 정지유체 속에 잠겨 있거나 혹은 떠있는 물체에 작용하는 표면력(surface force)의 결과로부터 수직 상방향으로 받는 힘을 말하는 것이다. 그러므로 물체의 체적에 해당하는 유체의 무게, 즉 물체가 차지한 유체의 무게와 같다고 할 수 있다.

> 부력(buoyancy)
>
> 아르키메데스(Archimedes)
>
> 표면력(surface force)

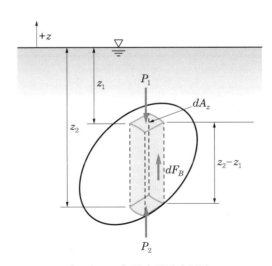

[그림 2-22] 임의 물체의 부력

정지유체이므로 물체에 작용하는 표면력은 유체압력뿐이다. 지금 중력장에 놓여 있는 액체 속에 잠겨 있는 물체(임의의 형상)에 작용하는 표면력을 생각해보자[그림 2-22].

미소체적요소에 작용하는 부력은 다음 식과 같다. 즉,

$$dF_B = (P_2 - P_1)dA_z = \gamma(z_2 - z_1)dA_z \tag{2.30}$$

이다. 그런데 $(z_2 - z_1)dA_z$는 프리즘의 체적이므로 그 체적을 dV로 표기하면 물체 전체 표면에 작용하는 표면력의 결과력은 다음과 같은 적분으로 표시된다.

표면력의 결과력

$$F_B = \int_A \gamma(z_2 - z_1)dA_z = \int_V \gamma dV \tag{2.31}$$

부력의 크기 따라서, 부력의 크기는 다음과 같다.

$$\therefore \ F_B = \gamma V \tag{2.32}$$

여기서 V는 유체 속에 잠겨 있는 물체의 체적을 말하고 γ는 유체의 비중량이다. 다시 말하면 부력의 크기는 물체와 같은 체적의 유체의 무게와 같고 방향은 연직방향이다.

부력의 작용선   부력의 작용선은 물체에 의하여 배제된 부분의 체적중심을 통과하고, 배제된
부심(center of buoyancy) 부분의 중심을 부심(center of buoyancy)이라 한다.

물체가 유체 속에서 평형을 이루고 있을 때(물체가 유체 속에 전부 잠겨서 떠 있거나 물체의 일부만이 액체에 잠겨서 떠 있을 때)에는 물체의 무게와 부력의 크기는 같다.

즉, W를 물체의 무게라 할 때 다음 식이 성립한다.

$$W = F_B \tag{2.33}$$

이다. 이 관계는 부력 문제를 풀이하는 데 잘 이용된다.

예제 2.10

다음과 같은 탱크 바닥에 반구의 혹이 있을 때 이 반구에 작용하는 힘을 구하라.

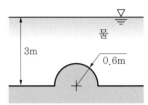

풀이 반구에 작용하는 힘은 결국 반구 위에 있는 물의 무게와 일치할 것이다. 또한, 반구는 대칭이므로 수평력은 0(zero)이 될 것이다.
상단에 있는 체적 V는

$$V = (\pi \times 0.6^2 \times 3) - \left(\frac{1}{2} \times \frac{4}{3}\pi \times 0.6^3\right) = 0.936\pi$$

(단, 구의 체적 $V = \frac{4}{3}\pi r^3$ 식이다.)
따라서 상단에 작용하는 힘은
$$F = \gamma V = 28,802.6\text{N}$$

이 된다.

예제 2.11

지면으로부터 폭이 3m인 반원형 수문이 B점에서 힌지(hinge)로 연결되어 있다. 수문의 자중을 무시할 경우 수문이 열리지 않게 하기 위한 힘 F를 구하라.

풀이 ABC로 이루어진 강체라 보고 그림 (a)에서 자유물체도를 그리면 그림 (b)와 같다. 이때 BC에서는 부력 F_V가 작용한다.

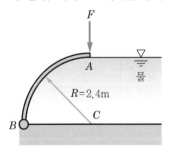

(a)

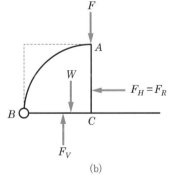

(b)

$$W = \frac{\pi}{4} \times 2.4^2 \times 3 \times 9,800 = 132935.04\text{N}$$

$$F_V = 2.4 \times 3 \times 9,800 \times 2.4 = 169.344\text{N}$$

$$F_R = F_H = \gamma A h_c = 9,800 \times (2.4 \times 3) \times 1.2 = 84,672\text{N}$$

$\sum M_B = 0$이므로

$$\rightarrow F_V \times \frac{R}{2} + F_H \times \frac{R}{3} - W \times \left(R - \frac{4R}{3\pi}\right) - F \times R = 0$$

$$\rightarrow F \times 2.4 = 169,344 \times 1.2 + 84,672 \times \frac{2.4}{3}$$

$$- 132935.04\left(2.4 - \frac{4 \times 2.4}{3\pi}\right)$$

$$\therefore F = 36414.04\text{N}$$

예제 2.12

길이가 5m이고, 직경이 2m인 실린더가 매끈한 벽에 기대어져 있다. 그림과 같은 상태에서 평행을 이루고 있다면 이 실린더의 무게와 비중을 구하라. (단, 벽에서의 마찰은 무시한다.)

풀이 벽에서는 수직력을 가하지 못하므로 부력이 곧 무게가 된다.

$$F_B = \gamma V = 9,800 \times \left(\pi \times 1^2 \times 5 \times \frac{3}{4} + 1 \times 1 \times 5\right)$$

$$= 164,453.8\text{N} = \text{W(무게)}$$

실린더의 체적은 $V = 5\pi\,[\text{m}^3]$이다.
따라서 비중 SG는

$$SG = \frac{164,453.8}{5\pi \times 9,800} = 1.068$$

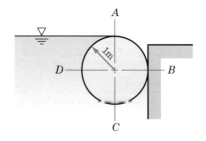

$$\therefore W = 164,453.8\text{N}, \ S = 1.068$$

벽면 B에 작용하는 힘은 ADC면에 작용하는 힘에서 BC면에 작용하는 힘을 뺀 것이다. 그러므로 단지 AD면에 작용하는 수평력만 남게 된다.

$$\therefore F_H = \gamma h_c A = 9,800 \times (1 \times 5) \times \frac{1}{2} = 24,500\text{N}$$

2.9 부양체의 안정성

부양체(浮揚体 : floating body)란 두 유체(보통은 기체와 액체) 사이의 경계면에 떠 있는 물체를 말한다. 잠겨 있거나 떠 있는 물체의 안정성은 부심과 물체무게중심의 상대적 위치에 좌우된다. [그림 2-23(a), (c)]에서 보는 바와 같이 공기 중의 기구나 바닷물 속의 잠수함처럼 유체 중에 잠겨 있는 경우는 부심이 무게심보다 위에 위치하므로 안정하며 [그림 2-23(b)]와 같이 유체상에 떠 있는 선박의 경우는 비록 부심이 무게심보다 아래에 위치하더라도 경사된 쪽으로 부심(부력 중심)이 이동하여 안정될 수가 있다.

부양체
(浮揚体, floating body)

안정성

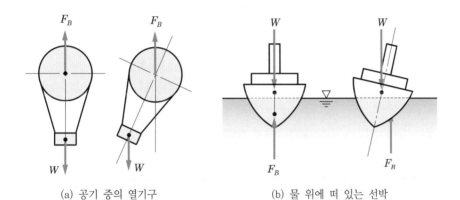

(a) 공기 중의 열기구   (b) 물 위에 떠 있는 선박

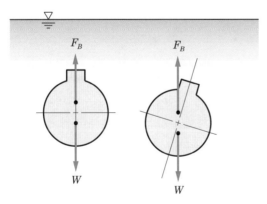

(c) 물 속에 잠긴 잠수함

[그림 2-23] 부양체의 안정

부양체의 안정성(stability)을 [그림 2-24]와 같은 배의 경우를 예를 들어 설명해보자. [그림 2-24(a)]에서 배는 평형상태에 있다. 여기서 G는 부양체(배)의 중심, B는 부심이다. [그림 2-24(b)]의 경우와 같이 부양체가 롤링(rolling)에 의하여 평행위치로부터 θ만큼 기울어졌다면 부심 B는 B'으로 옮겨지며 F_B와 W에 의하여 한 쌍의 우력(couple)이 발생한다. 이때 B'을 지나는 연직선과 부양축과의 교점 M이 생긴다.

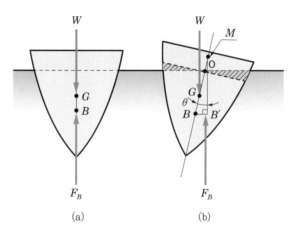

(a)　　　　　(b)

[그림 2-24] 부양체의 중심. 부심. 경심

이 교점 M을 경심(傾心 : metacenter)이라 하고 $\overline{MG}$를 경심높이라 한다. 이때 경심높이 $\overline{MG}$의 크기는 아래와 같다.

$$\overline{MG} = \frac{I_o}{V} - GB \tag{2.34}$$

여기서 I_o : O점을 통과하는 축에 관한 단면 2차 모멘트, V : 잠긴 체적이다. 이때 O점은 자유표면과 부양체 중심선을 통과하는 점이다.

부양체의 안정상태를 살펴보면 다음과 같은 논리가 성립된다. 이때 O점은 자유표면과 부체 중심선을 통과하는 점이다.

$\overline{MG} > 0$이면 안정상태라 볼 수 있고,

$\overline{MG} = 0$이면 중립상태로 판단되며,

$\overline{MG} < 0$이면 불안정상태이다(G가 M보다 위에 있다).

이때 복원 모멘트(moment)의 크기는 다음 식과 같다. 즉,

$$M_R = W\,\overline{MG}\sin\theta \tag{2.35}$$

가 된다.

이들 관계를 다음 [그림 2-25]와 비교하여 보면 이해하기가 한결 쉽다. 즉, 그림의 M이 G보다 위에 있을 때는 복원력이 작용하여 안정한 상태의 중립으로 안정한 상태의 중립 유지되려고 하고 M이 G보다 밑에 있으면 전복되는 힘이 작용하여 기우는 방향 으로 뒤집힌다. 이것은 중립에 의한 상태보다 항상 불안정상태에 놓이게 된다. 불안정상태

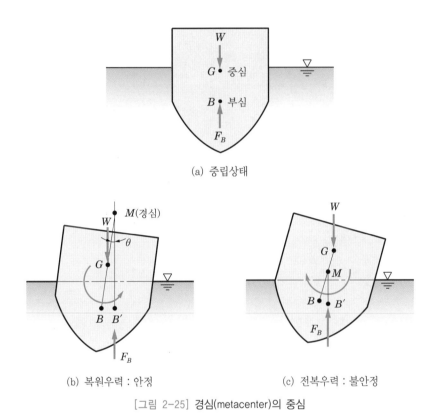

(a) 중립상태

(b) 복원우력 : 안정   (c) 전복우력 : 불안정

[그림 2-25] 경심(metacenter)의 중심

예제 **2.13**

한 물체를 공기 속에서 무게를 달았더니 1.5N이었다. 이 물체를 물속에서 달았을 때 무게가 1.1N이라면 이 물체의 부피와 비중은 얼마이겠는가?

풀이 공기에 의한 부력을 무시하면 물속에서 물체에 작용하는 힘의 평형관계는 다음 그림과 같다.

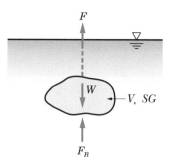

물체의 체적을 $V[\text{m}^3]$, 물의 비중량을 $\gamma[\text{N}]$라고 하면 힘의 평형조건으로부터

$$W = F + F_B = F + \gamma V$$

이므로

$$1.5\text{N} = 1.1\text{N} + (9,800\text{N}/\text{m}^3)(V\text{m}^3)$$

이 식을 풀면

$$V = 0.04 \times 10^{-3}\text{m}^3$$

비중 SG는

$$SG = \frac{W}{\gamma V} = \frac{1.5}{(9,800)(0.04 \times 10^{-3})} = 3.75$$

예제 2.14

비중계가 그림처럼 떠 있다. 줄기(stem)의 지름은 일정하다. 밑에 있는 구는 중심을 잡는 데 쓰인다. 전체 무게가 0.2N이고 줄기의 지름이 0.6cm이다. 액체($S = 1.3$)에 떠 있을 때 높이 h를 계산하라.

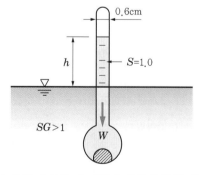

풀이 비중계가 유체 속에 잠겨 있을 때 비중계 내의 물의 부피는 비중량 정의에 의해

$$V_0 = \frac{0.2}{9,800} = 2 \times 10^{-5}\text{m}^3$$

이다. 비중이 1.3인 유체 속에서 떠 있을 때 높이 h는 부력의 정의에 의해
다음과 같다.

$$1.3 \times 9,800 \left(V_0 - \frac{\pi}{4} \times 0.006^2 \times h \right) = 0.2$$

$$\therefore \ h = 0.1522\text{m}$$

2.10 상대적 평형

유체 입자 간 상대운동이 없다면 점성과 마찰을 고려되지 않아도 되며 이런
운동을 하고 있는 유체를 상대적 평형(relative equilibrium)상태에 있다고 말한
다.

> 상대적 평형
> (relative equilibrium)

이러한 운동의 경우는 용기와 함께 등가속도로 직선운동을 하거나 등속 원운
동을 하고 있는 유체가 모두 등가속도 운동을 하고 있는 경우로서 유체층 사이
에 또는 유체와 경계면 사이에 상대운동이 없으므로 유체 정역학의 원리가 적용
된다고 할 것이다.

1 등선 가속도운동

[그림 2-26]과 같이 상부가 개방된 용기에 담겨진 액체가 용기와 함께 등선
가속도 $\vec{a}$로 움직이고 있다면 액체의 표면은 수평면과 각 θ만큼 경사를 이룬 상
태에서 상대적 평형을 이루게 된다. 그림의 체적 요소에 뉴턴의 운동방정식을
적용시키면 다음과 같다.

> 등선 가속도

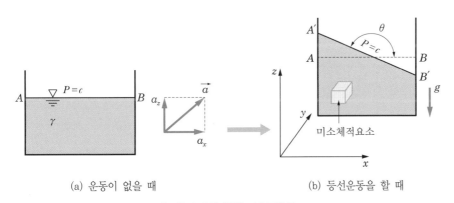

(a) 운동이 없을 때   (b) 등선운동을 할 때

[그림 2-26] 등선 가속도운동

즉, 미소체적요소에 $\vec{F} = m\vec{a}$을 적용하면 x와 z방향의 압력의 기울기는 다음 식과 같다.

x방향 :

$$Pdydz - \left(P + \frac{\partial P}{\partial x}dx\right)dydz$$

$$= (\rho dx dy dz)a_x$$

$$\rightarrow \frac{\partial P}{\partial x} = -\frac{\gamma}{g}a_x \tag{2.36}$$

z방향 :

$$Pdxdy - \left(P + \frac{\partial P}{\partial z}dz\right)dxdy - \rho\, dxdydzg = \rho\, dxdydz\, a_z$$

$$\rightarrow \frac{\partial P}{\partial z} = -\rho(a_z + g) = -\gamma\left(\frac{a_z}{g} + 1\right) \tag{2.37}$$

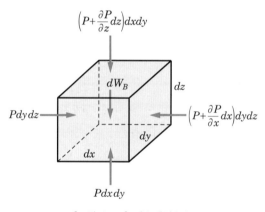

[그림 2-27] 미소체적요소

따라서 등압면의 기울기, 즉 자유표면(free surface)의 기울기는 현재 x와 z 만의 함수이고, 체인룰(chain rule ; 연쇄법칙)을 적용하여 위에서 구한 값을 대입하면 다음과 같이 된다.

$$P = P(x,\ z) = c(\text{일정})$$

$$dP = \frac{\partial P}{\partial x}dx + \frac{\partial P}{\partial z}dz = 0 \tag{2.38}$$

식 (2.38)에 식 (2.36), (2.37)을 대입 적용하면 등압면의 기울기 각 θ를 구할 수 있다.

$$-\rho a_x dx - \rho(a_z + g)dz = 0 \qquad\qquad\qquad\text{(a)}$$

$$\rho a_x dx = -\rho(a_z + g)dz$$

$$\therefore \frac{dz}{dx} = -\frac{a_x}{a_z + g} = \tan\theta \qquad\qquad\qquad\text{(2.39)}$$

이 식 (2.39)는 등압면의 기울기각 θ를 구하는 식이 된다.

등압면의 기울기각

다음은 임의의 점에서의 압력(P)을 구해보자. 이것은 식 (2.38)을 적분함으로써 찾을 수 있다. 즉

임의의 점에서의 압력

$$P = -(\rho a_x)x - \rho(a_z + g)z + C \qquad\qquad\qquad\text{(b)}$$

경계조건에 의해 $x = 0$, $z = 0$에서 $P = P_0$이면 적분상수 C는 P_0가 된다. 따라서 임의의 점 x, z에서 압력 P는 아래 식과 같다.

$$\therefore P = P_0 - \frac{\gamma}{g}a_x \cdot x - \gamma\left(1 + \frac{a_z}{g}\right)z$$
$$= P_0 - (\rho a_x)x - \rho(a_z + g)z \qquad\qquad\qquad\text{(2.40)}$$

이상에서 가속도의 크기 a_x와 a_z를 알면 자유표면의 경사도를 알 수 있고 반대로 경사도를 측정하면 수평 등가속도를 알 수 있다. 이 원리를 이용하여 가속도계를 만들 수 있으며 상부가 개방되지 않은 밀폐된 용기에 대하여도 압력의 변화는 위와 같은 원리가 적용된다.

가속도계

예제 2.15

아래에 있는 탱크가 오른쪽으로 가속을 받고 있다. 이때의 가속도 a_x를 구하라. 또한 이 값은 유체에 따라 달라지는가?

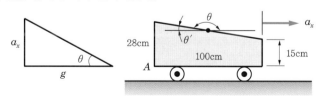

풀이 $\tan\theta = \dfrac{a_x}{g} = \dfrac{13}{100}$ 또는 $\tan\theta' = \dfrac{13/2}{100/2}$

$$a_x = g\frac{13}{100} = 1.274\text{m/s}^2$$

이 각도 θ는 유체의 종류와는 상관이 없다.

예제 2.16

앞의 예제 2.15에서 A점의 압력은 얼마인가? 여기서 유체는 수은이다.

풀이 $P = \rho gh$에서 h는 수직상단 높이이므로

$$P_A = \gamma h = 13.6 \times 9,800 \times 0.28$$
$$= 37,318.4\text{N/m}^2 \fallingdotseq 37.32\text{kPa}$$

예제 2.17

물 깊이 3m인 탱크가 4m/s²의 상방향 가속도를 받고 있다. 탱크 바닥에서의 압력은 얼마인가?

풀이 $P = \rho gh$이며, g는 가속도이다. 만약 상방향 가속도를 $a_z{'}$이라 할 때 식 (2.40)으로부터 구하면 다음과 같다.

$$a_z{'} = a_z + g = 4\text{m/s}^2 + g = 4 + 9.8 = 13.8\text{m/s}^2$$

$$\therefore \ P = \rho \times 13.8 \times 3 = \frac{\gamma_w}{9.80} \times 13.8 \times 3$$

$$= \frac{9,800 \times 13.8 \times 3}{9.80} = 41,400\text{N/m}^2$$

---

2 등속 원운동을 받고 있는 유체

[그림 2-28]에서 보는 바와 같이 등속 원운동을 하는 물체는 속도의 크기가 일정하나 방향이 변하므로 접선가속도는 없어도 법선가속도는 $r\omega^2$로 일정한 값을 갖는다. [그림 2-28]의 연직 회전축에 대한 유체의 법선가속도는 구심가속도 ($-r\omega^2$)로서 미소체적요소에 대하여 운동방정식을 적용하면 다음과 같이 된다.

법선가속도
구심가속도

반경방향 $\sum F_r = ma_r$:

$$PdA_r - \left(P + \frac{\partial P}{\partial r}dr\right)dA_r = \rho dA_r dr(-r\omega^2) \tag{a}$$

r방향 압력의 기울기   여기서 $dA_r = rd\theta dz$이므로 r방향 압력의 기울기는 다음과 같다.

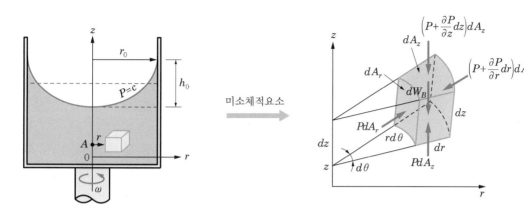

[그림 2-28] 등속 원운동

$$\frac{\partial P}{\partial r} = \rho r \omega^2 \tag{2.41}$$

수직방향 $\sum F_z = ma_z$:

$$PdA_z - \left(P + \frac{\partial P}{\partial z}dz\right)dA_z - \rho\, gdA_z dz = \rho\, dA_z dz\, a_z \tag{b}$$

여기서 $a_z = 0$ 이므로 z 방향 압력의 기울기는 다음과 같다. 즉,

$\overline{z$방향 압력의 기울기}$

$$\frac{\partial P}{\partial z} = -\rho g = -\gamma \tag{2.42}$$

을 얻는다. 따라서 수평방향의 압력변화는 자유표면으로부터의 깊이에 비례함을
알 수 있다. 그리고 등압면을 구하기 위하여 압력변화를 편미분으로 표시하면,

$$dP = \frac{\partial P}{\partial r}dr + \frac{\partial P}{\partial z}dz = 0 \tag{2.43}$$

이다. 등속 원운동의 등압면에서는 압력변화가 없으므로 $dP = 0$ 이고, 식 (2.41),
(2.42)를 식 (2.43)에 대입하여 정리하면 등압면의 기울기는 다음 식과 같다.

$\overline{등압면의 기울기}$

$$\rho r \omega^2 dr - \rho g dz = 0$$

$$\frac{dz}{dr} = \frac{r\omega^2}{g} \tag{2.44}$$

을 얻는다.

이 식을 $r = r_0$에 관하여 적분하고 초기조건으로 $r = 0$일 때 $z = z_0$를 대입하여 적분상수를 찾아 정리하면 다음과 같다. 즉, 곡선부분과 비곡선부분의 합이다.

$$z = \frac{r_0^2 \omega^2}{2g} + z_0 \tag{2.45}$$

가 된다. 따라서 자유표면은(등압면은) 회전 포물면이 됨을 알 수 있다. 이때 회전 포물면이란 마치 고체가 회전하고 있는 것과 같은 유체운동의 면을 말하고 강제 소용돌이 운동(forced vortex motion)이라 한다.

회전 포물면

강제 소용돌이 운동
(forced vortex motion)

등압면의 기울기 각은 식 (2.44)로부터 찾을 수 있다. 그 크기는

$$\frac{dz}{dr} = \frac{r\omega^2}{g} = \tan\theta \tag{c}$$

$$\therefore \ \theta = \tan^{-1}\left(\frac{r\omega^2}{g}\right) \tag{2.46}$$

유체의 상승높이

가 된다. 다음은 유체의 최대 상승높이 h_0를 찾아보자. 위의 식 (c)를 변수분리 적분하면 구할 수 있다. 이때 용기의 최대반경 r_0이다.

$$\int_0^{h_0} dz = \int_0^{r_0} \frac{r}{g}\omega^2 dr$$

$$\Rightarrow [z]_0^{h_0} = \frac{\omega^2}{g}\left[\frac{r^2}{2}\right]_0^{r_0}$$

$$\therefore \ h_0 = \frac{r_0^2 \omega^2}{2g} \tag{2.47}$$

임의의 점에서의 압력

마지막으로 임의의 점에서의 압력(P)을 구해보면 다음과 같다.
식 (2.43)을 적분

$$\int dP = \rho\omega^2 \int r dr - \gamma \int dz$$

$$P = \rho\omega^2 \frac{r^2}{2} - \gamma z + C \tag{d}$$

경계조건에서 적분상수 C를 구하면, $r = 0$인 A점의 압력은 $P_A = P_0 - \gamma z$이다(여기서 P_0는 원점의 압력). 따라서 $r = 0$일 때 식 (d)로부터 적분상수 C를

구할 수 있다. 즉,

$$P = 0 + C = P_0 - \gamma z \,(\text{원점의 압력})$$

$$\rightarrow C = P_0 - \gamma z$$

따라서 적분상수를 대입하여 정리하면 임의의 점에서 압력 $P(r, z)$를 찾을 수 있다. 그리고 P_0는 자유표면 위의 기체(=공기)의 압력이다.

$$\therefore \ P = \rho \omega^2 \frac{r^2}{2} + P_0 - \gamma z$$

$$= P_0 + \gamma \frac{r^2 \omega^2}{2g} - \gamma z \tag{2.48}$$

01 비중량이 2,600N/m³인 액체를 직경 5mm의 스트로(straw)를 사용하여 수직으로 250cm 빨아올리자면 몇 dyne/cm²를 요하는가?

02 그림에서 h는 50cm이다. 액체의 비중이 1.90일 때 A점의 압력은?

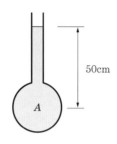

03 그림과 같은 탱크에 물이 들어 있다. BC면에 작용하는 힘은?

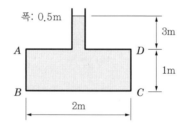

04 압력 100N/cm²는 몇 mAq가 되는가?

05 액면하 20m인 지점의 압력이 31.6N/cm²이다. 이 액체의 비중량은?

06 벤젠이 담긴 밀폐 탱크가 있다. 벤젠의 표면과 탱크 사이에 있는 공기의 압력이 25N/cm²일 때 표면하 2m에서의 벤젠의 압력은 몇 N/cm²인가? (단, 벤젠의 비중량은 0.899×10⁴N/m³이다.)

07 대기압이 수은주로 750mmHg일 때 수두로는 몇 mAq인가?

08 그림과 같은 수압기에서 피스톤 L, M의 지름이 각각 15cm, 120cm라고 하면, 피스톤 M으로부터 15ton의 중량을 올리기 위해서는 레버 K점에 몇 kN의 힘이 필요한가?

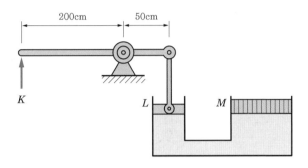

09 수압기의 큰 피스톤의 직경이 25cm, 작은 피스톤의 직경이 2.5cm이다. 지금 큰 피스톤 위에 2ton의 무게를 올리려면 작은 피스톤에 얼마의 힘(kN)을 가하면 되는가?

10 2m×2m×2m의 입방체 용기 안에 비중이 0.8인 기름이 가득 차 있다. 위의 뚜껑이 열렸다고 가정하면 밑면에서의 압력과 바닥면에 작용하는 힘은?

11 깊이 15m에 있는 잠수함이 받는 유체압은?

12 깊이 10.374m인 바다 밑의 수압은?

13 탱크 속에 비중이 0.75인 기름이 들어 있고 기름 표면 위 공간의 공기압력은 20N/cm² 일 때 기름 표면 2m 하의 압력은 몇 Pa인가?

14 U자형 액주계에서 수은이 50cm의 높이차를 나타내고 있다. 수은 대신 물을 사용한다면 액주계의 높이차는 몇 cm가 되겠는가?

15 밑면이 2m×2m인 탱크에 비중 0.8인 기름과 물이 그림과 같이 들어 있다. AB면에 작용하는 압력은 몇 kPa인가?

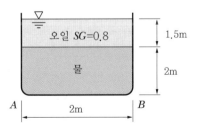

16 다음 그림과 같이 수평 수관의 2개소의 압력차를 측정하기 위하여 하부에 수은을 넣은 U자관을 부착시켰다. 이때 U자관의 수은의 차를 읽었더니 $h = 500\text{mm}$였다. 이때 $P_1 - P_2$는 몇 N/cm²인가?

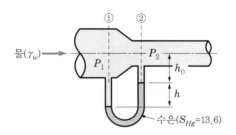

17 밑면의 지름이 10cm인 직립 원통의 용기에 높이 20cm 가량 물이 들어 있다. 이때 밑면에서 받는 전압력은 몇 N인가?

18 그림에서 $P_A = P_B$가 되려면 x는?

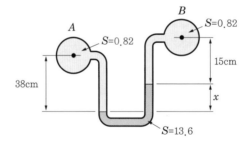

19 파이프 내에서 물이 흐를 때 압력차($P_A - P_B$)를 구하라.

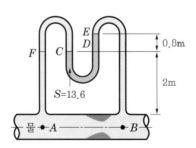

20 γ_1, γ_2, γ_3를 각각 액체의 비중량이라 할 때 그림의 시차 액주계에서 두 점의 압력차 $P_1 - P_2$는?

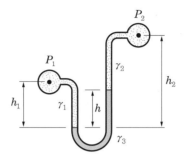

21 그림과 같이 수은을 이용한 U자형의 액주계를 이용하여 용기 안에 물의 압력을 측정하려고 한다. A에서의 물의 절대압력은 몇 mmHg인가? (단, 대기압은 760mmHg이다.)

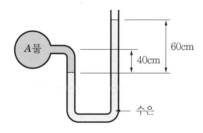

22 그림과 같은 탱크에 물이 들어 있다. 밑면 AB에 작용하는 힘은 몇 N인가? (단, 탱크의 우측 너비는 1.5m이다.)

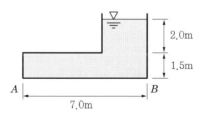

23 그림과 같은 길이 2m, 폭 1m인 직사각형 평판이 수면과 수직을 이루고 있다. 평판의 윗면(1m)이 수면으로부터 20cm만큼 잠겨 있을 때 이 평면에 작용하는 전압력은 몇 kN인가?

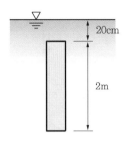

24 물속에 그림과 같이 길이 3m, 폭 2m의 평판이 30°의 각도로 O점에서 4m되는 곳에 잠겨 있다면 평판이 받는 전압력은 몇 kgf인가?

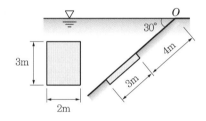

25 가로, 세로의 길이가 50cm인 정사각형을 밑면으로 하고, 높이가 120cm인 직육면체의 탱크에 물을 가득 채운 경우 한 측면에 미치는 유체의 전압력은 몇 N인가?

26 그림과 같이 폭 1.2m, 높이 2m의 수문이 수압에 의해 열리지 않도록 하려면 그의 하단 B에 받쳐 주어야 할 최소 힘 P[kN]는? (단, 수문 상단 A는 힌지(hinge)로 되어 있다.)

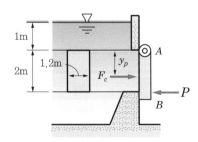

27 그림과 같이 수문 $ABCD$를 여는 데 필요한 최소의 힘 F는 몇 kN인가?

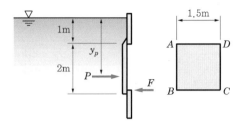

28 그림과 같이 수문이 넘어지지 않도록 하려면 높이 y[m]는 얼마여야 하는가?

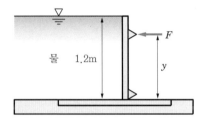

29 (폭)×(높이)= $a \times b$인 직사각형 수문의 도심이 수면에서 h의 깊이에 있을 때 압력중심의 위치는 수면 아래 어디에 있는가?

30 그림의 수면에서 4m인 곳에 45°로 기울어지게 설치된 지름 2m의 원형 수문이 있다. 수문의 자중을 무시하고 수문이 받는 전압력[kN]을 그림을 참조하여 구하면 얼마인가?

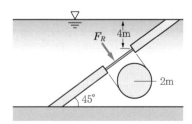

31 1/4원으로 된 곡면의 길이가 2m일 때 1/4원통 AB면에 작용하는 힘의 수직성분은 몇 N인가? (단, 액체의 비중량은 $\gamma[\text{N/m}^3]$이다.)

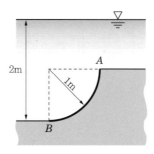

32 그림과 같이 50cm×3m의 수문 평판 AB를 30°로 기울어지게 놓았다. A점에서 힌지 (hinge)로 연결되어 있으며 이 문을 열기 위한 힘(F, 수문에 수직)은 몇 N인가?

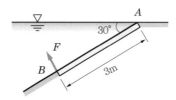

33 해면에 얼음이 떠 있다. 해면상의 부분체적이 30m³, 얼음의 비중이 0.88일 때 얼음의 전체 중량[kN]은? (단, 해수의 밀도는 1,025kg/m³이다.)

34 그림과 같이 8m×4m의 수직 수문평판 AB가 있다. B점에서 힌지(hinge)로 연결되어 있을 때 이 문을 열기 위한 힘 F는 몇 kN인가?

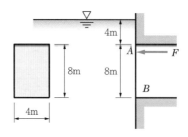

35 30×40×20cm³의 치수를 갖는 어느 물질을 물에 넣고 잰 무게가 50N이었다. 이 물질의 무게[N]는(공기 중의 무게)?

36 잠긴 단면적이 30cm²인 원통형의 물체를 물 위에 놓았더니 그림과 같이 떠 있었다. 물체의 무게[N]는?

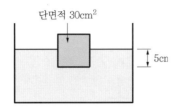

단면적 30cm²

5cn

37 그림과 같은 어떤 물체의 중량이 공기 중에서 300N이고, 수중에서는 200N이다. 물체의 체적[m³]과 비중 SG은?

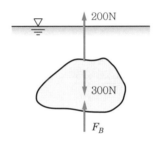

200N

300N

F_B

38 비중 $SG=7.25$인 고체 금속은 비중 $SG=13.67$인 수은의 용기에서 얼마만큼[%] 표면 위에 뜨게 되는가?

39 그림과 같이 수조가 등가속도 a_x를 받아 우측 수평방향으로 수면이 θ로 기울어졌을 때 θ가 45°이면 가속도 a_x는 몇 m/sec²인가?

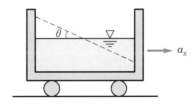

θ

a_x

40 밑면이 1m×1m이고, 높이가 1m인 나무토막 위에 2,000N의 물건을 올려 놓고 물에 띄웠다. 나무의 비중을 0.5라 하면 물속에 잠긴 부분의 깊이는 얼마인가? (단, 나무토막은 밑면에 수직으로 물속에 잠기는 것으로 가정한다.)

41 반지름 30cm인 원통 속에 물을 담아 20rpm으로 회전시킬 때 수면의 상승 높이는?

42 그림과 같이 물이 담겨 있는 버킷을 4.9m/sec²의 가속도로 위로 끌어올릴 때 A점(용기의 바닥)의 압력(게이지)은 몇 gr/cm²인가?

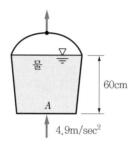

43 지름 2m, 높이 3m인 통이 1.5m의 물을 넣고 원통을 중심축에 대하여 30rpm으로 회전시킬 때 수면의 최고점과 최저점의 수직 높이차는 몇 cm 정도일까?

44 반경이 1m인 실린더에 담겨진 물이 실린더의 중심축에 대하여 일정한 속도 60rpm로 회전되고 있다. 실린더에서 물이 쏟아지지 않고 있을 때 중심선과 실린더 벽면 사이의 수면의 차이[cm]는 얼마인가?

01 게이지 압력이 17N/cm²인 용기가 있다. 대기압력이 100.45kN/m²일 때 이 용기의 절대압력은 몇 kPa인가?

02 50cm×70cm의 평판이 수면에서 깊이 40cm되는 곳에 수평으로 놓여 있을 때 평판에 작용하는 전압력의 크기는 몇 kN인가?

03 액면에서 깊이 100cm에 있는 액체의 압력이 0.7N/cm²이었다. 이 액체의 비중량은 몇 N/m³인가?

04 높이가 10m되는 기름통에 비중이 0.9인 액체가 가득 차 있을 때 밑바닥에서의 압력 [Pa]은 얼마인가?

05 물의 저면에 있던 지름 2cm의 구형 공기의 기포가 수면까지 떠 올라서 지름이 4cm로 팽창되었을 경우 물의 깊이[cm]는? (단, 기포 내 공기는 등온변화한다.)

06 표준 기압계의 수은주가 760mm를 나타낼 때 만약 수은 대신에 물을 사용하면 그 높이[mAq]는? (단, 수은의 비중 13.6이다.)

07 압력계의 읽음이 50N/cm²이다. 이 압력을 수은주로 환산하면 몇 mmHg이겠는가?

08 진공의 압력이 30mmHg이다. 절대압력[Pa]은?

09 어떤 용기의 게이지 압력이 2.0N/cm²일 때 이것을 mAq의 단위로 환산하면?

10 해면에서 60m 깊이의 점의 압력은 해면상보다 얼마나 높은가? (단, ρ : 1,025kg/m³이다.)

11 그림에서 평판에 작용되는 힘[N]은 얼마인가?

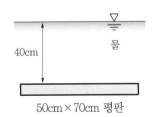

12 그림에서 A와 B의 단면적이 각각 6cm², 600cm²이고, B에 추의 무게가 90kN이다. 내부에는 비중이 0.75인 기름으로 채워져 있다. A와 B가 평형상태를 이루기 위한 W[kN]의 무게를 구하라. (단, C와 D는 수평선상에 있다.)

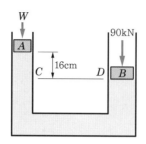

13 그림과 같은 밀폐된 탱크에 브르돈관을 연결해서 게이지 압력을 측정했더니 40N/cm² 이었다. 게이지가 브르돈관 유면에서 1m 밑에 있다면 탱크 내 공기의 절대압력은 얼마인가? (단, 대기압은 101.3kPa이고 기름의 비중은 0.9이다.)

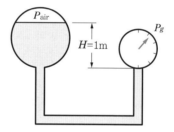

14 두 피스톤의 지름이 각각 25cm와 5cm이다. 큰 피스톤을 1cm만큼 움직이면 작은 피스톤은 몇 cm 움직이겠는가? (단, 누설량과 압축은 무시한다.)

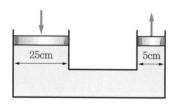

15 어떤 용기의 압력을 그림과 같은 시차 압력계를 이용하여 측정하면 압력 차는 얼마인가? (단, $H = 450\text{mm}$, 기름의 비중은 0.8이다.)

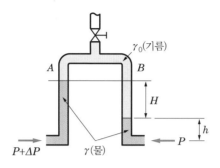

16 그림의 액주계에서 γ, γ_1이 비중량을 표시할 때 압력 P_x는?

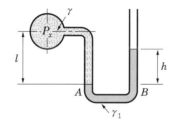

17 U자관에서 어떤 액체 25cm의 높이와 수은 3.3cm 높이가 평형을 이루고 있다. 이 액체의 비중은? (단, 수은의 비중은 13.6이다.)

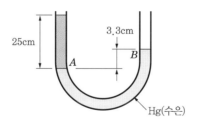

18 무게가 20ton인 피스톤 위에 무게가 W인 물체를 올려 놓았더니 수은이 피스톤 아랫면보다 5m 높이 올라가서 평형상태가 되었다. 수은 비중이 13.6이고 피스톤 단면적이 1m²일 때 물체의 무게는 몇 ton인가?

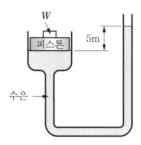

19 다음 그림에서 탱크 A점의 게이지 압력[Pa]은 얼마이겠는가? (단, 탱크 속은 물이고, $h = 40$cm이다.)

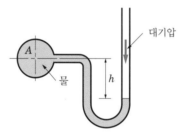

20 그림과 같이 실린더 내에 비중 0.9인 기름이 들어 있고 게이지 읽음이 30N/m²이면 피스톤의 무게[kN]는 약 얼마이겠는가? (단, 이때 피스톤의 지름은 2m이다.)

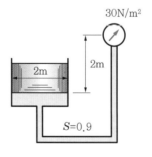

21 밑면의 지름이 8cm인 직립 원통의 용기에 높이 30cm 가량 물이 들어 있다. 이 원통의 밑변이 받는 전압력은 몇 N인가?

22 그림에서 수직인 평판에 작용하는 전압력과 수평으로부터의 작용점[m]을 구하라.

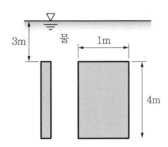

23 직경 2m인 원형 수직 수문의 상단이 수면하 5m에 있을 때 물의 ㉮ 전압력, ㉯ 압력의 중심 위치[m]는?

24 그림과 같은 직사각형의 수문에서 O점으로부터 전압력의 중심까지의 거리 y_p는 얼마 [m]인가? (단, 수문의 폭은 2m이다.)

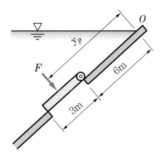

25 폭 4m, 길이 6m의 수직평판 수문에 작용하는 압력에 의한 전체의 힘은 몇 N인가? (단, 수문의 상단은 물의 수면 아래 10m인 곳에 놓여 있다.)

26 폭 2m, 깊이 3m의 수직 수문에 작용하는 전합력을 구한다면? (단, 수면은 수문의 상단보다 10m 높고 순수한 물이다.)

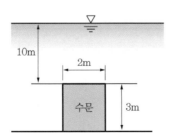

27 그림과 같이 원판 수문이 물속에 설치되어 있다. 그림 중 c는 전압력의 중심이고, G는 원판의 도심이다. 원판의 지름을 d라 하면 h_p는?

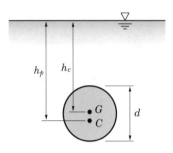

28 직사각형 수문의 좌측의 물이 상승함에 따라 수문은 자동적으로 열리게 되어 있다. 수문이 열릴 때의 힌지(hinge)점보다 위의 수심 h[m]을 구하면? (단, 수문의 무게는 무시한다.)

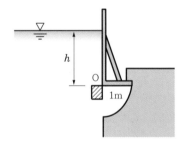

29 그림과 같이 바깥지름 20mm의 유리관에 납을 넣어 물에 넣었더니 90mm 내려갔다. 다음에 그 유리관을 어떤 기름 중에 넣었더니 110mm 내려갔다. 이때 기름의 비중은?

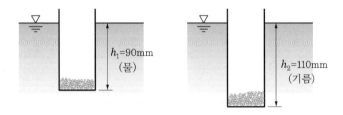

30 가로, 세로, 높이가 각각 7.5m, 3m, 4m인 상자의 무게가 4×10^5N이다. 이 상자를 물 위에 띄었을 때 수면 밑으로 얼마나 가라앉겠는가[m]?

31 등가속도 운동을 받고 있는 액체란?

32 10kg의 질량을 갖는 물체를 중력가속도 $g = 3\text{m/sec}^2$인 곳에서 용수철 저울로 달았다. 무게는 몇 N인가?

33 그림에서 유체가 상방향으로 a_y의 일정한 가속도를 받고 있다. 유체 속에서의 압력변화를 a_y의 함수로 표시하면?

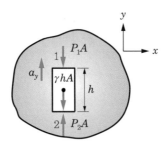

34 그림과 같이 액주계 안에 비중량 γ_w(물)인 유체가 C축을 중심으로 일정한 각속도 ω로 회전하여 액체가 각각 A점과 B점에 도달한 후 안정화되었을 때 다음 질문에 답하라. 단, 액주계의 직경은 무시하고, 물의 비중량은 $\gamma_w = 9,800\text{N/m}^3$이다.

(1) 용기가 일정한 회전속도 $N = 150\text{rpm}$일 때 각속도 ω는 몇 rad/sec인가?

(2) Z_A와 Z_B의 높이를 각각 구하고(cm), D점의 압력 $P_D[\text{Pa}]$을 계산하라.

단, $h_0 = 10\text{cm}$이다.

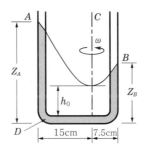

01 그림은 술이 담겨 있는 용기이며, 용기의 큰 마개를 빼내기 위하여 작은 막대에 2.0N의 힘을 가하고 있다. 큰 마개에 얼마의 힘이 걸리는가?

02 다음에 있는 사각 탱크는 지면으로 측면폭이 50cm이다. BC면에 작용하는 힘[N]을 구하라.

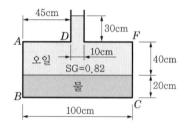

03 그림과 같이 밀폐된 용기에 물과 기름을 넣었다. 공기의 압력이 49kPa의 진공일 때 용기 밑면에서의 압력[Pa]은 얼마인가? 또 밑면의 넓이가 0.3m²이면 밑면에 작용하는 힘[N]은 얼마인가? 그림에서 E.L은 기준 에너지선(지표면)으로부터의 높이이다.

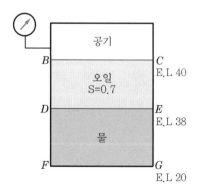

04 다음에 있는 용기 내의 계는 20℃의 물이다. A 점에서의 압력[kPa]을 계산하라.

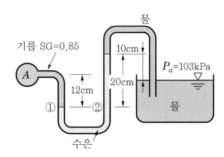

05 그림에 있는 경사 미압계에 비중 0.827인 마노미터 오일이 들어 있다. 이 저장 용기는 매우 크다고 가정하고 경사부에는 1cm 간격으로 눈금이 매겨져 있다. 50N/m²의 압력 변화에 대하여 한 눈금이 변한다면 경사각 θ는 얼마인가?

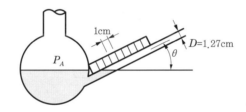

06 다음 그림은 한 쪽이 대기에 열려 있는 튜브들이다. 기름이 들어 있는 튜브의 상승높이 h[cm]는 얼마인가?

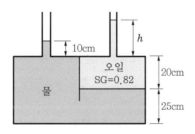

07 [문제 06]에서 중간 판넬이 지면으로 30cm 폭일 때 왼쪽 면이 받는 힘[N]은 얼마인가?

08 A 점에서의 압력이 대기압보다 높은지 낮은지 판단하고, 이 점에서의 압력[Pa]을 계산하라.

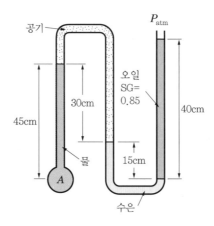

09 다음에 있는 미압계는 $P_A - P_B$의 아주 작은 변화에도 정확히 측정할 수 있는 마노미터이다. 밀도 ρ_2는 밀도 ρ_1보다 아주 조금 크고 저장 용기는 매우 큰, 같은 종류의 유체가 저장된 것으로 가정했을 때 h와 $P_A - P_B$의 관계를 나타내는 식을 보여라.

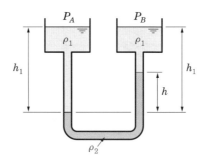

10 AB는 지면으로부터 1.8m 너비이고, A점은 힌지로 되어 있으며, B점은 고정되어 있다. 고정점 B와 힌지점 A에 작용하는 힘[kN]을 구하라. (단, $h = 3$m이다.)

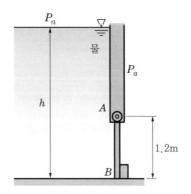

11 [문제 10]에서 고정점 B가 45kN의 힘을 지지할 수 있을 때 얼마의 높이[m]까지 도달하겠는가?

12 45° 경사진 관을 따라 물이 흐르고 있다. 압력강하 $P_1 - P_2$는 마찰과 중력에 의하여 강하된다. 현재 수은주 차가 12cm이다. $P_1 - P_2$는 얼마인가[Pa]?

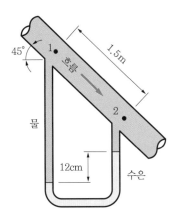

13 수문 AB는 폭이 1.5m이고 해수가 빠질 때 열려서 물이 바다로 나갈 수 있도록 되어 있다. 힌지 A는 수면보다 0.6m만큼 위에 있다. 해수면의 높이 h[m]가 얼마일 때 열리겠는가?

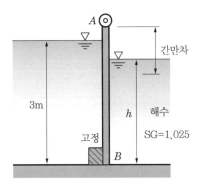

14 ABC는 지름이 1m인 원형 수문이다. $h=10$m일 때 C점에 주어야 할 힘 F[kN]를 구하라.

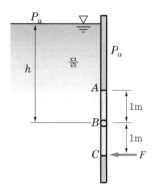

15 터빈 입구 송수관의 지름이 3m이다. 원형문에 의하여 닫혀 있으며 이 수문의 중심은 수면에서 50m 아래에 있다. 이 문에 작용하는 힘[kN]과 작용점[m]을 구하라.

16 그림에 있는 문은 지면으로 6m이다. 콘크리트 구가 풀리에 의하여 연결되어 있다. 지름 크기가 얼마인 구가 이 수문을 막을 수 있는가?

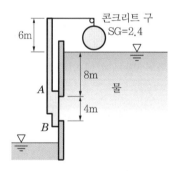

17 직경이 1.2m이고 높이가 1.8m인 실린더형 통나무를 상하에 단면적 2.26cm²인 강철 테두리로 지지하고 있다. 이 통에 주스(S.G=1.02)를 가득 채울 때 이 강철 테두리에 걸리는 하중[N]은 얼마인가?

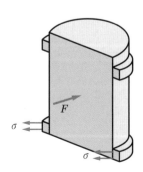

18 폭이 3m이고, 높이 4.5m인 수문 AB는 B점이 힌지로 되어 있고 A에 의하여 고정되어 있다. 수문 자중을 무시하였을 때 얼마의 높이 h[m]에서 문이 열리기 시작하는가?

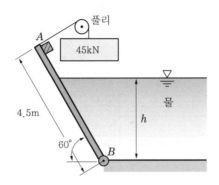

19 다음 그림과 같은 수문은 단위폭당 5,500N의 무게를 갖는다. 수문의 중심은 수문 전면으로부터 0.6m 뒤쪽에, 또 하면으로부터 0.8m만큼 뒤쪽에 위치한다. 수문이 그림과 같이 세워지려면 수위 h[m]는 얼마인가? 또, B점에서의 반력이 최대가 되는 깊이 [m]는 얼마인가?

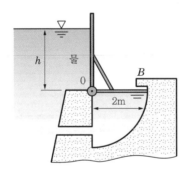

20 우측 그림은 한 수문의 평형상태를 표시하여 놓은 것이다. 수문의 중량을 무시할 때 평형이 되기 위한 추의 무게 W[N]를 계산하여라. (단, 수문 폭은 3m이다.)

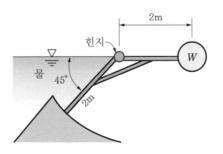

21 유체라 가정할 수 있는 콘크리트(SG=2.4)를 나무로 만든 형(Form)에 부었다. 이 나무 평판은 그림처럼 4개의 볼트로 연결되어 있다. 끝에서의 효과를 무시한다면 4개의 볼트에 걸리는 힘[kN]은 얼마인가?

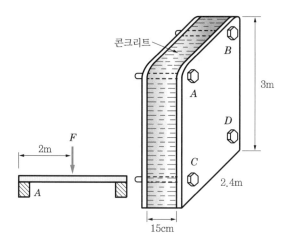

22 강철 블록(SG=7.85)이 수은과 물 사이의 간섭면 사이에 떠 있다. 이 상태에서 a와 b의 비는 얼마인가? (단, $\gamma_w = 9,800\mathrm{N/m^3}$이다.)

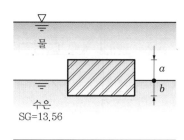

23 큰 강의 어귀에서 물과 해수가 만나는데 종종 그림과 같이 층상을 이루는 경우가 있다. 이렇게 만난 간섭면을 할로클라인(halocline)이라 한다. 그림을 살펴보면 이 상태를 해석하기 쉽게 이상화시켰다. 이 간섭면 근처에 직경 35cm, 무게 227N인 구가 떠 있을 때 이 구의 위치를 구하라.

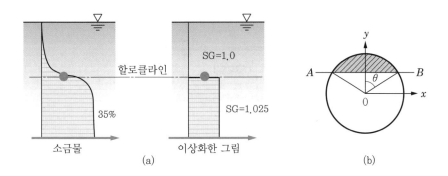

(a) 소금물 / 이상화한 그림   (b)

24 크기 $15 \times 15 \times 400$cm이고, A점이 힌지로 된 나무보(SG$=0.6$)가 물 위에 떠있다. 물과 나무가 이루는 각 θ는 얼마인가?

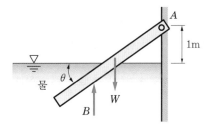

25 그림과 같은 풍선(balloon)이 헬륨(분자량$=4.00$)으로 채워져 있다. 풍선 압력이 104kPa일 때 줄에 걸리는 힘은 얼마인가? (단, 1atm$=103$kPa이다.)

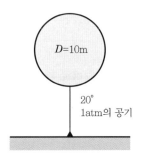

26 한 변이 12cm인 정육면체가 그림과 같은 상태에서 평형을 이루고 있다. 여기서 유체가 물일 때 재료의 비중량[N/m³]은 얼마인가?

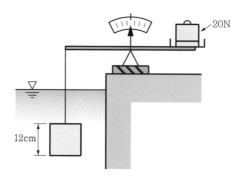

27 시라쿠스(Syracuse) 왕이 자기의 왕관이 금(SG=19.3)인지 아닌지 조사해달라고 하였을 때 아르키메데스(Archimedes)는 부력의 원리를 발견하였다. 이 왕관이 공기 중에서의 무게가 13N이고 물에서의 무게가 12.2N이었다면, 이 왕관의 순금 여부는?

28 [문제 27]에서 은(SG=10.5)과 금의 합금이라 가정했을 때 몇 %의 은이 들어있는가?

29 깡통이 그림과 같은 위치로 떠있으면 이 깡통의 무게[N]는 얼마인가?

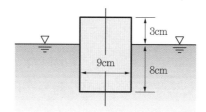

30 직경이 0.6m, 무게 2,000N인 구가 그림과 같은 탱크 바닥의 지름 0.3m인 구멍을 막고 있다. 이 구를 밀어내기 위한 힘[N]을 구하라.

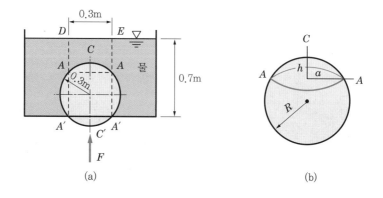

(a)　　　　　　　　　　(b)

31 다음과 같은 탱크에 물을 압축시켜 채웠다. 돔(dome)에 작용하는 수력학적인 힘[N]을 구하라.

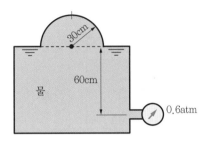

32 다음은 직경이 1.2m이고 지면으로 길이가 3m인 통나무(SC=0.65)로서 댐(dam)의 역할을 하고 있다. 점 C에서 주어져야 할 수평력[N]과 수직력[N]을 구하라.

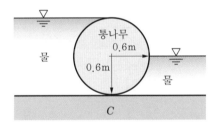

33 반구형 돔(dome)의 무게가 30kN이고, 이 안은 물로 채워져 있으며 6개의 볼트에 의하여 바닥에 지지되고 있다. 이 돔이 바닥에 고정되었다면 각 볼트에 걸리는 힘은 얼마인가?

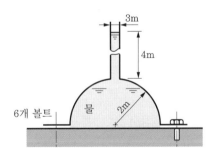

34 탱크 밑바닥의 지름 30cm인 구멍을 45° 원추로 꼭 막았다. 이 마개의 무게를 무시할 경우, 얼마의 힘[kN]을 가해 주어야 하는가?

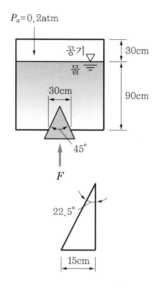

35 반경이 0.6m이고 원통의 폭이 지면으로 2.4m이다. 물이 통에 미치는 수직력[N]과 수평력[N]을 구하라.

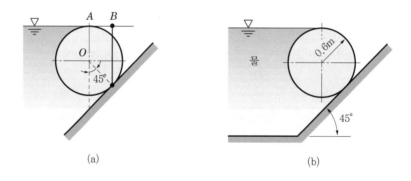

(a)　　　　　　　　　　　　　　　　　(b)

36 그림과 같은 원통형 수문에 작용하는 (1) 수평분력과 작용선, (2) 연직분력과 작용선, (3) 점 *O*가 힌지일 때 수문을 들어 올리는 데 필요한 힘 *F*[N]를 계산하여라. (단, 수문의 무게와 힌지의 마찰저항은 무시한다.)

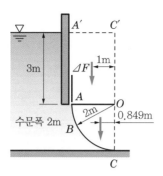

37 두께를 무시할 수 있는 탱크를 물 위에 엎어 놓았을 때 아래 그림 (a)와 같은 상태에서 평형을 이루었다. (1) 탱크의 무게를 계산하여라. (2) 또 탱크를 아래 그림 (b)와 같이 수심 3m까지 밀어넣었을 때 밀어넣는 데 필요한 힘[N]과 y[m]를 계산하여라. (단, 대기압은 $P_{atm} = 101.3 \text{kN/m}^2$, 탱크지름 $D = 1.2\text{m}$, 공기는 등온압축된다.)

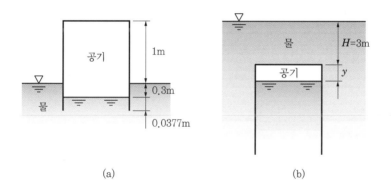

(a)   (b)

38 한 쪽이 열려 있고 다른 쪽은 막혀 있는 U자관이 있다. 지금 오른쪽으로 가속되고 있을 때 C점에서의 압력이 대기압과 같아지는 가속도[m/s²]는 얼마인가? 이 유체는 물이다.

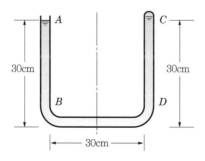

39 그림과 같이 물통에 액체를 넣고 연직축을 중심으로 일정 각속도 ω로 고체의 회전과 같이 회전시킬 때 액체 내의 압력분포와 등압면의 방정식을 구하라. 여기서 용기의 최대반경은 r_0이다.

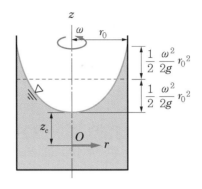

40 그림과 같이 한쪽이 막혀 있는 U자관에 물을 가득 넣고 A로부터 15cm 떨어진 연직축 $z-z$ 주위를 ω의 각속도로 회전시켜 점 A점의 게이지 압력을 0으로 만들고자 한다. 회전속도[rpm]를 계산하여라. 또 C점의 압력을 구하라.

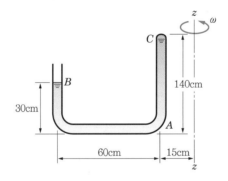

41 용기 안에 액체를 넣고 일정 가속도 $\vec{a}$로 운동시킬 때 액체는 평형상태에서 마치 고체가 운동하는 것 같이 움직인다. 이러한 평형을 상대평형이라 말한다. 선형가속도에 의한 상대평형 상태에서 액체 내의 압력분포, 등압면의 방정식을 구하라.

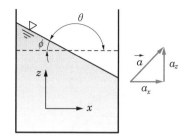

42 로켓에서의 액체 연료(SG=0.72)가 작은 구멍을 통해 대기와 연결되어 있고 깊이가 2.4m이다. 로켓이 상방향으로 $3g$의 가속도를 받고 있다. 이때 탱크 바닥에서의 압력 [Pa]을 나타내어라.

43 그림과 같이 물탱크 A가 강체운동(분자와 분자 사이의 상대운동이 없는 상태)을 하고 있다. 이 상자가 30° 경사면을 일정한 가속도로 움직인다면 이 용기의 가속도 $\vec{a}$는 몇 m/s²인가?

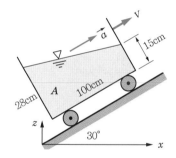

44 문 AB는 폭이 2.4m이고 반경이 1.5m인 4분형 원이다. B점은 힌지로 되어 있고 A점은 매끄러운 벽에 기대어져 있다. A점과 B점에 걸리는 반력[N]을 구하라.

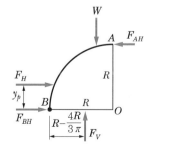

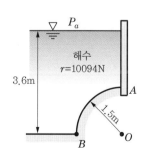

45 수평형 원통관에 아래는 물이 차 있고 그 윗부분은 비중 0.85인 기름으로 채워져 있다. 원통의 끝 원형 단면에 작용하는 힘[N]과 작용점[m]을 구하라. 실린더 지름은 1.8m이다.

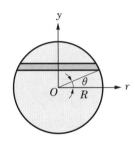

제3장

유체 운동학

3.1 유체 유동의 개요

1 개 요

이 장에서는 유체의 유동에 관한 문제를 다루기로 한다. 즉 유체 운동학은 유체입자의 특성이나 힘이 유체입자 운동에 주는 영향은 고려하지 않고 단지 유체입자의 운동만을 기하학적 고찰을 통해 해석하는 유체역학의 한 분야이며, 유체입자의 운동은 이동, 변형, 회전 등으로 크게 나눌 수가 있다. 2장의 유체 정역학은 완벽한 실제현상이라기보다는 일종의 이론적인 개념이었다고 할 수 있다. 또 유체 정역학에서는 자유표면의 위치와 유체의 밀도만 알면 모든 문제를 해결했으나, 유체의 흐름에 관한 문제에서는 역학적인 법칙, 경계조건과 기하학적인 조건에 의해 결정되는 유체의 운동을 모두 해결해야만 한다. 즉,

① 검사체적 해석(control volume or large scale, analysis)
② 미소체적 해석(differential or small scale analysis)
③ 실험과 차원 해석(experimental or dimension analysis)

등이 그것이다. 위의 세 가지 방법은 모두 중요하지만, 특히 공학자에게 가장 귀중한 것은 아마도 검사체적 해석(control volume analysis)일 것이다.

검사체적 해석
(control volume analysis)

이렇게 볼 때, 셋 중에서 검사체적이 가장 유용하다 할 수 있겠다. 약간 이해하기 힘들겠으나 검사체적 해석법이 가장 최근의 방법이다.

오일러(Euler)
라그랑쥬(Lagrange)

미분 해석법은 18세기 오일러(Euler)와 라그랑쥬(Lagrange)에 의해, 차원 해석법은 19세기 말 레일리(Rayleigh)에 의해 정의되었다. 그리고 검사체적의 개념은 오일러에 의해 제창은 되었으나 20세기 중반까지는 거의 사용하지 않았다.

2 계와 검사체적(systems versus control volumes)

계(system)
주위(surroundings)
경계(boundaries)

임의 고정된 양을 다루는 것을 계(system)라 부르며, 계(system)에서는 모든 역학의 법칙이 만족되어야 한다. 이 계의 밖을 주위(surroundings)라 부르며, 주위와 계는 경계(boundaries)에 의해 구별된다.

검사체적 내의 계에 대하여 첫째로, 다루는 것이 질량이면 계 내의 질량은 불변이며 변하지 않는다. 이것은 역학법칙이며, 질량보존의 법칙이라 한다.

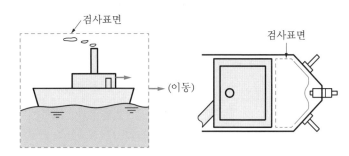

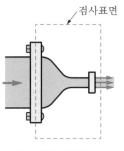

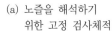

(a) 노즐을 해석하기   (b) 배의 항력을 구하기 위한   (c) 실린더 내의 압력변화를
위한 고정 검사체적   이동 검사체적   알기 위한 변형 검사체적

[그림 3-1] 고정, 이동, 변형되는 검사체적

즉

$$m_{sys} = \text{const.}$$

또는

$$\frac{dm_{sys}}{dt} = 0 \tag{3.1}$$

위의 세 가지 방법은 모두 중요하지만, 특히 공학자에게 가장 귀중한 것은 아마도 (1)의 검사체적 해석(control volume analysis)이 될 것이다.

둘째로, 주위에서 계에 작용하는 힘이 $\vec{F}$이면 뉴턴의 제2법칙은 다음과 같이 된다.

$$\vec{F} = m\vec{a} = m\frac{d\vec{V}}{dt} = \frac{d}{dt}(m\vec{V}) \tag{3.2}$$

위의 식에서 $m\vec{V}$를 선운동량(linear momentum)이라 부른다. 여기서, m은 질량(물질마다 갖는 고윳값)으로 비례상수이다.

선운동량
(linear momentum)

운동량의 차원은 [$m\vec{V}$: kg · m/s : MLT^{-1}] 또는 [FT](중력단위계)이다. 따라서 힘은 운동량의 시간 변화율이 된다. 위의 식을 유체역학에서는 운동량보존의 법칙(law of momentum conservation)이라 부르기도 한다.

운동량의 차원

운동량보존의 법칙(law of
momentum conservation)

셋째로, 계에 작용하는 모멘트 $\vec{M}$이면 거기에는 회전효과가 나타날 것이다.

$$\vec{M} = \frac{d\vec{H}}{dt} \tag{3.3}$$

여기서 $d\vec{H} = \sum(\vec{r} \times \vec{V})dm$은 각운동량이라 부른다. 식 (3.3)을 각운동량보존의 법칙 또는 각운동량의 원리라 한다. 이때 $\dfrac{d\vec{H}}{dt}$ 는 미소입자에 대한 회전토크 dT라고 부른다.

넷째로, 계에 주는 열량을 δQ, 일을 δW, 내부에너지를 dE라 하면 에너지보존의 법칙에 따라 다음과 같이 된다.

$$dE = \delta Q - \delta W \text{ 또는 시간율로 다시 쓰면}$$

$$\frac{dE}{dt} = \frac{\delta Q}{dt} - \frac{\delta W}{dt} \tag{3.4}$$

이 된다. 이 장의 목적은 이 식들을 적절한 적분형태로 만드는 것이다.

3.2 흐름의 상태

1 정상유동과 비정상유동(steady and unsteady flow)

유체특성이 한 점에서 시간에 따라 변화하지 않는 흐름$\left(\dfrac{\partial F}{\partial t} = 0\right)$을 정상유동

이라 한다. 예를 들면 정상유동을 하는 유체의 어느 한 점에서의 속도가 $\vec{V}$ [m/sec]이면 속도 $\vec{V}$는 시간이 경과하여도 크기와 방향이 모두 변하지 않는다. 여기서 유의할 점은 정상유동은 유동장의 모든 점에서 유동조건이 모두 같다는 뜻은 아니다. 유동조건은 위치(좌표)에 따라 변하나 각 점에서의 조건은 시간에 무관하게 일정하다는 뜻이다.

그러므로 t를 시간, x_i를 공간상의 좌표라 할 때 정상유동에서는 다음의 식들이 성립한다.

즉

$$\vec{F} = \vec{F}(\text{속도 } \vec{V}, \text{ 밀도 } \rho, \text{ 압력 } P, \text{ 온도 } T, \cdots)$$

$$\therefore \ \frac{\partial \vec{V}}{\partial t} = 0, \ \frac{\partial \rho}{\partial t} = 0, \ \frac{\partial P}{\partial t} = 0, \ \frac{\partial T}{\partial t} = 0$$

$$\frac{\partial \vec{V}}{\partial x_i} \neq 0, \quad \frac{\partial \rho}{\partial x_i} \neq 0, \quad \frac{\partial P}{\partial x_i} \neq 0 \tag{3.5}$$

다음은 유체특성이 시간에 따라 변화하는 흐름$\left(\frac{\partial F}{\partial t} \neq 0\right)$을 비정상유동이라 비정상유동
하고, 특히 난류에서는 입자의 불규칙한 운동 때문에 한 점에서 유동조건의 평균치와 변동분(평균치로부터의 편차)의 중첩(superposition)으로 나타난다. 따라서 비정상유동은 다음과 같이 표현될 수 있다.

$$\therefore \frac{\partial \vec{V}}{\partial t} \neq 0, \quad \frac{\partial \rho}{\partial t} \neq 0, \quad \frac{\partial P}{\partial t} \neq 0, \quad \frac{\partial T}{\partial t} \neq 0 \tag{3.6}$$

만약 난류유동에서 유동조건의 시간평균치가 시간에 무관하고 일정하다면 정상유동이 되고, 시간과 함께 변할 때는 비정상유동이 되는 것이다.

2 균속도유동과 비균속도유동(uniform and nonuniform flow)

한 유동장의 어떤 영역에서 임의의 시간에 영역 내의 모든 점의 속도가 공간좌표에 관계없이 동일할 때 이 유동을 균속도유동(등류 : uniform flow)이라 말 균속도유동 uniform flow
한다.

균속도유동하는 유체의 속도는 시시각각으로 변한다. 그러나 그 변화는 영역내의 모든 점에서 동일하고 각 시간에 영역 내의 모든 점에서 속도는 그때그때동일한 값을 갖는다. 지금 $\vec{V}$를 속도, s를 임의방향의 좌표, t를 시간이라 하면정상 균속도유동은 일반적으로 다음 식으로 표시된다. 정상 균속도유동

$$\frac{\partial \vec{V}}{\partial s} = 0, \quad \frac{\partial \vec{V}}{\partial t} \neq 0 \tag{3.7}$$

다음은 주어진 영역에서 임의시각에 속도 $\vec{V}$가 위치에 따라 변할 때 이 유동을 비균속도유동(비등류 : nonuniform flow)이라 말하고 비정상 비균속도유동 비균속도유동 nonuniform flow
의 경우 다음 식으로 표시된다.

$$\frac{\partial \vec{V}}{\partial s} \neq 0, \quad \frac{\partial \vec{V}}{\partial t} \neq 0 \tag{3.8}$$

특히 유동이 어느 순간 유동장 내에서 속도 벡터가 시간과 거리에 관계없이 일정한 유동을 정상 균속유동(steady uniform flow)이라 하고, 다음 식을 만족하게 된다.

정상 균속유동
(steady uniform flow)

$$\frac{\partial \vec{V}}{\partial t} = 0, \quad \frac{\partial \vec{V}}{\partial s} = 0 \tag{3.9}$$

유로면적이 일정한 직관이나 개수로 유동에서 실제유체의 유속은 중앙부에서 최대이다. 따라서 엄밀한 의미의 등속유동은 아니다. 그러나 유체역학에서는 이러한 유동을 1차원 유동으로 가정하고 넓은 의미로 등속유동으로 취급한다.

1차원 유동

3.3 유선과 유적선

유선(streamline)

1 유선(streamline)

유체 흐름에 관한 연구를 수학적으로 다루기 위하여 유선이라는 가상 곡선에 대한 정의가 필요하다. 즉, 유체 흐름의 공간에서 어느 순간에 각 점에서의 속도 방향과 접선 방향이 일치하는 연속적인 가상 곡선을 유선이라 한다[그림 3-2(a)].

정상유동일 때 유선은 시간에 관계없이 공간에 고정되며 유적선, 즉 하나의 유체입자가 지나간 자취와 일치한다. 유선요소의 원호길이 변위벡터 $d\vec{r}$이 속도 벡터 $\vec{V}$에 평행하다고 하면 정의에 따라 유선의 방정식은

유선의 방정식

$$\vec{V} \times d\vec{r} = 0 \tag{3.10}$$

이고, 여기서 $d\vec{r}$은 유선방향의 선소벡터이면 접선벡터와 같게 되므로 속도벡터와 변위벡터의 직교 좌표에 의한 성분 표시는 다음과 같게 된다.

선소벡터

$$(V_x \vec{i} + V_y \vec{j} + V_z \vec{k}) \times (dx \vec{i} \times dy \vec{j} + dz \vec{k}) = 0 \tag{3.11}$$

그들의 각각의 성분은 정확히 비례하게 된다. 따라서 다음과 같이 간단히 정리된다. 즉,

$$\frac{dx}{V_x} = \frac{dy}{V_y} = \frac{dz}{V_z} = \frac{\vec{dr}}{\vec{V}}$$

이다. 또는

$$\frac{dx}{u} = \frac{dy}{v} = \frac{dz}{w} \qquad\qquad (3.12)$$

으로 쓸 수 있다. 이 식에서 u는 x방향 속도, v는 y방향 속도, w는 z방향 속도를 말한다.

특히 식 (3.12)를 유선의 방정식이라 한다.

유선의 방정식

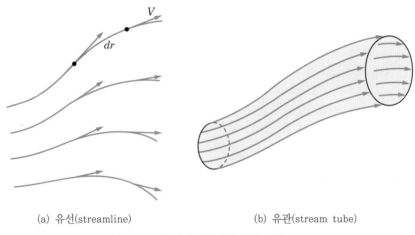

(a) 유선(streamline)   (b) 유관(stream tube)

[그림 3-2] 가장 일반적인 유동 모양

정상류에서 폐곡선을 통과하는 몇 개의 유선을 그리면 속도는 항상 경계에 대하여 접선방향이므로 유선들은 유체입자들이 지나갈 수 없는 경계면을 형성한다.

이와 같은 폐곡선을 통과한 유선들에 의해 형성된 공간을 유관(stream tube)이라 부른다[그림 3-2(b)]. 실제 고체관벽이 경계면을 이루는 것과 똑같이 유관도 경계면을 만든다. 그리고 유선은 서로 교차될 수 없으므로 유관벽에 수직한 속도성분은 존재하지 않는다.

유관(stream tube)

2 유적선(pathline)

유적선(pathline) 유체유동을 라그랑주(Lagrange) 관점에서 고찰하면 모든 유체입자는 공간상에서 어떤 경로를 따라 운동한다. 이와 같이 주어진 유체입자가 일정한 기간 동안 그린 경로를 유적선이라 말한다.

따라서 정상유동의 경우는 유선과 유적선은 일치한다. 그리고 유적선은 입자 $\vec{r}_0$가 그리는 경로이므로 다음과 같이 주어진다. 즉, $\vec{r} = \vec{r}(\vec{r}_0, \ t)$이다.

3 유맥선(streakline)

유맥선(streakline) 한 점에서 모든 유체 입자가 그린 순간궤적을 유맥선이라 한다. 다시 말하면 주어진 시간 이전에 주어진 공간점을 관류하였던 유체입자들이 배열되어 그려지는 선이라 정의한다. 이것은 유동장 내의 확산되지 않는 한 점으로부터 액체 물감이 분출되면서 그린 하나의 선을 유맥선이라 할 수 있고, 담배 연기가 만드는 선도 이에 속한다.

만약 입자 $\vec{r}_0[(a, \ b, \ c), \ \tau]$가 어느 시간 t에 점 P를 지나는 입자에 대한 유맥선 방정식은 다음 식과 같다. 즉,

$$\vec{r} = \vec{r}\left\{\vec{r}_0[(a, \ b, \ c), \ \tau], \ t\right\}$$

여기서 $0 \leq \tau \leq t$이다.

예제 3.1

다음의 그림은 원통 주위에 흐르는 2차원 유동을 표시한 것이다. 원통으로부터 멀리 떨어진 상류에서 (A점 부근) 서로 이웃하는 유선이 50mm 떨어져 있다고 가정하고 이 두 유선이 원통 주위의 점(B점)에서 35mm 떨어져 있다. A점에서의 평균 속력이 30m/sec라면 B점에서의 속력은 약 몇 m/sec인가? (단, 유체는 비압축성이다.)

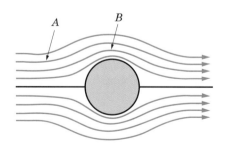

풀이 단위폭당 유량 q는 다음 식과 같고 그 크기는 일정하다.

$$q = hV = C$$
$$\Rightarrow 50 \times 10^{-3} \times 30 = 35 \times 10^{-3} \times V_B$$
$$\therefore V_B = 42.857 \fallingdotseq 42.86 \mathrm{m/sec}$$

예제 3.2

공기 속을 비행기가 날 때 비행기가 얻는 양력(lift)은 아래의 어느 것과 가장 관계가 깊은가? 그 이유를 설명하라?

(1) 비행기의 날개 윗면과 아랫면에 작용하는 압력의 차이

(2) 비행기 프로펠러의 회전에 대한 반작용

(3) 비행기 엔진에 의하여 얻어진 추진력

(4) 비행기의 몸체에 부딪치는 공기의 저항

풀이 그림은 비행기의 날개 단면과 공기의 흐름을 나타낸 것이다. 날개 단면의 윗부분은 아랫부분보다 유선의 간격이 좁아져 유속 V_1이 V_2보다 빠르다. 즉, $(V_1 > V_2)$이다.

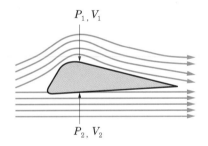

그러므로 베르누이 정리에 의해서 윗부분은 공기의 압력이 작고, 아랫부분은 공기의 압력이 크다. 즉, $(P_1 < P_2)$이다.

이 두 압력차에 의하여 비행기를 윗 방향으로 뜨게 하는 힘이 발생한다. 이것을 양력이라 한다.

3.4 연속방정식

1 1차원 유동에 대한 연속방정식

질량보존의 법칙을 흐르는 유체에 적용하여 얻는 식을 연속방정식(continuity equation)이라 한다. 1차원 정상류에 대해서 [그림 3-3]과 같은 관(tube)을 생각해 보면 어디서나 질량이 증가되거나 손실되지 않는다. 즉, 이것을 질량보존의 법칙이라 한다. 단면 1과 2에서 단면적을 A_1, A_2라 하고, 그 면에서의 속도와 밀도를 각각 V_1, V_2, ρ_1, ρ_2라 하면 단위시간에 A_1을 통하여 이동하는 유체의 질량은 $\rho_1 A_1 V_1$이고, A_2를 통하여 이동하는 질량은 $\rho_2 A_2 V_2$이다. 그렇다면

연속방정식
(continuity equation)

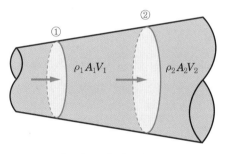

[그림 3-3] 연속방정식

$$\dot{m} = \rho_1 A_1 V_1 = \rho_2 A_2 V_2 = c\,(\text{일정}) \tag{3.13}$$

질량 유동률(mass flow rate)

여기서 $\dot{m}$를 질량 유동률(mass flow rate)이라 하고 식 (3.13)은 정상류 과정의 연속방정식이 된다.

식 (3.13)의 미분형은

$$d(\rho A V) = 0$$

또는 $\dfrac{d\rho}{\rho} + \dfrac{dA}{A} + \dfrac{dV}{V} = 0$ $\tag{3.14}$

식 (3.13)에 g를 곱하면

$$\dot{G} = g\rho_1 A_1 V_1 = g\rho_2 A_2 V_2$$

$$= \gamma_1 A_1 V_1 = \gamma_2 A_2 V_2 \tag{3.15}$$

여기서 $\dot{G}$를 중량 유동률(weight flow rate)이라 한다.

식 (3.13)에서 비압축성($\rho_1 = \rho_2$)이면

중량 유동률
(weight flow rate)

$$Q = A_1 V_1 = A_2 V_2 \tag{3.16}$$

여기서 Q는 방출유량(discharge) 또는 체적 유동률이라 한다.

체적 유동률

2 직각 좌표계의 3차원 연속방정식

3차원 연속방정식

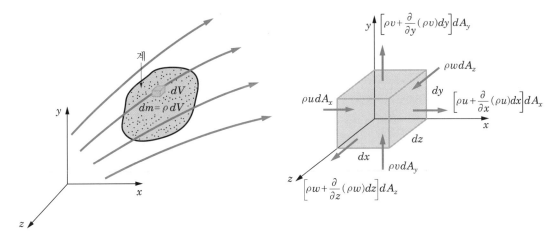

[그림 3-4] 계의 미소입방 체적 내의 연속방정식

[그림 3-4]와 같이 미소체적요소에 대한 질량보존의 법칙을 적용하면 연속방정식을 얻을 수 있다. 이때 각 방향의 미소면적의 크기는

$$dA_x = dzdy, \ dA_y = dxdz, \ dA_z = dxdy$$

이다.

따라서 미소체적요소에 연속방정식을 적용하면 다음과 같다.

$$\frac{\partial}{\partial x}(\rho u)dxdydz + \frac{\partial}{\partial y}(\rho v)dxdydz + \frac{\partial}{\partial z}(\rho w)dxdydz = -\frac{\partial m}{\partial t}$$

여기서 $\partial m = \rho dxdydz$을 적용할 때 위의 식은

$$\therefore \frac{\partial}{\partial x}(\rho u) + \frac{\partial}{\partial y}(\rho v) + \frac{\partial}{\partial z}(\rho w) + \frac{\partial \rho}{\partial t} = 0 \tag{3.17}$$

으로 정리된다.

압축성, 비정상류의 3차원 흐름

식 (3.17)을 일반적 연속방정식이라 부른다. 이 식은 압축성, 비정상류의 3차원 흐름에 대하여 적용할 수 있다.

식 (3.17)을 벡터 연산자로 쓰면

$$\frac{\partial \rho}{\partial t} + \nabla \cdot (\rho \vec{V}) = 0$$

$$\frac{\partial \rho}{\partial t} + \mathrm{div}(\rho \vec{V}) = 0 \tag{3.18}$$

정상유동의 경우 연속방정식

이다. 정상유동의 경우 연속방정식은 다음과 같다. 즉 정상유동과정(＝정상상태)이면, $\frac{\partial \rho}{\partial t} = 0$이 되므로 위의 식 (3.17)과 (3.18)은

$$\therefore \frac{\partial}{\partial x}(\rho u) + \frac{\partial}{\partial y}(\rho v) + \frac{\partial}{\partial z}(\rho w) = 0$$

$$\nabla \cdot (\rho \vec{V}) = 0 \ \ 또는 \ \mathrm{div}(\rho \vec{V}) = 0 \tag{3.19}$$

비압축 유체의 정상유동 연속방정식

또 비압축 유체의 정상유동 연속방정식은 $\rho = c$(일정)이므로 다음 식과 같다.

$$\frac{\partial u}{\partial x} + \frac{\partial v}{\partial y} + \frac{\partial w}{\partial z} = 0$$

$$\nabla \cdot (\vec{V}) = 0 \tag{3.20}$$

벡터 미분연산자

여기서 ∇은 벡터 미분연산자로서 del이라 부른다. $\nabla \cdot V$를 속도벡터 V의 다이버전스(divergence)라 하고, 위의 식에서 2차원 흐름이면 $w = 0$이다. 따라서

정상유동 비압축성 2차원 흐름의 연속방정식

정상유동 비압축성 2차원 흐름의 연속방정식은 다음과 같다.

$$\frac{\partial u}{\partial x} + \frac{\partial v}{\partial y} = 0 \tag{3.21}$$

여기서 미분연산자의 정의식은 $\nabla = \frac{\partial}{\partial x}\vec{i} + \frac{\partial}{\partial y}\vec{j} + \frac{\partial}{\partial z}\vec{k}$이고, 따라서 앞에 식

의 $\mathrm{div}\,\overrightarrow{V} = \nabla \cdot \overrightarrow{V} = \dfrac{\partial u}{\partial x} + \dfrac{\partial v}{\partial y} + \dfrac{\partial w}{\partial z}$ 이 되는 것이다.

3 원통 좌표계에서의 연속방정식

직각 좌표계 다음으로 가장 일반적인 것은 [그림 3-5]에 표시된 것과 같은 원통 극좌표계 혹은 원통 좌표계(cylindrical coordinates)이다. 그림의 원주상의 임의점 P는 원통축을 따른 Z축으로부터 반경거리 r, 반지름 방향과 x축이 이루는 각을 θ라 할 때의 P점에 대한 $x,\ y$는

$$x = r\cos\theta,\ y = r\sin\theta,\ r = (x^2 + y^2)^{1/2},\ \theta = \tan^{-1}\!\left(\dfrac{y}{x}\right)$$

에 위치한 한 점이다.

이 x와 y는 시간 t와 반지름 r, 각 θ의 함수이다. 그리고 3개의 독립된 속도 성분은 축방향 v_z, 반경방향 v_r, 원주방향 v_θ이고, 원주 속도는 반시계 방향이 θ가 증가하는 방향이고 양(+)의 값으로 가정한다.

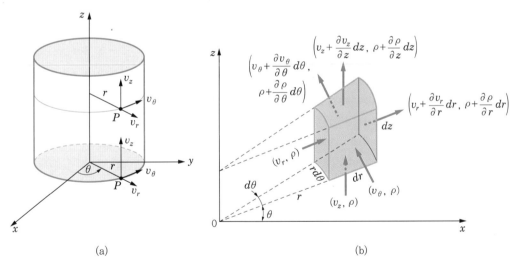

[그림 3-5] 원통 좌표계의 연속방정식

[그림 3-5(b)]와 같이 반지름 방향으로 r와 축방향 z를 따라 유체가 유동하고 있을 때 직각 좌표계에서와 같은 방법으로 연속방정식을 찾아보자. 이때 유체의 밀도는 ρ라 하고 미소체적요소의 유입질량, 유출질량 그리고 축적된 질량을 계산하면

반경방향 ;

$$\rho v_r rd\theta dz - \left[\left(\rho + \frac{\partial \rho}{\partial r}dr\right)\left(v_r + \frac{\partial v_r}{\partial r}dr\right)\right]rd\theta dz$$

$$= -\frac{\partial(\rho v_r r)}{\partial r}drd\theta dz \qquad\qquad (a)$$

원주방향 ;

$$\rho v_\theta drdz - \left[\left(\rho + \frac{\partial \rho}{\partial \theta}d\theta\right)\left(v_\theta + \frac{\partial v_\theta}{\partial \theta}d\theta\right)\right]drdz$$

$$= -\frac{\partial(\rho v_\theta)}{\partial \theta}drd\theta dz \qquad\qquad (b)$$

축방향 ;

$$\rho v_z rd\theta dr - \left[\left(\rho + \frac{\partial \rho}{\partial z}dz\right)\left(v_z + \frac{\partial v_z}{\partial z}dz\right)\right]rd\theta dr$$

$$= -\frac{\partial(\rho v_z)}{\partial z}rd\theta drdz \qquad\qquad (c)$$

원통 좌표계 유량변화의 크기 이상 식 (a), (b), (c)를 합하여 정리하면 일단 원통 좌표계에서 유량변화량이 된다. 따라서 원통 좌표계 유량변화의 크기는

$$-\left[\frac{1}{r}\frac{\partial(\rho v_r r)}{\partial r} + \frac{1}{r}\frac{\partial(\rho v_\theta)}{\partial \theta} + \frac{\partial(\rho v_z)}{\partial z}\right]rd\theta drdz \qquad\qquad (d)$$

이다. 결국 식 (d)는 미소체적요소에 단위 시간당 축적된 질량유량변화량과 같다. 이때 ρ를 시간 함수로 보고 질량유량 변화의 크기를 구하면

$$\left[\left(\rho + \frac{\partial \rho}{\partial t}\right) - \rho\right]rd\theta drdz \qquad\qquad (e)$$

원통 좌표계의 연속방정식 이다. 그러므로 식 (d)와 식 (e)는 질량보존의 원리에 의해 그 크기가 같게 되므로 다음 식과 같은 원통 좌표계의 연속방정식이 된다.

$$\therefore \frac{\partial \rho}{\partial t} + \frac{1}{r}\frac{\partial(\rho v_r r)}{\partial r} + \frac{1}{r}\frac{\partial(\rho v_\theta)}{\partial \theta} + \frac{\partial(\rho v_z)}{\partial z} = 0 \qquad\qquad (3.22)$$

이 식 (3.22)가 원통 좌표계로 나타낸 일반적인 연속방정식, 즉 질량보존법칙 식이 된다. 이 식이 정상유동이라고 하면 $\dfrac{\partial \rho}{\partial t}=0$이 되므로 다음 식으로 사용된다. 즉,

$$\frac{1}{r}\frac{\partial(\rho v_r r)}{\partial r}+\frac{1}{r}\frac{\partial(\rho v_\theta)}{\partial \theta}+\frac{\partial(\rho v_z)}{\partial z}=0 \tag{3.23}$$

식 (3.23)의 밀도와 속도는 아직은 변수로서 비선형이다.

이번에는 $\rho=c$인 비압축성 유체의 원통 좌표계 연속방정식을 생각할 수 있다. 즉, 식 (3.22)에서 정상, 비정상유동과 관계없이 $\dfrac{\partial \rho}{\partial t}=0$이고, ρ의 값을 밖으로 끌어내어 정리하면 비압축성 정상유동일 때 연속방정식을 얻을 수 있다. 즉,

> 비압축성 유체의 원통 좌표계 연속방정식

$$\frac{1}{r}\frac{\partial}{\partial r}(v_r r)+\frac{1}{r}\frac{\partial v_\theta}{\partial \theta}+\frac{\partial v_z}{\partial z}=0 \tag{3.24}$$

이 된다.

유동에서 어떤 경우가 근사적으로 비압축성이라 볼 수 있을까 하는 물음에는 밀도에 대한 근사적 해를 찾으면 해결할 수 있다. 그러므로 다음과 같이 특정식 안에 묶여 있는 ρ를 밖으로 끌어내어 근사적으로 다음과 같이 쓸 수 있다.

$$\frac{\partial}{\partial x}(\rho u)\approx \rho\frac{\partial u}{\partial x} \tag{f}$$

만약 공기의 경우 속도가 약 100m/s보다 작으면 그 유동상태는 비압축성이라 볼 수 있다. 즉 자동차 주위의 유동, 열차 및 경비행기 주위 유동, 고속비행기의 이・착륙 시 비행기 주위의 유동, 파이프 주위의 유동, 적당 속도를 갖는 터보기계 주위의 유동 등이 이에 속한다. 따라서 이 경우 비압축성 유체로 취급하면 앞서 구한 연속방정식의 적용이 가능하다.

예제 3.3

대기압 하에서 20℃의 물이 지름 10cm 관을 속도 3m/sec로 흐르고 있을 때 다음을 계산하라. (단, 1gal=3.785×10⁻³m³이다.)

(1) 유량 (2) 이 유량을 갤런[gal/min]으로 표시하라. (3) 질량 유동률

풀이 (1) 유량 $\dot{Q} = AV = \dfrac{\pi}{4} \times 0.1^3 \times 3 = 0.0236 \mathrm{m^3/sec}$

(2) $\dot{Q} = 0.0236 \mathrm{m^3/sec} \times \dfrac{1\mathrm{gal}}{3.785 \times 10^{-3} \mathrm{m^3}}$

$= 6.235 \mathrm{gal/sec} = 374.1 \mathrm{gal/min}$

(3) $\dot{m} = \rho \dot{Q} = 1{,}000 \mathrm{kg/m^3} \times 0.0236 \mathrm{m^3/sec} = 23.6 \mathrm{kg/sec}$

예제 3.4

피하 주사기가 주사액(비중 1.02)을 담고 있다. 플런저를 2cm/sec로 밀면 출구 속도 V[m/s]는?

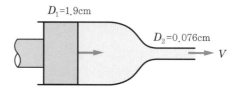

$D_1 = 1.9\mathrm{cm}$　$D_2 = 0.076\mathrm{cm}$　V

풀이 밀도가 일정하므로 유량이 보존된다.

$$\frac{\pi}{4} \times 0.019^2 \times 0.02 = \frac{\pi}{4} \times \left(\frac{0.076}{100}\right)^2 \times V$$

$$\therefore \quad V = 12.5\mathrm{m/sec}$$

3.5 Euler의 운동방정식

오일러 운동방정식
(Euler equation of motion)

　오일러 운동방정식(Euler equation of motion)은 다음과 같은 가정 하에서 유선상에 뉴턴의 제2법칙인 운동방정식으로부터 유도된다. 즉,

① 유체입자는 유선에 따라 흐른다.

② 유체는 마찰이 없다(점성력＝0).

③ 비회전 정상유동이다.

따라서 [그림 3-6]과 같이 유선에 수직인 양단면과 유선들로 둘러싸인 공간상에 고정된 미소체적요소를 검사체적($C.V$)로 택하여 미분검사역으로 잡았다. 그러므로 미소유선의 길이 ds이고 유관의 한 요소가 된다.

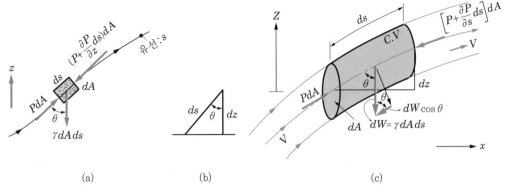

[그림 3-6] 유선의 유체입자에 작용하는 힘

[그림 3-6]과 같이 질량이 $\rho dAds$인 유체 입자가 유선에 따라 움직인다. 이 유체입자의 유동방향의 한 쪽 좌측면에 작용하는 압력을 P라 하면 다른 쪽 우측면에 작용하는 압력은 크기는

$$P+\frac{\partial P}{\partial s}ds \tag{a}$$

로 표시할 수 있다. 그리고 유체입자의 무게는 $\gamma dAds$이다. 이들 힘에 대하여 유선상에 뉴턴의 운동법칙 $\sum F_s=ma_s$를 적용하고, $\gamma=\rho g$로 대신 쓰면   ─ 유선상에 뉴턴의 운동법칙

$$PdA-\left(P+\frac{\partial P}{\partial s}ds\right)dA-\rho gdAds\cos\theta=\rho dAds\frac{\partial \vec{V}}{\partial t} \tag{3.25}$$

여기서 $\vec{V}$는 유선에 따라 유동하는 유체입자의 속도이다. 위의 식의 양변을 $\rho dAds$로 나누어 정리하면

$$\frac{1}{\rho}\frac{\partial P}{\partial s}+g\cos\theta+\frac{\partial \vec{V}}{\partial t}=0 \tag{3.26}$$

이때 속도 $\vec{V}$는 s와 t의 함수, 즉 $\vec{V}=\vec{V}(s,t)$이므로 연쇄법칙(chain rule)을   ─ 연쇄법칙(chain rule)
적용하면

$$\frac{\partial \vec{V}}{\partial t}=\frac{\partial \vec{V}}{\partial s}\frac{\partial s}{\partial t}+\frac{\partial \vec{V}}{\partial t}=\vec{V}\frac{\partial \vec{V}}{\partial s}+\frac{\partial \vec{V}}{\partial t} \tag{b}$$

이다. [그림 3-6(b)]에서

$$\cos\theta = \frac{dz}{ds} \tag{c}$$

$\dfrac{\partial \vec{V}}{\partial t}$ 와 $\cos\theta$ 식을 (3.26)에 대입하여 얻어지는 식을 오일러 방정식이라 한다.

오일러 방정식   즉, 오일러 방정식은 다음과 같다.

$$\frac{1}{\rho}\frac{\partial P}{\partial s} + g\frac{dz}{ds} + \vec{V}\frac{\partial \vec{V}}{\partial s} + \frac{\partial \vec{V}}{\partial t} = 0 \tag{3.27}$$

정상유동일 때 오일러 방정식   정상유동에서는 $\dfrac{\partial \vec{V}}{\partial t} = 0$ 이므로 정상유동일 때 오일러 방정식은 다음 식과 같게 된다.

$$\frac{1}{\rho}\frac{\partial P}{\partial s} + g\frac{dz}{ds} + \vec{V}\frac{\partial \vec{V}}{\partial s} = 0 \tag{3.28}$$

$$\frac{dP}{\rho} + gdz + \vec{V}\,d\vec{V} = 0 \tag{3.29a}$$

또는

$$\frac{dP}{\rho} + d\left(\frac{\vec{V}^2}{2}\right) + gdz = 0 \tag{3.29b}$$

를 얻는다. 이 식 (3.29 (a), (b))를 최종 오일러의 운동방정식(Euler's equation of motion)이라 부른다.

3.6 Bernoulli의 방정식

베르누이의 방정식   유선에 따른 오일러 방정식을 적분하면 베르누이의 방정식(Bernoulli's equation)
(Bernoulli's equation)   을 얻는다. 즉, 식 (3.29)를 적분하면

$$\int \frac{dP}{\rho} + \frac{V^2}{2} + gz = c(\text{상수}) \tag{3.30}$$

이 식을 정상유동에서의 베르누이의 방정식이라 한다. 비압축성 유체(ρ = 일정)
일 경우에 식 (3.30)은

$$\frac{P}{\rho} + \frac{V^2}{2} + gz = c \, (일정) \qquad (3.31a)$$

$$P + \rho \frac{V^2}{2} + \gamma z = c \qquad (3.31b)$$

$\rho = c$인 비압축성 베르누이 방정식의 위 식은 다음 조건을 만족할 때 적용된   비압축성 베르누이 방정식
식이다. 즉, 정상유동 비점성유체 유선에 따른 비압축성 유동의 경우이다.
　위의 식을 g로 나누면

$$\frac{P}{\gamma} + \frac{V^2}{2g} + z = c = H(일정) \qquad (3.32)$$

식 (3.31), (3.32)를 베르누이 방정식이라 한다. 식 (3.32)의 각 항의 차원은
[L]을 갖는다. 그리고 등엔트로피 유동에 대한 정상 1차원 에너지 식이다. 각 항
은 각각 단위질량당 유체의 유동일(압력에너지), 운동에너지, 위치에너지이고,
전체 합의 크기 값은 총기계적 에너지가 된다.
　즉,

$\dfrac{P}{\gamma}$: 압력수두(pressure head)

$\dfrac{V^2}{2g}$: 속도수두(velocity head)

z : 위치수두(potential head)

H : 전수두(total head)

$\dfrac{P}{\gamma} + \dfrac{V^2}{2g} + z$를 전수두선(total head line)으로 나타낼 수가 있고 한 유선상   전수두선(total head line)
의 모든 점에서의 총기계적 에너지는 H[m]로서 모두 크기가 같고, 에너지선   에너지선(energy line)
(energy line)이라 하며 [그림 3-7]과 같이 E.L로 표시한다. $\dfrac{P}{\gamma} + z$를 연결한
선을 수력구배선(hydraulic grade line) 즉, H.G.L로 표시한다. 이 수력구배선   수력구배선
(H.G.L)은 항상 에너지선(E.L)보다 속도수두 $\dfrac{V^2}{2g}$ 만큼 아래에 위치한다.   (hydraulic grade line)

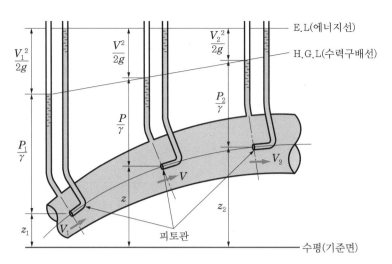

E.L(에너지선)

H.G.L(수력구배선)

피토관

수평(기준면)

[그림 3-7] 베르누이 방정식에서의 수두의 크기 표시

비회전의 유동장 내 임의의 두 점 1, 2에 대하여 베르누이 방정식을 세우면 식 (3.33)과 같다.

$$\frac{P_1}{\gamma} + \frac{V_1^2}{2g} + z_1 = \frac{P_2}{\gamma} + \frac{V_2^2}{2g} + z_2 = H(\text{일정}) \tag{3.33}$$

실제 관로에서 유체의 마찰을 고려하면 단면 1, 2에서의 총 수두에너지량이 같아야 되므로 베르누이 방정식은 다음과 같다.

$$\frac{P_1}{\gamma} + \frac{V_1^2}{2g} + z_1 = \frac{P_2}{\gamma} + \frac{V_2^2}{2g} + z_2 + h_L \tag{3.34}$$

손실수두(loss of head) 여기서 h_L은 단면 1, 2 사이에서의 손실수두(loss of head)가 된다.

예제 **3.5**

그림의 사이폰(siphon) 출구(B)에서 몇 m³/sec의 유량이 흐를 수 있는가? (단, 관지름은 일정하고 손실은 무시한다.)

(1) 0.02

(2) 0.077

(3) 0.012

(4) 0.20

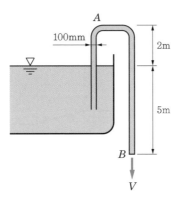

풀이 출구는 물의 표면에서 5m 하단에 위치하므로 베르누이 방정식으로부터

$$V = \sqrt{2gh} = \sqrt{2 \times 9.81 \times 5} = 9.9\,\text{m/sec}$$

$$Q = AV = \frac{\pi}{4} \times 0.1^2 \times 9.9 = 0.077\,\text{m}^3/\text{sec}$$

예제 3.6

다음 용기는 매우 커서 수면변화와 부차적 손실을 무시할 수 있다. 바닥과 부딪히는 거리를 H와 h로 표시하여라. X를 최대로 하는 h/H 값을 구하라.

풀이 노즐에서의 속도를 V_0이라 하면 베르누이 방정식에서

$$V_0 = \sqrt{2g(H-h)} \quad ⓐ$$

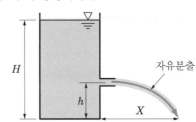

수평속도성분 $U = V_0$

수평이동거리 $X = V_0 t$

수직이동거리 $y = \left(\frac{1}{2}\right)gt^2$

$$y = h = \frac{g}{2}t^2 \rightarrow t = \sqrt{\frac{2h}{g}}\;,\;\; X = V_0 t = V_0 \sqrt{\frac{2h}{g}} \quad ⓑ$$

따라서 식 ⓑ에 식 ⓐ를 적용

$$\therefore X = 2\sqrt{h(H-h)}$$

$$\text{또, } \frac{dX}{dh} = \frac{H - 2h}{\sqrt{h(H-h)}} = 0$$

$h = \dfrac{H}{2}$ 일 때 X는 최댓값을 갖는다.

$$\therefore X = H,\; \frac{h}{H} = \frac{1}{2}$$

비중량이 12N/m³인 공기가 흐르고 있다. 마노미터의 계측 내의 유체의 비중은 0.827이다. 부차적 손실을 무시한다면 유량[m³/sec]은 얼마인가?

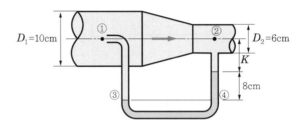

풀이 단면 1에서의 속도를 V_1이라 하고 단면 2에서의 속도를 V_2라 하면

$$V_1 \times 10^2 = V_2 \times 6^2 \qquad ⓐ$$

점 ①에서의 압력을 P_1, 점 ②에서의 압력을 P_2라 할 때 점 ③, ④에서 압력의 크기는 같고 다음 식이 성립한다.

$$P_1 + \gamma_{air}(K+0.08) = P_2 + \gamma_{oil} \times 0.08 + \gamma_{air}K \qquad ⓑ$$
$$\rightarrow P_1 - P_2 = \gamma_{oil} \times 0.08 - \gamma_{air} \times 0.08$$

또 점 ①과 점 ② 사이에 베르누이 방정식을 적용시키면 다음 식과 같다.

$$P_1 + \rho\frac{V_1^2}{2} = P_2 + \rho\frac{V_2^2}{2} \qquad ⓒ$$

식 ⓑ와 ⓒ에서 다음과 같게 됨을 알 수 있다.

$$\rho_{air}\frac{V_2^2}{2} = (P_1 - P_2) + \rho_{air}\frac{V_1^2}{2} \quad \left(단, \ \frac{V_1^2}{2} = \frac{2gh}{2} = gh\right)$$
$$= (\gamma_{oil} \times 0.08 - \gamma_{air} \times 0.08) + \gamma_{air}h$$
$$\rightarrow \rho_{air}\frac{V_2^2}{2} = \gamma_{oil} \times 0.08$$
$$\rightarrow V_2^2 = 2\left(\frac{\gamma_{oil}}{\rho_{air}}\right) \times 0.08 = 2\left(\frac{S_{oil} \times 9,800}{\gamma_{air}/g}\right) \times 0.08$$
$$= 2 \times \left(\frac{0.827 \times 9,800 \times 9.8}{12}\right) \times 0.08 = 1,059(\text{m}^2/\text{s}^2)$$
$$\rightarrow V_2 = (1,059\text{m}^2/\text{s}^2)^{\frac{1}{2}} = 32.542\text{m/sec}$$
$$\therefore Q = AV_2 = \frac{\pi}{4} \times 0.06^2 \times 32.542$$
$$\fallingdotseq 0.092\text{m}^3/\text{sec}$$

3.7 동압과 정압

1 피토-정압관(pitot-static tube)

[그림 3-8]과 같이 정압관과 피토관을 연결하여 차압을 측정할 수 있게 한 것을 피토-정압관이라 부르는데 피토관 끝의 유체는 정지하고 있을 것이므로 이 점을 정체점(stagnation point), 여기서의 압력을 정체압(stagnation pressure) 또는 전압(total pressure)이라 부른다. 여기서의 차압은 유체 동압을 의미한다.

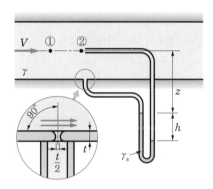

[그림 3-8] 피토-정압관

지금 그림에서 ① 단면과 ② 단면에 대하여 베르누이 방정식을 적용해보자. $z_1 = z_2$, $V_2 \fallingdotseq 0$, $P_2 = P_s$으로 가정하고 이때 s첨자는 정체점(stagnation point)을 말한다.

$$\frac{V_1^2}{2g} + \frac{P_1}{\gamma} = \frac{P_s}{\gamma} \tag{3.35}$$

$$P_s = P_1 + \rho \frac{V_1^2}{2} \tag{3.36}$$

로 되어 전압 P_s는 정압과 동압의 합과 같게 된다는 것을 알 수 있고, 이때 동압은 $\frac{\rho V_1^2}{2} = P_s - P_1$이므로 관 속의 유속 V는 시차 액주계의 압력차 $P_s - P_1$을 읽음으로써 계산할 수 있게 된다.

정압관과 피토관(pitot-static tube)

정체점(stagnation point)

정체압 (stagnation pressure)

전압(total pressure)

$$P_s - P_1 = \gamma_s h - \gamma h = (\gamma_s - \gamma)h \tag{3.37}$$

액주계 유체의 비중량을 γ_s, 액주계 읽음을 h라 하면 관 내의 유체의 유속 V는 다음과 같이 구할 수 있다.

$$V = \sqrt{2gh\left(\frac{\gamma_s}{\gamma} - 1\right)} \tag{3.38}$$

예제 3.8

그림과 같이 유체 유동장 내의 h만큼 깊이 속에 피토관(pitot tube)을 세웠을 때 Δh만큼 높이차가 발생하였다면 유체의 자유유동 속도 V_0을 구하는 식은?

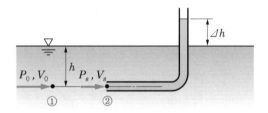

풀이 점 ①과 점 ②에서의 베르누이 방정식을 세우면

$$\frac{P_0}{\gamma} + \frac{V_0^2}{2g} + z_0 = \frac{P_s}{\gamma} + \frac{V_s^2}{2g} + z_s = c$$

단, $z_0 = z_s$, $v_s \simeq 0$

$$\rightarrow \frac{P_0}{\gamma} + \frac{V_0^2}{2g} = \frac{P_s}{\gamma} \tag{ⓐ}$$

이때 $P_0 - \gamma h$, $P_s = \gamma(h + \Delta h)$ ⓑ

식 ⓑ를 식 ⓐ에 대입

$$\rightarrow \frac{\gamma h}{\gamma} + \frac{V_0^2}{2g} = \frac{\gamma(h + \Delta h)}{\gamma}$$

$$\rightarrow \frac{V_0^2}{2g} = (h + \Delta h) - h = \Delta h$$

$$\rightarrow V_0^2 = 2g\Delta h$$

$$\therefore V_0 = \sqrt{2g\Delta h} \tag{ⓒ}$$

3.8 손실수두와 수동력

이상유체에 관한 베르누이 방정식의 적용범위를 넓히기 위하여 손실수두항을 첨가하면 실제유체에 대해서도 이용할 수 있다. 특별히 약속된 사실은 없지만 일반적으로 관류에서 상·하류라 하면 위치에 상관없이 흐름 방향으로 생각하여 [그림 3-9]에서 보는 바와 같이 단면 (1)을 상류쪽에 단면 (2)를 하류쪽에 잡는다.

손실수두항

실제유체

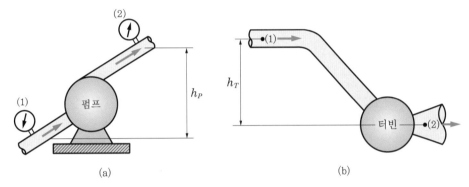

[그림 3-9] 펌프와 터빈의 설치

유체가 점성효과로 인하여 흐르는 동안 손실을 갖게 된다면 수력구배선은 수평 기준면과 평행하지 못하고 단면 (2)의 수두는 단면 (1)의 전 수두보다 손실수두만큼 작을 것이므로 베르누이 방정식은 다음과 같다. 여기서 손실수두(h_L), 펌프에너지(h_P), 터빈에너지(h_T)는 각각 단위중량의 유체가 잃는 에너지, 공급받는 에너지, 공급하는 에너지들이다.

손실수두

펌프에너지

터빈에너지

만약 펌프(pump) 설치 시 베르누이 방정식은 다음과 같이 적용하여 식을 정리할 수 있다. 즉, [그림 3-9(a)]와 같이 단면 (1)과 (2) 사이에 펌프(pump)가 설치되어 유체가 펌프로부터 에너지를 공급받는다면

$$\frac{V_1^2}{2g} + \frac{P_1}{\gamma} + z_1 + h_P = \frac{V_2^2}{2g} + \frac{P_2}{\gamma} + z_2 + h_L \tag{3.39}$$

로 베르누이 방정식을 수정하여 사용한다.

또 펌프가 단위중량의 유체로부터 h_P만큼 에너지를 공급받았다면 단위시간당의 에너지는 동력(power)이므로 펌프의 동력은 다음과 같다.

펌프의 동력

펌프동력 펌프동력을 kW의 크기로는

$$L_{KW} = \frac{\gamma Q h_P}{102} = \frac{\gamma Q h_{th)P}}{102 \eta_P} \tag{3.40a}$$

여기서 γ : 비중량[kgf/m³], $h_{th)P}$: 펌프 이론전양정[m], η_P : 펌프효율[%]이다.

또는

$$L_{KW} = \frac{\gamma Q h_P}{1000} = \frac{\gamma Q h_{th)P}}{1000 \eta_P} \tag{3.40b}$$

여기서 γ : 비중량[N/m³]이다.

펌프마력 펌프동력은 PS마력의 크기로는

$$L_{PS} = \frac{\gamma Q h_{th)P}}{75 \eta_P} \tag{3.41}$$

여기서 γ : 비중량[kgf/m³]이다.

펌프효율 단, 펌프효율 :

$$\eta_p = \frac{h_{th)P}}{h_P} \tag{3.42}$$

여기서 Q는 유량(m³/sec)을 말하고, $h_P > h_{th)P}$이다.

다음 터빈(turbine) 설치 시 베르누이 방정식을 세우면 다음 식과 같이 된다. 즉 [그림 3-9(b)]와 같이 단면 사이에 터빈이 설치되어 유체로부터 에너지를 빼앗아간다면

$$\frac{V_1^2}{2g} + \frac{P_1}{\gamma} + z_1 = \frac{V_2^2}{2g} + \frac{P_2}{\gamma} + z_2 + h_T + h_L \tag{3.43}$$

로 베르누이 방정식을 수정하여 사용한다.

또 터빈에 단위중량당 유체가 h_T만큼 에너지를 공급하였을 때 단위시간당 에너지는 동력이므로 터빈동력은 다음 식과 같다.

터빈동력 터빈동력을 kW의 크기로는

$$L_{KW} = \frac{\gamma Q h_T}{102} = \frac{\gamma Q h_{th)T} \eta_T}{102} \tag{3.44a}$$

여기서 γ : 비중량[kgf/m³], $h_{th)T}$: 터빈 이론전양정[m], η_T : 터빈효율[%]이다.

또는

$$L_{KW} = \frac{\gamma Q h_T}{1,000} = \frac{\gamma Q h_{th)T} \cdot \eta_T}{1,000} \tag{3.44b}$$

여기서 γ : 비중량[N/m³]이다.

펌프동력 PS마력의 크기로는

$$L_{PS} = \frac{\gamma Q h_{th)T} \eta_T}{75} \tag{3.45}$$

여기서 γ : 비중량[kgf/m³]이다.

단, 터빈효율 :

터빈효율

$$\eta_T = \frac{h_T}{h_{th)T}} \tag{3.46}$$

여기서 Q는 유량(m³/sec)을 말하고, $h_T < h_{th)T}$이다. 또한 유체의 전수두를 동력의 크기로 알아보면 다음과 같다.

즉,

$$H = \frac{P}{\gamma} + \frac{V^2}{2g} + z = c[\text{m}] \tag{3.47}$$

이 되므로, SI단위계에서 수동력은 다음과 같이 계산된다.

수동력

$$\left. \begin{array}{l} H_w = \gamma Q H \\[2mm] H_{kw} = \dfrac{\gamma Q H}{1,000} \end{array} \right\} \tag{3.48}$$

여기서 γ : N/m³, Q : m³/s, H : m이다.

중력단위계인 공학단위로 수동력의 크기는 다음 식으로부터 계산한다.

$$\left.\begin{array}{l} H_{ps} = \dfrac{\gamma QH}{75} \\[4mm] H_{kw} = \dfrac{\gamma QH}{102} \end{array}\right\}\tag{3.49}$$

여기서 γ : kgf/m³, Q : m³/s, H : 유체의 전수두(m)이다.

3.9 운동에너지 수정계수

일반적으로 단면에서 속도분포는 [그림 3-10(b)]와 같이 균일하지 않다. 따라서 이렇게 유동장 내의 속도분포를 균일하게 보고 계산된 V에 의한 운동에너지 값이 참운동에너지 u로 계산된 값과는 상당한 오차를 가져온다. 그러므로 평균속도 V에 의하여 계산된 베르누이 방정식(Bernoulli's equation)이나 에너지방정식 등은 상당한 수정이 필요하다는 것을 알 수 있다. 이러한 오차를 줄이기 위해 평균속도에 의한 운동에너지 값에 수정계수를 곱하여 계산에 사용하게 된다.

<u>참운동에너지</u>

관로에서 유체가 1차원 운동을 한다고 가정할 때 단면적 A의 관로를 흐르는 유체의 단위시간당 평균속도에 의한 운동에너지($\dot{E}_\kappa$)는

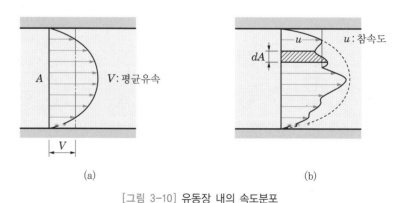

[그림 3-10] 유동장 내의 속도분포

$$\dot{E}_\kappa = (\rho A V) \cdot \left(\frac{V^2}{2} \right)$$

$$= \rho A \frac{V^3}{2} \qquad\qquad\qquad (a)$$

이다. 여기서 V는 1차원 평균유동 속도이다.

다음은 미소면적 내 참속도 u에 의한 미소면적 내를 통과하는 단위시간당 운동에너지($\dot{E}_\kappa$)는 단위시간당 운동에너지

$$\dot{E}_\kappa = \int_A (\rho\, dA\, u)\left(\frac{u^2}{2} \right) = \int_A \rho \frac{u^3}{2}\, dA \qquad\qquad (b)$$

이다. 여기서 $\rho u\, dA$는 미소면적 dA를 통과하는 질량유량변화이다.

운동에너지의 오차를 보상하기 위하여 (a)=(b)하고 식 (a)에 α를 곱하여 그 크기를 같게 하여 주면 된다. 즉,

$$\alpha \rho A \frac{V^3}{2} = \int_A \rho \frac{u^3}{2}\, dA$$

따라서

$$\therefore \quad \alpha = \frac{1}{A} \int_A \left(\frac{u}{V} \right)^3 dA \qquad\qquad (3.50)$$

위의 식 (3.50)에서 α를 운동에너지 수정계수라 하고, 관로 문제에서 이 수정계수 값을 수정 베르누이 방정식에 도입하면 수정 베르누이 방정식은 다음과 같다. 운동에너지 수정계수
수정 베르누이 방정식

$$\frac{P_1}{\gamma} + \alpha_1 \frac{V_1^2}{2g} + z_1 = \frac{P_2}{\gamma} + \alpha_2 \frac{V_2^2}{2g} + z_2 + h_L \qquad\qquad (3.51)$$

이때 α값은 평균속도로 표현된 속도수두항에 곱하게 된다. 원관유동에서 α의 값은 난류로 취급하는 경우가 대부분이고, 운동에너지항이 좌우변에 존재하므로 수정계수값을 거의 1로 취급하는 것이 대부분이다.

수평으로 설치된 직경이 서로 다른 관로가 있다. 상류, 하류 쪽의 관 지름이 각각 20cm, 40cm이고 상류에서의 물의 평균유속과 압력이 각각 2m/sec, 10N/cm²일 때 하류의 압력[N/cm²]을 구하라.

풀이 $Q = AV = c$로부터

$$\frac{\pi}{4} \times 0.2^2 \times 2 = \frac{\pi}{4} \times 0.4^2 \times V_2 \rightarrow V_2 = 0.5\mathrm{m/sec}$$

베르누이 방정식으로부터

$$\frac{P_1}{\gamma} + \frac{V_1^2}{2g} = \frac{P_2}{\gamma} + \frac{V_2^2}{2g} \quad \therefore \ P_2 = \gamma \left(\frac{V_1^2}{2g} - \frac{V_2^2}{2g} \right) + P_1$$

$$\therefore \ P_2 = 9,800 \left(\frac{2^2}{2 \times 9.8} - \frac{0.5^2}{2 \times 9.8} \right) \times 10^{-4} [\mathrm{N/cm^2}] + 10 [\mathrm{N/cm^2}]$$

$$\coloneqq 10.19 [\mathrm{N/cm^2}]$$

원유가 그림과 같은 관로를 흐르고 A에서의 속도가 2.4m/sec이면, 개관 C에 있어서의 원유의 높이는?

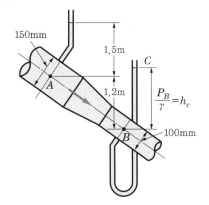

풀이 A와 B에 베르누이 방식을 적용하면

$$\frac{P_A}{\gamma} + \frac{V_A^2}{2g} + z_A = \frac{P_B}{\gamma} + \frac{V_B^2}{2g} + z_B$$

여기서

$$V_A = 2.4\mathrm{m/s}, \ V_B = V_A \left(\frac{A_A}{B_B} \right) = V_A \left(\frac{D_A}{D_B} \right)^2 = 5.4\mathrm{m/s}$$

$$\frac{P_A}{\gamma} = 1.5\text{m}$$

따라서 개관 C의 위치 $\dfrac{P_B}{\gamma}$는 다음과 같다.

$$1.5 + \frac{2.4^2}{2 \times 9.8} + 1.2 = \frac{P_B}{\gamma} + \frac{5.4^2}{2 \times 9.8} + 0$$

$$\therefore \ \frac{P_B}{\gamma} = 1.506\text{m}$$

예제 3.11

대기압이 1atm이고 증기압이 0.15atm이다. 지금 이 노즐에서의 손실을 무시한다면 노즐지름 D가 얼마일 때 공동현상이 일어나겠는가? 또한 캐비테이션을 방지하기 위해서는 지름을 크게 하여야 하는가? 작게 하여야 하는가?

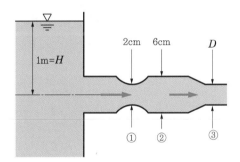

풀이 한 제트에서의 물의 속도 V_0 : (출구속도)는

$$V_0 = \sqrt{2gH}$$

여기서 노즐에서의 손실을 무시하므로 베르누이 방정식을 ①과 ③ 사이에 적용시키면

$$\frac{P_1}{\gamma} + \frac{V_1^2}{2g} = \frac{P_a}{\gamma} + \frac{V_0^2}{2g} = \frac{P_a}{\gamma} + H \qquad \text{ⓐ}$$

연속방정식으로부터

$$V_1 \times 2^2 = D^2 \times V_0$$

$$\rightarrow \ V_1 = \frac{D^2}{4} V_0 \ \text{을 식 ⓐ에 적용}\left(\text{단, } \frac{V_0^2}{2g} = H\right)$$

$$\frac{P_1}{\gamma} + \frac{D^4}{16} H = \frac{101.3 \times 10^3}{9,800} + H \qquad \text{ⓑ}$$

$$\left(\frac{D^4}{16} - 1\right) \times H = \frac{101.3 \times 10^3}{9,800} - \frac{15.2 \times 10^3}{9,800} \qquad ⓒ$$

$$\therefore \ D ≒ 3.54 \text{cm}$$

식 ⓑ에서 D가 작아질 경우 P가 커지므로, 결국 캐비테이션이 발생하지 않기 위해서는 지름 D가 작아져야 한다.

나비에–스토크스
(Navier–Stokes) 방정식

체적력(body force)

표면력(surface force)

비압축성 유체에 대한 나비에–스토크스(Navier-Stokes) 방정식을 구해보면 다음과 같다. [그림 3–11]과 같이 유동장 내의 직각좌표계의 미소체적요소의 운동을 고려해보자. 이 체적요소에 작용하는 힘은 크게 체적력(body force)과 표면력(surface force)의 2가지 힘이 있다. 체적력은 중력, 자력, 전위 등의 외부장에 의한 것이고, 표면력은 압력의 기울기와 점성응력들에 의한 힘을 말한다. 여기서는 체적력을 중력에 의한 것만 고려한다.

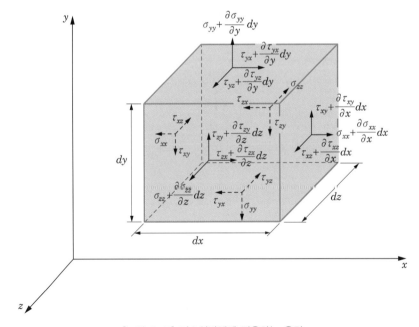

[그림 3–11] 미소입방체에 작용하는 응력

그림의 직각좌표계 내의 미소질량요소를 검사체적으로 보고 검사체적에 작용하는 x, y, z의 각 방향에 대한 중력에 의한 체적력은

중력에 의한 체적력

$$\left.\begin{array}{l} dW_x = f_x\,\rho dx\,dy\,dz \\ dW_y = f_y\,\rho dx\,dy\,dz \\ dW_z = f_z\,\rho dx\,dy\,dz \end{array}\right\} \qquad\qquad (a)$$

이다. 이 식에서 f_x, f_y, f_z는 각 방향에 관한 단위질량당 중력에 의한 분력이다. 따라서 뉴턴의 운동방정식 $\vec{F} = m\vec{a}$를 각 방향으로 적용하여 식을 전개하면 다음과 같이 된다.

먼저 x축에 수직인 면에 작용하는 힘과 그에 상응하는 질량과 가속도만을 생각해보자.

x방향 :

$$f_x\rho\,dx\,dy\,dz + \frac{\partial \sigma_{xx}}{\partial x}dx\,dy\,dz + \frac{\partial \tau_{yx}}{\partial y}dy\,dx\,dz + \frac{\partial \tau_{zx}}{\partial z}dz\,dx\,dy$$
$$= \rho\frac{Du}{Dt}dx\,dy\,dz$$

이다. 이 식에서 σ_{ij}와 τ_{ij}의 하첨자 i면의 j방향의 응력에 의한 힘을 말한다. 위 식의 양변을 체적 $dx\,dy\,dz$를 나누고 정리하면

$$\rho\frac{Du}{Dt} = \frac{\partial \sigma_{xx}}{\partial x} + \frac{\partial \tau_{yx}}{\partial y} + \frac{\partial \tau_{zx}}{\partial z} + \rho f_x \qquad\qquad (b)$$

이다. 같은 방법으로 y와 z방향에 적용하면 다음과 같다. 즉,

y방향 :

$$\rho\frac{Dv}{Dt} = \frac{\partial \tau_{xy}}{\partial x} + \frac{\partial \sigma_{yy}}{\partial y} + \frac{\partial \tau_{zy}}{\partial z} + \rho f_y \qquad\qquad (c)$$

z방향 :

$$\rho\frac{Dw}{Dt} = \frac{\partial \tau_{xz}}{\partial x} + \frac{\partial \tau_{yz}}{\partial y} + \frac{\partial \sigma_{zz}}{\partial z} + \rho f_z \qquad\qquad (d)$$

다음 뉴턴(Newton) 유체로 가정하여 등방정 비압축성 유체에 응력(수직 및

등방정 비압축성 유체

전단응력)과 속도구배와의 관계식을 적용하면 다음과 같다.

$$\left.\begin{array}{l} \sigma_{xx} = -P + 2\mu\dfrac{\partial u}{\partial x} \\[3mm] \sigma_{yy} = -P + 2\mu\dfrac{\partial v}{\partial y} \\[3mm] \sigma_{zz} = -P + 2\mu\dfrac{\partial w}{\partial z} \end{array}\right\} \tag{e}$$

$$\left.\begin{array}{l} \tau_{xy} = \tau_{yx} = \mu\left(\dfrac{\partial v}{\partial x} + \dfrac{\partial u}{\partial y}\right) \\[3mm] \tau_{yz} = \tau_{zy} = \mu\left(\dfrac{\partial w}{\partial y} + \dfrac{\partial v}{\partial z}\right) \\[3mm] \tau_{xz} = \tau_{zx} = \mu\left(\dfrac{\partial w}{\partial x} + \dfrac{\partial u}{\partial z}\right) \end{array}\right\} \tag{f}$$

이다. 이 식 (e), (f)를 식 (b), (c), (d)에 대입하여 정리하면 다음 식으로 표현할 수 있다.

x방향에 대하여 생각하면

$$\rho\frac{Du}{Dt} = -\frac{\partial P}{\partial x} + \mu\left(\frac{\partial^2 u}{\partial x^2} + \frac{\partial^2 u}{\partial y^2} + \frac{\partial^2 u}{\partial z^2}\right) + \mu\frac{\partial}{\partial x}\left(\frac{\partial u}{\partial x} + \frac{\partial v}{\partial y} + \frac{\partial w}{\partial z}\right) + \rho f_x \tag{g}$$

비압축성 유체일 때 연속방정식에서 $\dfrac{\partial u}{\partial x} + \dfrac{\partial v}{\partial y} + \dfrac{\partial w}{\partial z} = 0$이므로 위의 식 (g)는 아래 식과 같이 간단히 쓸 수 있고, 나머지 같은 방법으로 y, z면에 대하여도 같은 원리를 적용하여 정리하면 다음과 같다. 즉, 식 (3.52)와 같다.

$$\left.\begin{array}{ll} x\text{방향}: & \dfrac{Du}{Dt} = -\dfrac{1}{\rho}\dfrac{\partial P}{\partial x} + \nu\left(\dfrac{\partial^2 u}{\partial x^2} + \dfrac{\partial^2 u}{\partial y^2} + \dfrac{\partial^2 u}{\partial z^2}\right) + f_x \\[4mm] y\text{방향}: & \dfrac{Dv}{Dt} = -\dfrac{1}{\rho}\dfrac{\partial P}{\partial y} + \nu\left(\dfrac{\partial^2 v}{\partial x^2} + \dfrac{\partial^2 v}{\partial y^2} + \dfrac{\partial^2 v}{\partial z^2}\right) + f_y \\[4mm] z\text{방향}: & \dfrac{Dw}{Dt} = -\dfrac{1}{\rho}\dfrac{\partial P}{\partial z} + \nu\left(\dfrac{\partial^2 w}{\partial x^2} + \dfrac{\partial^2 w}{\partial y^2} + \dfrac{\partial^2 w}{\partial z^2}\right) + f_z \end{array}\right\} \tag{3.52}$$

위의 식 (3.52)를 비압축성 유체의 직각좌표계에서 프랑스의 수학자 L.M.H. Navier(1785~1836)와 영국의 기계공학자 G.G. Stokes(1819~1903)에 의해 처음 유도되어 일반적으로 나비에–스토크스 방정식(Navier–stokes equation)이

나비에–스토크스 방정식

라 부른다. 식 (3.52)를 벡터식으로 표현하면 다음과 같다.

여기서 $\nu = \dfrac{\mu}{\rho}$ (동점성계수)

$$\frac{Du}{Dt} = \frac{\partial u}{\partial t} + u\frac{\partial u}{\partial x} + v\frac{\partial u}{\partial y} + w\frac{\partial u}{\partial z} \text{ 이고}$$

또

$$\frac{Dv}{Dt} = \frac{\partial v}{\partial t} + u\frac{\partial v}{\partial x} + v\frac{\partial v}{\partial y} + w\frac{\partial v}{\partial z}$$

$$\frac{Dw}{Dt} = \frac{\partial w}{\partial t} + u\frac{\partial w}{\partial x} + v\frac{\partial w}{\partial y} + w\frac{\partial w}{\partial z}$$

이므로, $\dfrac{D}{Dt}$ 는 전미분 식이다.

전미분 식

$$\frac{D\vec{V}}{Dt} = \frac{\partial \vec{V}}{\partial t} + (\vec{V} \cdot \nabla)\vec{V}$$

$$= -\frac{1}{\rho}(\nabla P) + \nu\nabla^2\vec{V} + (\vec{F})_{gravity} \tag{3.53}$$

이 식에서

$$\frac{D\vec{V}}{Dt} = \frac{\partial \vec{V}}{\partial t} + (\vec{V} \cdot \nabla)\vec{V}$$

이 된다.

비점성 유체의 경우는 일반적인 Navier-Stokes 방정식에서 유체에 작용하는 전단응력 $\tau_{ij} = 0$ 이 되므로 다음 식과 같이 되고, 이 식을 오일러(Euler)의 운동 방정식이라 한다.

오일러(Euler)의 운동방정식

$$x\text{방향}: \quad \frac{Du}{Dt} = -\frac{1}{\rho}\frac{\partial P}{\partial x} + f_x$$

$$y\text{방향}: \quad \frac{Dv}{Dt} = -\frac{1}{\rho}\frac{\partial P}{\partial y} + f_y \tag{3.54}$$

$$z\text{방향}: \quad \frac{Dw}{Dt} = -\frac{1}{\rho}\frac{\partial P}{\partial z} + f_z$$

이 식 (3.54)는 스위스의 수학자 레온하르트 오일러[Leonard Euler(1707~1783)]에 의해 1755년에 이미 정립된 식이다. 이 식 (3.54)를 벡터형으로 바꿔 쓰면

레온하르트 오일러
(Leonard Euler)

$$\frac{D\vec{V}}{Dt} = -\frac{1}{\rho}(\nabla P) + (\vec{F})_{\text{gravity}} \tag{3.55}$$

이 된다.

3.11 유체의 회전, 용입 및 용출

회전유동(rotation flow)

1 회전유동(rotation flow)

회전유동의 척도

유체입자가 마치 강체입자와 같이 어떤 축을 중심으로 유체가 유동할 때 이 유동을 회전유동(rotation flow)이라 부른다. 회전유동의 척도는 유체입자의 가속도와 와도(vorticity)로써 나타낸다. [그림 3-12]는 오른손 법칙에서 각속도 $\vec{\omega}$의 z성분 ω_z를 구하기 위한 z축에 수직인 면 xy평면상에서 회전하는 유체의 유동을 생각해보자.

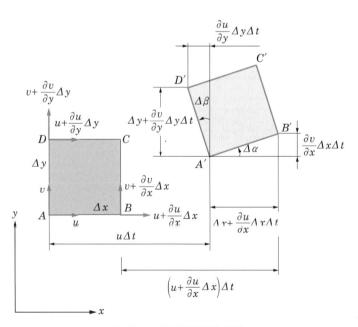

[그림 3-12] 유체유동의 회전

Δt시간 동안 그림의 ABCD의 체적요소가 A′B′C′D′의 체적요소로 이동하면서 회전한 모양이다. 즉 x, y축에 평행한 선소인 AB는 A′B′로 AD는 A′D′로 회전한

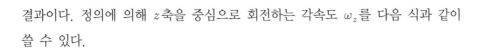

결과이다. 정의에 의해 z축을 중심으로 회전하는 각속도 ω_z를 다음 식과 같이 쓸 수 있다.

$$\omega_z = \lim_{\Delta t \to 0} \frac{1}{2}\left(\frac{\Delta\alpha}{\Delta t} + \frac{\Delta\beta}{\Delta t}\right) \tag{a}$$

[그림 3-12]에서 $\Delta\alpha$와 $\Delta\beta$는 기하학적으로 다음과 같다.

$$\Delta\alpha \fallingdotseq \frac{\partial v}{\partial x}\Delta t \tag{b}$$

$$\Delta\beta \fallingdotseq \frac{\partial u}{\partial y}\Delta t \tag{c}$$

이 식이 $\Delta t \to 0$일 때 $\dfrac{\partial u}{\partial x}\Delta t,\ \dfrac{\partial v}{\partial x}\Delta t \ll 1$을 고려한 경우이다.

식 (a), (b), (c)를 결합하여 정리하면 각속도의 z성분인 ω_z는

$$\omega_z = \frac{1}{2}\left(\frac{\partial v}{\partial x} - \frac{\partial u}{\partial y}\right) \tag{3.56}$$

이다.

같은 방법으로 각속도의 x와 y성분도 다음 식과 같이 쓸 수 있다.

$$\omega_x = \frac{1}{2}\left(\frac{\partial w}{\partial y} - \frac{\partial v}{\partial z}\right) \tag{3.57}$$

$$\omega_y = \frac{1}{2}\left(\frac{\partial u}{\partial z} - \frac{\partial w}{\partial x}\right) \tag{3.58}$$

결국 유체입자의 각속도 $\vec{\omega}$는 직각 좌표계에서 벡터형식은

$$\begin{aligned}\vec{\omega} &= \omega_x\vec{i} + \omega_y\vec{j} + \omega_z\vec{k} \\ &= \frac{1}{2}\left\{\left(\frac{\partial w}{\partial y} - \frac{\partial v}{\partial z}\right)\vec{i} + \left(\frac{\partial u}{\partial z} - \frac{\partial w}{\partial x}\right)\vec{j} + \left(\frac{\partial v}{\partial x} - \frac{\partial u}{\partial y}\right)\vec{k}\right\}\end{aligned} \tag{3.59}$$

이다. 식 (3.59)를 벡터연산자형으로 다시 쓰면

$$\vec{\omega} = \frac{1}{2}(\nabla \times \vec{V}) = \frac{1}{2}\,\mathrm{curl}\,\vec{V} \tag{3.60}$$

와도(vorticity) 로 된다. 이 식에서 $\nabla \times \vec{V}$를 curl $\vec{V}$로 쓰여졌고, 이것을 와류정도 즉, 와도(vorticity)라 하고 와(vortex)의 세기 정도를 말한다. 이때 와도를 ζ로 놓기도 한다.

즉

$$\vec{\zeta} = \nabla \times \vec{V} = \text{curl}\ \vec{V} \tag{3.61}$$

이다.

비회전유동   비회전유동의 경우를 생각해보자. 비회전 유체의 각속도 $\vec{\omega} = 0$인 유동을 비회전유동이라 하며 그 식은 다음과 같다.

$$\vec{\zeta} = \nabla \times \vec{V} = \text{curl}\ \vec{V} = 0 \tag{3.62}$$

혹은

$$\text{curl}\ \vec{V} = \begin{vmatrix} \vec{i} & \vec{j} & \vec{k} \\ \dfrac{\partial}{\partial x} & \dfrac{\partial}{\partial y} & \dfrac{\partial}{\partial z} \\ u & v & w \end{vmatrix} = 0$$

따라서

$$\left. \begin{array}{l} \dfrac{\partial w}{\partial y} = \dfrac{\partial v}{\partial z} \\[2mm] \dfrac{\partial u}{\partial z} = \dfrac{\partial w}{\partial x} \\[2mm] \dfrac{\partial v}{\partial x} = \dfrac{\partial u}{\partial y} \end{array} \right\} \tag{3.63}$$

기 성립히는 유동이다. 또 원통 좌표계에서 각속도 $\vec{\omega}$ 성분은

$$\left. \begin{array}{l} \omega_r = \dfrac{1}{2}\left(\dfrac{1}{r}\dfrac{\partial v_z}{\partial \theta} - \dfrac{\partial v_\theta}{\partial z} \right) \\[3mm] \omega_z = \dfrac{1}{2}\left(-\dfrac{1}{r}\dfrac{\partial v_r}{\partial \theta} + \dfrac{\partial v_\theta}{\partial r} + \dfrac{v_\theta}{r} \right) \\[3mm] \omega_\theta = \dfrac{1}{2}\left(\dfrac{1}{r}\dfrac{\partial v_r}{\partial z} - \dfrac{\partial v_z}{\partial r} \right) \end{array} \right\} \tag{3.64}$$

와 같이 쓸 수 있다. 이 식에서도 비회전유동의 경우는 위 식 (3.64)의 $\omega_r = \omega_z = \omega_\theta = 0$이 될 것이다.

2 용입 및 용출

[그림 3-13]과 같이 z축에 수직면이면 xy유동면에 유체가 유동하여 일정하게 무한점으로 방사될 때, 이러한 유동을 2차원 용출(source) 또는 선용출(line source)이라 한다. 또 같은 평면에서 무한점으로부터 흘러 들어가는 유동양상을 2차원 용입(sink)이라 부른다. 유동은 방사방향이 되므로 $v_\theta = 0$이고, 선에서 흘러나오는 체적유량(혹은 단위 길이당) 용출의 강도(세기)를 유량 m이라 하면

2차원 용출(source)

2차원 용입(sink)

$$\left.\begin{array}{l} v_r = \dfrac{1}{r}\dfrac{\partial \psi}{\partial \theta} = \dfrac{\partial \phi}{\partial r} = \dfrac{1}{2\pi}\dfrac{1}{r} \\[3mm] v_\theta = -\dfrac{\partial \psi}{\partial r} = -\dfrac{1}{r}\dfrac{\partial \phi}{\partial \theta} = 0 \end{array}\right\} \tag{3.65}$$

이 된다.

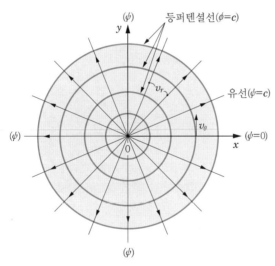

[그림 3-13] 2차원 용출(선용출)의 유선과 등퍼텐셜선

$(v_\theta = 0, \ \phi = \mp \dfrac{m}{2\pi}\ln r, \ - : 용출, \ + : 용입)$

식 (3.65)를 r에 관하여 적분하면 속도포텐셜을 얻는다. 이때 적분상수를 무시하여 적분하면

속도포텐셜

$$\phi = \frac{m}{2\pi}\int \frac{1}{r}dr + f(\theta)$$

$$= \frac{m}{2\pi}\ln r + f(\theta) \tag{3.66}$$

이 식 (3.66)을 식 (3.65)에 적용할 때 $\dfrac{df}{d\theta}=0$이 된다. 여기서 $r=1$일 때 $\phi=0$으로 정의하면 하나의 적분상수 $f(\theta)=c=0$이 된다.

결국 2차원 r방향 유동에 적합한 선소스(선용출) 또는 선싱크(선용입) 식의 속도포텐셜 ϕ는

$$\phi=\frac{m}{2\pi}\ln r \tag{3.67}$$

이고, 유동함수 ψ는 용출강도 m가 양의 실수이므로 식 (3.65)로부터 ψ는

용출강도

$$\psi=\int r\frac{\partial \phi}{\partial r}d\theta+g(r)$$

$$=\frac{m}{2\pi}+g(r)$$

이다. 위의 식에서 $\dot{m}(r)=0$로부터 $m(r)=k$가 상수가 되고 $\theta=0$일 때 $\psi=0$이 되므로 $k=0$이다. 따라서 유동함수 ψ의 식은 다음과 같다.

$$\psi=\frac{m\theta}{2\pi} \tag{3.68}$$

복소포텐셜

의 최종 결과식이 된다. 그리고 복소포텐셜 ϕ는

$$F(z)=\phi=i\psi$$

$$=\frac{m}{2\pi}(\ln r+i\theta) \tag{3.69}$$

등포텐셜선

이다. 등포텐셜선은

$$\phi=\frac{m}{2\pi}\ln r=c \tag{3.70}$$

가 되므로 $\dfrac{m}{2\pi}$는 상수이고 r도 상수이다. 따라서 [그림 3–13]과 같이 원점을 중심으로 한 동심원군을 형성한다. 또 유선은

동심원군

$$\psi=\frac{m\theta}{2\pi}=c \tag{3.71}$$

가 되므로 원점으로부터 흘러나가는 용출(scurcl)의 양(+)이 된다. 용입(sink)

은 용출의 반대현상이므로 속도포텐셜과 유동함수의 식은 용출식에 음(−)을 붙인 것과 같다.

　　즉

$$
\left.
\begin{array}{l}
\phi = -\dfrac{m}{2\pi}\ln r \\[3mm]
\psi = -\dfrac{m\theta}{2\pi} \\[3mm]
F(z) = -\dfrac{m}{2\pi}\ln c
\end{array}
\right\}
\qquad (3.72)
$$

이다.

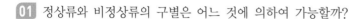
01 정상류와 비정상류의 구별은 어느 것에 의하여 가능할까?

02 200l/min의 글리세린이 70mm 직경의 파이프 속을 흐르는 경우 평균속도는? (단, 마찰은 무시한다.)

03 공기가 단면 0.3m×0.5m인 도관(duct) 속을 흐르고 있다. 도관 속에 흐르는 공기의 유량이 0.45m³/sec일 때 공기의 질량 유동률과 평균속도를 구하라. (단, 공기의 밀도는 $\rho = 2$kg/m³이다.)

04 물이 들어있는 탱크의 수면으로부터 10m 깊이에 직경 10cm의 노즐이 달려있다. 이 노즐의 유량계수가 0.95라 할 때 1분간에 흘러나오는 유량은? (단, 수조의 수면은 항상 일정하다.)

05 내경 100mm 파이프에 비중 0.8인 오일이 평균속도 4m/sec로 흐를 때 질량유량은? (단, 물의 비중량 9,800N/m³이다.)

06 중량 유동율이 3,000N/sec의 물이 그림과 같은 통로에 흐르고 있다. A, B 각 단에서의 평균속도는 얼마인가?

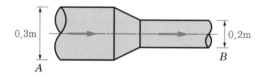

07 내경 200mm인 관 속을 흐르고 있는 공기의 평균풍속이 4m/sec이면 공기는 매초 몇 kg이 흐르는가? (단, 관속의 정압 30N/cm² abs, 온도 27℃, 공기의 기체상수 $R_a = 287$J/kg·K이다.)

08 안지름 100mm 파이프에 비중 0.8인 기름이 평균속도 4m/sec로 흐를 때 중량 유량은 몇 N/sec인가? (단, 물의 비중량은 9,800N/m³로 한다.)

09 기체가 1kg/sec로 직경 40cm인 파이프 속을 등온적으로 흐른다. 이때 압력은 300N/m² abs, $R = 200$J/kg·K, $t = 27$℃일 때 평균속도는 몇 m/sec인가?

10 40kg/sec의 물이 안지름 20cm의 관 속에서 흐르고 있다. 평균유속은 몇 m/sec인가?

11 3.6m³/min를 양수하는 펌프의 송출구의 안지름이 23cm일 때 유속[m/sec]은?

12 물이 직경 2m의 관 속을 평균속도 10m/sec로 흐르고 있다. 이때 유량은 몇 m³/sec인가?

13 그림과 같이 큰 수조에서 관을 통하여 물을 분출시킬 때 관에 의한 수두 손실이 1.50m라면 물의 분출속도는 몇 m/sec인가?

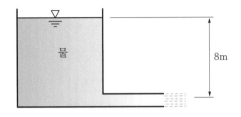

14 단면적이 20cm²인 파이프 속에 물이 흐르고 있다. 물의 질량 유동률이 30kg/sec일 때 파이프 내에서 물의 평균속도는 몇 m/sec인가?

15 물이 들어있는 수조에 수면으로부터 10m 깊이 속에 직경 5cm의 노즐이 달려있다. 만일 이 노즐의 속도계수가 0.95라 할 때 순간 실제 유속은?

16 직경이 75mm이고, 속도계수가 0.96인 노즐이 직경 400mm인 관에 부착되어 물을 분줄하고 있다. 이 400mm관의 압력수두가 6m일 때 노즐 출구에서의 유속은?

17 그림과 같은 사이폰(siphon)에서 흐를 수 있는 최대유량은 몇 m³/hour인가?

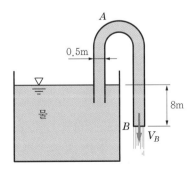

18 그림에서 $H = 5.75$m일 때 유량은 몇 m³/s인가?

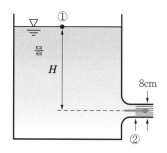

19 그림과 같이 밀폐된 탱크에서 물 위에 공기의 압력이 103kN/m²일 때 노즐로부터 나오는 물의 유속은 몇 m/sec인가? (단, 물의 비중량은 $\gamma = 9800$N/m³이다.)

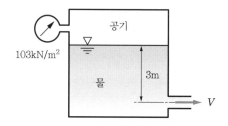

20 그림과 같은 상태에서 손실을 무시하고 물의 분출속도를 구하면 약 몇 m/sec인가?

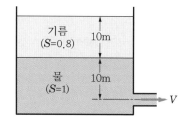

21 수평면과 45° 경사를 갖는 지름 250mm인 원관으로부터 상방향으로 유출하는 물 제트의 유출속도가 9.8m/sec라고 한다면 물 제트의 최고 높이는?

22 물이 들어있는 수조에 수면으로부터 10m 깊이에 지름 10cm의 노즐이 달려있다. 이 노즐의 속도계수가 0.9라 할 때 1분간에 흘러나오는 유량은 몇 m³/min인가? (단, 수조의 수면은 항상 일정하다.)

23 5m의 높이에 있는 물의 수압은 80N/cm²이고, 10m/sec의 속도로 흐르고 있다. 이 유체의 전수두는 몇 m인가?

24 유체가 5m/sec의 속도로 흐를 때 이 유체의 속도수두는 몇 m인가? (단, 지구 중력 가속도는 9.8m/sec²이다.)

25 그림과 같은 벤투리관에 물이 흐르고 있다. 단면 1과 단면 2의 단면적비가 2이고, 압력차가 ΔP일 때 단면 1에서의 속도를 구하는 식을 보여라.

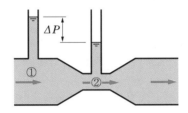

26 야구공이 그림과 같이 시계방향으로 회전하면서 진행할 때 공의 궤도는 어떻게 되겠는가?

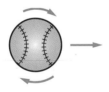

27 유동하는 물의 속도가 12m/sec, 압력이 1.05기압이다. 위치수두가 0이면 E.L[m]은 얼마인가?

28 수력구배선(H.G.L)이란?

29 다음 그림과 같이 유리관의 A, B 부분의 지름은 각각 30cm, 15cm이다. 이 관에 물을 흐르게 했더니 A에 세운 관에는 물이 60cm, B에 세운 관에는 물이 30cm 올라갔다. A, B 부분에서의 물의 속도[m/s]를 구하라.

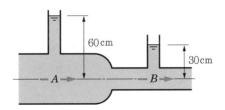

30 기준면에서부터 5m인 유속 5m/sec인 물이 흐르고 있다. 이때 압력을 재어 보니 5.0N/cm²이었다. 전수두[m]는?

31 어떤 수평관 속에 물이 2.8m/sec의 평균속도와 4.6N/cm²의 압력으로 흐르고 있다. 이 물의 유량이 0.75m³/sec이고 손실수두를 무시할 경우 물의 동력[kW]은? (단, 물의 비중량은 9,800N/m³이다.)

32 물이 6m/sec의 속도로 유동하고 있다. 비중이 1.25인 액체를 포함한 시차 액주계가 피토관에 설치되어 있다면 게이지 기둥의 차는 몇 [m]인가? (단, 속도계수는 1이다.)

33 지름이 100mm인 원관 내에 비중량이 9,000N/m³인 유체가 평균유속 8m/s로 흐르고 있다. 압력이 20N/cm²만큼 낮아진 지점에서의 속도수두는?

34 안지름 300mm인 원관과 안지름 450mm인 원관이 직접 연결되어 있을 때 작은 관에서 큰 관쪽으로 매초 230×10⁻³m³의 물을 보내면 연결부의 손실수두는?

35 이동날개에 분류를 분출시켜 분류방향으로 250N의 힘을 가했다. 이때 날개는 분류방향으로 30m/sec의 속력으로 이동되었다. 얻은 동력은 몇 마력[PS]인가?

36 표면 표고 30m인 용기로부터 표면 표고 75m의 용기로 0.56m³/sec의 물을 양수하는 데 얼마의 펌프 동력[PS]이 필요하겠는가? (단, 펌프와 관로에 있어서의 수두손실은 12m이다.)

37 그림과 같이 물의 유동방향에 대해 30°만큼 경사진 판이 있다. 윗면에서의 물의 속도가 V_u, 아랫면에서의 물의 속도가 V_d이고 판의 면적이 A일 때 판에 미치는 양력은 얼마나 되겠는가? (단, 판의 무게는 무시한다.)

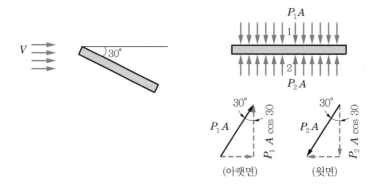

38 이동 날개에 분류를 분출시켜 분류방향으로 1,600N의 힘을 가했더니 이때 날개는 분류방향으로 20m/sec의 속력으로 이동되었다. 얻어진 동력은 몇 마력[kW]인가?

39 그림에서 물이 들어있는 탱크 밑의 ②부분에 작은 구멍이 뚫려 있을 때 이 구멍으로부터 흘러나오는 물의 속도[m/sec]는? (단, 물의 자유표면 ① 및 ②에서의 압력을 P_1, P_2라 하고 작은 구멍으로부터 표면까지의 높이를 h라고 한다. 또 구멍은 작고 정상류로 흐르고 저장용기는 매우 크다.)

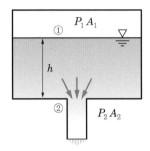

40 수평원관 속에 물(비중 1)이 2.8m/s의 속도와 3.6N/cm²의 압력으로 흐르고 있다. 이 관의 유량이 0.75m³/s일 때 손실수두를 무시할 경우 물의 동력[kW]은 약 얼마인가?

41 85l/sec의 유량으로 15kW의 수차 출력을 낼 때의 압력수두 H[m]는?

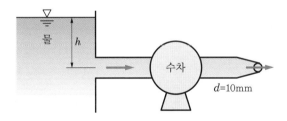

42 물의 운동량 모멘트가 400rpm으로 회전하는 축의 깃들을 유동하는 사이에 26,695N·m만큼 감소되었다. 이 축에 전달된 마력[PS]은?

43 단면적 0.5m²의 원관 내의 유속 4m/sec, 압력 20N/cm²로 물이 흐르고 있다. 이 단면을 통과하는 수동력은 몇 PS인가?

44 유량이 1m³/sec인 물을 터빈에 10m 수두를 주었을 경우 터빈에 전달된 동력[kW]은?

45 다음 그림과 같은 수차터빈에서 발생하는 최대동력은 몇 [kW]인가? (단, $H=100$m, $Q=10$m³/sec이다.)

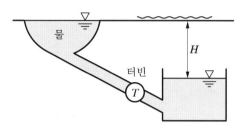

01 질량유량이 40kg/sec의 물이 20cm의 관 속에 흐르는 경우 평균속도[m/sec]는?

02 물이 안지름 600mm의 파이프를 통하여 3m/sec의 속도로 흐를 때 유량은?

03 지름이 2cm인 관 속을 흐르는 물의 속도가 1m/sec이면 유량은 몇 cm^3/sec인가?

04 비중량이 $10N/m^3$인 유체가 지름 20cm인 관 내를 6.28kg/sec로 흐른다. 이때 평균유속은 몇 [m/sec]인가?

05 기름을 채운 내경 156mm의 실린더 속에 외경 150mm의 피스톤이 0.05m/sec의 속도로 운동할 때 피스톤과 실린더 사이의 틈으로 역류하는 오일의 속도[m/s]는?

06 안지름 200mm인 관 속을 흐르고 있는 공기의 평균풍속이 20m/sec이면, 공기는 매초 몇 kg이 흐르는가? (단, 관 속의 정압은 $20N/cm^2$ abs, 온도는 15℃ 또 공기의 기체상수 $R = 287J/kg \cdot K$이다.)

07 큰 탱크의 수면하 2m인 곳에 지름 2cm인 구멍을 뚫으면 처음에 유출하는 물의 속도와 이때의 유량은? (단, 공기의 저항이나 유출 구멍에서 마찰은 무시한다.)

08 초당 $2m^3$의 유량을 수평원관으로 송유하려고 한다. 평균유속을 4m/sec로 할 경우 안지름이 몇 mm인 관을 쓰면 되는가? (단, 관료 손실은 무시한다.)

09 그림과 같은 피토관이 설치되었다. 이때 1점에서의 유속을 베르누이 방정식을 이용하여 측정하면?

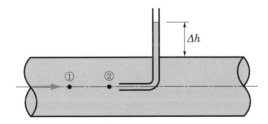

10 송출구의 안지름이 150mm인 펌프의 양수량이 $2.5m^3$/min일 때 유속은 몇 [m/sec]인가?

11 다음 그림에서 $P_1 - P_2$는 몇 N/m²인가? (단, 물의 비중량은 $\gamma_w = 9,800$N/m³이다.)

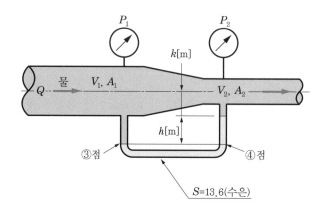

12 유동하는 물의 속도가 12m/sec, 압력이 1.05기압일 때 속도수두와 압력수두는?

13 물이 4m/sec의 속력으로 유동하고 있다 비중이 1.25인 액체를 포함한 시차 액주계가 피토관에 설치되어 있다. 게이지 기둥의 차는? (단, 속도계수 1이다.)

14 지름이 10cm인 물탱크에 수면에서 2.5m 아래에 작은 오리피스 단면을 통해 유출시킬 때 속도계수, 축소계수 모두가 1이라면 유량은?

15 수평으로 둔 공기 수송관의 단면적이 0.68m²에서 0.18m²로 감소하고 있다. 손실이 없는 것으로 하여 0.68kg/sec의 공기(밀도 1.23kg/m³)가 흘렀을 때 압력의 감소는 몇 kgf/m²인가?

16 그림에서 최소 지름부분 A의 지름이 10cm, 유출구 B의 지름이 40cm인 관으로부터 유량 50×10^{-3}m³/sec로서 유출하고 있을 때 A부분에서 물을 흡상하는 높이 h는 몇 [m] 정도인가?

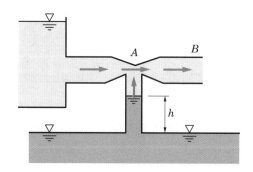

17 피토관을 흐르는 물속에 넣었을 때 피토관으로 4cm 높이까지 올라가 정지되었을 경우 물의 유속[m/sec]은?

18 다음 그림과 같은 관로에서 물이 흐르고 있다. A부분의 유속이 6m/sec이라고 하면 A부분과 B부분의 정압의 차[N/m²]는 얼마인가? (단, 손실은 없다고 가정한다.)

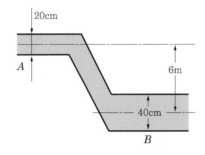

19 수력발전용인 도수관의 밑수면부터의 높이 50m인 곳에서 단면의 수압은 70N/cm², 유속을 10m/sec로 하고 손실수두를 무시할 경우 밑수면에서의 전수두[m]는 약 얼마인가?

20 다음 그림과 같이 점 ①에서 내경 15cm의 관이 점 ②에서 30cm로 되어 있다. 점 ①에서의 압력 $P_1 = 20$N/cm²일 때 점 ②에서의 압력 P_2[N/cm²]는?
(단, 이 관을 흐르는 유체는 물이고 유량은 300×10^{-3}m³/sec이며 마찰손실은 없다.)

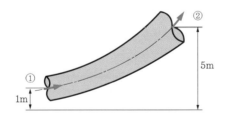

21 다음 그림과 같은 관로에 물이 흐르고 있다. 두 압력계의 눈금이 같게 되려면 직경 d_x [cm]는 얼마인가?

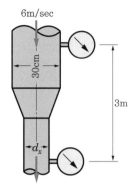

22 60lb의 힘이 그의 방향으로 $V=17\text{m/sec}$로 운동하는 것에 작용한다. 이때 얻어지는 마력[PS]은 얼마인가?

23 어떤 수평관 속에 물이 2.5m/sec의 속도와 5.0N/cm²의 압력으로 흐르고 있다. 이 물의 유량이 500m³/min일 때 물의 동력[kW]은 얼마인가?

24 이동 날개에 분류를 분출시켜 분류방향으로 1,300N의 힘이 가해졌다. 이때 날개는 분류방향으로 30m/sec의 속력으로 이동되었다. 얻은 동력[kW]은 얼마인가?

25 유량이 1m³/sec인 물을 터빈에 10m 수두를 주었을 경우 터빈에 전달된 동력[kW]은 얼마인가?

26 수평 원관 속에 물(비중 1)이 2.8m/s의 속도와 3.6N/cm²의 압력으로 흐르고 있다. 이 관의 유량이 0.75m³/s일 때 손실수두를 무시할 경우 물의 동력[PS]은 약 얼마인가?

01 다음에 있는 펌프를 통해 0.02m³/s의 유량을 수송하고 있다. 높이와 손실을 무시한다면 펌프 축동력은 얼마나 들겠는가[kW]?

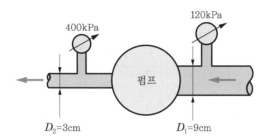

02 어떤 방에 입구를 통해서 20℃, 1atm인 공기가 들어가고 출구를 통해서는 650℃, 14atm로 나간다. 입구지름 14cm, 출구지금 5cm일 때 출구에서의 속도는 얼마인가? (단, 입구속도는 60m/sec이다.)

03 강철 플런저(plunger)가 단면지름이 8cm인 곳에서 5cm/sec로 가솔린을 밀어내고 있다. 비중이 0.68인 가솔린이 단면지름 2cm인 곳에서 나가는 질량[g]은 얼마인가?

04 기름(비중 0.8)이 직경 30in인 관을 통해서 8,000gal/min를 수송하고 있다. 다음을 계산하라. (단, 1gal=3.785l이다.)
(1) 평균속도(m/sec)
(2) 질량 유동률(kg/sec)

05 매끄러운 평판 위를 난류 $U \approx U_0 \left(\dfrac{z}{z_0}\right)^{\frac{1}{7}}$의 속도로 흐르고 있다. 이때 $U_0 = 0.85$m/sec, $z_0 = 2.4$m이면 유동량[kg]과 질량 유동률[kg/sec]은 얼마인가? (단, 지면으로 폭이 1m이다.)

06 질량 유입량 6kg/min로 유입되는 벌룬(balloon)이 있다. 현재 이 벌룬의 지름이 30cm이고, 밀도 변화율이 1.0kg/m³·s라면 이 벌룬의 지름 변화율 dR/dt를 구하라.

07 다음 그림과 같은 평행한 평판 사이를 물이 균일한 속도 $U = U_0 = 4\text{cm/s}$로 흘러 들어와 하류에서 층류형태의 속도 $U = az(z_0 - z)$가 되었다. 여기서 a는 미지수, 만약 $z_0 = 1\text{cm}$이면 최대 속도 $U_{\max}[\text{m/sec}]$는 얼마인가?

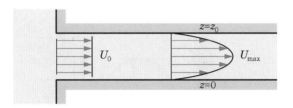

08 비중 0.86인 기름이 단면 ①을 통해 유입되는 질량유동이 0.09kg/s이고 트러스트 베어링의 윤활에 쓰인다. 베어링 평판의 직경이 10cm이고, 2mm만큼 떨어져 있으며 흐름은 정상류라 가정할 때 다음을 구하라.

(1) 입구 평균속도 $V_1[\text{m/sec}]$

(2) 출구에서의 반경속도 $V_2[\text{m/sec}]$

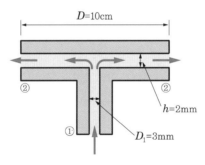

09 로켓 엔진을 그림과 같은 상태로 운전하고 있다. 이 연소물을 몰 분자량 26인 기체로 가정할 경우 배기속도를 구하라. (단, 1ata＝100kPa이다.)

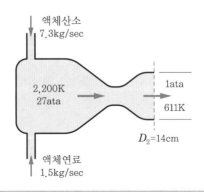

10 단면 ①을 통해 20kg/s의 물이 유입되고 출구는 30° 구부러져 있다. 단면 ①에서는 층류로 $U = U_{m1}(1 - r^2/R^2)$로 흐르고, 단면 ②에서는 난류로 $U = U_{m2}(1 - r/R)^{\frac{1}{7}}$로 흐른다. 이 흐름을 비압축성 흐름이라 할 때 최대 속도[m/s] U_{m1}, U_{m2}를 구하라.

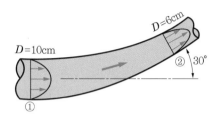

11 다음은 물-제트 펌프로 직경 7cm인 노즐로 30m/sce의 속도로 물을 분사시키고 있을 때, 이 직경의 밖에서는 $U_2 = 3$m/sec로 2차 흐름이 일어나고 있다. 하류에서 완전한 혼합이 이루어진다면 속도 U_3[m/sec]는 얼마인가?

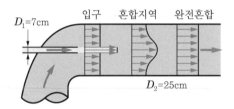

12 체적이 1m³인 탱크의 20℃, 1ata인 공기를 진공 펌프로 분당 80l로 압력에 관계없이 빨아내고 있다. 이 공기가 완전 기체이고 등온과정이라 할 경우 0.01ata가 되기까지 몇 분이 걸리는가? (단, 1ata=100kPa이다.)

13 10m³ 탱크에 신선한 물이 들어있다. 지금 1m³당 50kg의 소금이 들어있는 물이 입구 1로 0.5m³/min가 들어오고 출구를 통해 같은 양이 나가고 있다. 소금물이 순식간에 탱크에 퍼진다고 가정하면 탱크 안의 염도가 5kg/m³가 될 때까지 몇 분이나 걸리겠는가?

14 비가 오는 날 새 옷을 입고 우산을 갖고 있지 않을 때, 어떤 사람은 천천히 걷는 편이 뛰는 편보다 덜 젖는다고 하고 어떤 사람은 뛰는 편이 덜 젖는다고 한다. 이 비는 1m²당 10^{-5}m³/s로 수직으로 내리고 있다. 지금 사람을 대략 높이 2m, 1×0.5m²인 직사각형으로 가정하자. 이 빗방울의 크기는 1mm³라 하고, 걸을 때는 1m/s, 뛸 때는 4m/sec라 할 때, 당신이 100m를 갈 때 어떻게 하는 것이 현명한지 판단하라.

15 공학을 전공한 교통순경이 고가도로에서 얼마의 속도로 달려야 가장 많은 차를 보낼 수 있는지 계산하려고 한다. 차와의 지간거리는 다음 식에 따라 지켜야 한다.

(1) 속도에 비례할 경우(60km/h일 때 10m)

(2) 속도의 자승에 비례할 경우(60km/h일 때 10m)

차의 길이가 4m일 때 최대로 많이 보낼 수 있는 속도[m/sec]를 각 경우에 대하여 구하라.

16 그림과 같은 밀폐된 저장용기에서 가솔린(SG=0.85)으로 출구손실이 $k(V^2/2g)$이고, 마찰계수 $k=6.0$이다. 이 저장용기는 매우 크다고 가정할 때 출구를 통한 유량 [m³/sec]을 구하라. (단, 1ata=100kPa이다.)

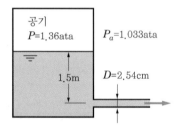

17 그림과 같이 밀폐된 용기에 유체가 채워져 있다. 출구쪽 파이프에서의 손실수두를 $k\dfrac{V^2}{2g}$ (V는 출구속도, $k=1.5$)이라 할 때, 질량 유동률[kg/sec]은 얼마인가? (단, 1ata=100kPa 이다.)

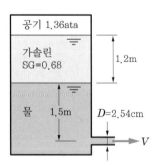

18 다음 그림과 같이 수조에 붙어 있는 상하 두 노즐에서 물이 분출하여 한 점에서 만날 때 $h_1 y_1 = h_2 y_2$가 됨을 증명하여라.

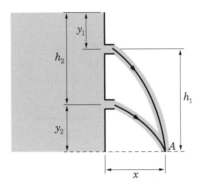

19 손실과 표면장력의 영향을 무시할 때, 다음 그림과 같은 분류의 반지름 r을 H와 y의 항으로 표시하라.

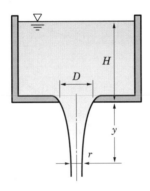

20 그림에서 벽을 씻기 위한 수면깊이 h[cm]를 구하라.

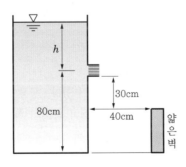

21 다음 그림과 같은 탱크에 물이 가득 차 있다. 용기 밑에는 단면적이 A_0인 노즐이 달려 있고 이 탱크의 단면적은 A_1이다. t초 후에 수면의 높이 h는 얼마인가?

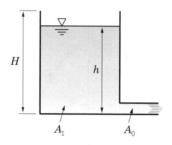

22 다음 피스톤에 100N의 힘이 작용하고 있다. 여기서 손실을 무시하면 유체의 출구 속도 $V_2[\text{m/s}]$는 얼마인가?

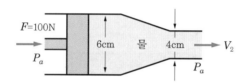

23 다음은 수은을 이용한 마노미터이다. 손실을 무시할 때 각 경우에 대하여 유량을 구하라.
(1) 비중량 9,800N/m³인 물   (2) 비중량 12.0N/m³인 공기

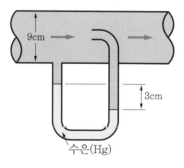

24 지름이 다른 면과 관로가 수평으로 연결되어 있다. 상류와 하류쪽의 관 안지름이 각각 10cm, 20cm이고 상류에서의 물의 평균유속과 압력이 각각 1m/sec, 10N/cm²일 때 하류의 압력[N/cm²]은? (단, 연결부 및 하류의 유동 마찰손실은 무시한다.)

25 지름 2.54cm, 길이 300m인 파이프에 물이 3m/s의 속력으로 흐르고 있다. 입구에서의 압력이 13.6atm이고 출구는 입구보다 30m 만큼 높다. 만약 손실수두가 100m라면 출구의 압력은 얼마[atm]인가?

26 유량을 측정하기 위해서 그림과 같은 벤투리미터(venturi meter)를 이용한다. 파이프 내에는 비중량이 γ인 유체가 흐르고, 액주계에는 비중이 γ_0인 유체가 있을 때 유량을 구하는 관계식은 무엇인가?

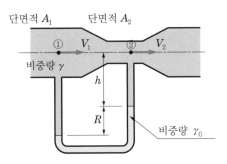

27 베르누이의 방정식에서 $\dfrac{P}{\gamma} + \dfrac{V^2}{2g} + z = 0$의 차원은 무엇인가?

28 다음 그림과 같이 수평관 목부분 ①의 내경 $d_1 = 10$cm, ②의 내경 $d_2 = 30$cm로서 유량 2.1m³/min일 때 ①에 연결되어 있는 유리관으로 올라가는 수주의 높이는 몇 m나 되겠는가?

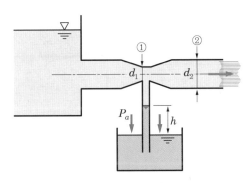

29 다음과 같이 물이 흐르는 장치에서 손실을 무시한다면 마노미터의 높이 h는 얼마나 상승[cm]하겠는가? (단, 마노미터의 왼편은 열려있다.)

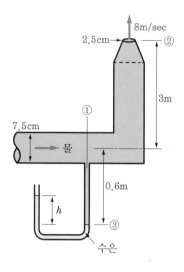

30 다음과 같은 벤투리관에 $\gamma = 12.0 \mathrm{N/m^3}$의 공기가 $2\mathrm{m^3/sec}$의 유량으로 흐른다. 물을 피에조미터(piezometer)의 기부까지 끌어올리기 위한 최대 단면적 $A_2 [\mathrm{m^2}]$를 계산하여라. (단, 공기의 압축성은 무시한다.)

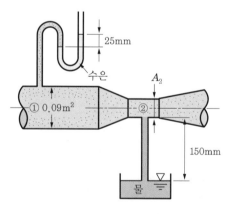

31 다음 그림과 같이 300mm관이 축소되어 연직으로 세워져 있다. 축소관으로 휘발유 ($S = 0.85$)가 흐를 때 그림의 액주계를 보고 압력계의 각각의 압력[N/m²]과 유량 [m³/sec]을 계산하여라.

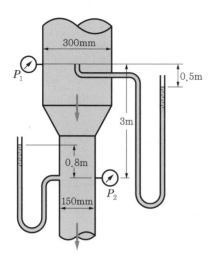

32 다음 그림과 같은 사이폰에 물이 0.08m³/sec로 흐르고 있다. 점 1과 점 3 사이의 손실 수두[m]를 구하라. 또 손실의 2/3가 점 1과 점 2 사이에서 발생한다면 2점에서의 압력 [N/m²]을 구하라.

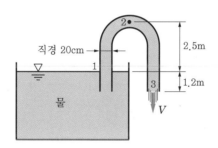

33 그림과 같이 개울 바닥에 혹이 솟아 있다. 이것을 벤투리 수로(venturi flume)라 부르 며 유량을 재는 데 쓰인다. 만약 30cm 혹이 있는 부근에서 수면이 10cm 만큼 낮아졌 다면 유량[q](단위폭당)은 얼마인가?

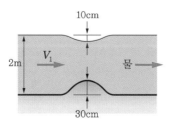

34 다음과 같은 경사로를 물이 흘러 내려가고 있다. 단면 ①과 ② 사이에서는 속도가 균일하며 손실이 없다고 할 때 하류에서의 속도[m/s]를 구하라. (단, $H=3m$, $h_1=1m$, $V_1=4m/s$이다.)

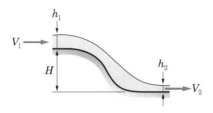

35 유량 0.1m³/s를 송수하는 펌프가 호수 표면보다 1.5m 위에 설치되어 있고, 이 물을 펌프 수면보다 15m 높은 곳에 송수하고 있다. 손실수두가 1.2m이고 펌프효율이 60%이면 용량이 얼마[kW]인 모터를 써야 하는가?

36 그림에서 대기압이 100kPa이고 손실을 무시한다면 P_1과 P_2의 압력차는 얼마나 되겠는가?

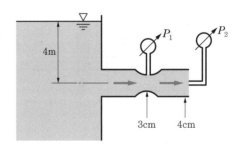

37 두 저장소 사이를 유량 0.016m³/s로 흐를 때 손실수두는 얼마이겠는가? 만약 대기압이 101.3kPa이고 증기압이 0.08atm일 때 축소직경 D가 얼마이면 캐비테이션이 발생하겠는가? 이 축소에 의한 손실이 없다고 본다.

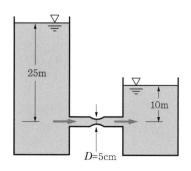

38 대기압이 1atm이고 증기압이 0.15atm이다. 지금 이 노즐에서의 손실을 무시한다면 노즐지름 D가 얼마일 때 공동현상이 일어나겠는가? 또한 캐비테이션을 방지하기 위해서는 지름을 크게 하여야 하는가? 작게 하여야 하는가?

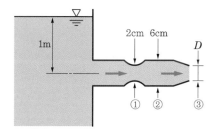

39 노즐에서 속도가 30m/s으로 분출되고 있다. 물제트에서의 압력이 대기압과 같으므로 베르누이의 방정식에서 $(V^2/2g)+(z)$는 항상 일정하게 된다. 빌딩 청소를 위해 노즐 각도를 변화시키고 있다.
(1) 이 각도의 최소와 최대 각도(θ)를 구하라.
(2) 각각의 경우 거리 X[m]는 얼마인가?

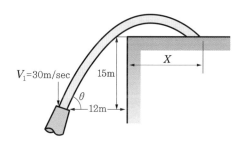

제 **4** 장

운동량 방정식과 그 응용

4.1 선운동량과 역적

자동차가 달리다가 벽에 부딪치거나 또는 당구공 등이 부딪칠 경우 급격한 속도변화가 있게 된다. 이와 같은 경우 이 변화에 의해서 매우 큰 힘이 발생되며 이 힘을 충격력(impulsive force)이라 한다.

충격력(impulsive force)

이 관계를 규명하기 위해 뉴턴의 제2법칙을 생각해보자.

뉴턴의 제2법칙($\vec{F} = m\vec{a}$), 즉 운동량의 시간에 대한 변화율은 외력의 합과 같다. 이를 수식으로 표시하면

$$\sum \vec{F} = \frac{d}{dt}(m\vec{V}) \tag{4.1}$$

선운동량 (linear momentum)

이때 질량과 속도의 곱을 선운동량(linear momentum)이라 한다. 즉, 시스템에 작용하는 외력의 합은 시스템의 선운동량의 시간 변화율과 같다.

여기서,

$m\vec{V}$: 선운동량(linear momentum)

m : 물체의 질량

$\vec{V}$: 물체의 속도

역적(力積, impulse)

또 힘과 시간의 곱을 역적(力積, impulse)이라 하며 $\sum F \cdot dt$로 쓴다. 위의 식 (4.1)을 시간에 대해 적분하면 다음과 같이 된다.

$$\int_0^t \sum \vec{F}\, dt = \int_{V_1}^{V_2} d(m\vec{V})$$

$$\sum \vec{F} \cdot t = m(\vec{V_2} - \vec{V_1}) \tag{4.2}$$

선운동량 방정식(linear momentum equation)

식 (4.2)를 선운동량 방정식(linear momentum equation)이라 부르고, 시간 t동안 계에 가한 힘의 크기의 합은 계의 운동량 변화량과 같게 됨을 말해준다.

1 유체의 선운동량 방정식

이 선운동량 방정식의 원리를 유동하는 유체입자에 적용하기 위하여 다음과 같은 곡관을 생각해보자.

단면 ①과 ② 사이의 공간을 검사체적으로 보면, 시간이 t에서 $t+\Delta t$로 변한 후 단면 ①을 통해서 들어온 운동량과 단면 ②를 통해서 나간 운동량의 유출입은 결국 같은 시간에 가한 외력과 일치할 것이다.

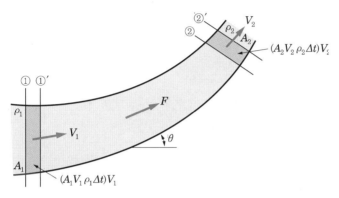

[그림 4-1] 유체의 운동량변화

이를 수식으로 정리하면 다음과 같이 된다. 이때 운동량 $\dot{m}\vec{V}$는 힘의 차원을 갖는다. 또한 이 운동량변화 $\dot{m}\vec{V}$는 다음과 같이 여러 모양으로 나타낼 수가 있다.

즉, $\dot{m}=\rho Q=\rho A\vec{V}$이므로 Δt동안 운동량은

$\vec{V_1}(A_1 V_1\rho_1\Delta t)$: 단면 ①을 통해 늘어온 운농량

$\vec{V_2}(A_2 V_2\rho_2\Delta t)$: 단면 ②를 통해 나간 운동량

$\vec{F}$: 유체가 도관에 작용한 외력

이다. 이때 압력에 의해서 도관에 힘이 작용하게 된다. 따라서 $P_1 A_1$는 단면 ① 에 작용한 전압력, $P_2 A_2$는 단면 ②에 작용한 전압력이다. 여기서 압력에 의한 힘을 외력으로 대신할 수도 있다.

위의 항을 뉴턴의 제2법칙에 대입하면 다음과 같이 된다. 이때 밀도와 유량이 일정하다면

$$\sum\vec{F}\Delta t=\vec{V_2}(A_2 V_2\rho_2\Delta t)-\vec{V_1}(A_1 V_1\rho_1\Delta t)$$
$$=\rho Q(\vec{V_2}-\vec{V_1})\Delta t$$

$$\therefore \sum \vec{F} = \rho Q(\vec{V_2} - \vec{V_1}) \tag{4.3}$$

속도는 벡터량이므로 힘의 방향과 일치해야 한다. 공간상에서 벡터는 3개의 방향을 가지므로 운동량 방정식인 식 (4.3)은 3개의 스칼라식으로 나타낼 수 있게 된다. 즉,

$$\sum F_x = \rho Q(V_{2x} - V_{1x}) \tag{4.4a}$$

$$\sum F_y = \rho Q(V_{2y} - V_{1y}) \tag{4.4b}$$

$$\sum F_z = \rho Q(V_{2z} - V_{1z}) \tag{4.4c}$$

이다.

이 식은 각 방향으로 유동하는 유체에 의한 힘을 구하는 식이다.

4.2 유체의 운동량변화

1 관 내의 운동량변화

우리가 고체역학에서 자유물체도를 그려서 힘을 구했듯이 유체역학에서도 이와 비슷한 개념을 도입할 수 있다.

$\dot{m}V$는 벡터이므로 크기와 방향을 갖는다. 따라서 $\dot{m}V$를 하나의 힘과 같이 취급할 수 있으며 $P_1 A_1$도 단면에 수직한 힘을 갖는다.

직관인 경우 유체가 1차원 정상유동을 할 때 이 유동으로 발생하는 힘을 알아보자.

플랜지와 같은 관이음에서 플랜지 볼트에 걸리는 응력과 같은 힘을 계산한다고 생각하면 다음과 같다. 단면적의 변화가 없을 경우 [그림 4-2]는, 그림에서 단면 ①-② 사이에 마찰이 없을 때 운동량 식으로부터 다음 식과 같다.

$$\sum F_x = \rho Q(V_{2x} - V_{1x}) \text{에서}$$
$$P_1 A - P_2 A + F_{th} = \rho Q(V_2 - V_1) = 0 \tag{4.5}$$

여기서 $P_1 = P_2$, $V_2 = V_1$이므로 외력은 작용하지 않는다. 이때 $V_1 = V_2$로 가정한 것은 정상유이며 관의 직경이 일정하다는 것을 말해준다. 그리고 $P_1 = P_2$

로 가정한 것은 마찰이 없어 압력강하가 없다는 것이다. 여기서, $F_{th} = 0$이 되므로 유체가 갖는 힘은 관에 영향을 주지 않는다.

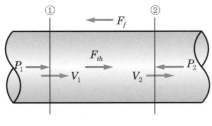

[그림 4-2] 직관

그림에서 단면 ①-② 사이에 마찰이 존재할 때는 운동량 식 (4.3)으로부터 아래와 같게 된다.

$$\sum F_x = \rho Q(V_{2x} - V_{1x}) \text{에서}$$
$$P_1 A - P_2 A + F_{th} - F_f = \rho Q(V_2 - V_1) = 0$$
$$\text{단, } V_2 = V_1 \text{이므로}$$
$$\therefore F_{th} = F_f + (P_2 - P_1)A \,[\text{N}] \tag{4.6}$$

역시 F_{th}은 관에 작용하는 유체에 의한 외력이고 F_f는 관에 작용하는 유체 마찰 력이다.   유체 마찰력

점차 축소하는 단면의 경우 [그림 4-3]는 다음 식에서 유체에 의해 관에 작용하는 힘을 찾을 수 있다.   점차 축소하는 단면

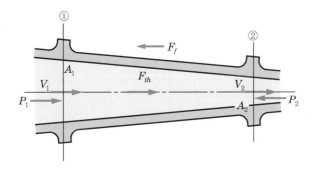

[그림 4-3] 점차 축소관

힘들을 합성하면 단면 축소관에서 관에 작용하는 유체에 의한 힘의 크기는 x 방향 운동량 방정식을 적용할 경우

$$\sum F_x = \rho Q(V_{2x} - V_{1x})$$에서

$$P_1 A_1 - P_2 A_2 + F_{th} - F_f = \rho Q(V_2 - V_1)$$

$$\therefore \ F_{th} = P_2 A_2 - P_1 A_1 + F_f + \rho Q(V_2 - V_1)\,[\text{N}] \qquad (4.7)$$

유체에 의한 외력

이다. 여기서 F_{th}은 유체에 의한 외력이고, 마찰력이 무시되면 F_f는 0이다.

[그림 4-4]와 같은 곡관의 경우, 입구는 수평이고 유체가 1차원 정상유동을 할 때 유동에서 유체에 의한 힘을 계산해보자.

x방향에 대한 운동량 방정식을 적용할 경우는

$$\sum F_x = \rho Q(V_{2x} - V_{1x})$$에서

$$P_1 A_1 - P_2 A_2 \cos\theta - F_1 = \rho Q(V_2 \cos\theta - V_1)$$

$$\therefore \ F_1 = P_1 A_1 - P_2 A_2 \cos\theta - \rho Q(V_2 \cos\theta - V_1)\,[\text{N}] \qquad (4.8)$$

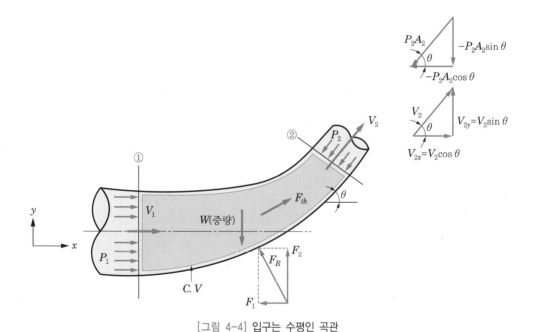

[그림 4-4] 입구는 수평인 곡관

y방향에 대한 운동량 방정식 적용할 경우는

$\sum F_y = \rho Q(V_{2y} - V_{1y})$에서 곡관의 무게는 무시하고 유체의 무게만를 고려할 때 유체의 무게 W를 더하면 된다. 즉,

$$F_2 - W - P_2 A_2 \sin\theta = \rho Q(V_2 \sin\theta - 0)$$

$$\therefore \quad F_2 = W + P_2 A_2 \sin\theta + \rho Q V_2 \sin\theta \, [\text{N}] \qquad (4.9)$$

이다. 따라서 전 지지력 F_R은 F_1와 F_2의 반력의 합이고 크기는 다음과 같다. 여기서 F_R은 곡관을 통과하는 유체에 의한 전 힘 F_{th}와 같다.

$$F_R = \sqrt{F_1^2 + F_2^2} \, [\text{N}] \qquad (4.10)$$

위에서 특별히 유체의 무게를 무시할 경우는 식 (4.9)에서 W 항을 제거하면 된다.

2 분류(Jet)의 흐름

분류(Jet)의 흐름

노즐이나 오리피스에서 분사되는 유체가 어떠한 곡면을 따라서 유동할 경우, 이에 의해 곡면에 힘이 작용하게 된다. 이러한 모델에 운동량 방정식을 적용하기 위해 다음과 같은 가정을 세워보자.

① 벽면과 분류 사이의 점성은 무시한다.
② 유체의 위치에너지 변화는 무시한다.
③ 평판에서의 속도는 일정하다.
④ 분류에 작용하는 외압은 일정하다.

이와 같은 가정으로부터 [그림 4-5]와 같이 분류(jet)가 고정판에 수직으로 충돌할 때 평판에 미치는 힘을 구해보자.

평판에 미치는 힘

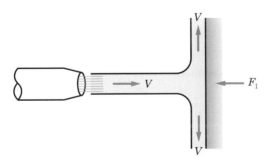

[그림 4-5] 고정 수직평판

x방향 운동량 방정식을 적용하면,

$$F_x = \rho Q (V_{2x} - V_{1x}) \text{으로부터}$$
$$-F_1 = \rho Q(0 - V)$$

$$\therefore\ F_1 = \rho Q V = \rho A V^2 \tag{4.11}$$

수직평판에서 발생된 반력

분류가 고정평판에 경사져서 충돌할 때 평판에 미치는 힘과 유량

가 된다. 이때 F_1은 수직평판에서 발생된 반력이며 노즐 쪽의 유속 V가 가지고 있는 운동량에 의한 힘과 같다.

다음 [그림 4-6]과 같이 분류가 고정평판에 경사져서 충돌할 때 평판에 미치는 힘과 유량을 계산해보자.

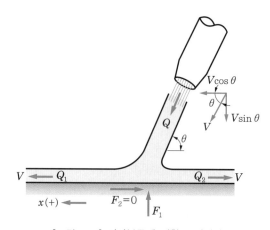

[그림 4-6] 경사분류에 의한 고정평판

먼저 수평방향에 대한 운동량 방정식을 적용하고 출구 분류량 Q_1과 Q_2를 찾아보자.

$$F_x = \rho Q(V_{2x} - V_{1x})\,\text{에서}$$
$$0 = (\rho Q_1 V - \rho Q_2 V) - \rho Q V \cos\theta$$
$$Q\cos\theta = Q_1 - Q_2 \tag{a}$$

또

$$Q = Q_1 + Q_2 \tag{b}$$

이므로, 식 (a)와 (b)를 합하여 유량 Q_1를 계산하면 다음 식과 같다.

$$Q(1+\cos\theta) = 2Q_1$$
$$\therefore\ Q_1 = \frac{Q}{2}(1+\cos\theta) \tag{4.12}$$

또, 식 (b)에서 식 (a)를 빼고 정리하여 유량 Q_2를 계산하면 다음과 같다.

$$Q(1 + \cos\theta) = 2Q_2$$

$$\therefore \ Q_2 = \frac{Q}{2}(1 - \cos\theta) \tag{4.13}$$

따라서 수직방향에 대한 운동량 방정식을 적용시키면 수직방향으로 평판의 반력 수직방향으로 평판의 반력 F_1을 찾을 수 있다. 여기서 F_1의 크기는 경사져서 부딪치는 유체에 의한 힘과 같다. 그리고 점성을 고려하지 않을 때 $F_2 = 0$이다.

$$\sum F_y = \rho Q(V_{2y} - V_{1y}) \text{에서}$$
$$F_1 = \rho Q(0) + \rho Q V \sin\theta$$
$$\therefore \ F_1 = \rho Q V \sin\theta \tag{4.14}$$

다음은 [그림 4-7]과 같은 고정곡면판의 검사체적 $C.V$에 작용하는 유체에 유체에 의한 힘으로부터 반력 의한 힘으로부터 반력을 구해보면 다음 식과 같이 나타나게 된다.

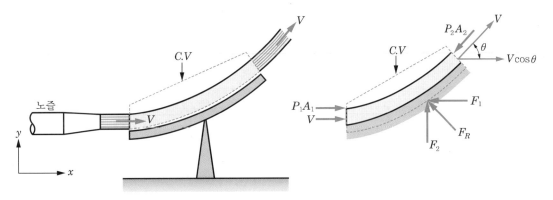

[그림 4-7] 고정곡면판

즉, $\sum F_x = \rho Q(V_{2x} - V_{1x})$으로부터 F_1의 반력을 구하면 다음과 같다. 여기서 $P_1 = P_2 = P_a$이며, 압력 P_a는 대기압으로 모두 같고 압력의 힘은 고려하지 않는다.

$$-F_1 = \rho Q(V\cos\theta - V)$$
$$\therefore \ F_1 = \rho Q V(1 - \cos\theta)$$
$$= \rho A V^2 (1 - \cos\theta) \tag{4.15}$$

그리고 $\sum F_y = \rho Q(V_{2y} - V_{1y})$으로부터 F_2의 반력의 크기는

$$F_2 = \rho Q(V\sin\theta - 0)$$
$$= \rho Q V \sin\theta - 0$$
$$\therefore \ F_2 = \rho A V^2 \sin\theta \qquad\qquad (4.16)$$

이다. 이 식들은 $P_1 = P_2 = P_a$로 모두 대기압의 크기이다.

만약 식 (4.15)에서 각 θ가 180°일 때는 x방향의 유체의 힘 F_x는 최대가 된다. 이것은 분류의 방향이 완전히 바뀌는 경우 최대의 항력이 생기게 된다는 것을 말해준다.

가동(이동) 날개에
작용하는 힘

3 가동(이동) 날개에 작용하는 힘

수력터빈이나 원심펌프 등에서는 가동 날개에 대한 유체의 운동으로 생기는 힘을 이용하여 에너지를 얻고 있다.

위의 절에서는 고정 날개에 대해 고려했는데 이 경우 평판이 고정되었으므로 어떠한 에너지도 운동하는 물체(날개)에 에너지 변환을 못하게 된다. 그러나 평판이 어떠한 속도로 움직일 경우 유체로부터 에너지를 얻을 수 있으며, 이를 해석하기 위해 가동 날개에 작용하는 힘을 구해보자.

상대속도의 개념   먼저 상대속도의 개념을 알아보자. [그림 4-8]과 같이 A와 B 물체가 있다. A의 속도가 V_A이고, B의 속도는 V_B이다.

[그림 4-8] A, B 물체의 절대속도와 상대속도

절대속도   절대속도는 그 자신의 속도 V_A, V_B 등을 말하고, 상대속도는 그 자신과 타 물체의 비교 속도로서 $V_{B/A}$, $V_{A/B}$ 등을 말한다.

$V_{A/B}$란 B에서 바라본 A의 속도, 즉 상대속도는 [A의 절대속도－B의 절대속도]가 된다.

$$V_{A/B} = V_A - V_B \qquad\qquad (4.17)$$

크기이다. 또 $V_{B/A}$는 A에서 바라본 B의 속도, 즉 상대속도는 [B의 절대속도－A의 절대속도]이다.

$$V_{B/A} = V_B - V_A \tag{4.18}$$

크기가 된다.

이상의 상대속도 개념을 이용하여 움직이는 평판이 분류와 수직으로 있을 때 평판에 미치는 힘을 계산하여 보면 다음과 같이 된다.

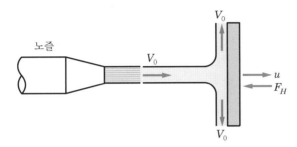

[그림 4-9] 수직평판의 이동

즉, $\sum F_x = \rho Q(V_{2x} - V_{1x})$의 관계식으로부터 이동평판의 지지력 F_H는 다음과 같다. 이때 F_H는 유체가 이동하는 평판에 작용하는 힘과 같은 크기이다.　<u>이동하는 평판</u>

$$-F_H = \rho Q\{0 - (V_0 - u)\}$$

$$\therefore \ F_H = \rho Q(V_0 - u) = \rho A(V_0 - u)^2 \tag{4.19}$$

여기서 u는 평판의 이동속도이고, F_H는 물분류에 의한 평판에서의 반력이다.　<u>평판의 이동속도</u>

다음은 [그림 4-10]과 같이 이동하는 검사체적 $C.V$의 경사날개에 작용하는 힘(단일날개)에 대하여 알아보자.

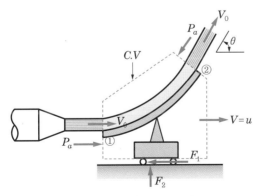

[그림 4-10] 경사평판의 이동

즉, $\sum F_x = \rho Q(V_{2x} - V_{1x})$의 관계식으로부터 이동날개와 고정면에서 지지력 F_1을 구해보자.

$$-F_1 = \rho Q\{(V_0 - u)\cos\theta - (V_0 - u)\}$$
$$\therefore F_1 = \rho Q(V_0 - u)(1 - \cos\theta)$$
$$= \rho A(V_0 - u)^2(1 - \cos\theta) \qquad (4.20)$$

또 $\sum F_y = \rho Q(V_{2y} - V_{1y})$의 관계식으로부터 고정면에 작용하는 지지력 F_2를 구하면 다음과 같다.

$$F_2 = \rho Q\{(V_0 - u)\sin\theta - 0\}$$
$$= \rho Q(V_0 - u)\sin\theta$$
$$\therefore F_2 = \rho A(V_0 - u)^2\sin\theta \qquad (4.21)$$

여기서 u는 경사평판 이동속도이고 F_1과 F_2는 물분류에 의한 경사평판에서의 반력이며, 그 크기는 유체에 의한 이동곡면에 작용하는 힘과 같다.

이동곡면에 작용하는 힘

단일 날개에서는 위의 식이 성립하나 연속 날개일 경우 노즐에서 나온 유량은 연속 날개에 전부 부딪치게 되므로 결국 유량은 일정하게 된다.

예제 4.1

다음에서 중력과 마찰을 무시할 경우, 이 물 분류에 수직인 고정평판을 지지하기 위한 힘(N)을 구하라.

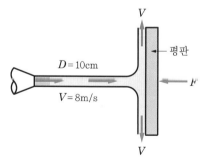

풀이 운동량에 의한 힘

$$F = \rho A V^2$$
$$= \rho \times \frac{\pi}{4}D^2 \times V^2 = 1,000 \times \frac{\pi}{4}0.1^2 \times 8^2 = 503\text{N}$$

예제 4.2

다음 그림과 같은 탱크차의 측면에 지름이 20cm인 노즐이 수면으로부터 5m 밑에 있다. 이 차가 받는 추력은 몇 N인가?

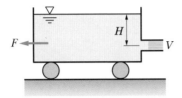

풀이 노즐의 유속은

$$V = \sqrt{2gH} = \sqrt{2 \times 9.8 \times 5}$$
$$= 9.9\text{m/sec}$$

유량은

$$Q = AV = \frac{\pi(0.2)^2}{4} \times 9.9$$
$$= 0.31\text{m}^3/\text{sec}$$

따라서 추력은 F는

$$F = \rho QV = 1,000 \times 0.31 \times 9.9 = 313.16\text{kgf}$$
$$\fallingdotseq 3,070\text{N}$$

예제 4.3

물 제트에 의해 움직이는 180° 충동터빈이 오른쪽으로 40m/s만큼 움직인다.
(1) 날개에 걸리는 힘[N]을 구하라.
(2) 날개로부터 얻어지는 동력[PS]을 구하라.

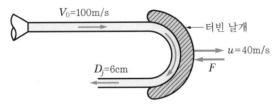

풀이 (1) $F = 2\rho A V_j^2$ (단, $V_j = V_0 - u$: 분류에 의한 상대속도)

$$\therefore F = 2 \times 1,000 \times \frac{\pi}{4} 0.06^2 \times 60^2 \fallingdotseq 20,347.2\text{N} \fallingdotseq 2,076\text{kgf}$$

(2) $P = F \cdot u = \dfrac{2,076 \times 40}{75} = 1,107\text{PS}$

직경이 9cm인 노즐에서 20,000cm³/sec의 유량이 고정된 원추에 부딪치고 있다. 콘의 밑변 지름이 40cm일 때 이 콘에 걸리는 힘[N]은 얼마인가 계산하라. (단, 콘에서의 물의 속도변화는 무시하고 점성 저항도 무시한다.)

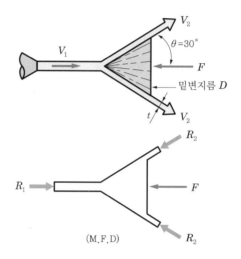

(M.F.D)

풀이 $R_1 = \rho A_1 V_1^2$ 이고 $\sum R_2 = \rho A_2 V_2^2$ 이다. 이때 $A_1 \neq A_2$ 의 경우이다.

$$\rightarrow \rho A_1 V_1 = \rho A_2 V_2 (단, \ A_2 = \pi D t)$$

만약 $A_1 = \sum A_2$ 일 때 $V_1 = V_2 = V$ 이므로 결국 $R_1 = R_2$ 가 된다.

따라서, $F = R_1 - R_2 \cos\theta$ 관계가 성립하고 $-F = \rho Q(V\cos Q - V)$ 이다.

$$\therefore \ F = R_1 - R_2\cos\theta$$
$$= \rho A V^2(1 - \cos\theta) = \rho Q V(1 - \cos\theta)$$
$$= 1,000 \times 20,000 \times 10^{-6} \times V(1 - \cos\theta)$$
$$= 20 \times V(1 - \cos 30°)[\text{N}]$$

단, $V = \dfrac{4Q}{\pi d^2} = \dfrac{4 \times 20,000}{\pi \times 0^2} = 314.5\text{cm/s} = 3.145\text{m/s}$

$$\therefore \ F = 20 \times (3.145)(1 - \cos 30°) \fallingdotseq 8.43\text{N}$$

4.3 프로펠러와 풍차

   [그림 4-11(a)]는 유체에 에너지를 공급하는 장치로 프로펠러 등이 이에 속한   <u>프로펠러</u>

다. 그리고 [그림 4-11(b)]는 유체로부터 에너지를 얻는 기계로 풍차가 이에 속   <u>풍차</u>

하는 것이다.

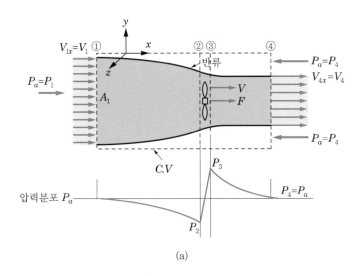

(a)

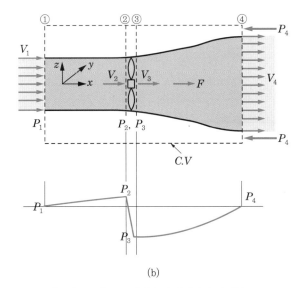

(b)

[그림 4-11] 프로펠러와 풍차에서의 압력분포

1 프로펠러(propeller)

프로펠러는 [그림 4-11(a)]와 같이 통과하는 유체의 선운동량을 변화시켜 얻은 유체 힘의 크기를 반력에 이용하여 추력을 얻게 된다. 이에 관한 해석은 다음과 같다.

[그림 4-11(a)]에서와 같이 유속이 V_1인 유체 속에 프로펠러가 고정되어 있고, 프로펠러 회전에 의하여 유체 유속은 V_4가 되었다. 그리고 프로펠러(②와 ③ 사이)를 지나는 동안의 유속 V는 변화하지 않는다. 그림의 검사체적 $C.V$에 운동량 방정식을 적용하면 프로펠러에 의해서 유체에 가해준 힘 F는

$$F = (P_3 - P_2)A$$
$$\quad = \rho Q(V_4 - V_1) \tag{4.22}$$

이다. 여기서 $Q = AV$이므로 위의 식 (4.22)는 다음과 같다.

$$(P_3 - P_2) = \rho V(V_4 - V_1) \tag{a}$$

단면 ①과 ②, 그리고 ③과 ④에 베르누이의 방정식을 적용하면

$$P_1 + \frac{1}{2}\rho V_1^2 = P_2 + \frac{1}{2}\rho V^2$$
$$P_3 + \frac{1}{2}\rho V^2 = P_4 + \frac{1}{2}\rho V_4^2$$

가 된다. 단면 ①에서 공기압력은 $P_1 = P_a$이며 대기압으로, 단면 ④에서도 $P_4 = P_a$로 역시 대기압과 같다.

따라서 $P_1 = P_4$이므로 위의 식을 정리하면 식 (b)와 같다.

$$P_3 - P_2 = \frac{1}{2}\rho(V_4^2 - V_1^2) \tag{b}$$

식 (a)와 (b)에서 $P_3 - P_2$를 소거하고 정리하면 프로펠러 전과 후의 속도는 단면변화가 무시되므로 $V_2 = V_3 = V$는 다음 식을 얻을 수 있다.

즉, 프로펠러를 통과하는 평균속도는

$$\therefore \ V = \frac{V_1 + V_4}{2} \tag{4.23}$$

이다.

이때 유동 유체에 의해 프로펠러로부터 출력동력의 크기는

프로펠러로부터 입력동력

$$P_o = FV_1 = \rho Q(V_4 - V_1)V_1 \tag{4.24}$$

이 된다.

한편 프로펠러에 의한 유체의 입력동력의 크기는

프로펠러로부터 얻어지는 출력동력

$$P_i = \frac{\rho Q}{2}(V_4^2 - V_1^2) = \rho Q(V_4 - V_1)V \tag{4.25}$$

이다. 식 (4.25)는 단면 ①과 단면 ④ 사이에서의 운동에너지 차를 나타낸다. 또한 프로펠러의 이론효율은 입력에 의한 추진력으로 정의되며 다음과 같다.

프로펠러의 이론효율

$$\eta_{th} = \frac{P_0}{P_i} = \frac{V_1}{V} \tag{4.26}$$

식 (4.24)에서 F는 프로펠러가 공기에 가한 힘이다. 반면에 공기가 프로펠러에 가한 힘, 즉 추력 F_{th}는 다음과 같다.

공기가 프로펠러에 가한 힘

$$F_{th} = -F = \dot{m}(V_4 - V_1) = (P_3 - P_2)A \tag{c}$$

여기서 A의 면적은 프로펠러 회전면적이다.

2 풍차(windmill)

풍차(windmill)

[그림 4-11(b)]에서 V_1, P_1의 공기가 풍차에 접근함에 따라 풍차의 방해로 속도는 V_1에서 V_2로 줄어들고 대신 압력은 P_1에서 P_2로 상승한다.

공기가 풍차를 지나는 사이에 압력은 P_3로부터 하강한다. 이때 속도는 연속 방정식에 의해 압력강하로 인한 밀도의 감소분에 해당한 만큼 증가한다. 압력은 다시 P_3로부터 P_4(P_1 =주위압력)까지 상승하면서 속도는 V_3로부터 V_4까지 감소한다.

검사체적은 풍차의 전후 압력이 대기압과 일치하는 두 단면과 반류로 둘러싸인 부분으로 선택한 검사체적 $C.V$에 운동방정식을 적용하면

$$F = \rho Q(V_1 - V_4)$$

과 같다. 여기서 F는 풍차가 공기에 주는 추력이고, $P_1 = P_4 = P_0$이므로 압력에 의한 표면력은 평형을 이룬다. 이번에는 ①과 ④를 통과하는 동안의 손실을 알아보면 다음과 같다.

풍차가 공기에 주는 추력

$$\frac{V_1^2}{2g} + \frac{P_1}{\gamma} = \frac{V_4^2}{2g} + \frac{P_4}{\gamma} + \Delta H \tag{d}$$

이 식에 $P_1 = P_4$를 적용하면 손실 ΔH는

$$\Delta H = \frac{V_1^2 - V_4^2}{2g} \tag{4.27}$$

와 같이 쓸 수 있다.

한편, 공기가 풍차에 주는 추력을 $K = -F$할 때 풍차를 통과하는 공기 속도를 V라 할 경우 유동 유체가 풍차에 주는 축동력 P_{th}의 크기는

유동 유체가 풍차에 주는 축동력

$$P_{th} = KV = \rho Q(V_1 - V_4)V \tag{4.28}$$

와 같이 표시할 수 있다.

식 (4.27)에서 필요한 손실동력은 $P_{Lo} = \gamma Q \Delta H$이고 이것은 식 (4.28)의 값과 같아야 한다. 따라서 ②와 ③점에서 단면변화가 무시된 이곳의 속도 $V_2 = V_3 = V$라 할 때 다음 식과 같게 되고, 프로펠러를 통과하는 유동하는 유체속도 V의 크기는 다음 식 (4.29)로부터 구한다.

손실동력

프로펠러를 통과하는 유동하는 유체속도

$$\therefore \quad V = \frac{V_1 + V_4}{2} \tag{4.29}$$

엄밀한 의미에서 풍차 내의 공기 유동은 압축성 유동이나, 실제 해석에서는 유속이 느릴 경우 비압축성 유동으로 생각한다. 즉, $M_a < 0.3$이면 압축성 유체의 유동이라 할지라도 비압축성 유동으로 취급한다.

풍차 날개의 회전면적 A를 단면적으로 하는 유관에 풍속 V_1으로 운동하는 유체가 갖는 동력의 크기 P_a는

운동하는 유체가 갖는 동력의 크기

$$P_a = (\rho A V_1)\frac{V_1^2}{2} = \rho A \frac{V_1^3}{2} \tag{4.30}$$

이다. 풍차출력의 크기 P_o는

$$P_o = \frac{dW_s}{dt} = \frac{\rho Q}{2}(V_1^2 - V_4^2) = \frac{\rho A V}{2}(V_1^2 - V_4^2) \tag{4.31}$$

가 된다.

정의에 의하여 풍차의 이론효율을 구하면 다음 식과 같다.

풍차의 이론효율

$$\eta_{th} = \frac{P_o}{P_a} = \frac{(V_1^2 - V_4^2)(\rho A V/2)}{(\rho A V_1)(V_1^2/2)} = \frac{(V_1^2 - V_4^2)V}{V_1^3}$$

$$= \frac{(V_1 + V_4)(V_1^2 - V_4^2)}{2V_1^3} \tag{4.32}$$

예제 4.5

40km/h의 속력으로 달리고 있는 보트가 60cm 지름의 프로펠러에서 4.5m³/sec로 물을 분사한다. 이때 보트에 발생하는 추력은 몇 N인가?

풀이 프로펠러를 지나는 평균유속 V

$$V = \frac{Q}{A} = \frac{4.5}{\frac{\pi}{4}0.6^2} = 15.9 \text{m/sec}$$

보트의 속도 V_1은

$$V_1 = \frac{40 \times 1,000}{3,600} = 11.1 \text{m/sec}$$

식 (4.29)로부터

$$V_4 = 2V - V_1 = 2 \times 15.9 - 11.1 = 20.7 \text{m/sec}$$

따라서 추력 F_{th}는 다음과 같다.

$$F_{th} = \rho Q(V_4 - V_1) = 1,000 \times 4.5 \times (20.7 - 11.1) = 43,200 \text{N}$$

예제 4.6

다음 그림과 같은 모터보트가 2m/sec로 흐르는 강물에 대하여 10m/sec로 거슬러 올라가고 있다. 이 배는 앞부분에서 물을 흡입하여 배 뒤쪽으로 0.2m³/sec로 단면적 0.01m²인 노즐을 통하여 배출한다면 발생하는 반작용의 추진력 F는 몇 N인가? (단, 물의 비중량은 1,000N · sec²/m⁴이다.)

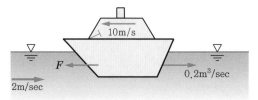

풀이 입구에서 배에 대한 물의 상대속도 V_{x1}은

$$V_{x1} = 2 - (-10) = 12 \text{m/sec}$$

출구에서 물의 속도 V_{x2}는 다음과 같고, 따라서 추진력의 크기를 구하면

$$V_{x2} = \frac{0.2}{0.01} = 20 \text{m/s}$$

$$\therefore \ F = \rho Q(V_{x2} - V_{x1}) = 1,000 \times 0.2 \times (20 - 12) = 1,600 \text{N}$$

4.4 각운동량

충동터빈, 터보제트, 램제트 등을 운동하는 베인을 유체가 통과하면서 운동량의 변화가 발생하여 유체가 베인에 대하여 힘을 가하게 되고, 유동하는 유체가 회전을 하기 위한 모멘트가 필요하게 된다. 이 모멘트의 반력은 유체가 회전할 때 각운동량(angular momentum)의 변화가 있게 되고 검사표면에 회전력으로 작용한다. 이와 같이 회전력과 각운동량 변화 사이의 관계를 설명하는 것이 운동량 모멘트 방정식(moment of momentum equation) 이론이다. 각운동량 이론을 응용한 것에는 원심펌프, 원심송풍기, 증기터빈, 가스터빈, 축류펌프 등이 있다.

각운동량(angular momentum)의 변화

운동량 모멘트 방정식(moment of momentum equation) 이론

회전운동을 하고 있는 물체에 토크(torque)가 작용하여 각운동량이 변화하는 경우 뉴턴(Newton)의 운동법칙을 적용하면 유체입자에 의한 미소 힘은

$$dF = m\vec{a} = m\frac{d\vec{V}}{dt} = \frac{d(m\vec{V})}{dt} \qquad (a)$$

이다. 만약, 한 유체입자가 $d\vec{F}$를 받고 원점을 중심으로 회전운동한다면 미소 입자에 의한 회전토크 $\vec{T}$는 다음 식과 같다.

$$\vec{T} = \vec{r} \times d\vec{F} = \frac{d}{dt}(\vec{r} \times m\vec{V}) \qquad (4.33)$$

따라서 토크(torque)는 단위 시간의 각운동량의 변화와 같고, 이때 $\vec{r} \times m\vec{V}$는 각운동량의 크기이다.

토크(torque)

이 식 (4.33)을 각운동량 방정식(angular momentum equation)이라 한다. 따라서 각운동량은 운동량의 모멘트라고 생각할 수 있으므로 각운동량의 법칙을 운동량 모멘트의 법칙이라고도 한다. 여기서 $\vec{r}$과 $\vec{V}$가 90° 관계이면 $m\vec{V}r$은 각운동량, $m\vec{V}$은 선운동량이 된다.

각운동량
선운동량

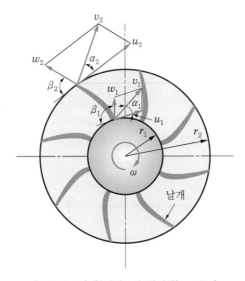

[그림 4-12] 원심펌프의 회전차(impeller)

[그림 4-12]와 같은 터보펌프에서 회전차의 입구와 출구의 속도를 v_1, v_2, 반경을 r_1, r_2, 단위시간의 유량을 Q라 하면 각운동량의 법칙에 따라 축에 작용하는 전 토크(total torque) $\vec{T}$는

축에 작용하는 토크(torque)

$$\vec{T}dt = d(m\vec{V}r)$$

$$\vec{T}(t_2 - t_1) = \rho Q(t_2 - t_1)(r_2 \vec{V}_2 - r_1 \vec{V}_1)$$

$$\therefore \ \vec{T} = \rho Q(r_2 \vec{V}_2 - r_1 \vec{V}_1) \tag{4.34}$$

각운동량 방정식
(angular equation)

이다. 이 식을 유체의 각운동량 방정식(angular momentum equation)이라 부른다. 위의 식에서 r과 V는 90° 관계이다. 따라서 [그림 4-12]의 터보펌프에 각운동량 방정식을 적용하면 토크(torque) 크기는 다음 식과 같이 스칼라형식으로 쓸 수 있다.

터보펌프

토크(torque)

$$T = \rho Q(r_2 v_2 \cos\alpha_2 - r_1 v_1 \cos\alpha_1)$$
$$= \rho Q(r_2 v_{u2} - r_1 v_{u1})$$

여기서 $v_{u1} = v_1 \cos\alpha_1, \ v_{u2} = v_2 \cos\alpha_2$이다.

펌프 구동동력

펌프는 이 토크에 의하여 회전차를 구동하게 되므로 펌프 구동동력 L의 관계식은

$$L = T\omega = \rho Q\omega(r_2 v_2 \cos\alpha_2 - r_1 v_1 \cos\alpha_1) \tag{b}$$

이다. 만약 유입이 반지름 방향이면 구동동력 L은 다음 식이 된다.
즉

$$L = \rho Q u_2 v_2 \cos\alpha_2 \tag{c}$$

단, $u_2 = r_2 \omega$이다.

예제 **4.7**

수평의 잔디 스프링클러(sprinkler)가 0.003m³/sec의 유량을 뿌리고 있다. 이 스프링클러가 돌지 못하도록 하기 위한 회전력[N·m]을 구하라.

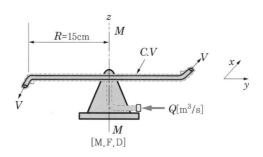

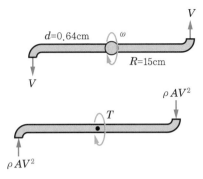

풀이 M.F.D 선도로부터

$$T = 2\rho A V^2 \times R = \rho Q V \times R (단, \ Q = 2AV)$$

단, 유속은 $V = \dfrac{2Q}{\pi d^2} = \dfrac{2 \times 0.003}{\pi \times 0.0064^2}$

$$= 46.63\text{m/sec}$$

$$\therefore \ T = 1,000 \times 0.003 \times 46.63 \times 0.15$$

$$≒ 21.0\text{N} \cdot \text{m}$$

예제 4.8

예제 4.7과 같은 스프링클러가 정지상태에서 출발하여 정상상태로 회전할 때 각 속도[rad/sec]는 얼마인가? 이때 스프링클러에 마찰회전력이 작용하고 토크는 $T_0 = 15\text{N} \cdot \text{m}$ 이다.

풀이 M.F.D 선도에서

$$T_0 = 2\rho A (V - R\omega)^2 \times R$$

$$= 2 \times 1,000 \times \frac{\pi}{4} \times 0.0064^2 \times (46.63 - 0.15 \times \omega)^2 \times 0.15$$

$$\therefore \ \omega = 310.87 - 67.88 \times \sqrt{T_0}$$

$$= 310.87 - 67.88 \times \sqrt{15} ≒ 47.97\text{rad/sec}$$

그림에서 흐르는 유체는 물이다. ①에서의 압력이 1.7atm이고 질량 유량이 15kg/s 일 때 ①과 ② 사이에서의 손실수두[m]는 얼마인가?

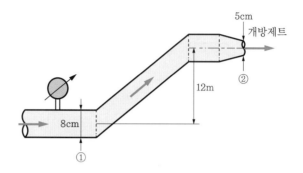

풀이 단면 ①에서의 속도 V_1은

$$\dot{m} = \rho A V_1$$

$$= 1,000 \times \frac{\pi}{4} \times 0.08^2 \times V_1 = 15$$

$$\therefore \quad V_1 = 2.984 \text{m/sec}$$

$$Q = A V = \text{일정} \rightarrow V_2 \times 5^2 = V_1 \times 8^2 = 2.984 \times 8^2$$

$$\therefore \quad V_2 = 7.64 \text{m/sec}$$

①과 ② 사이에 관 손실수두까지 고려한 베르누이의 방정식을 적용시키면

$$\frac{P_1}{\gamma} + \frac{V_1^2}{2g} = \frac{V_2^2}{2g} + z + h_L$$

$$\frac{1.7 \times 101.3 \times 10^3}{9,800} + \frac{2.984^2}{2 \times 9.81} = \frac{7.64^2}{2 \times 9.81} + 12 + h_L$$

$$\therefore \quad h_L \fallingdotseq 3.05 \text{m}$$

4.5 분류에 의한 추진

1 탱크에 설치된 노즐에 의한 추진

[그림 4-13]과 같이 수면으로부터 h에 있는 노즐(nozzle)의 유속은 베르누이 방정식으로부터

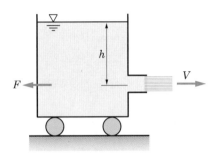

[그림 4-13] 탱크차의 추진

$$V = \sqrt{2gh} \qquad\qquad\qquad (a)$$

이다. 탱크(tank)에 운동량 방정식을 적용하면 반작용의 추력 F는 다음과 같다.

$$F = \rho Q V \qquad\qquad\qquad (4.35)$$

여기서 $Q = AV$이므로 따라서 유체에 의한 추진력은

$$F = \rho A V^2 = \rho A (2gh) = 2\gamma A h \qquad\qquad\qquad (4.36)$$

가 된다.

2 제트기의 추진

다음 [그림 4-14]와 같이 공기는 비행기 앞에 뚫려있는 흡입구로 속도 V_1의 크기로 흡입되어 압축실로 들어가 압축된다.

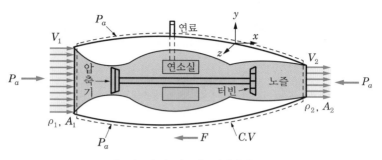

[그림 4-14] 터보제트기관의 추진

압축공기가 연소실에 들어가 연료와 혼합되어 연소한 다음 팽창하여 속도를
증가시킨 후 노즐(nozzle)에서 V_2의 속도로 공기 중에 배출된다. 이때 비행기의
추력은 검사체적 $C.V$에 운동량 방정식을 적용하면

노즐(nozzle)

비행기의 추력

$$F = \rho_2 Q_2 V_2 - \rho_1 Q_1 V_1 \tag{4.37}$$

로 계산할 수 있다.

3 로켓의 추진

로켓의 추진   [그림 4-15]와 같은 로켓(rocket)의 추진력 F는 운동량 방정식을 적용하면
다음과 같다.

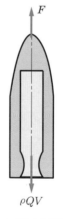

[그림 4-15] 로켓의 추진

$$F = \rho Q V \tag{4.38}$$

여기서, ρQ : 분사되는 질량

V : 연소된 가스의 분사속도

예제 4.10

800km/h의 속도로 날고 있는 제트기가 500m/sec의 속도로 배기를 노즐에서 분출할 때 제트기의 추진력은 몇 N인가? (단, 흡기량은 25kg/sec로서 배기 쪽은 연소가스가 2.5% 증가하는 것으로 한다.)

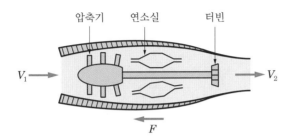

풀이 비행기 속도 V_1은

$$V_1 = \frac{800 \times 1,000}{3,600} = 222.22\text{m/sec}$$

그리고

$$\dot{m}_1 = \rho_1 Q_1 = 25\text{kg/sec}(\text{흡입공기 질량})$$

$$\dot{m}_2 = \rho_2 Q_2 = \underbrace{\rho_1 Q_1}_{\substack{\text{흡입공기의}\\\text{질량}}} + \underbrace{\rho_1 Q_1 \times \frac{2.5}{100}}_{\text{연료의 질량}} = 25 + 25 \times \frac{2.5}{100}$$

$$= 25.625\text{kg/sec}$$

그러므로 유체의 추력 F는

$$F = \rho_2 Q_2 V_2 - \rho_1 Q_1 V_1$$
$$= 25.625 \times 500 - 25 \times 222.22 = 7,257\text{N}$$
(제트기 추진력의 방향은 $-F$이다.)

초기질량 mg인 로켓이 출구 배기질량 m_e으로 로켓에 대해 상대속도 V_e로 점화되었다. 만약 공기저항을 무시하고 로켓 내에서의 연소과정이 정상류라 할 때, 미분방정식과 이 식의 해를 구하라.

풀이 추진력 F와 운동량 방정식에 의해 힘의 평형식을 세우면

$$F = m_e V_e - mg$$

여기서 질량 $m = M_0 - \dot{m}t$

뉴턴의 제2법칙의 의해

$$m\frac{dV}{dt} = m_e V_e - mg$$

$$\frac{dV}{dt} = \frac{m_e}{m}V_e - g$$

$$dV = \frac{m_e V_e}{M_0 - \dot{m}t}dt - gdt$$

$$= -\frac{m_e V_e}{\dot{m}} \cdot \frac{dt}{t - \frac{M_0}{\dot{m}}} - gdt$$

양변을 적분하면(단, $m_e = \dot{m}$)

$$V = -V_e \int_0^t \left(\frac{dt}{t - \frac{M_0}{\dot{m}}} - gdt \right)$$

$$= -V_e \ln\left(t - \frac{M_0}{\dot{m}} \Big| - \frac{M_0}{\dot{m}} \right) - gt$$

$$\therefore \quad V = -V_e \ln\left(1 - \frac{\dot{m}t}{M_0} \right) - gt$$

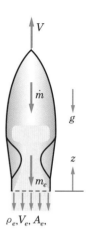

V

$\dot{m}$

g

z

m_e

$\rho_e, V_e, A_e,$

4.6 수력도약과 손실수두

1 수력도약 후의 깊이(y_2)

개수로에서 액체의 유동이 빠른 흐름에서 느린 흐름으로 변할 때, 즉 어떤 조
건 하에서 유속이 사류(射流)에서 상류(常流)로 바뀔 때 수면이 갑자기 상승한
다. 이렇게 운동에너지가 위치에너지로 바뀌어 유체의 높이가 높게 되는 현상을
수력도약(hydraulic jump)이라 한다.

개수로

사류

상류

수력도약(hydraulic jump)

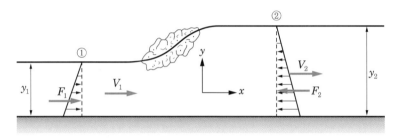

[그림 4-16] 수력도약

이러한 유동은 정상 비균속도 유동의 한 예이며 편의상 [그림 4-16]의 개수로
에서 폭을 단위폭 1로 하고 단면 ①과 ②에 연속방정식, 운동량 방정식, 베르누
이 방정식을 적용하면 다음과 같다.

연속방정식 :

$$V_1 y_1 = V_2 y_2 \tag{a}$$

운동량 방정식 :

$$\frac{\gamma y_1^2}{2} - \frac{\gamma y_2^2}{2} = \rho(A_2 V_2) V_2 - \rho(A_1 V_1) V_1 \tag{b}$$

여기서 단위폭에 대하여 $A_2 = 1 \times y_2$, $A_1 = 1 \times y_1$이므로 $F_1 = P_1 A_1 = \dfrac{\gamma y_1}{2}$
$(y_1 \times 1)$, $F_2 = P_2 A_2 = \dfrac{\gamma y_2}{2} (y_2 \times 1)$을 적용한 경우이다.

베르누이의 방정식 :

$$\frac{V_1^2}{2g} + y_1 = \frac{V_2^2}{2g} + y_2 + h_{L(1-2)} \tag{c}$$

$h_{L(1-2)}$는 ①과 ② 사이의 수력도약에 의한 손실이다. 따라서 연속방정식과
수력도약 후의 깊이   운동량 방정식으로부터 V_2를 소거하고 정리하면 수력도약 후의 깊이 y_2는

$$y_2 = \frac{y_1}{2}\left(-1 + \sqrt{1 + \frac{8V_1^2}{gy_1}} \right) \tag{4.39}$$

가 얻어진다. 또 식 (4.39)에서 다음과 같은 관계가 있음을 알 수 있다.
즉

$$\frac{V_1^2}{gy_1} = 1\text{이면 } y_1 = y_2 : \text{미도약}$$

$$\frac{V_1^2}{gy_1} > 1\text{이면 } y_2 > y_1 : \text{도약}$$

$$\frac{V_1^2}{gy_1} < 1\text{이면 } y_2 < y_1 : \text{불능}$$

공액수심
(conjugate depths)   따라서 $\frac{V_1^2}{gy_1} > 1$이면 수력도약이 일어난다. 이때 y_1과 y_2를 공액수심(conjugate depths)이라 부른다.

베르누이의 방정식에서 연속방정식과 운동량 방정식을 이용하여 V_1과 V_2를
수력도약에 의한 손실   소거하면 수력도약에 의한 손실 $h_{L(1-2)}$는 다음과 같다.

$$h_{L(1-2)} - \frac{(y_2 - y_1)^3}{4y_1 y_2} \tag{4.40}$$

예제 4.12

수력도약에 대한 설명 중 틀린 것은 어느 것인가?

(1) 아임계 흐름에서 초임계 흐름으로 변할 때 일어나는 현상이다.

(2) 유체가 빠른 흐름에서 느린 흐름으로 연결되면서 수심이 낮아지는 현상이다.

(3) 프루드 수(Frouds number)가 1 이상의 값에서 1 이하의 값으로 떨어지는 현상이다.

(4) 흐르고 있는 밸브를 급히 닫을 때 일어나는 현상이다.

풀이 수력도약은 개수로 유동에서 발생하는 현상이며, Fr(프루드 수) < 1에서 발생한다. $\left(\text{단, } F_r = \dfrac{V}{\sqrt{gl}} \text{이다.}\right)$

예제 4.13

유량이 단위폭당 10m³/s·m, 깊이 $y_1 = 1.25$m로 흐르는 물에서 수력도약이 일어났다. 이때 도약 후의 물의 깊이[m], 속도[m/s], 손실수두[m], 단위폭당 소비동력 [kW/m]은?

풀이 상류속도는

$$V_1 = \frac{q}{y_1} = \frac{10}{1.25} = 8.0 \text{m/s}$$

$$y_2 = \frac{y_1}{2}\left(-1 + \sqrt{1 + \frac{8 V_1^2}{gy_1}}\right)$$

$$\frac{2y_2}{y_1} = -1 + \left[1 + 8(2.285)^2\right]^{\frac{1}{2}} = 5.54$$

$$\rightarrow y_2 = \frac{y_1}{2}(5.54) = \frac{1}{2} \times 1.25 \times 5.54 = 3.46 \text{m}$$

하류에서의 속도는($q = c$: 일정)

$$V_2 = \frac{V_1 y_1}{y_2} = \frac{8.0 \times 1.25}{3.46} = 2.89 \text{m/s}$$

$F_{r2} < 1$ 이하이며, 손실수두는(식 4.40)

$$h_L = \frac{(3.46 - 1.25)^3}{4 \times 3.46 \times 1.25} = 0.625 \text{m}$$

단위폭당 소비동력은

$$P = \gamma q h_L = \frac{9,800\text{N/m}^3 \times 10\text{m}^3/\text{s·m} \times 0.625\text{m}}{1,000}$$
$$= 61.3 \text{kW/m}$$

[그림 4-17]과 같이 관이 갑자기 단면이 커질 경우 에너지손실을 가져오게 된다. 그 손실수두를 구하기 위해 [그림 4-17]의 검사역에 운동량 방정식과 수정 베르누이의 방정식을 적용하면 다음과 같다. 여기서 검사역의 경계조건은 정상유동이며, 비압축성 1차원 난류유동으로 가정한다.

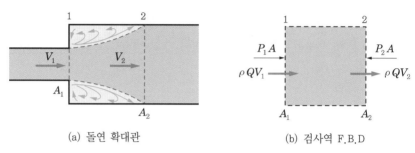

(a) 돌연 확대관   (b) 검사역 F.B.D

[그림 4-17] 돌연 확대관

먼저, 검사역에 운동량 방정식 적용

$$\sum F_x = P_1 A - P_2 A = \rho Q (V_2 - V_1)$$

$$(P_1 - P_2) A = \rho A V_2 (V_2 - V_1)$$

$$= A \frac{\gamma}{g} (V_2^2 - V_1 V_2)$$

$$\therefore \; \frac{P_1 - P_2}{\gamma} = \frac{V_2^2 - (V_1) \cdot (V_2)}{g} \tag{a}$$

이번에는 [그림 4-17]의 검사역에 수정 베르누이의 방정식 적용

$$\frac{P_1}{\gamma} + \frac{V_1^2}{2g} = \frac{P_2}{\gamma} + \frac{V_2^2}{2g} + h_L$$

$$\frac{P_1 - P_2}{\gamma} = \frac{V_2^2 - V_1^2}{2g} + h_L \tag{b}$$

따라서 식 (b)를 식 (a)에 대입 정리하면 손실수두 h_L은 다음과 같다.
즉,

$$\frac{V_2{}^2 - V_1 V_2}{g} = \frac{V_2{}^2 - V_1{}^2}{2g} + h_L$$

$$\therefore \ h_L = \frac{2V_2{}^2 - 2V_1 V_2 - V_2{}^2 + V_1{}^2}{2g}$$

$$= \frac{(V_1 - V_2)^2}{2g} \tag{4.41}$$

이것은 [그림 4-17(a)]와 같이 관의 돌연 확대부에 와도(vorticity)를 만들고 결국 손실을 수반하게 된다.

> 돌연 확대부에 와도
> (vorticity)

4.8 운동량 수정계수와 유량 수정계수

1 운동량 수정계수(β)

> 운동량 수정계수(β)

유동 단면의 유속이 일정하지 않을 경우 운동량과 평균유속에 의한 운동량을 비교할 때 평균유속에 의한 운동량과 같게 놓기 위해서 β의 수정값을 곱해 주어야 한다. 이 수정값을 찾으면

> 평균유속에 의한 운동량

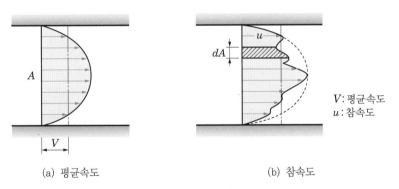

V: 평균속도
u: 참속도

(a) 평균속도   (b) 참속도

[그림 4-18] 평균속도 및 참속도

미소면적요소에서 참속도 u에 의한 운동량 : [그림 4-18(b)]

$$\rho u^2 dA \tag{a}$$

평균속도에 의한 운동량 : [그림 4-18(a)]

$$\rho V^2 A \qquad\qquad\qquad\qquad\qquad\qquad\qquad\qquad (b)$$

따라서 식 (a)=β 식 (b)로부터 β를 구하면 다음 식이 된다.

$$\int_A \rho u^2 dA = \beta \rho V^2 A$$

$$\therefore \ \beta = \frac{1}{A}\int_A \left(\frac{u}{V}\right)^2 dA \qquad\qquad\qquad\qquad (4.42)$$

유량 수정계수($\overline{\gamma}$)

2 유량 수정계수(γ)

평균속도에 의한 유량 : [그림 4-18(a)]

$$A V \qquad\qquad\qquad\qquad\qquad\qquad\qquad\qquad (c)$$

참속도에 의한 유량 : [그림 4-18(b)]

$$\int_A u dA \qquad\qquad\qquad\qquad\qquad\qquad\qquad (d)$$

따라서 식 (c)$\times\gamma$=식 (d)로부터 γ를 구하면 다음 식이 된다.

$$\gamma A V = \int_A u dA$$

$$\therefore \ \gamma = \frac{1}{A}\int_A \left(\frac{u}{V}\right) dA \qquad\qquad\qquad\qquad (4.43)$$

01 지름 1.5cm인 노즐에서 물이 10m/sec의 속도로 분출하여 분류와 30° 경사한 고정평판에 충돌할 때 분류방향의 분력[N]은?

02 지름 2.54cm인 수류가 수류와 직각으로 둔 평판에 충돌하여 725N의 힘을 평판에 가했다. 유량[m³/sec]은?

03 지름이 75mm이고, 측정 수정계수 C가 0.96인 노즐이 지름 400mm 관에 부착되어 물이 분출하고 있다. 이 400mm 관의 수두가 6m일 때 노즐출구에서의 유속[m/s]은 얼마인가?

04 구경 10cm인 펌프의 노즐에서 매초 0.2m³의 물이 수평으로 분출되고 있다. 이때의 추진력[N]은 얼마인가?

05 단면적 10cm², 분류속도 20m/sec로 물이 분출된다. 이 물이 단일이동 날개에 분사할 때 단위시간당 운동량의 변화를 일으키는 질량이 3.06kg/sec일 때 이 단일 이동날개의 이동속도는 몇 [m/sec]인가?

06 그림에서 비중 0.83의 오일이 12m/sec의 속도로 흐르고 있다. 판에서 지지하는 힘 F [N]는 얼마인가?

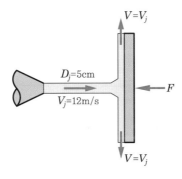

07 그림과 같이 속도 3m/sec로 움직이는 평판에 속도 10m/sec인 물 분류가 직각으로 충돌하고 있다. 분류의 단면적이 0.01m²라 하면 평판이 받는 힘은 몇 N가 되겠는가?

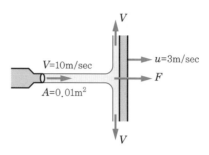

08 분류의 지름이 2cm이고, 매초 0.02m³의 물을 평면판에 직각으로 토출할 때 판에 작용하는 힘[N]은?

09 다음 그림과 같이 지름 4cm인 분류(jet)가 40m/sec로 고정평판에 45° 각도로 충돌하고 있다. 이때 판이 받는 힘은 몇 N인가?

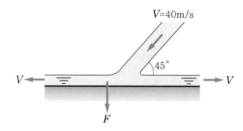

10 다음 그림과 같이 분류가 고정된 평판에 θ의 각도로 충돌하고 있다. 분류의 속도를 V, 유량을 Q, 밀도를 ρ라고 하면 판에 수직으로 미치는 힘 F[N]는?

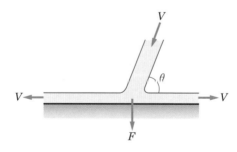

11 지름 1.5cm인 노즐에서 물이 10m/sec의 속도로 분류와 30° 경사된 평판에 분출하여 충돌할 때 분류방향의 수직분력[N]은?

12 분류가 그림과 같이 고정된 깃에 대하여 V[m/sec]의 속도로 흐를 때 중심선 방향으로 깃에 미치는 힘[N]은? (단, 밀도 ρ, 유량 Q이다.)

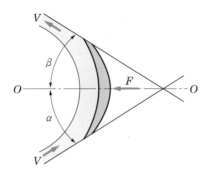

13 물 제트가 고정된 날개에 부딪치고 있다. 제트의 유량은 0.06m³/sec이고, 속도는 45m/sec 이다. 날개의 각도가 135°일 때 고정된 날개에 걸리는 힘 F_x, F_y를 계산하면 각각 몇 N인가?

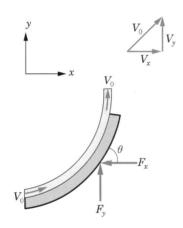

14 다음 그림과 같이 고정날개에 비중이 2인 액체의 분류가 50m/sec로 노즐로부터 나오고 있다. 분류의 직경이 5cm라면 이 날개를 고정시키는 데 필요한 분출 성분 F_x는 몇 N인가? (단, 물의 비중량은 $\gamma = 9,800$N/m³이다.)

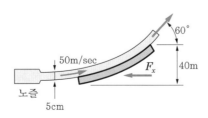

15 배가 물 위를 8m/sec로 지나간다. 배 뒤의 프로펠러를 지난 후 물의 후류(slip stream) 속도는 6m/sec이다. 프로펠러의 지름을 0.6m라 하면 추력[N]은 얼마인가?

16 내경 10cm인 180° U자형 곡관이 수평으로 놓여 있다. 이 곡관에 $\rho = 1,000\text{N} \cdot \text{sec}^2/\text{m}^4$의 액체가 곡관에 주는 힘은? (단, 액체의 압력은 $10\text{N}/\text{cm}^2$이며, 속도는 2m/sec이다.)

17 지름 10cm의 분류가 속도 50m/sec로서 25m/sec로 이동하는 곡면판에 그림과 같이 충돌한다. 이때 분류의 충격력은 몇 N인가?

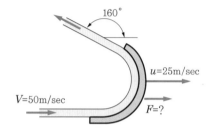

18 날개각 $\theta = 90°$, 속도 $u = 10\text{m/sec}$인 날개열에 노즐로부터 유량 $0.3\text{m}^3/\text{min}$, 밀도 $1,000\text{N} \cdot \text{sec}^2/\text{m}^4$, 분출속도 $V = 30\text{m/sec}$가 분출한다. 분류가 날개에 한 일[J/s]은?

19 그림과 같은 수평관에 어떤 유체가 흐르고 있다. 단면 ①에서 압력이 $P_1 = 10\text{kPa}$, 단면 ②에서 압력이 $P_2 = 7\text{kPa}$일 때 ①과 ② 사이에 관마찰력 F는 몇 N인가? (단, 관의 단면적은 0.02m^2이다.)

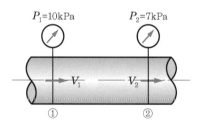

20 제트 엔진이 소비하는 공기는 20kg/sec, 연료는 0.2kg이다. 가스의 분출속도를 400m/sec라 하면 추력[N]은?

21 어떤 로켓이 일정 방향으로 300N의 일정한 추력으로 5초 동안 미사일을 추진시켰다. 미사일의 무게를 50N라 하고 미사일이 정지상태에서 추진되었다고 가정하면 5초 후의 속도[m/s]는?

22 무게 15kN의 로켓이 30kg/sec의 가스를 1,000m/sec의 속도로 분출할 때 추력[N]은?

23 제트기가 720km/hr의 속도로 비행하고 있다. 이 제트기가 98kg/s의 공기를 흡입하여 300m/sec의 속도로 배출시킬 때 이 제트기의 추력[N]을 계산하라. (단, 연료의 무게는 무시한다.)

24 지름이 D인 프로펠러에서 그 전·후방의 유체 속력이 V_1과 V_2라고 하면 이 프로펠러를 통과하는 유량[kg/sec]은 얼마인가?

25 배가 물 위를 8m/sec로 지나간다. 배 뒤에 프로펠러를 지난 후 물의 후류(slip stream) 속도가 6m/sec이다. 프로펠러의 직경을 0.6m라 하면 추력[N]은?

26 배가 물 위를 10m/sec로 움직이고 있다. 배 뒤에 후류(slip stream)의 속도가 20m/sec 이다. 이때 프로펠러의 직경이 1m일 때 이 프로펠러의 이론효율 η_{th}는 몇 %인가?

27 기관총이 1,000m/sec의 속력으로 매초당 0.12kg의 탄환을 발사한다. 이때 매초당 200N의 평균력으로 총을 반동하게 된다면 이 총의 매분당 최대발사 수[발/min]는?

28 다음 그림과 같은 탱크차의 측면에 지름이 $d=20$cm의 노즐이 수면으로부터 $h=5$m 밑에 있다. 이 차가 받는 추력은 몇 N인가?

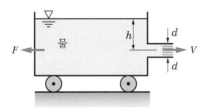

29 그림과 같이 벽에 붙어 있는 180°의 깃에 단면적 A_0로 분사된 물이 부딪치고 있다. 물이 벽에 미치는 힘을 보여라.

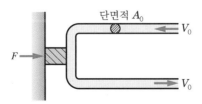

30 다음 그림과 같은 스프링클러에서 물이 10*l*/sec로 흐르고 있다. 이때 스프링클러의 시동회전토크(*T*)는 몇 N·m인가? (단, 노즐 직경은 5cm이다.)

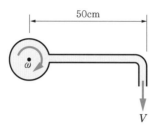

31 그림에서 펌프의 흡입 및 출구쪽에 연결된 압력계 ①, ②의 읽음이 각각 25mmHg와 2.6bar이다. 이 펌프의 송출 유량이 0.15m³/sec가 되려면 펌프에 필요한 출력[kW]은? (단, 송출 유체는 물이다.)

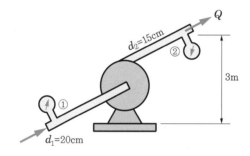

32 그림과 같은 동일 모양의 4개의 물제트 노즐을 가진 충동터빈의 회전수가 100rpm이며, 각 물제트 노즐에서 분출되는 물(비중 1)의 유량이 각각 0.005m³/s이고 출구속력은 10m/s이다. 이 터빈에서 얻은 동력[kW]과 PS(마력)를 구하라.

33 내경 300mm인 원관과 내경 600mm인 원관이 직접 연결되었을 때 작은 관에서 큰 관 쪽으로 매초 0.25m³의 물을 보내면 연결부의 손실수두[m]는?

34 분류속도 100m/sec의 물(비중 1)이 고정평판에 직각으로 부딪칠 때 평판에 미치는 힘 [N]을 구하라. (단, 매초 2500N의 물이 분사된다.)

35 직경 5cm인 물의 분류가 20m/sec의 속도로 물받이에 충돌되어 그림과 같이 180° 굴곡되어 물받이를 나온다. 물받이가 분류의 방향으로 10m/sec의 속도로 움직일 때 분류가 물받이에 작용하는 힘[N]은?

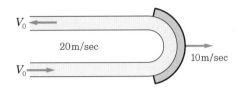

36 안지름 300mm인 원형관과 안지름 450mm인 원형관이 직접 연결되어 있을 때 작은 관에서 큰 관 쪽으로 매초 $230 \times 10^{-3} \text{m}^3$의 물을 흘려보내면 연결부의 손실수두 h_L은 몇 m인가?

응용연습문제 I

Fluid Mechanics

01 단면적 25cm², 분류속도 40m/sec로 물이 분출된다. 이 분류가 20m/sec로 이동하는 단일 이동 날개에 분사될 때 단위시간당 운동량의 변화 $\dot{m}V$를 구하라. (단, 물의 밀도 1,000kg/m³이다.)

02 수평으로 놓인 노즐에서 물이 분출되고 있다. 이 노즐의 지름은 5cm이고, 압력이 100N/cm²이다. 노즐에 걸리는 힘[N]을 구하면 얼마인가?

03 물 제트가 고정된 날개에 부딪치고 있다. 제트의 유량은 0.1m³/sec이고, 속도는 50m/sec이다. 날개 각도가 120°일 때 고정된 날개에 걸리는 힘[N]은?

04 그림과 같이 단면적이 0.002m²인 노즐에서 물이 30m/sec의 속도로 분사되어 평판을 5m/sec로 분류의 방향으로 움직이고 있을 때 분류가 평판에 미치는 충격력[N]은 약 얼마인가?

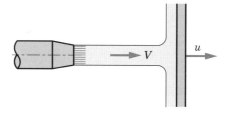

05 절대속도가 40m/sec인 분류가 20m/sec의 속도로 분류방향으로 이동하고 있는 날개에 분출되고 있다. 분류가 날개를 떠나는 순간에 갖는 절대속도의 분류 접근 방향과 이것에 수직인 방향 성분의 각각 크기[m/s]는? (단, 날개각은 150°이다.)

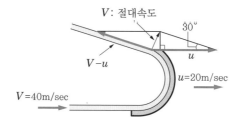

06 제트 엔진이 300m/sec에서 작용하여 30kg/sec의 공기를 소비한다. 9,800N의 추진력을 만들기 위해 배출되는 연소가스의 속도[m/sec]는?

07 로켓에는 추진제로서 1.0kg/sec의 연료와 13.6kg/sec의 산소가 사용된다. 또 배기가스는 610m/sec의 속도로 로켓에서 분출된다. 로켓의 추력[kN]은?

08 어떤 로켓 엔진이 매초 m_o의 산소와 m_h의 수소를 혼합 연소하여 배기노즐을 통해 V_f 속도로 배출하고 있다. 모든 압력을 무시할 때 로켓의 추력[N]은 얼마이겠는가?

09 프로펠러의 상, 하류에 있어서 유체의 속도를 V_1, V_2라 하면 그 추진력 F[N]는? (단, 유체의 밀도는 ρ, 비중량은 γ, 유량은 Q이다.)

10 매시 800km의 속도로 비행하는 제트기가 400m/sec의 속도로 배기를 노즐에서 분출할 때의 추진력은 몇 N인가? (단, 이때 흡기량은 25kg/sec이고 배기에는 연소가스가 2.5% 증가하는 것으로 본다.)

11 500km/h의 속도로 비중량 $\gamma=12.2$N/m³인 공기 속을 날고 있는 비행기가 있다. 이 비행기의 프로펠러의 지름은 2m이고, 배출속도 V_4는 171.1m/sec이다. 이때 프로펠러의 효율 η_{th}는 몇 %인가?

12 다음 그림에서 R_x를 구하는 운동량 방정식을 세우면?

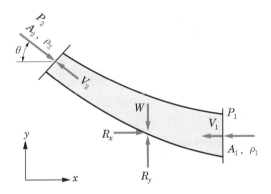

13 내경 300mm의 90° 엘보에 물이 평균유속 5m/sec로 흐르고 있으며, 또 물에 −4N/cm²의 압력이 가해지고 있다. 엘보를 고정시키는 데 필요한 힘의 유입방향 성분 크기[N]는?

14 수평으로 놓인 노즐에서 물이 분출되고 있다. 이 노즐의 직경은 5cm이고, 압력은 100 N/cm²이다. 노즐에 걸리는 힘[N]은?

15 40km/h의 속력으로 달리고 있는 보트가 60cm 지름의 프로펠러에서 4.5m³/sec로 물을 분사한다. 이때 보트에 발생하는 추력은 몇 N인가?

16 그림에 표시한 바와 같이 곡관의 지름이 60.5mm이고, $V=20$m/sec로 물이 흐르고 있다. R_x는 얼마인가? (단, 물의 밀도는 1,000N·sec²/m⁴이다.)

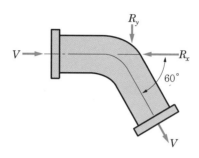

17 이동날개에 분류를 분출시켜 분출방향으로 1,600N의 힘을 가했더니 이때 날개는 분류 방향으로 20m/sec의 속력으로 이동되었다. 얻어진 동력은 몇 H_{kW}인가?

18 외경 300mm, 내경 100mm인 원심 펌프의 회전차가 있다. 회전수를 1,000rpm으로 운전할 때 회전차 출구, 입구의 원주방향 속도가 각각 10m/sec, 1m/sec, 유량이 0.05m³/sec일 때 이론 동력[kW]은?

19 안지름 300mm인 원관과 안지름 450mm인 원관이 직접 연결되어 있을 때 작은 관에서 큰 관 쪽으로 매초 230×10^{-3}m³의 물을 보내면 연결부의 손실수두(m)는?

01 물이 분리 노즐을 통해서 대기 중으로 방출되고 있다. 단면적이 $A_1 = 0.1 m^2$이고, $A_2 = A_3 = 0.05 m^2$이고, 유량은 $Q_2 = Q_3 = 1.5 m^3/sec$이며, 압력은 $P_1 = 1.5 ata$이다. 단면 ①에 걸리는 힘[N]을 구하라.

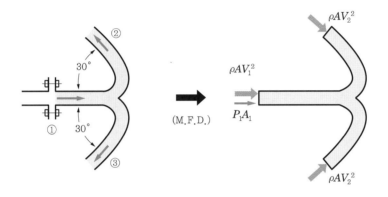

02 그림에 있는 마차에 속도 15m/sec, 유량 0.15m³/sec인 노즐에 의해 물이 부딪치고 있다. 제트에서 나온 물이 완전히 방향이 바뀌었을 때 이 마차를 지지하기 위한 힘[N]을 구하라.

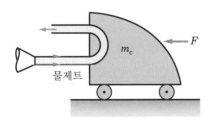

03 모래 채취선이 배에 모래(SG=2.65)를 싣고 있다. 모래가 파이프를 통해 1.5m/s의 속력으로 질량유동 380kg/s를 배출하고 있다. 이 닻줄에 걸리는 힘[kN]은 얼마인가?

04 로켓 썰매가 수쿠퍼(scoop)에 의해서 감속되고 있다. 이 수쿠퍼는 물속에 8cm 들어갔고 윗방향으로 60° 휘어져 있다. 썰매와 수쿠퍼의 무게가 12kN이고, 공기 저항을 무시할 수 있다면 이 썰매가 150m/s의 속력으로 달릴 때 이 물체가 받는 가속도[m/s²]는 얼마인가? (단, 수쿠퍼의 폭은 0.3m이다.)

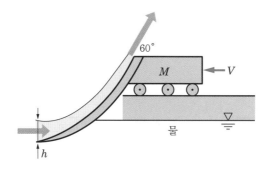

05 2차원 노즐로부터 나온 유체의 두께가 각각 h_1, h_2, h_3이다. 이 평판에 힘 F_n를 가했을 때 모멘트가 발생되지 않는 L을 구하라.

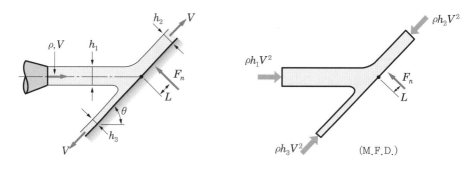

(M.F.D.)

06 토리첼리의 실험에 의하면 수면에서 h만큼 아래에 있는 구멍에서의 속도는 $V = \sqrt{2gh}$이다. 다음에 있는 탱크의 빈 무게는 1,000N이고, 직경이 1m이며, 수면에서 $h = 3$m 아래에 10cm 구멍이 뚫려 있다. 이 탱크가 움직이지 않기 위한 최소 마찰계수 μ를 구하라.

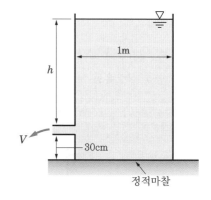

07 다음 그림과 같이 $\theta = 45°$인 날개에 지름 5cm, 속도 15m/sec인 노즐에 의해 부딪치고 있다. 이 물탱크가 이동하지 않도록 지지하기 위한 힘 F[N]를 구하라.

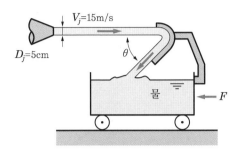

08 다음의 그림은 항공기용 가스터빈 연구를 위한 실험실에 있는 제트엔진으로, 단면 ①에서의 면적이 0.3m²이고, 입구속도가 200m/s이다. 연료 혼합비가 1 : 40이고, 출구에서는 단면적 0.25m², 속도 $V_2 = 1,000$m/sec인 고온의 공기가 방출하고 있을 때 이 엔진을 지지하기 위한 지지반력 R_x[N]를 구하라.

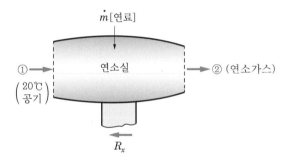

09 제트엔진 뒤에 전향장치(deflector)가 달려 있다. 이 전향장치에 적용하는 힘[kN]은 얼마나 되겠는가? 또한 이 전향장치에 의하여 제동장치 역할을 할 수 있겠는가? (단, 엔진은 [문제 8]에 있는 엔진이다.)

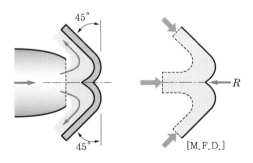

10 제트 비행기가 시속 900km/h로 날으며, 70kg/s의 공기를 흡입하고 있다. 1.5kg/s의 연료를 소모하면서 이 배기가스를 대기로 보내며 40,000N의 추력을 얻고 있을 때 배기속도[m/sec]를 구하라.

11 탱크 안에 있는 펌프를 이용해서 속도 9m/sec, 유량 0.012m³/sec를 노즐을 통해 날개에 분출시키고 있다. 경로 A일 때와 경로 B일 때에 따라 얼마의 힘[N]이 작용하는지 계산하여라.

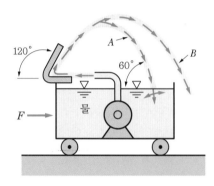

12 공기가 직경 25cm 도관에서 10m/s 속도로 흐르고 있다. 이 도관 출구에 90° 원추가 그림처럼 막고 있다. 공기의 밀도 1.2kg/m³를 비압축성 유체로 볼 때 이 콘을 지지하기 위한 힘 F[N]를 구하라. 단, $V_1 = V_2 = V$이다.

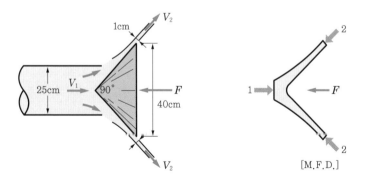

[M.F.D.]

13 수온이 18℃, 직경 2.54cm, 길이 10m인 파이프에 0.06m³/s의 유량이 흐르고 있다. 관 입구에서의 압력이 300atm 출구에서의 압력이 200atm일 때 관 표면에서의 전단응력[N/cm²]을 구하라.

14 다음 그림은 관에서 정상류일 때 속도 성장을 나타낸 것이다. 단면 ①에서는 균일속도로 들어가서 단면 ②에서 $U = U_{\max}(1 - r^2/R^2)$인 포물선 층류로 되었을 때, 마찰력 $[F_f]$을 변수 P_1, P_2, ρ, U_0와 R로 나타내어라.

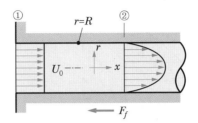

15 그림은 얇은 판형 오리피스로 매우 큰 압력 손실을 일으킨다. 유량이 $0.11m^3/s$이며, 관직경 20cm, 오리피스의 직경 12cm, 압력강하가 $P_1 - P_2 = 0.8atm$일 때 벽에서의 마찰을 무시하면 이 오리피스에 걸리는 힘[N]은 얼마인가?

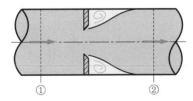

16 그림처럼 구부러진 파이프에 물이 흐르고 있다. 알려진 값은 단면 ①에서 $P_1 = 3.0ata$, $V_1 = 2m/s$, $D_1 = 30cm$, 단면 ②에서 $P_2 = 1.5ata$, $D_2 = 10cm$이다. 플랜지에 의해 지지되는 힘[N]을 구하라. (단, 도관과 물의 무게는 무시한다.)

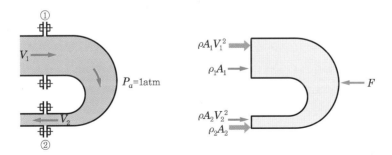

17 다음 그림의 박스는 직경이 25cm인 구멍이 3개가 있다. 지금 가운데 구멍을 통해서는 0.2m³/s가 들어오고 있고 위와 아래 구멍을 통해서는 각각 0.1m³/s가 나가고 있다. 박스 내에서 일어나는 자세한 것은 알 수 없다. 이 물에 의해서 박스에 미치는 힘의 영향을 구하라.

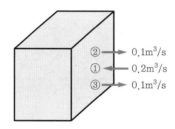

18 다음에 있는 물탱크는 무게가 1,500N이고, 0.7m³의 물을 담고 있다. 입구와 출구에는 직경과 모든 것이 같은 관이 연결되어 있다. 이 직경의 지름이 5cm이고 유량이 0.01m³/s일 때 저울 눈금 W는 얼마[N]를 가리키겠는가?

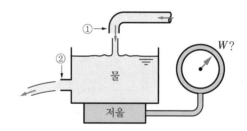

19 그림과 같이 물이 보다(Borda) 오리피스로부터 대기 속으로 분사된다. d/D를 관계식을 보여라.

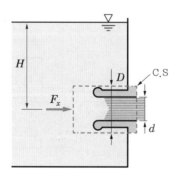

20 다음과 같은 마차가 속도 V_c로 움직일 때 이 마차를 지지하기 위한 힘을 구하는 관계식을 보여라. 여기서 마차의 무게와 마찰은 무시하여라.

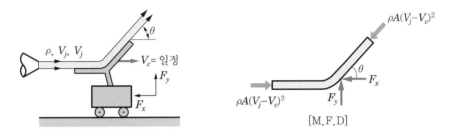

[M.F.D]

21 [문제 20]에서 최대의 동력을 얻을 수 있는 상대속도를 구하는 관계식을 구하라.

22 [문제 20]에서 바퀴의 마찰을 0이라 보고 저항력 F_x가 없고 제트에서 나온 분류는 계속 날개에 부딪힌다고 가정하자. 마차와 날개의 합한 질량이 m_c일 때 미분방정식을 구하고 관계식을 푸시오. (단, 초기조건 $t=0$에서 $U=0$이다.)

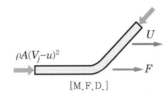

[M.F.D.]

23 외계에서 우주선이 9,000m/s의 속도로 날고 있으며 중력은 무시할 수 있다. 지금 이 우주선이 8,000m/s로 속도로 줄이기 위해서 7kg/s의 산소와 연료를 상대속도 1,500m/s로 분출한다면 얼마의 시간[min]이 걸리겠는가? (단, 우주선 초기질량 : 1,600kg이다.)

24 다음 그림과 같이 수조에 뚫려있는 노즐을 통하여 물이 아래 수조에 떠 있는 접시 위에 떨어진다. 이때 접시가 물에 잠긴 부피는 0.12m²이다. 접시 안에 들어있는(AB아래 부분) 물의 무게[kN]를 계산하여라. (단, 접시의 무게는 무시한다.)

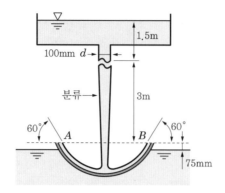

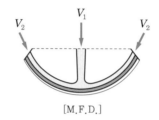

[M.F.D.]

25 T자형 관에서 관 내의 속도가 균일하며 손실이 없다고 하자. 입구에서의 압력이 $P = 200\text{kPa}$일 때, 압력 P_2, P_3와 이 T자형 관을 지지하기 위한 힘[N]을 구하라. 관 내에 흐르고 있는 유체는 물이다.

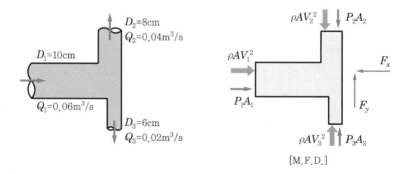

[M.F.D.]

26 Y자 모양의 수평관이 있다. 단면 ①을 통해 유량 $Q_1 = 0.12\text{m}^3/\text{s}$, 압력 $P_1 = 1.36\text{atm}$이다. 압력 P_2, P_3를 계산하고 Y자형 관을 고정시키기 위한 힘(두 방향)[N]을 계산하여라.

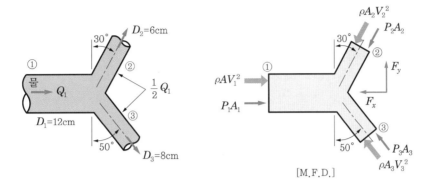

27 방수로를 물이 단면 ①과 ②에서 균일한 속도로 흐르고 있다. 압력은 정압일 때와 비슷하다고 보고 손실을 무시했을 때 각 단면에서의 속도와 이 방수로에 작용하는 힘[N]을 구하라. (단, 폭은 지면으로 1m이다.)

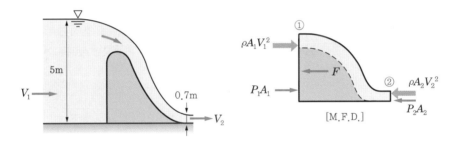

28 물에 의하여 수문판에 작용하는 힘을 계산하여라. 다음 그림과 같이 단면 ②의 압력은 정수압력[Pa]이라고 가정한다. 단면 ②와 ③ 사이에는 확산과 회전으로 인한 손실이 크다. 벽과 상면의 마찰손실은 앞에 말한 손실에 비하면 무시해도 좋다.

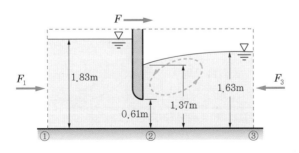

29 물이 유량 $0.3\text{m}^3/\text{s}$로 구부러진 관과 노즐을 흐르고 있다. 대기압이 1.033atm이고 $D_1 = 30\text{cm}$, $D_2 = 15\text{cm}$이며, ①과 ② 사이의 손실수두 $h_f = 1.9(V_1^2/2g)$이다. B점에서 이 관을 지지하기 위한 모멘트[N·m]를 구하라.

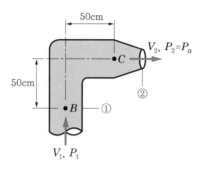

30 위의 [문제 29]에서 노즐에서의 손실수두가 0.5m라면 이 노즐이 직경 8cm인 관에 고정시키기 위한 힘 F[N]를 구하라.

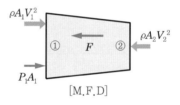

31 그림과 같은 예봉 위어 위를 흐르는 유량이 단위폭당 $0.325\text{m}^3/\text{sec}$라 한다. 위어에 작용하는 힘[N]을 계산하여라.

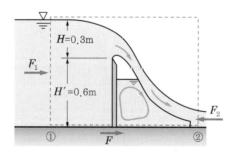

32 중심이 힌지로 되어 있는 막대 끝에 질량이 M_0인 로켓이 달려 있다. 배기 질량 $\dot{m}$이고, 배기 상대속도 V_e이며, 공기저항과 막대 무게를 무시할 때 방정식을 세워서 각속도 (ω)에 대하여 푸시오.

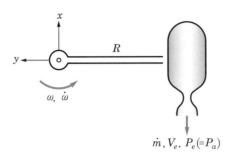

$$\dot{m}, V_e, P_e(=P_a)$$

33 다음 그림과 같이 구부러진 1인치 파이프에 0.006m³/s의 물이 흐르고 있다. ①에서의 압력이 1.7atm, ①과 ② 사이의 손실수두는 $h_L = 1.2(V_1^2/2g)$일 때 B점에 걸리는 회전력 T[N·m]를 구하라.

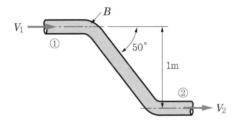

34 그림과 같이 속도 50m/s, 6cm인 노즐에 의해 150rpm으로 회전하는 수력터빈이 있다. 부차손실이 없다고 가정했을 때 얻는 동력[kW]은 얼마인가? 또한 얼마의 각속도 ω [rad/sec]로 회전할 때 최대의 효율이 얻어지는가?

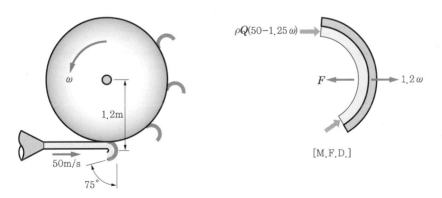

[M.F.D.]

Fluid Mechanics

제**5**장

관 내에서의
유체유동

5.1 층류와 난류, 레이놀즈 수

층류유동(laminar flow)

유체입자들이 층을 이루면서 규칙적으로 질서정연하게 흐르는 유동을 층류유동(laminar flow) 또는 약해서 층류라 한다. 이때 층류에서는 서로 이웃하는 층 사이에는 유체의 미시적 혼합(분자의 교환)은 있으나 입자의 거시적 혼합(유체의 큰 입자가 서로 교환)은 없다. 따라서 이웃하는 층과 층은 서로 원활하게 미끄러지면서 흐른다. 여기서 유체가 뉴턴(Newton) 유체라면 이들 층 사이에 생기는 마찰력은 뉴턴(Newton)의 점성법칙을 따른다. 여기서 μ는 유체의 점성계수, $d\overline{u}$는 유체입자의 시간평균속도, dy는 유체의 두께, τ는 유체의 전단응력일 때 층류에서 뉴턴의 점성법칙은 다음과 같다.

층류에서의 점성법칙

$$\tau = \mu \frac{d\overline{u}}{dy} \tag{5.1a}$$

난류유동(turbulent flow)

유체입자들이 극히 불규칙한 경로를 따라 회전하면서 불규칙하게 흐르는 유동을 난류유동(turbulent flow) 또는 약해서 난류라 한다.

난류유동을 하는 유체 입자들은 불규칙한 운동을 하므로 속도 또한 불규칙하게 변한다.

난류에서의 점성법칙

난류에서의 점성법칙은 다음과 같이 표시된다.

$$\tau = |\mu + \eta| \frac{d\overline{u}}{dy}, \quad \eta = \rho l^2 \left| \frac{d\overline{u}}{dy} \right|, \quad l = \kappa y \tag{5.1b}$$

와점성계수(eddy viscosity)

여기서 η는 유체의 물성치가 아니고 난류의 정도와 유체밀도에 의하여 결정되는 계수로서 와점성계수(eddy viscosity)라 부른다. 일반적으로 η는 점성계수 μ의 값보다 상당히 큰 값을 갖는다.

유체의 유동이 층류인가 난류인가 하는 문제는 유체가 갖는 관성력과 점성력의 상대적 크기에 의하여 결정된다. 점성력에 비하여 관성력이 상대적으로 커지면(점성이 작고 속도 또는 유량이 큰 경우) 층류는 불안정하게 되어 층류는 파괴되고 점차 난류로 성장하여 유체 전역에 걸쳐 완전히 난류로 된다.

천이유동(transition flow)

실제유체의 흐름은 층류와 난류 그리고 이 사이의 천이구역으로 구분된다. 층류의 파괴로부터 전역이 난류로 성장되는 기간의 유동을 천이유동(transition flow)이라 말한다.

천이유동을 하는 유동장의 한 점이나 혹은 한 단면의 유동을 살펴보면 층류와 난류가 동시에 혼재하는 것이 아니고 층류와 난류가 교번해서 일어난다. 다시 말하면 어느 기간은 층류로 흐르다가 다음 순간 난류로 바뀌고 난류가 어느 기간 계속하다 다시 층류로 바뀐다. 이러한 과정이 계속되면서 난류기간이 점점 길어져 유체 전역에 난류로 성장한다.

1 레이놀즈 수(Reynolds number)

레이놀즈(Reynolds)는 [그림 5-1]과 같은 실험장치를 만들어 층류와 난류를 구분하는 척도로 삼았다. 저수 탱크(tank)에 연결된 유리관의 다른 쪽 끝에 있는 밸브 C를 조작함으로써 관 속을 흐르는 물의 속도를 조절할 수 있고 마찰을 줄이기 위한 종모형의 관입구에는 물감을 공급하는 가는 관 B가 설치되어 있다.

> 레이놀즈(Reynolds)

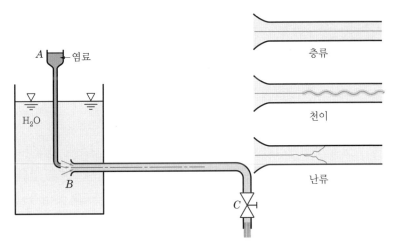

[그림 5-1] 레이놀즈의 실험

이때 느린 속도에서 물감이 가는 선을 이루는 경우의 흐름은 층류유동일 때이고, 속도가 빠를 때 물감이 흐트러져 선이 보이지 않는 경우는 난류유동임을 보여주는 것이다. 이 층류는 유체층 간에 미끄러짐이 있을 뿐 질서정연하게 흐르는 흐름이고, 난류는 유체입자가 난동을 일으키면서 무질서하게 흐르는 흐름을 말한다.

> 층류 유동
> 난류 유동

또 레이놀즈(Reynolds)는 층류, 난류의 구분이 속도(V)만에 의해서 결정되는 것이 아니고 유체의 점성계수(μ), 밀도(ρ), 관의 직경(D)에도 관계됨을 알고 이들 변수에 의한 무차원 함수를 정의하였는데, 이 함수를 레이놀즈 수(Reynolds number) Re라 부르며 원관에서는 다음과 같이 정의하였다.

> 점성계수
> 밀도
> 관의 직경
> 레이놀즈 수
> (Reynolds number)

$$Re = \frac{\rho VD}{\mu} = \frac{VD}{\nu} \tag{5.2}$$

여기서, ρ : 유체의 밀도

V : 유체의 평균속도

D : 관의 직경(diameter)

μ : 유체의 점성계수(coefficient of viscosity)

유체의 동점성계수
(coefficient of kinematic
viscosity)

ν : 유체의 동점성계수(coefficient of kinematic viscosity)

이다.

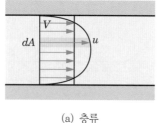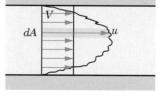

(a) 층류   (b) 난류

[그림 5-2] 관 유동에서의 속도분포

단면이 일정한 원관에서의 레이놀즈 수에 의한 층류와 난류의 구별은 실험에 의하여 Re가 약 2,100보다 작은 값일 때 층류이고, Re가 4,000을 넘을 때 난류가 되며, Re의 값 2,100~4,000 사이에서의 불안정한 과도적 현상을 천이 흐름이라고 한다. 또한 앞의 실험에서 속도를 높여 갈 때 층류에서 난류로 변하는 Re의 값은 대체로 4,000이고, 다시 난류에서 층류로 변하게 되는 Re의 값은 2,100 부근이므로, 4,000을 상임계 레이놀즈 수, 2,100을 하임계 레이놀즈 수라고 부른다. 여기서 레이놀즈 수의 정확한 값을 이야기하지 않는 까닭은 실험조건, 즉 관입구의 형상이나 저장유체의 안정도 또는 관벽면의 거칠기에 따라 다소 유동적이기 때문이며, 학자에 따라서는 2,100을 2,000~2,320의 값으로 취하기도 한다.

즉

① 층류 : $Re < 2100$

② 천이구역 : $2100 < Re < 4000$

③ 난류 : $Re > 4000$

으로 정리되고 공학자에 따라 약간의 차이가 있다.

하임계 레이놀즈 수는 공학에서 매우 중요한 뜻을 가지고 있다. 왜냐하면 레이놀드 수가 그 이하에서는 외부에서 교란을 주어 난류화 되어도 점성 때문에 결국 층류화 되기 때문이다. 따라서 공학에서 이 하임계 레이놀즈 수를 임계 레이놀즈 수라 한다.

5.2 관마찰계수 및 손실수두

1 달시-바이스바하(Darcy-Weisbach)방정식

달시-바이스바하
(Darcy-Weisbach)방정식

파이프 등에서 유체가 흐름에 따라 벽에서 전단응력이 생기며, 이로 인해 압력강하가 일어난다.

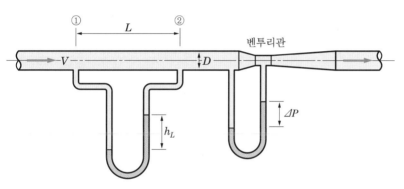

[그림 5-3] 관 마찰손실 측정장치

"실험에 의하면 손실수두(압력강하)는 속도수두$\left(\dfrac{V^2}{2g}\right)$에 비례하고, 길이($L$)에 비례하며, 관 직경($D$)에 반비례한다."

이에 따라 달시(Darcy)나 바이스바하(Weisbach) 등은 비례상수로서 관마찰계수(friction factor in pipe flow) f를 사용하여 손실수두 h_L를 다음과 같이 정의하였다.

관마찰계수
(friction factor in pipe flow)

손실수두

$$h_L = f\frac{L}{D}\frac{V^2}{2g} \tag{5.3}$$

위의 방정식을 일명 달시방정식이라 부르며 f의 값을 구하는 데도 쓰인다. 이

달시방정식

때 압력강하는 다음 식과 같다.

$$\Delta P = f \frac{L}{D} \frac{\gamma V^2}{2g} \quad \text{(N/m}^2 \text{ 또는 mmAq)} \tag{5.4}$$

원관의 층류유동에서 마찰계수와 레이놀즈 수와의 관계를 알아보자. 층류유동
에서 하겐-포아젤(Hagen-Poiseuille) 공식은 다음 식과 같다.

하겐-포아젤
(Hagen-Poiseuille)

$$Q = \frac{\pi D^4 \Delta P}{128 \mu L} = \frac{\pi D^4 \gamma h_L}{128 \mu L}$$

여기서 $Q = \frac{\pi}{4} D^2 V$와 같이 놓고 ΔP를 구하여 Darcy-Weisbach 공식과 같이
놓으면 다음과 같다.

즉

$$\Delta P = \frac{32 \mu L V}{D^2} = f \frac{L}{D} \frac{\rho V^2}{2}$$

층류유동의 마찰계수

이다. 이 식으로부터 층류유동의 마찰계수 f는

$$f = \frac{64 \mu}{\rho V D} = \frac{64}{R_e}$$

$$\therefore \ f = \frac{64}{R_e} \tag{5.5}$$

로 주어진다. 이 식으로부터 관유동이 층류이면 관마찰계수 f가 레이놀즈
(Reynolds) 수만의 함수임을 알 수 있다.

5.3 수평원관 내에서의 층류유동

전단응력

1 전단응력(τ)

수평원관 속에 비압축성 뉴턴(Newton) 유체가 정상류로 흐르고 있는 층류운
동을 생각해보자. [그림 5-4]와 같은 수평원관 속에서 자유물체도에 운동량 방
정식을 적용하면 자유물체도의 입구와 출구에서 유속은 $V_1 = V_2$이므로 운동량
의 변화[$\rho Q(V_2 - V_1)$]는 0이다. 그러므로 $\sum F_x = 0$이 된다. 따라서 수평원관

의 미소체적요소에 적용하면

$$P\pi r^2 - (P+dP)\pi r^2 - 2\pi r\,dl\,\tau = 0$$

$$\therefore \quad \tau = -\frac{r}{2}\frac{dP}{dl} \tag{5.6}$$

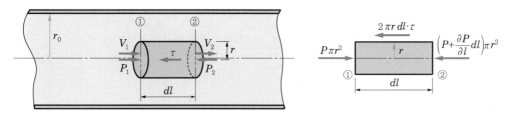

[그림 5-4] 수평원관 속에서의 층류운동

이다. 이 식을 사용하면 전단응력 분포는 [그림 5-5]와 같고 $r = 0$인 관중심에 <u>전단응력 분포</u>
서 0이 되고, r에 대하여 1차 직선으로 관벽쪽으로 증가하는 형태가 된다.

2 유체의 속도(u)

뉴턴의 점성법칙 $\tau = \mu\dfrac{du}{dy}$를 관유동에 적용하면 다음과 같다. <u>뉴턴의 점성법칙</u>

$$\tau = -\mu\frac{du}{dr} \tag{a}$$

따라서 식 (5.6)과 같이 놓고 유체의 유속을 찾으면

$$-\mu\frac{du}{dr} = -\frac{r}{2}\frac{dP}{dl}$$

이 되고, 변수분리하여 속도미분식으로 쓰면 다음 식과 같다.

$$du = \frac{r}{2\mu}\frac{dP}{dl}dr \tag{b}$$

식 (b)를 적분하여 속도분포를 구하면 다음 식과 같다.

$$\int du = \frac{1}{2\mu} \frac{dP}{dl} \int r\,dr + C$$

$$u = \frac{1}{2\mu} \frac{dP}{dl} \frac{r^2}{2} + C \tag{c}$$

경계조건(B.C)으로부터 적분상수 C를 찾는다. 즉 B.C는 $r = r_0$에서 속도 $u = 0$ 즉, 관 벽에서 유속을 0으로 본다. 따라서 $C = -\frac{1}{4\mu} \frac{dP}{dl} r_0^2$이다. 결국 위의 식에 적분상수 값을 대입하면 완전한 속도분포식을 얻을 수 있다. 즉,

완전한 속도분포식

$$u = \frac{1}{4\mu} \frac{dP}{dl} r^2 - \frac{1}{4\mu} \frac{dP}{dl} r_0^2$$

$$= -\frac{1}{4\mu} \frac{dP}{dl} (r_0^2 - r^2) \tag{5.7}$$

이다.

관 속에서 최대 속도

따라서 관 속에서 최대 속도 $u_{\max}$은 관 중심에서 발생하고, 그 크기는 식 (5.2)에 $r = 0$을 대입하여 찾을 수 있다. 그 크기는,

$$u_{\max} = -\frac{r_0^2}{4\mu} \frac{dP}{dl} \tag{5.8}$$

과 같다.

전단응력 분포
속도분포

이상의 결과 식으로부터 전단응력 분포와 속도분포를 그림으로 나타내면 다음 [그림 5-5]와 같다.

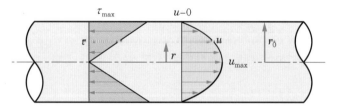

[그림 5-5] 전단응력과 속도분포

이때 u와 $u_{\max}$의 비는 다음과 같다.

$$\frac{u}{u_{\max}} = \frac{r_0^2 - r^2}{r_0^2}$$

$$= 1 - \frac{r^2}{r_0^2} \tag{5.9}$$

이 식에서 관의 중앙에서($r = 0$) 최대 속도를 갖고 r이 관의 최대 반경 r_o쪽으로 2차 포물선을 그리면서 감소하는 속도분포를 보임을 알 수 있다[그림 5-5]. 여기서 r는 관의 임의 반경지점이고 r_0는 관의 최대 외경을 말한다.

3 유량(Q)

유량 Q는 미소면적요소의 속도 식 (5.7)을 사용하여 쉽게 구할 수 있다. 즉,

$$Q = \int_0^{r_0} u dA = \int_0^{r_0} u(2\pi r dr)$$

위의 식에 식 (5.7)을 대입하면

$$Q = -\frac{\pi}{2\mu} \frac{dP}{dl} \int_0^{r_0} (r_0^2 - r^2) r dr$$

$$= -\frac{\pi r_0^4}{8\mu} \frac{dP}{dl}$$

$-\frac{dP}{dl}$ 대신 관의 전길이에 대한 압력강하 $\frac{\Delta P}{L}$로 쓰면 유량 Q는 식 (5.10) _{압력강하}
이 된다.

$$Q = \frac{\Delta P \pi r_0^4}{8\mu L} = \frac{\Delta P \pi D^4}{128\mu L} \tag{5.10}$$

여기서 D는 관의 직경이며 식 (5.10)을 하겐-포아젤 방정식(Hagen-Poiseuille equation)이라 한다. 그리고 평균속도 V는

하겐-포아젤 방정식 (Hagen-Poiseuille equation)

$$V = \frac{Q}{A} = \frac{\Delta P \pi r_0^4 / 8\mu L}{\pi r_0^2} = \frac{\Delta P r_0^2}{8\mu L} \tag{5.11}$$

이다. 압력강하는 식 (5.10)에서 관의 전길이 L에 대하여 다음 식으로 계산한다.

$$\Delta P = \frac{128\mu L Q}{\pi D^4} \tag{5.12}$$

손실수두 이 식에서 손실수두 h_L은 다음과 같다.

$$h_L = \frac{\Delta P}{\gamma} = \frac{128\mu L Q}{\gamma \pi D^4} \tag{5.13}$$

최대 속도 또 식 (5.11)을 식 (5.8)로 나눈다면 최대 속도 $u_{\max}$와 평균속도 V와의 관계
평균속도 비를 얻을 수 있다. 즉,

$$\frac{V}{u_{\max}} = \frac{1}{2} \tag{5.14}$$

이다. 이 식에서 최대 속도는 평균속도의 2배로 됨을 알 수 있다.

예제 5.1

절대점성계수 0.1Pa·s, 밀도 0.85인 기름을 지름 305mm 관을 통해 3048m 떨어진 곳에 수송하려고 한다. 이때 유량이 44.4×10^{-3} m³/s이면 손실수두는 얼마인가?

풀이

$$V = \frac{Q}{A} = \frac{44.4 \times 10^{-3} \times 4}{\pi \times 0.305^2} = 0.61\,\text{m/s}$$

$$Re = \frac{\rho V D}{\mu} = \frac{850 \times 0.61 \times 0.305}{0.1} = 1{,}581 < 2{,}000 \sim 2{,}100$$

이 값은 층류이므로 마찰계수 f는

$$f = \frac{64}{Re} = 0.0405$$

$$h_{loss} - f\frac{L}{D}\frac{V^2}{2g} - 0.0405 \times \frac{3048}{0.305} \times \frac{0.61^2}{2 \times 9.81}$$

$$= 7.67\text{m}$$

예제 5.2

어떤 유체가 반지름 r_0인 원관에서 층류로 흐르고 있다. 속도가 평균속도와 같게 되는 위치는 중심에서 얼마만큼 떨어져 있는가?

풀이 하겐–포아젤 방정식에서 평균속도 V는

$$V = \frac{Q}{A} = \frac{\Delta P r_0^2}{8\mu L}$$

식 (5.7)에서 속도 u는

$$u = -\frac{1}{4\mu}\frac{dP}{dl}(r_0^2 - r^2)$$

문제의 조건에서 $V = u$로 하면

$$\frac{\Delta P r_0^2}{8\mu L} = -\frac{1}{4\mu}\frac{dP}{dl}(r_0^2 - r^2)$$

여기서 $\dfrac{\Delta P}{L} = -\dfrac{dP}{dl}$이므로 r의 위치는 다음과 같다.

$$\frac{r_0^2}{2} = r_0^2 - r^2$$

$$\therefore \ r = \frac{r_0}{\sqrt{2}}$$

예제 5.3

지름 305mm 관에서 아래 각 경우에 대해 흐름의 종류를 판단하라.

(1) 15.6℃의 물이 1,067m/sec의 속도로 흐를 때

(2) 15.6℃의 보통 윤활유가 같은 속도로 흐를 때($\nu_{oil} = 205 \times 10^{-6} m^2/s$)

풀이 (1) $Re = \dfrac{VD}{\nu} = \dfrac{1.067(0.305)}{1.13 \times 10^{-6}} = 288,000 > 2,100$

　　이 흐름은 난류이다.

(2) $Re = \dfrac{VD}{\nu} = \dfrac{1.067 \times 0.305}{205 \times 10^{-6}} = 1,587 < 2,100$

　　이 유동은 층류이다.

층류로 흐르면서 $5.67 \times 10^{-3} m^3/s$의 경유를 수송하는 관의 직경[m]을 구하라. (단, $\nu = 6.08 \times 10^{-6} m^2/s$이다.)

풀이

$$V = \frac{Q}{A} = \frac{4Q}{\pi D^2} = 0.02268/\pi D^2$$

$$Re = \frac{VD}{\nu} \to 2,000 = \frac{0.02268}{\pi D^2}\left(\frac{D}{6.08 \times 10^{-6}}\right)$$

$$\therefore \quad D = 0.593 m$$

600mm 표준관을 써야 한다.

지름이 154mm인 관에서 각 경우에서의 임계속도[m/sec]를 구하라. (단, $\nu_{oil} = 4.41 \times 10^{-6} m^2/s$, $\nu_물 = 1.13 \times 10^{-6} m^2/s$이다.)

(1) 15.6℃의 [보통 윤활유]

(2) 15.6℃의 물

풀이 (1) 층류일 경우 최대 레이놀즈 수는 2100

$$2100 = V_c(0.1524)/4.410 \times 10^{-6}$$

$$\therefore \quad V_c = 0.0608 m/\sec$$

(2) $$2100 = V_c(0.1524)/1.130 \times 10^{-6}$$

$$\therefore \quad V_c = 0.0156 m/\sec$$

5.4 난류유동에서 관마찰계수

층류운동에서 마찰계수 f는 오직 레이놀즈 수와 채널의 형상에 의해서만 결정되는 것을 알았다.

이때 재미있는 현상은 관벽의 거칠기에는 무관함을 알 수 있었다. 그 이유는 층류일 때는 속도형태가 포물선 모양으로 벽 근처에서는 속도가 매우 느리게 되어서 속도에 별로 영향을 미치지 않게 되기 때문이다. 그러나 난류에서는 속도가 벽 근처에서도 어느 정도 빠르기 때문에 벽면의 거칠기가 속도에 영향을 주게 되고 결국 관마찰계수도 벽면의 거칠기에 관여하게 된다.

벽면의 거칠기

층류일 때 관마찰계수 f는 해석적으로 구할 수 있으나 난류일 때는 레이놀즈 수와 거칠기에 관여하기 때문에 실험적으로 구해야 한다.

수년 동안 많은 연구가들이 관마찰계수 f를 속도 V, 파이프 지름 d, 점성 μ, 밀도 ρ, 거칠기 e로 나타내기 위해 많은 실험을 하였다.

층류구역인 $R_e < 2,100$에서는 관마찰계수(f)는 레이놀즈 수만의 함수가 됨을 앞서 알았다. 즉,

$$f = \frac{64}{R_e} \tag{5.15}$$

천이구역인 $2,100 < R_e < 4,000$에서는 관마찰계수(f)는 상대조도 $\left(\dfrac{e}{d}\right)$와 레 이놀즈 수의 함수, 즉 $3,000 < R_e < 100,000$일 때 매끈한 관의 경우 Blasius 식과 Prandtl 식이 있다.

상대조도

$$f = 0.3164 R_e^{-1/4} \text{ (Blasius의 계산식)}$$
$$\frac{1}{\sqrt{f}} = 0.86\ln\left(R_e\sqrt{f}\right) - 0.8 \text{ (Prandtl의 계산식)} \tag{5.16}$$

Blasius의 계산식

Prandtl의 계산식

난류구역인 $R_e > 4,000$에서는 매끈한 관의 경우 f는 R_e만의 함수이다.

$$f = 0.3164 R_e^{-1/4} \text{ (Blasius 실험식)} \tag{5.17a}$$

거친관의 경우는 f가 $\dfrac{e}{d}$만의 함수이다. 즉,

$$\frac{1}{\sqrt{f}} = 1.14 - 0.86l_n\left(\frac{e}{d}\right) \text{ (Nikurade 실험식)} \tag{5.17b}$$

Nikurade 실험식

이다. 이때 Nikurade 식은 Reynolds 수 3.4×10^6까지는 Prandtl의 식과 일치한다. 또, 전난류역에서 Colebrook의 실험식은 f가 R_e와 $\dfrac{e}{d}$의 함수로써 다음식이 사용된다.

Colebrook의 실험식

$$\frac{1}{\sqrt{f}} = -0.86\ln\left(\frac{e/d}{3.7} + \frac{2.51}{R_e\sqrt{f}}\right) \tag{5.18}$$

Colebrook는 상품관에 대하여 전난류역(매끈한 관, 천이역, 완전히 거치른 관)에서 적용할 수 있는 마찰계수 공식을 얻었다.

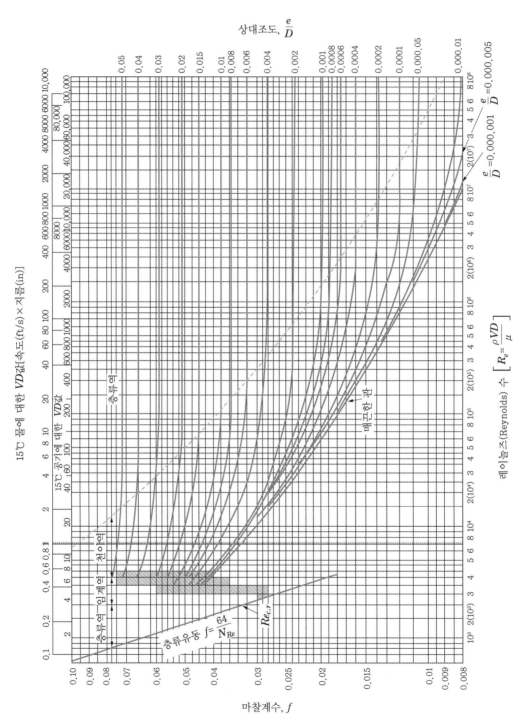

[그림 5-6] 파이프(매끈한 벽과 거친 벽)에 대한 마찰계수(Moody 선도)

식 (5.18)을 토대로 하여 그려진 선도를 무디(Moody)선도라 말한다[그림 5-6]. 무디(Moody)선도
임계 레이놀즈 수를 넘으면 무디선도에서는 두 가지 영역이 존재한다. 천이구역
과 완전 난류구역의 두 구역이 생기게 된다. 후자인 경우 f는 레이놀즈 수에 무
관하고 오직 거칠기에만 의존하는 것을 알 수 있다.

흐름에 대한 저항은 주로 벽에 솟은 융기(protubrance)에 의해 빠른 속도 구
역에 영향을 미치는 것을 알 수 있다. 천이구역에서 관마찰계수는 어떠한 특성
이 없이 R_e와 상대조도 e/d의 함수임을 알 수 있다.

무디선도로부터 관마찰계수 f를 결정하기 위해 관의 거칠기를 알아야 한다.
이를 위해 [표 5-1]에 몇 가지 대표적인 관의 거칠기를 예로 들었다.

[표 5-1]

종류	e [mm]
Glass(유리)	0.0003
Asphalted cast iron(아스팔트 입힌 주철)	0.12
Galvanized iron(도금 철)	0.15
Cast iron(주철)	0.26
Wood stave(나무통)	0.18~0.90
Concrete(콘크리트)	0.30~3.0
Riveted steel(리벳 주철)	1.0~10
Drawn tube(인발관)	0.0015

또 관 입구에서부터 경계층이 관의 중심에 도달할 때까지의 관의 길이 또는
속도구배가 완전히 발달할 때까지의 비확립유동 길이를 입구길이 L_e라 하고 그 입구길이
크기는 다음 식으로 구한다. 즉, L_e는 다음 식으로부터 찾을 수 있다.

$$\left. \begin{array}{l} \text{층류} : \quad \dfrac{L_e}{d} \simeq 0.06 R_e \\[3mm] \text{난류} : \quad \dfrac{L_e}{d} \simeq 4.4 R_e^{1/6} \end{array} \right\} \tag{5.19}$$

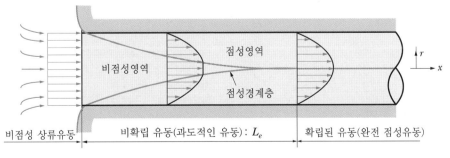

[그림 5-7] 관의 입구길이

층류유동에서 $R_e = 2,300$정도 값의 L_e는 최대가 되며 이때 입구길이는 $L_e = 138d$이다. 또 난류 경계층은 매우 빨리 발달하여 L_e는 상대적으로 짧아지고, 따라서 앞의 식 (5.19) 난류식을 사용한 경우 보다 오늘날 전산유체해석에서는 $R_e \le 10^7$구역 범위의 난류일 때는 식 $L_e/d \simeq 1.6R_e^{1/4}$을 사용한 것이 정확성면에서 원형관 유동에 적합한 것으로 보고되고 있다.

예제 5.6

안지름 3mm의 원관에 $\mu = 60cp$, $s = 0.83$인 액체가 흐른다. $R_e = 100$일 때 1m당 압력강하[kPa]는 얼마인가? (단, $\mu = 60cp = 0.6P = 0.06N\cdot sec/m^2 = 0.06kg/m\cdot sec$, $\rho = 0.83 \times 1,000 = 830kg/m^3$이다.)

풀이 $R_e = 100$일 때의 평균속도는

$$100 = \frac{\rho VD}{\mu}$$

로부터

$$V = (100)\frac{\mu}{\rho D} = \frac{(100)(0.06)}{(830)(0.003)} = 2.41 \text{m/sec}$$

원관에 흐르는 유량 Q는

$$Q = \frac{\pi}{4}D^2 V = \left(\frac{\pi}{4}\right)(0.003)^2 (2.41) = 1.704 \times 10^{-5} \text{m}^3/\text{sec}$$

식 (Hagen-Poiseuille 방정식)으로부터 ΔP를 찾으면 다음과 같다.

$$\Delta P = \frac{128\mu L Q}{\pi D^4} = \frac{(128)(0.06)(1)(1.704 \times 10^{-5})}{(\pi)(0.003)^4}$$

$$= 5.14 \times 105\text{Pa} = 514\text{kPa}$$

예제 **5.7**

보통 기름을 펌프로 탱크 C로, 안지름 406mm인 리벳 강관을 통해 유량 0.198m³/s 를 수송하고 있다. 펌프 AB에 얼마의 동력[kW]을 주어야 하느냐? (단, $\nu=$ 5.16×10⁻⁶, $e=$1.829이고, 그리고 탱크 AB의 출구깊이는 13.79m이다.)

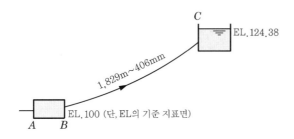

풀이 $V = \dfrac{Q}{A} = \dfrac{0.198}{\pi(0.406)^2/4} = 1.53\text{m/s}$

$\qquad R_e = \dfrac{1.53 \times 0.406}{5.16} \times 10^6 = 121{,}000 : \text{난류}$

상대조도를 구하면 $\dfrac{e}{d} = 0.0045$

완전히 거친 관이므로 관계식을 쓰면

$\qquad \dfrac{1}{\sqrt{f}} = -2.0\log\left(\dfrac{e/d}{3.7}\right)$ 에서 (주의 : log는 상용로그)

$\qquad \rightarrow f = 0.030$, 보통 기름의 $s = 0.861$ 이다.

A와 C에 베르누이 방정식을 적용하면

$\qquad \left(\dfrac{13.79 \times 1{,}000}{861 \times 9.81} + \dfrac{(1.53)^2}{2g} + 0\right) +$

$\qquad \left[H_p - 0.03\left(\dfrac{1829}{0.406}\right)\dfrac{(1.53)^2}{2g}\right] - \dfrac{(1.53)^2}{2g}$

$\qquad = (0 + 0 + 24.38)$

$\quad \rightarrow H_p = 38.8$

단, $Z_2 - Z_1 = 124.38 - 100 = 24.38\text{m}$

$\qquad \therefore H_{kW} = \gamma Q H_p = \dfrac{8{,}438\text{N/m}^3 \times 0.198\text{m}^3/\text{s} \times 38.8\text{m}}{1{,}000}$

$\qquad\qquad\quad = 64.9\text{kW}$

비원형 단면

수력반경(hydraulic radius)

유동 단면적

접수길이

사각수로 단면과 같이 비원형 단면의 유동해석도 원형 유로의 유동과 같이 상당히 복잡하고 힘들다. 보통은 대수법칙 속도분포나 수력반경의 개념을 가지고 해석한다. 그중 비원형 단면에서의 레이놀즈 수와 손실수두를 수력반경(hydraulic radius)의 개념으로부터 구하는 방법이 일반적으로 사용하고 있다.

수력반경(R_h)이란, 유동 단면적과 접수길이의 비로 나타내고 있다. 즉,

$$R_h = \frac{\text{유동 단면적}}{\text{접수길이}} = \frac{A}{P} \tag{5.20}$$

여기서 접수길이란 유체와 고체가 접하고 있는 길이를 말한다. 따라서 원형 단면의 경우 R_h를 계산하면 다음과 같다.

$$R_h = \frac{A}{P} = \frac{\pi d^2 / 4}{\pi d} = \frac{d}{4}$$

$$d = 4R_h \tag{5.21}$$

결국 원형 단면의 직경 d는 수력반경 R_h의 4배로 표현된다. 사각 단면의 경우 R_h를 계산하면 다음과 같다.

정사각형 단면일 때는

$$R_h = \frac{A}{P} = \frac{a^2}{4a} = \frac{a}{4} \tag{5.22}$$

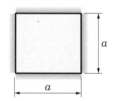

이다.

직사각형 단면일 때는

$$R_h = \frac{A}{P} = \frac{bh}{2b + 2h} = \frac{bh}{2(b + h)} \tag{5.23}$$

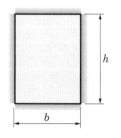

으로 수력반경을 계산할 수 있다.

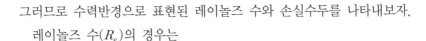
그러므로 수력반경으로 표현된 레이놀즈 수와 손실수두를 나타내보자.

레이놀즈 수(R_e)의 경우는

$$R_e = \frac{\rho V d}{\mu} = \frac{Vd}{\nu}$$

$$= \frac{\rho V 4 R_h}{\mu} = \frac{V \cdot 4 R_h}{\nu} \quad (단, \ d = 4 R_h) \tag{5.24}$$

이다.

손실수두(h_L)의 경우는

$$h_L = f \frac{L}{d} \frac{V^2}{2g} = f \frac{l}{4 R_h} \frac{V^2}{2g} \tag{5.25}$$

이다. 압력강하도 다음과 같이 계산할 수 있다.

$$\Delta P = f \frac{L}{d} \gamma \frac{V^2}{2g} = f \frac{l}{4 R_h} \frac{\gamma V^2}{2g} \tag{5.26}$$

상대조도(e/d)도 수력반경으로 쓰면 다음 식과 같다.

$$\frac{e}{d} = \frac{e}{4 R_h} \tag{5.27}$$

이상과 같이 접수길이는 유체와 접촉하여 유체에 전단력을 가하는 모든 주변 길이를 합하여야 하고, 비원형 단면에 대하여 관계식들을 수력반경 R_h로 바꾸어 사용할 수 있다.

접수길이는 전단력이 작용하는 모든 표면이 적용되어야 하며 이 점이 확실하게 강조되어야 한다. 이것은 동심원관의 경우에 안쪽과 바깥쪽의 접수길이가 모두 포함하여야 한다는 뜻이다.

만약 평행평판 사이의 유동에서 평판 사이의 간격이 $2h$ 떨어져 있고 폭 b는 h에 비하여 매우 클 경우($b \gg h$) 평판 사이의 유동이 매우 발달한 비원형 덕트 유동일 때 유동은 2차원적이 된다. 이 경우 수력반경 R_h는 다음과 같다. 즉 $R_h = \frac{2A}{P} = \lim_{b \to \infty} \frac{2(2bh)}{2b + 4h} = 2h$ 이다. 여기서 분모의 $2b \gg 4h$ 관계에서 극한일 때 $4h \simeq 0$의 관계이다.

다음과 같은 비원형 단면에 유체가 꽉 차 흐른다. 관의 길이 100m일 때 수력반경 R_h와 관마찰에 의한 손실수두[m]는 얼마인가? (단, $Q = 0.04\text{m}^3/\text{sec}$, $\nu = 0.114 \times 10^{-4}\text{m}^2/\text{s}$이다.)

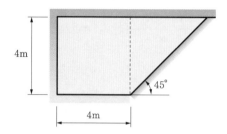

풀이 $R_h = \dfrac{A}{P} = \dfrac{[(4+8) \times 4]/2}{4 + 4 + 4\sqrt{2} + 4 + 4} = 1.11\text{m}$

$$h_L = f\frac{L}{d}\frac{V^2}{2g} = f\frac{L}{4R_h}\frac{V^2}{2g}$$

$$R_e = \frac{V 4 R_h}{\nu} = \frac{0.0017 \times 4 \times 1.11}{0.114 \times 10^{-4}}$$

$$= 662.1 < 2{,}000 \sim 2{,}300 : 층류$$

층류 : $f = \dfrac{64}{R_e} = \dfrac{64}{662.1} = 0.097$

$$Q = AV \rightarrow V = \frac{Q}{A} = \frac{0.04}{[(4+8)\times4]/2} = 0.0017\text{m/s}$$

$$\therefore \ h_L = 0.097 \times \frac{100}{4 \times 1.11} \times \frac{(0.0017)^2}{2 \times 9.8} = 7.0375 \times 10^{-7}\text{m}$$

5.6 원관에서의 부차적 손실

파이프와 같은 관에서는 벽마찰손실뿐만 아니라 밸브와 이음부, 또 굽혀진 곡관, 엘보(elbow), 단면 변화부, 유입구 및 관로 부속품 등에 의하여 압력강하와 기계적 에너지 손실이 있게 된다. 이것을 부차손실 또는 부분손실이라 한다. **부차손실**

이 부분적 손실(minor losses)은 압력손실의 크기로 다음과 같이 표기할 수 있다.

$$\Delta P = -K\frac{1}{2}\rho V^2 \tag{5.28}$$

이것을 수두로 표시하면

$$\Delta h = -K\frac{V^2}{2g} \tag{5.29}$$

로 표시할 수가 있다. 이 K를 손실계수(loss coefficient)라 한다. **손실계수(loss coefficient)**

K값을 해석적인 방법으로 구하는 경우도 있고, 일반적으로는 실험에 의해 구해진다. 이러한 부차손실의 크기를 몇 가지 알아보자.

1 돌연 확대관의 부차적 손실 **돌연 확대관**

해석적인 방법으로 해를 구할 수 있는 경우가 [그림 5-8]과 같이 급격한 확대관에서 가능하다. 단면 ①에서의 흐름은 넓은 면적 단면 ②로 확대되어야 한다.

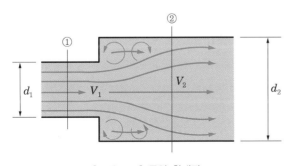

[그림 5-8] 돌연 확대관

이 흐름에서 유체는 단면을 따라서 완전히 흐를 수 없게 되고 정체구역(stagnant region) 또는 사수구역(dead water region)이 생기게 된다. 그림에서 확대부의 모서리 부분이 주요 부차손실 구역이며, 이 구역에서 2차 흐름이 있게 된다.

해석을 위해 비압축성 정상류라 가정하여 운동량 방정식을 적용하자. 정체구역에서의 관마찰을 무시하고 검사표면(①-②)에 작용하는 힘은 압력뿐이다.

즉

$$P_1 A_2 - P_2 A_2 = \rho A_2 V_2 (V_2 - V_1)$$

$$\text{또는 } P_1 - P_2 = \rho V_2 (V_2 - V_1)$$

연속방정식으로부터 $A_1 V_1 = A_2 V_2$이므로 위의 식은 아래와 같다.

$$P_1 - P_2 = \rho \frac{A_1}{A_2} V_1{}^2 \left(\frac{A_1}{A_2} - 1 \right) \tag{a}$$

또 단면 ①과 ② 사이의 부실수두 $K(V_1^2/2g)$를 고려한 수정 베르누이 방정식에 적용한 후 정리하여 쓰면 다음 식과 같다.

$$\frac{P_2 - P_1}{\gamma} + \frac{KV_1{}^2}{2g} + \frac{V_2{}^2 - V_1{}^2}{2g} = 0 \tag{b}$$

따라서 식 (a)를 식 (b)에 대입할 경우 K 값은

$$K = \left(1 - \frac{A_1}{A_2} \right)^2 \tag{5.30}$$

이다. 관의 직경으로 식 (5.31)을 다시 쓰면

$$K = \left[1 - \left(\frac{d_1}{d_2} \right)^2 \right]^2 \tag{5.31}$$

이 된다.

예를 들어 [그림 5-9]와 같은 저장용기에 연결된 파이프에서는 A_1/A_2는 매우 작은 양이 되어 K의 값은 1이 되게 된다.

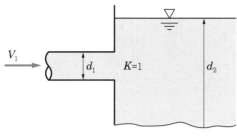

[그림 5-9] 돌연 확대관

2 돌연 축소관의 부차적 손실

[그림 5-10]과 같은 돌연 축소관에서는 유체의 목이 0인 지점에서 손실이 일어나게 된다. 이 지역을 축맥 또는 축소부(vena or contracts)라고 부른다. 그 다음 유체는 팽창되어 단면 ②를 채우게 된다.

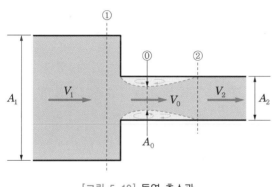

[그림 5-10] 돌연 축소관

단면 0과 그 사이에서 주요손실이 있게 되고 여기(ⓞ-②)에 확대관에서 사용된 해석을 적용할 수 있다.

손실수두는

$$h_L = \frac{(V_0 - V_2)^2}{2g} \tag{a}$$

이다. 식 (a)에 다음의 결과를 대입한다.

즉

$$A_0 V_0 = A_2 V_2 \rightarrow V_0 = \frac{A_2}{A_0} V_2 = \frac{1}{C_c} V_2 \qquad \text{(b)}$$

수축계수
(contraction coefficient) 여기서 $C_c = \dfrac{A_0}{A_2}$ 를 수축계수(contraction coefficient)라 하면 식 (a)는

$$h_L = \frac{1}{2g} \left(\frac{1}{C_c} V_2 - V_2 \right)^2$$

$$= \frac{V_2^2}{2g} \left(\frac{1}{C_c} - 1 \right)^2 = \frac{K V_2^2}{2g} \qquad \text{(c)}$$

이다. 따라서 이 식의 K의 손실계수는 다음과 같다.

돌연 축소관 즉, 돌연 축소관에서 손실계수는

$$K = \left(\frac{1}{C_c} - 1 \right)^2 \qquad (5.32)$$

손실계수 최소면적 A_0는 계산될 수 없고 실험적으로 알 수 있다. 그러므로 축소관에서의 K는 실험계수인 것이다. [표 5-2]는 축소관에서의 손실계수이다.

[표 5-2] 축소관에서의 손실계수(K)

A_2/A_1	0.1	0.2	0.3	0.4	0.5	0.6	0.7	0.8	0.9	1.0
K	0.37	0.35	0.32	0.27	0.22	0.17	0.10	0.06	0.02	0

이상 위의 식들은 돌연 축소부의 확대부분에 대하여 돌연 확대관의 식을 이용하였으나 실제유동에서는 축소부에서도 가속으로 인한 에너지 손실이 유발된다.

저장용기로부터 작은 관으로 흘러드는 경우 사각 에지 입구(square-edged inlet) [그림 5-11(a)]에서 K값은 대충 0.5이나 입구를 둥글게 하여 주면 [그림 5-11(b)] 잔구역(eddying region)이 없어지고 정체구역도 없앨 수 있으며, 잘 가공된 경우 K값이 0.05 이하로도 된다.

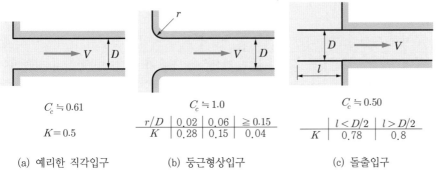

$C_c \fallingdotseq 0.61$

$K = 0.5$

$C_c \fallingdotseq 1.0$

r/D	0.02	0.06	$\geqq 0.15$
K	0.28	0.15	0.04

$C_c \fallingdotseq 0.50$

	$l < D/2$	$l > D/2$
K	0.78	0.8

(a) 예리한 직각입구 (b) 둥근형상입구 (c) 돌출입구

[그림 5-11] 유입구에 대한 부차적 손실계수 K

[표 5-3] 밸브와 이음에서의 부차적 손실계수

밸브 또는 이음	K
Standard 45° elbow(표준 45° 엘보)	0.35
Standard 90° elbow(표준 90° 엘보)	0.75
Long radius 90° elbow(긴 반경 90° 엘보)	0.45
Coupling(커플링)	0.04
Union(유니온)	0.04
Gate valve(게이트 밸브) : Open(완전 개방)	0.20
3/4 Open	0.90
1/2 Open	4.5
1/4 Open	24.0
Globe valve(글로브 밸브) : Open(완전 개방)	6.4
1/2 Open	9.5
Tee(along run, line flow)	0.4
Tee(branch flow)	1.5

기타 부차적 손실로는 파이프 이음에서의 조인트, 유니온, T밸브 등이 상업용   부차적 손실
으로 쓰인다. 엘보는 파이프에서 방향전환에 주로 쓰이며, 밸브는 파이프에 흐
르는 유량을 조절하는 데 사용된다. 이것들에 의해 손실이 일어나게 된다. 따라
서 밸브 및 이음에서의 부차적 손실 K값이 [표 5-3]과 같다.

3 관의 상당길이(L_e)

부차적 손실계수에 의한 크기를 관마찰에 의한 손실로 표현된 관의 길이로 환산하여 모든 관로손실을 직관손실로 계산하는 경우가 있다. 이 환산된 직관길이를 관의 상당길이 L_e로 나타낸다. 그 크기를 부차적 손실계수 K와 관마찰계수 f로 나타내면 다음과 같다.

즉

$$K\frac{V^2}{2g} = f\frac{L}{d}\frac{V^2}{2g}$$

$$K = f\frac{L}{d}$$

관의 상당길이
(equivalent length of pipe)

으로부터 관의 상당길이(equivalent length of pipe) L_e는 위의 식으로부터

$$\therefore\ L_e = \frac{Kd}{f} \tag{5.33}$$

여기서 f : 관마찰계수

$\quad\quad K$: 부차적 손실계수

관로 손실

로 계산한다. 이때 관로상의 전 부품에 의한 상당길이의 합을 $\sum L_e$라면 관로 손실 h_L는

$$h_L = f\frac{(L + \sum L_e)}{d}\frac{V^2}{2g} \tag{5.34}$$

이다.

이 식에서 V는 관로상의 유체의 평균속두이다.

4 점차 확대관의 경우 손실계수의 크기

점차 확대관

[그림 5-12]는 점차 확대관의 Gibson에 의한 연구결과를 소개한 것이다. 그림에서 알 수 있는 바와 같이 관이 $2\theta = 6 \sim 7°$에서 K가 최소이고, $2\theta = 65°$에서 K가 최댓값을 갖는다.

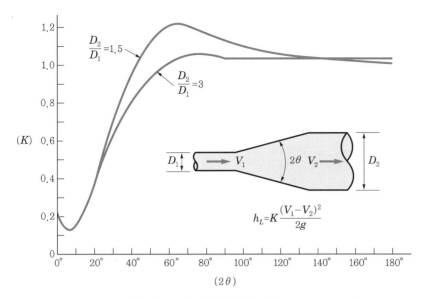

[그림 5-12] 점차 확대관의 경우 K

예제 5.9

수면의 차이가 h_L인 두 저수지 사이에 지름 d, 길이 L인 관로가 연결되어 있을 때 관로에서 평균유속을 나타내는 식은? (단, f는 관마찰 손실계수이고 K_1, K_2는 관 입구와 출구에서 부차적 손실계수이다.)

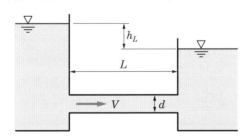

풀이 $h_L = K_1 \dfrac{V^2}{2g} = 0.5 \times \dfrac{V^2}{2g}$: 부차손실(돌연 축소관) ⓐ

$h_L = f \dfrac{L}{d} \dfrac{V^2}{2g}$: 관마찰손실 ⓑ

$h_L = K_2 \dfrac{V^2}{2g}$ $\left(단, \ K_2 = \left[1 - \left(\dfrac{d_1}{d_2} \right)^2 \right]^2 에서 \ d_2 \gg d_1 이면 \ K=1 \right)$

$\quad = 1 \cdot \dfrac{V^2}{2g}$: 부차손실(돌연 확대관) ⓒ

따라서 전손실수두는 $h_L = 0.5 \dfrac{V^2}{2g} + f \dfrac{L}{d} \dfrac{V^2}{2g} + \dfrac{V^2}{2g}$

$$= \left(0.5 + f\frac{L}{d} + 1\right) \cdot \frac{V^2}{2g}$$

$$\rightarrow V^2 = \frac{2gh_L}{1.5 + f\dfrac{L}{d}}$$

$$\therefore \ V = \sqrt{\frac{2gh_L}{1.5 + f\dfrac{L}{d}}}$$

5.7 관 내 완전난류의 전단응력과 속도분포

층류와 난류의 전단응력   층류와 난류의 전단응력을 합하여 쓰면

$$\tau = (\mu + \eta)\left|\frac{d\bar{u}}{dy}\right| \tag{5.35}$$

이다. 따라서 난류의 전단응력만을 쓰면 층류에서의 용어를 확장한 다음 식을 1877년 프랑스 과학자 J. Boussinesq가 도입하여 쓰기 시작하였다. 즉,

$$\tau = \eta\left|\frac{d\bar{u}}{dy}\right| \tag{5.36}$$

η : 와점성계수(eddy viscosity)

이때 $\eta = \rho l^2\left|\dfrac{d\bar{u}}{dy}\right|$ (a)

단, $l = ky$, $\bar{u}$: 속도의 시간평균 값이다.   (b)

난동상수
프란틀의 혼합길이   여기서 k : 난동상수≒0.4, y : 관 벽으로부터의 유체 깊이, l : 프란틀의 혼합 길이라고 할 때 식 (b)를 식 (a)에 대입하고 다시 식 (5.36)에 대입하면 η는 다음과 같다.

$$\therefore \ \eta \fallingdotseq \rho k^2 y^2\left|\frac{d\bar{u}}{dy}\right| \tag{5.37}$$

만약, 전체가 난류현상일 때 유체에 의한 전단응력 τ는

$$\tau = \eta \left| \frac{d\overline{u}}{dy} \right| = \rho k^2 y^2 \left| \frac{d\overline{u}}{dy} \right|^2 \tag{5.38}$$

위에서 프란틀의 혼합길이(l)는 난동입자가 운동량의 변화없이도 움직일 수 있는 거리를 말한다. 결국은 l를 구하는 것이 관건으로 유동장 내에서 일정하지 않다.

난류유동에서 고체 표면 가까이에서는 표면으로부터의 거리에 대한 영향을 받는다는 것을 식 (5.38)로부터 알 수 있다.

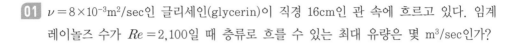

01 $\nu = 8 \times 10^{-3} \text{m}^2/\text{sec}$인 글리세인(glycerin)이 직경 16cm인 관 속에 흐르고 있다. 임계 레이놀즈 수가 $Re = 2,100$일 때 층류로 흐를 수 있는 최대 유량은 몇 m^3/sec인가?

02 지름이 75mm인 관에서 $Re = 20,000$일 때, 지름이 150mm인 관에서 Re는? (단, 모든 손실을 무시하며 같은 유체가 같은 속도로 흐르고 있다.)

03 안지름 60cm의 수평원관에 정상류의 층류 흐름이 있다. 이 관의 길이 60m에 대한 수두손실이 9m였다면 이 관에 대하여 관벽으로부터 10cm 떨어진 지점에서의 전단응력의 크기[N/cm²]는?

04 지름이 3cm이고, 길이가 5m인 매끈한 직원관 속의 액체의 흐름이 층류일 때 관 내에서 최대 속도가 4.2m/sec이라면 평균속도[m/s]는 얼마인가?

05 원관 내의 흐름이 층류이고 점성계수가 0.1N·sec/m²인 기름이, 안지름이 2.5cm인 관 속에서 수평으로 수송될 때 압력강하가 관의 길이 1m당 0.5N/cm²이었다. 이때 흐르는 유량[m³/s]은?

06 지름이 8cm이고 길이가 10m인 매끈한 직원관 속의 액체 흐름이 층류이다. 관 내에서 최대 속도가 4.2m/sec일 때 평균속도[m/s]와 손실수두 h_L(m)은?

07 반경 500mm인 관 속을 유체가 흐를 때 50m 길이에서 8N/cm²의 압력강하가 생겼다. 관벽에서의 전단응력[N/m²]은?

08 동점성계수 1×10^{-4}m²/sec의 오일이 내경 60mm의 관 속을 2m/sec의 속도로 흐를 때 마찰계수는?

09 매끈한 원관 속을 흐르는 유체의 레이놀즈 수가 1,800일 때 관마찰계수는?

10 직경이 4mm이고 길이가 10m인 원관 속에 20℃의 물이 층류로 흐르고 있다. 이 10m 길이에 압력차가 $\Delta P = 0.1$N/cm²이며, $\mu = 10 \times 10^{-8}$N·sec/cm²일 때 유량[cm³/sec]은?

11 관의 직경이 30cm일 때의 유체 레이놀즈 수가 1,200인 관에 대한 마찰계수 f의 값과 평균유속은? (단, 관 길이 100m이고 손실수두는 1.3m이다.)

12 지름 0.5m의 관 속을 4.45m/sec의 평균속도로 물이 흐르고 있을 때 관의 길이 1000m에 대한 마찰손실수두는 몇 m인가? (단, 관마찰계수는 0.03이다.)

13 안지름이 15cm인 관 속에 한 변의 길이가 6cm인 정사각형 관이 중심을 같이 하고 있다. 원관과 정사각형 관 사이에 평균유속 1.2m/sec인 물이 흐른다면 관의 길이 20m 사이의 압력손실수두는 몇 m인가? (단, 관마찰계수는 0.04이다.)

14 5mm 떨어진 2개의 평행 평판 사이를 유체가 층류를 이루며 흐르고 있다. 이 유체의 점성계수 9.0×10^{-6}N·sec/cm², 유량 300cm³/min일 때 10m당 압력강하[Pa]는?

15 한 변이 20cm인 정사각형 관 속을 비중 0.85인 오일이 5m/sec의 속도로 흐른다. 100m당 압력강하[kPa]는? (단, 관마찰계수는 0.03이다.)

16 관손실 이외의 모든 손실을 무시할 때 다음 그림과 같은 관에서 유량 Q[m³/s]는?

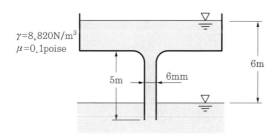

17 내경 10cm인 파이프 속을 평균유속 5m/sec로 물이 흐르고 있다. 길이 10m 사이에서 나타나는 손실수두[m]는? (단, 관마찰계수는 0.013이다.)

18 안지름 25cm인 원관으로 1500m 떨어진 곳(수평거리로)에 물을 수송하려고 한다. 24시간에 10,000m³를 보내는 데 드는 압력[N/m²]은 얼마인가? (단, 마찰계수는 0.035이다.)

19 내경 25cm인 원관으로 1000m 떨어진 곳에 수평거리로 물을 수송하려 한다. 1시간에 500m³를 보내는 데 필요한 압력[N/m²]은? (단, 관마찰계수는 0.03이다.)

20 비중 0.8, 점성계수 0.49poise인 기름이 지름 10cm인 직원관 속을 매초 10×10^{-3}m³의 비율로 흐르고 있다. 길이 10m에 대한 압력강하는 몇 N/m²인가?

21 지름 5cm, 길이 10m, 관마찰계수 0.03인 원관 속을 물이 흐른다. 관 출구와 입구의 압력차가 0.2기압이면 유량은 몇 m³/sec가 되는가?

22 0.002m³/s의 유량으로 직경 4cm, 길이 10m인 관 속을 기름($S=0.85$, $\mu=0.56$poise)이 흐르고 있다. 이 기름을 수송하는 데 필요한 펌프의 압력은 몇 kPa인가?

23 비중 0.96, 점성계수 1.0N·sec/m²인 석유를 매분 0.15m³로 안지름 90mm의 파이프(pipe)를 통하여 25km 떨어진 곳에 수송하려 할 때 관마찰계수는?

24 원관의 유속은 층류이고 점성계수가 98poise인 기름이 지름 250mm의 수평관으로 수송될 때 압력강하가 관 길이 1m당 0.5N/cm²였다. 100m를 수송하는데 필요한 소요 동력은 몇 kW인가?

25 직원관의 흐름이 층류이고 점성계수가 0.1N·sec/m²인 오일이 내경 2.5cm의 관 속에서 수평으로 수송될 때 압력강하가 관의 길이 1m당 0.5N/cm²이었다. 10m를 수송하는데 필요한 소요동력[kW]은?

26 안지름 70mm인 직원관에 풍속 30m/sec인 공기를 보냈더니, 원관의 길이 1m 사이에 정압차가 16mmAq가 되었다. 공기의 비중량을 12.2N/m³로 하여 이 원관의 관마찰계수를 구하면?

27 같은 지름의 원관을 직각으로 접촉하고 관 내 평균속도 2m/sec로 물을 보내는 경우 관의 만곡에 의한 손실수두[m]는? (단, $K=0.98$이다.)

28 탱크 벽에 수직으로 붙인 관로 속을 물이 2.5m/sec의 속도로 흐른다. 입구 손실계수가 0.5일 때 손실수두[cm]는?

29 수면의 차이가 H인 두 저수지 사이에 지름 d, 길이 l인 관로가 연결되어 있을 때 관로에서 평균유속을 나타내는 식은? (단, f는 관마찰 손실계수이고, K_1, K_2는 관 입구와 출구에서 부차적 손실계수이다.)

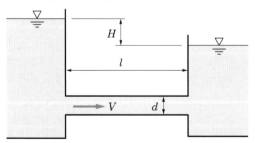

01 30℃인 글리세린이 0.3m/sec로 0.5m인 관 속을 흐르고 있을 때 유동상태는? (단, 글리세린은 30℃에서 $\nu = 0.0005\text{m}^2/\text{sec}$이다.)

02 어떤 유체가 반경 r_0인 원관에서 층류로 흐르고 있다. 속도가 평균속도와 같게 되는 위치는 중심에서 얼마나 떨어져 있는가?

03 반경이 500mm인 원관에 물이 매초 0.01m³로 흐르고 있다. 물의 점성계수 $\mu = 1.145 \times 10^{-2}$poise일 때 레이놀즈 수는?

04 매끈하고 곧은 원판 속의 흐름이 층류이고 관의 지름이 10cm이며 관 속에서 최대 속도가 15m/sec이다. 관의 중심에서 3cm 떨어진 곳의 유속[m/s]은?

05 안지름 0.1m인 곧고 긴 파이프 안을 평균유속 5m/s로 물이 흐르고 있다. 길이 10m인 관 사이에 나타나는 손실수두는 몇 m인가? (단, 관마찰계수는 0.017이다.)

06 안지름이 20cm인 관속을 유속 3m/sec로 물이 흐른다. 관마찰계수 $f = 0.02$일 때 관 길이 300m에 대한 손실수두[m]는 얼마이겠는가?

07 매끈하고 곧은 원관 속의 흐름이 층류이고 관의 지름이 2cm이며 길이가 4m이다. 입구와 출구에서의 압력이 각각 1.8atm, 1.4atm이고, 이 액체의 점성계수는 0.4poise이다. 관 내에서 유체의 최대 속도[m/s]는?

08 안지름이 20cm인 관속을 유속 3m/sec로 물이 흐른다. 관마찰계수 $f = 0.02$일 때 관 길이 300m에 대한 관마찰에 의한 압력강하 ΔP[kPa]는 얼마이겠는가?

09 안지름 16cm의 파이프로 매분 2.4m³의 물을 흘러가게 할 때 파이프의 길이 100m 마다의 마찰손실수두[m]는 얼마인가? (단, $f = 0.03$이다.)

10 20℃의 공기를 지름 500mm인 공업용 강관을 사용하여 264m³/min로 수송할 때 100m당의 관마찰손실과 압력강하는 얼마인가? (단, 관마찰계수 0.1×10^{-3}이고, 공기의 비중량 $\gamma_a = 12.2\text{N/m}^3$이다.)

11 내경 15cm, 길이 1,000m인 원관 속을 매초 0.05m³의 비율로 물이 흐르고 있을 때 마찰손실은 몇 m인가? 또 관 벽에서 유체의 전단응력 τ_o[N/m²]의 크기는? (단, 관마찰계수 0.03이다.)

12 길이가 400m이고 지름이 25cm인 관에 평균속도 1.32m/sec로 물이 흐르고 있다. 관 마찰계수가 0.0422일 때 손실동력은 얼마인가? (단, $\mu = 0.115 \times 10^{-2}$N·s/m²이다.)

13 관마찰계수 0.03이고 안지름 15cm, 길이 100m인 원관 속을 물이 난류로 흐른다면 유량[m³/s]은 얼마인가? (단, 관의 출구와 입구의 압력차는 0.3기압이다.)

14 길이가 400m이고 지름이 25cm인 관에 평균속도 1.32m/sec로 물이 흐르고 있고 내부에 한 변이 5cm인 정사각 관이 중심을 같이하여 놓여 있다. 관마찰계수가 0.0422일 때 손실수두는 몇 m인가?

15 안지름이 305mm, 길이가 500m인 주철관을 통하여 유속 2.5m/sec로 흐를 때 압력수두손실은 몇 m인가? (단, 관마찰계수 f는 0.03이다.)

16 물이 평균속도 4.5m/sec로서 150mm 관로 중을 흐르고 있다. 이 관의 길이 30m에서 손실된 수두를 실험적으로 측정하였더니 $5\frac{1}{3}$m이었다. 이때 관마찰계수는?

17 지름이 40cm인 관 속에서 기름이 6m/sec로 흐르고 있을 때 100m에서 손실동력은 몇 kW인가? (단, 동점성계수 $\nu = 1.18 \times 10^{-3}$m²/sec, 비중량=8,428N/m³이다.)

18 지름이 5cm인 원관 속을 물이 1.5m/sec의 속도로 흐른다. 관마찰계수는 얼마인가? (단, 물의 동점성계수는 1stokes이다.)

19 안지름 5cm의 원관에 2m/s의 유속으로 기름이 흐르고 있다. 이때 기름의 동점성계수가 2×10^{-4}m²/sec라고 하면 관마찰계수는?

20 동일 유량이 흐르는 안지름 10mm의 파이프 배관에서 부차(미소)적 손실계수의 합이 20일 때 등가길이 L_e[m]를 구하면? (단, 관마찰계수는 0.02이다.)

21 안지름 $d=12$cm인 곧고 긴 관로에서 관벽의 마찰손실수두 h_L가 속도수두 $\dfrac{V^2}{2g}$과 같아졌다면 그 관로의 길이[m]는 얼마인가? (단, 관마찰계수는 $f=0.03$이다.)

22 새로운 주철관을 써서 매분 3.8m³의 물을 수송할 때 손실수두가 100m당 3m이면 이때의 주철관의 직경[cm]은? (단, 관마찰계수는 0.02이다.)

응용연습문제 Ⅱ

Fluid Mechanics

01 다음 그림에서 윗판은 속도 V로 움직이고 아랫판은 고정되어 있다. 이 평판 사이에 비압축성 뉴턴 유체가 있을 때 속도분포와 유량 Q를 나타내어라.

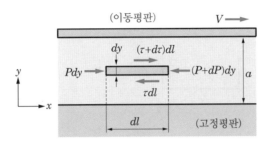

02 직경 305mm인 관에 유체가 흐를 때 길이 300m에 대해 손실수두가 15m이다. 벽면에서의 전단응력과 원의 중심에서 51mm만큼 떨어진 점에서의 전단응력[N/m²]을 구하라.

03 915×1,219mm인 사각 관에서 길이 300m에 대해 손실수두가 15m이다. 물과 벽면과의 전단응력[N/m²]은 얼마인가?

04 정상류로 흐르는 수평원관에서 전단응력의 분포도를 구하라.

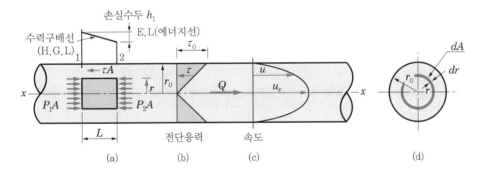

05 비중이 0.86인 보통 윤활유를 지름 51mm인 관을 이용해서 304.8m 떨어진 곳에 수송하는데 압력손실이 2atm이었다. 유량이 1.23×10^{-3}m³/s일 때 절대 점성계수는 얼마인가?

06 그림에서 $H=10\text{m}$, $L=20\text{m}$, $\theta=30°$, $D=8\text{mm}$, $\gamma=10\text{kN/m}^3$, $\mu=0.08\text{kg/m·sec}$일 때

(1) 단위길이당의 손실수두[m]와 유량[m³/sec]을 계산하여라.

(2) 또 L을 그대로 두고 상부수조의 벽을 높혀 관로에서의 유속이 3m/sec가 되도록 액체를 부어 넣는다면 H는 몇 m까지 하면 좋은가?

(단, 유동은 층류이다. 또 손실은 관마찰에만 기인한다고 가정한다.)

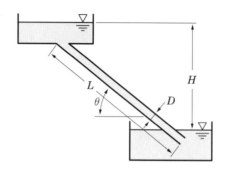

07 그림과 같이 고정평판 위에 일정한 간극 a를 두고 다른 평판이 평행하게 운동한다. 두 평판 사이에는 비압축성 뉴턴(Newton) 유체가 주입되었다. 두 평판 사이에서 유체의 속도분포는 어떻게 표시되는가? 또 단위폭당 흐르는 유량 q, 평균속도 V, 양 평판 상에 작용하는 전단응력을 계산하는 식을 보여라.

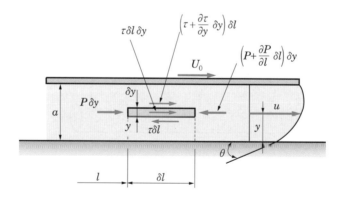

08 그림에서 a는 6mm이고, 길이 l은 4.24m이다. 현재 평판이 윗방향으로 1m/sec의 속도로 미끄러진다. 액체의 점성계수 $\mu=0.80\text{poise}$, 밀도 875kg/m³이며, $P_1=147\text{kPa}$, $P_2=78\text{kPa}$일 때 속도분포 u[m/s], 단위폭당 유량 q[m³/m], 윗 평판에 작용하는 전단응력 τ[N/m²]을 구하라.

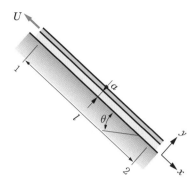

09 다음 그림에서 두 개의 고정된 평행 평판 사이를 비압축성 뉴턴 유체가 정상류의 층류로 흐르고 있다. 이때 속도분포와 유량 Q를 구하라.

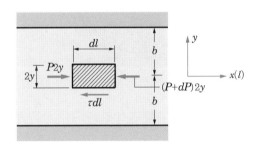

10 15.6℃의 중유를 이송하는데, 길이 1,000m에 대해 손실수두 22.0m로 하고 싶다. 이때 유량이 0.0222m³/s이면 관의 직경[cm]은 얼마로 하여야 하는가? (단, 기름의 점성계수 $\nu = 0.00021$m²/s, SG=0.912이다.)

11 그림과 같은 컨베이어 벨트를 이용하여 해수 위에 떠 있는 기름을 제거한다. 벨트는 정상속력 U로 운전하며, 벨트 위에 형성되는 유체는 기름으로 일정한 깊이 a를 갖는다. 단위폭당 걸어 올리는 유량을 θ, U, μ, γ의 항으로 나타내어라.

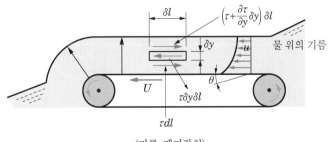

〈기름 제거장치〉

12 그림은 점성펌프(마찰펌프)의 원리를 그려 놓은 것이다. 외부의 고정 케이스 안에서 회전차는 ω의 각속도로 동심회전한다. 유체는 A로 유입되어 B로 유출된다. 간극 h는 반지름 R에 비하여 극히 작으므로 동심원통 사이의 유동을 평행평판 사이의 유동으로 생각할 수 있다. 지금 평판의 길이 l, 평행평판 사이의 간극을 h라 하고, 유동을 층류라 가정할 때 이 펌프의 압력상승, 회전력, 동력, 효율을 단위폭당의 유량 q의 항으로 표시하여라. (단, 유체는 비압축성이고 밀도는 ρ, 점성계수는 μ이다.)

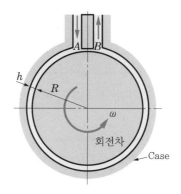

13 그림은 모세관유동을 이용하여 액체의 점성계수를 측정하는 장치의 원리도이다. 점성계수를 측정하는 방법을 설명하여라.

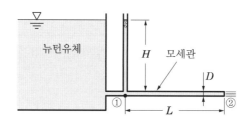

14 동점성계수 $\nu = 1.5 \times 10^{-6} \mathrm{m^2/sec}$인 액체가 연직관을 흘러내려 온다. 전체관에 대해서 압력이 일정할 때 $Re = 1,800$이었다. 관의 지름[cm]은 얼마이겠는가?

15 관 내의 층류유동에 대하여 벽 전단응력, 벽에서의 속도구배, 전단속도를 V, d, ρ, μ의 항으로 표시하여라.

16 점성계수가 $0.48 \mathrm{N \cdot sec/m^2}$이고, 비중이 0.90인 기름이 평균속도 $1.5 \mathrm{m/sec}$로 지름 $0.3 \mathrm{m}$의 관 속을 흐른다. 관의 중심으로부터 75mm 떨어진 곳의 전단응력[N/cm²]과 속도[m/s]를 계산하여라.

17 다음 그림은 확대관로에서의 수력구배선을 표시한 것이다. 그림에 주어진 자료로부터 확대관에서의 손실[m]과 손실계수 K를 계산하여라. (단, $75d(d=75\text{mm})$, $150d(d=150\text{mm})$이다.)

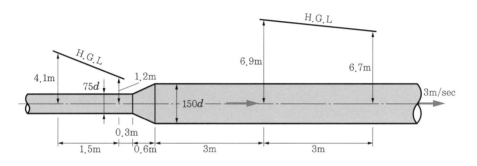

18 20℃인 물이 길이 6m, 직경 5cm의 매끈한 황동관 속을 흐를 때 손실수두가 0.3m이다. 이때 유량 $Q[\text{m}^3/\text{sec}]$를 구하라. (단, 물 20℃에서 동점성계수는 $\nu=10^{-6}\text{m}^2/\text{s}$이다.)

19 길이 153m, 지름 153mm이고 아스팔트를 입힌 관을 통해 0.0127m^3/s의 기름을 B점으로 수송하고 있다. 탱크 A에서의 압력[Pa]은 얼마인가? (단, 기름의 비중 0.84, $\nu=2.11\times10^{-6}\text{m}^2/\text{s}$, $\varepsilon=0.122\text{mm}$이다.)

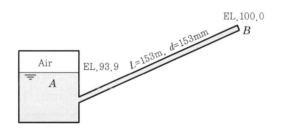

20 그림과 같이 반지름이 r_0인 원판이 수평면과 $h(t)$ 면극을 두고, 그 사이에는 밀도 ρ_1, 점성계수 μ인 액체가 주입되어 있다. 원판을 일정한 힘 F로 내려 누른다. 이때 원판은 V_0의 일정한 속도로 하강한다. 속도 V_0는 극히 느려 액체의 가속도, 운동에너지는 무시할 수 있다고 가정한다. 액체의 방사선 방향의 점성유동은 같은 임의의 반지름에서 같은 속도분포(θ에 관계없음, 2차원 유동)를 한다고 가정하고 층류라 가정한다.
(1) 압력분포식을 유도하여라.
(2) 원판을 누르는 힘 F를 계산하여라.

(3) 이 식을 적분하여 평면으로부터 $h(t)$까지 (무한원점으로부터) 내려오는 데 필요한 시간을 구하라.

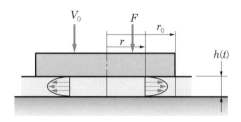

21 다음 그림에서 ②의 플랜지(flange) 볼트에 작용하는 인장력[kN]을 계산하라.

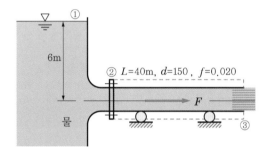

22 그림과 같은 배관계에서 20℃의 물이 200mm 강관을 통하여 분출한다. 유량[m³/s]을 계산하여라.

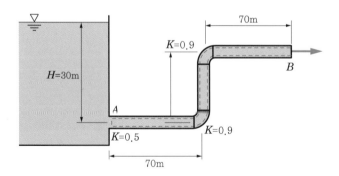

23 40℃의 물이 레이놀즈 수 80,000으로 직경 75mm인 관 속을 흐르고 있다. 조도가 0.15mm 인 상업용 관이라면 관의 길이 300m에 대해서 예상되는 손실수두[m]를 구하라. (단, 물 40℃에서 동점성계수 $\nu = 0.658 \times 10^{-6} \text{m}^2/\text{s}$이다.)

24 그림과 같이 수조에 15℃의 물이 흘러 들어간다. 액주계 눈금[mm]은 얼마인가? 또 상승방향은?

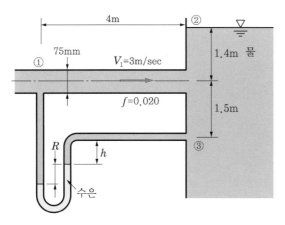

제**6**장

Fluid Mechanics

경계층 이론

6.1 경계층이란

고정물체 위를 흐르는 실제 점성유체를 생각해보자. 우리가 다루는 유체(물, 공기) 등은 점성이 낮기 때문에 레이놀즈 값이 상대적으로 크게 된다. 레이놀즈 값이 크다는 말은 점성력보다는 관성력이 상대적으로 크기 때문에 이 경우 점성을 무시해도 된다. 그러나 고정 평판일 경우 벽 표면에서는 속도가 0이고 경계층 밖에서는 상류의 속도와 같게 유동을 한다.

실제유체에서는 이 경계조건, 즉 벽면에서의 속도가 0이라는 조건을 어느 경우에서나 만족되어야 한다.

속도분포도
실제유동
속도구배

흐르는 유체에서 만약 점성이 없다고 할 경우 속도분포도는 [그림 6-1]과 같이 될 것이다. 그러나 실제유동의 경우 고속으로 흐르는 유체의 한 면에는 벽에 전단력이 가해지며, [그림 6-2]에서와 같이 속도구배가 생기게 된다.

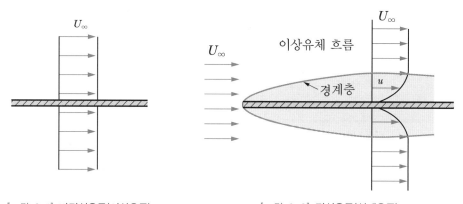

[그림 6-1] 비점성유동(이상유동)   [그림 6-2] 점성유동(실제유동)

높은 레이놀즈 값을 갖는 경우에 있어서는 흐름이 두 구역으로 나뉘게 된다. 즉, 물체표면 근방에 점성의 영향을 받는 얇은 층이 생성되고, 이러한 층을 경계층이라 한다. 이때 경계층 밖의 흐름은 비점성 유체의 흐름으로 취급한다.

경계층
비점성 유체

이와 같은 방법을 처음 도입한 사람은 1904년 독일의 항공학자겸 수학자 루트비히 프란틀(Ludwig Prantl)이다. 이 방법은 실제유체의 복잡한 흐름을 해석하기에 매우 편리하다.

루트비히 프란틀
(Ludwig Prantl)

실제유체일 경우 경계층은 평판의 선단으로부터 성장할 것이다. 경계층 밖에서는 속도 U_∞, 압력 P_∞인 비압축성 유체에서의 흐름과 같게 될 것이다. 경계층 안에서 속도는 벽면에서 0이고, 경계에서는 U_∞가 될 것이다. 전단력의 영향 때문에 경계층은 평판하단으로 갈수록 두꺼워진다[그림 6-2]. 보통 경계층 두께는 0.1mm정도 밖에 되지 않는다. 단지 표면에서만 일어나게 되고, 이런 구역에서는 위의 방법이 공학자에게 매우 중요하게 된다.

유체 속을 흐르는 물체의 항력을 구한다든지 또는 열전달량을 구하기 위해서는 이 방법을 이용하게 된다. Prandtl 시대 이전에는 점성유체의 운동을 완전하게 기술한 Navier-stokes 방정식을 알고 있었으나, 이 방정식을 푼다는 것은 간단한 조건의 문제 이외는 불가능하였다. 반면에 Prandtl에 의한 경계층 이론은 점성유동을 크게 두 영역으로 나누어 해석할 수 있었다.

Navier-stokes 방정식

Prandtl

경계층 이론

즉, 점성효과가 현저한 고체 경계면과 점성효과를 무시할 수 있는 경계층 이외의 비점성유동의 영역이 그것이다. 따라서 경계층 이론은 현대 유체역학의 시초라 할 수 있다.

6.2 층류와 난류의 경계층

선단에서 [그림 6-3]과 같이 얼마의 거리까지는 흐름이 안정된 곳이 생기는데, 이 구역을 층류 경계층이라 한다. 평판을 따라 층류 경계층(laminar boundary layer)은 갈라져 결국은 난류가 되게 된다. 그 사이의 과정을 천이구역 또는 천이 경계층이라 부르며, 난류구역을 난류 경계층(turbulent boundary layer)이라 한다.

층류 경계층
(laminar boundary layer)

난류 경계층
(turbulent boundary layer)

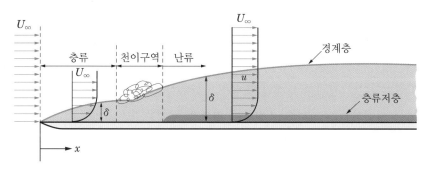

[그림 6-3] 평판상의 경계층 성장

완전난류가 된 다음 벽면 근처에서 다시 매우 얇은 층이 형성되는데, 이를 층류막 또는 층류저층(laminar film laminar sublayer)라 부른다.

층류저층(laminar film
laminar sublayer)

많은 실제문제에서 경계층은 길고 평평한 평면을 따라 성장하며, 비행기의 날개, 배나 잠수함의 표면, 평평한 지상의 대기유동 등은 이러한 한 예이다.

1 평판 경계층 내의 레이놀즈 수

경계층 해석에서 중요한 것은 흐름이 난류인가 층류인가 하는 것이다. 왜냐하면 흐름의 특성에 따라 전단력이라든지 운동이 전혀 다르기 때문이다. 따라서 이 값이 변하는 점을 결정하는 것이 문제인데 이 값을 임계 레이놀즈 값으로 구분하고 평판의 거칠기에도 관계가 있다.

임계 레이놀즈 수 · 이 임계 레이놀즈 수는 거친 평판일 경우 2×10^5에서 매끈할 경우에는 3×10^6 값까지 변하게 된다. 그러나 실제적인 공학문제에 있어 표면의 거칠기와 자유유동의 난도를 최소화 하는데 한계가 있고 보통 x를 대표길이로 할 때 천이는 계산을 위하여 5×10^5을 임계 레이놀즈 수에서 일어난다고 본다.

평판유동의 경우 · 평판유동의 경우 레이놀즈 수 Re_x를 구하는 계산식은 다음 식과 같다.
레이놀즈 수

$$Re_x = \frac{\rho U_\infty x}{\mu} = \frac{U_\infty x}{\nu} \tag{6.1}$$

자유유동 속도 · 여기서 x는 선단으로부터 떨어진 거리이고, U_∞는 평판 위 유체의 자유유동 속도이다.

2 평판 위 경계층 두께(boundary layer thickness)

앞서 경계층 두께란 물체표면 부근에 점성의 영향으로 속도구배가 존재하여 발생된 얇은 영역의 두께를 정성적으로 표현하였다. 이때 [그림 6-3]과 같이 경계층의 경계면으로부터 수직거리 δ를 경계층 두께라 한다. 실제 문제에 있어서 경계층 내의 속도분포 u와 자유유동의 속도 U_∞는 경계층 두께 근방에서 단조롭게 연속되므로 경계층 두께의 한계가 명확하지 않다. 그러므로 $u/U_\infty = 0.99$가 되는 지점까지의 거리를 측정하여 경계층 두께로 한다.

층류의 경우 경계층 두께 · 층류의 경우 경계층 두께는

$$\delta = \frac{5x}{(Re_x)^{1/2}} \tag{6.2}$$

난류의 경우 경계층 두께 · 난류의 경우 경계층 두께는 다음 두 식으로 구한다.

$$\delta = \frac{0.16x}{(Re_x)^{1/7}} \tag{6.3a}$$

$$\delta = \frac{0.376x}{(Re_x)^{1/5}} \tag{6.3b}$$

경계층 두께 δ는 어디까지나 점성효과를 나타내는 데는 유용하나 경계층 문제를 질량유량이나 운동량 유량과 관련시킬 때는 문제가 있다.

따라서 경계층 이론에서 경계층 두께 δ 이외에 이것과 밀접한 관계가 있는 경계층의 배제두께 또는 변위두께(displacement thickness)와 운동량두께(momentum thickness)를 사용하게 된다.

경계층의 배제두께

경계층의 생성으로 인한 감속으로 변화하는 질량유량 때문에 비점성 유동장에서의 배제두께 δ^*는 다음과 같이 찾아볼 수 있다.

비점성 유동장에서의 배제두께

일단, 경계층의 생성으로 인한 질량 변화량은

$$\Delta \dot{m} = \int_0^\infty (\rho_0 U_\infty - \rho u)dy = \int_0^\delta (\rho_0 U_\infty - \rho u)dy$$

만큼의 배제량이 생긴다. 여기서 U_∞는 자유유동의 속도, u는 경계층 내의 속도분포이다. 이러한 질량 배제량을 통과시킬 수 있는 자유유동에서의 두께를 배제두께 δ_t라 하고 이것을 알아보면

자유유동에서의 배제두께

$$\rho_0 U_\infty \delta_t = \int_0^\delta (\rho_0 U_\infty - \rho u)dy$$

$$\delta_t = \int_0^\delta \left(1 - \frac{\rho u}{\rho_0 U_\infty}\right)dy = \int_0^\infty \left(1 - \frac{\rho u}{\rho_0 U_\infty}\right)dy \tag{6.4a}$$

와 같이 표시된다.

또한 비압축성 층류일 때에 적용할 수 있는 브라시우스(Blasius)의 배제두께 δ^*는 다음과 같은 식으로 표현된다.

브라시우스(Blasius)의 배제두께

$$\delta^* = \frac{1.73x}{\sqrt{Re_x}} \tag{6.4b}$$

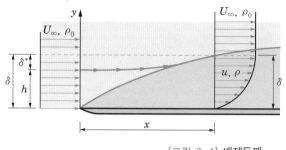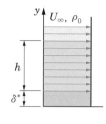

[그림 6-4] 배제두께

운동량 두께 다음 운동량 두께 δ_m에 대하여 알아보자. 운동량 두께는 경계층 내를 흐르는 유체가 감속으로 인하여 배제(감소되는)되는 운동량을 운반하는 데 요하는 자유 유동에서의 두께로 정의한다. 경계층 내를 흐르는 질량 유량은

$$\int_0^\delta \rho u dy$$

이고, 이 유체가 자유유동 때 가지는 운동량은

$$U_\infty \int_0^\delta \rho u dy$$

이므로 배제되는 운동량은

$$U_\infty \int_0^\delta \rho u dy - \int_0^\delta \rho u^2 dy = \int_0^\delta \rho u (U_\infty - u) dy$$

이다. 따라서 $\rho_0 U_\infty^2 \delta_m = \int_0^\delta \rho u (U_\infty - u) dy$이다.

δ_m에 대하여 정리하면

$$\delta_m = \frac{1}{\rho_0 U_\infty^2} \int_0^\delta \rho u (U_\infty - u) dy$$

$$= \frac{1}{\rho_0 U_\infty^2} \int_0^\infty \rho u (U_\infty - u) dy \qquad (6.5a)$$

비압축성 유동 이다. 비압축성 유동에 대하여는 다음 식과 같다.

$$\delta_m = \int_0^\infty \frac{u}{U_\infty} \left(1 - \frac{u}{U_\infty} \right) dy \qquad (6.5b)$$

예제 6.1

50℃인 공기가 매끈한 평판 위를 10m/s의 속도로 흐르고 있다. 층류에서 난류로 바뀌는 점은 선단으로부터 얼마의 거리에 떨어져 있느냐? 여기서 공기의 동점성 계수는 1.79×10^{-5} m²/s이다.

풀이 평판유동에서 임계 레이놀즈 수를 보통 5×10^5으로 본다.

$$500,000 = \frac{U_\infty}{\nu} = \frac{10 \times x}{1.79 \times 10^{-5}}$$

$\therefore \ x = 0.895$m 에서 발생한다.

3 평판 위 난류 변위두께(δ)

난류에서는 속도 형태가 층류와는 달라야 한다. 난류경계에서는 해석적인 방법이 적용되지 않으므로 실험적으로 구한 속도분포식을 써야 한다.

속도분포식

실험치와 잘 맞는 속도 형태는 다음 식과 같다.

$$u/U_\infty \approx \left(\frac{y}{\delta}\right)^{\frac{1}{7}} \tag{6.6}$$

이 법칙을 7-승법칙이라 하며 벽 근처에서는 잘 맞지 않는데, 이것은 층류막이 존재하기 때문이다.

레이놀즈 수가 $5 \times 10^5 < Re_x < 10^7$인 난류에서 블라시우스(Blasius) 전단공식은 다음 식과 같고 실험치와 잘 맞게 된다.

블라시우스(Blasius)
전단공식

$$\frac{\tau_0}{\rho U_\infty^2} = 0.0225 \left(\frac{\nu}{U_\infty \delta}\right)^{\frac{1}{4}} \tag{6.7}$$

또 난류 변위두께 δ는 식 (6.3b)에서 사용된 값과 같다.

변위두께

$$\delta = 0.38x \left(\frac{U_\infty x}{\nu}\right)^{-\frac{1}{5}} \doteqdot 0.38 \frac{x}{(Re_x)^{1/5}} \tag{6.8}$$

4 평판 위 난류 경계층에 대한 배제두께(δ^*)

난류 영역에서 경계층 생성으로 인한 유체유동의 감속으로 질량유량 감속 때문에 비점성유동에서 유체의 두께가 배제두께 δ^*이다. 그 크기를 알아보자.

$\delta^* = \int_0^\delta \left(1 - \dfrac{u}{U_\infty}\right) dy$의 정의식에 $\dfrac{u}{U_\infty} = \left(\dfrac{y}{\delta}\right)^{\frac{1}{7}}$을 대입하여 난류 경계층에 대한 배제두께를 구하면

$$\delta^* = \int_0^\delta \left[1 - \left(\dfrac{y}{\delta}\right)^{\frac{1}{7}}\right] dy = \dfrac{\delta}{8}$$

평판에 대한 난류 경계층 배제두께

이 된다. 따라서 평판에 대한 난류 경계층은 배제두께 δ^* 다음 식과 같다.

$$\delta^* = 0.046x\left(Re_x\right)^{-\frac{1}{5}} \tag{6.9}$$

난류의 평판 표면에서의 전단응력

5 난류의 평판 표면에서의 전단응력

함수 x에 대한 전단력 τ_0를 구하기 위해 블라시우스 전단저항 관련 식 (6.7)을 쓰면

$$\tau_0 = \rho U_\infty^2 (0.0225)\left(\dfrac{\nu}{U_\infty \delta}\right)^{\frac{1}{4}} \tag{6.10}$$

이다. 유의할 점은 레이놀즈 수가 $5 \times 10^5 < Re_x < 10^7$일 때만 적용할 수 있는 식이다.

예제 6.2

20℃, 1atm인 공기가 8m/s의 속도로 면에 평행하게 불어오고 있다. 공기의 동점성계수를 $\nu = 1.4 \times 10^{-5}$ m²/s라 할 때, 이 평판의 선단으로부터 15cm와 1.5m인 곳에서의 경계층 두께는 얼마인가?

풀이 각 점에서의 레이놀즈 수를 계산하면

$x = 15\,cm$에서

$$Re = \dfrac{Vx}{\nu} = \dfrac{8 \times 0.15}{1.4 \times 10^{-5}} = 85,700 < 5 \times 10^5 \; ; 층류$$

층류이므로 경계층 두께는

$$\delta_1 = \frac{5x}{Re_x^{\frac{1}{2}}} = \frac{5 \times 0.15}{\sqrt{85,700}} = 2.56 \times 10^{-3} \text{m} = 2.56\text{mm}$$

$x = 1.5\text{m}$에서

$$Re = \frac{8 \times 1.5}{1.4 \times 10^{-5}} = 857,000 > 5 \times 10^5 \; ; 난류$$

난류 경계층이므로

$$\delta_2 = \frac{0.376x}{Re_x^{\frac{1}{5}}} = \frac{0.376 \times 1.5}{857,000^{\frac{1}{5}}} = 0.0367\text{m} = 36.7\text{mm}$$

예제 6.3

동점성계수 $\nu = 1.4 \times 10^{-6}\,\text{m}^2/\text{s}$인 물이 20m/s의 속도로 평판을 흐르고 있다. 선단으로부터 50cm 떨어진 점에서의 전단응력은 얼마인가? (단, $\rho_w = 1,000\text{N}\cdot\text{s}^2/\text{m}^4$이다.)

풀이 레이놀즈 수는

$$Re_x = \frac{U_\infty x}{\nu} = \frac{20 \times 0.5}{1.4 \times 10^{-6}} = 7,143,000 > 5 \times 10^5$$

그러므로 난류이다.
블라시우스 식에서

$$\frac{\delta}{x} = \frac{0.38}{Re_x^{\frac{1}{5}}} \rightarrow \delta = 8.1 \times 10^{-3}\text{m}$$

이다. 식 (6.10)을 적용할 때

$$\therefore \; \tau_0 = 0.0225 \rho U_\infty^2 \left(\frac{\delta U_\infty}{\nu} \right)^{-\frac{1}{4}}$$

$$\fallingdotseq 0.023 \times 1,000 \times 20^2 \left(\frac{8.1 \times 10^{-3} \times 20}{1.4 \times 10^{-6}} \right)^{-\frac{1}{4}}$$

$$\fallingdotseq 498.82\text{N}/\text{m}^2$$

1 역압력구배

실제유체가 [그림 6-5]와 같은 물체 주위를 유동할 때 점성마찰 때문에 표면에 경계층이 생성한다. 경계층 내의 압력분포는 한계면 바로 밖의 자유유동의 압력분포와 일치한다. 점 A에서 유체가 갖는 에너지(정체압력 에너지)는 AB면을 따라 유체가 유동하는 사이에 운동에너지로 전환되어 한계면 바로 안까지 속도는 단계적으로 증가하는 반면에 압력은 단계적으로 감소하여 순압력구배가 된다. 그러나 이때 경계층 내에서의 마찰손실 때문에 최소 압력점은 B가 아니라 B보다 약간 앞에 있는 점이 된다. 유체가 점 B를 지나 BCD면을 따라 유동하면 점 B에서 가지고 있던 운동에너지는 압력에너지로 회복되어 경계층의 한계면에서의 유속은 단계적으로 감소되는 반면에 압력은 단계적으로 증가되어 압력구배는 역압력구배로 된다. 따라서 경계층 내의 압력분포도 AB면에 연해서는 순압력구배($\partial P/\partial x < 0$), BCD면을 연해서는 역압력구배($\partial P/\partial x > 0$)가 된다.

순압력구배
역압력구배

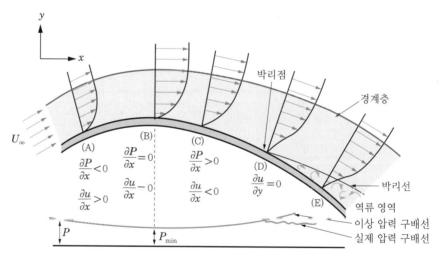

[그림 6-5] 곡면좌표계에서 역압력구배와 박리현상

2 박리(separation)와 후류(wake)

　실제유체가 날개 상면을 따라 흐를 때 경계층 내에서 점성마찰에 의한 에너지 손실이 존재하기 때문에 유체입자가 날개로 흘러가는 사이에 압력에너지의 감소는 전부 운동에너지로 전환되지 못하고 일부는 손실에너지로 소산된다. 즉, 점차적으로 유체의 운동에너지는 하류로 흘러감에 따라 전부 압력에너지로 회복되지 못하고 일부는 역시 손실로 소산되어 버린다. 이로 인하여 경계층 내의 유체입자가 갖는 운동량을 마찰이 없는 경우에 비하면 마찰손실에 해당하는 것만큼 작아진다. 이 운동량의 감소로 인하여 유체입자가 역압력구배 영역에 들어오면 하류로부터 가해지는 압력을 이겨낼 수 없게 되고, 유체입자는 역압력구배 영역의 어느 지점에서 정지하게 된다. 즉 $|\partial u/\partial y|_{y=0} = 0$이 되는 점이 존재한다. 상류에서는 계속해서 유체입자가 흘러 들어오고, 하류에서도 계속해서 유체입자가 역류되어 결국 경계면으로부터 이탈하게 된다. [그림 6-6]에서 보는 바와 같이 이러한 현상을 박리(separation)이라 하고, 박리가 일어나는 점을 박리점(separation point)이라 한다. 그러므로 박리는 역압력구배 영역에서만 발생한다. 박리점 하류에 생기는 불규칙한 회전유동구역을 박리영역(separated region)이라 하고 날개 상면과 하면을 각각 흘러내려간 유체가 다시 합쳐지면서 속도구배가 큰 회전유동이 발생한다. 이 유동 양상을 후류(wake)라고 한다.

박리(separation)

박리점(separation point)

후류(wake)

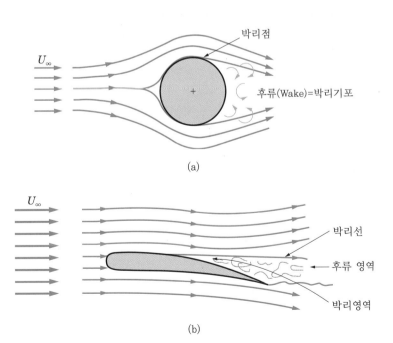

(a)

(b)

[그림 6-6] 물체 표면에서의 박리와 후류

3 층류와 난류에서의 박리현상

경계층이 층류인가 난류인가는 박리점을 결정하는 데 매우 중요하다. [그림 6-7]은 두 가지의 속도 형태이다. 속도 형태에서 벽면에 가까운 점을 생각하면 난류일 경우가 층류보다 운동에너지가 많게 된다. 난류는 활발한 모멘텀 교환으로 흐름단면에 대하여 속도가 균등하게 된다.

역류와 박리(reversal flow and separation)

만약 두 단면에 대하여 역압력구배가 걸리면 경계에서 속도가 느려지면서 역류와 박리(reversal flow and separation)가 층류 경계층에서 먼저 일어나게 될 것이다. 다른 말로 말하면 난류 경계층이 역압력구배를 더 잘 견딜 수 있다. 이것의 예가 [그림 6-7]의 실린더에서 잘 나타나 있다.

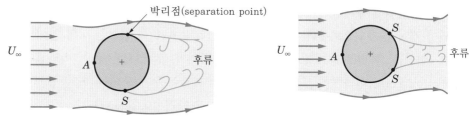

(a) 층류 박리(laminar separation) (b) 난류 박리(turbulent separation)

[그림 6-7] 실린더 기둥

층류 박리
(laminar separation)

난류 박리
(turbulent separation)

층류 경계층인 경우 박리는 거의 실린더 중앙에서 일어나게 되며, 실린더 뒤는 최소압력을 갖게 된다.

난류 경계층인 경우 실린더 앞부분에서 이미 난류 경계층으로 바뀌었다면, 결과적으로 난류 경계층이 박리현상을 늦게 나타낼 것이다. 박리현상이 늦는 동안에 압력은 상승되어 압력에 의한 항력은 난류가 더 적게 될 것이다.

층류 경계층인 경우에서 실린더를 거칠게 하면 이로 인해 난류 경계층이 실린더 앞부분에서 생긴다. 이러한 경우 항력이 줄어든다.

6.4 각종 단면의 항력과 양력

1 항력(drag force)

유동속도의 방향과 같은 방향의 저항력을 항력이라 하고 점성에 의한 항력과 압력에 의한 항력의 합이 전항력의 크기이다. 여기서 전항력이란 점성력과 전압력을 합한 양으로 많은 경우 이 두 가지 중 한 가지가 지배적이다.

한 예로 평판이 흐름에 대하여 같은 방향일 경우 [그림 6-8(a)] 압력구배는 없으므로 오직 점성항력 뿐이다. 실린더 기둥인 경우에는 90%가 압력에 의한 것이고, 나머지가 점성력에 의한 것이다. 이 마찰에 의한 항력(F_D)은 다음의 식으로 나타낼 수 있다.

$$F_D = -\int_A \tau_w dA \tag{6.11a}$$

또 평판을 흐름에 대하여 직각으로 세워두면 [그림 6-8(b)] 압력항력이 이 물체에 작용하는 전항력이 된다. 이런 경우 항력(F_D)을 다음과 같은 식으로 표기하면 편리하다.

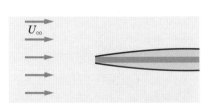 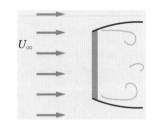

(a) 흐름에 평행한 평판(마찰항력)　　(b) 흐름에 대한 직각인 평판(압력항력)

[그림 6-8] 마찰항력과 압력항력

즉

$$F_D = \int_A P dA \tag{6.11b}$$

의 식으로 주어진다. 이러한 형상에 대하여 유동은 평판 선단에서 박리가 발생하고, 압력구배가 낮아지는 구역에서는 후류 등과 같은 역류가 있다. 이와 같은 경우 유동양상은 매우 복잡하여 해석적으로 구하기 어렵다. 이상과 같이 예리한 모서리를 갖는 모든 물체의 경우 그 물체의 형태에 따라 박리점이 고정되고 레

(우측 여백 주석)
항력(drag force)

점성항력

전항력

항력계수 이놀즈 수 $Re > 1,000$에 대하여 항력계수 C_D는 레이놀즈 수와 무관하다. 이것은 평판의 가장자리에서 유동이 박리되기 때문이다. 따라서 단면적 A가 유동에 대하여 수직한 유동에서는 F_D는 다음 식과 같다.

$$F_D = D = C_D \frac{\gamma U_\infty^{\;2}}{2g} A$$

$$= C_D \rho A_D \frac{U_\infty^{\;2}}{2} \tag{6.12}$$

투영면적 여기서, A_D : 물체의 유체유동방향에 대한 물체의 수직투영면적

U_∞ : 유체의 자유유동 속도, C_D : 항력계수

항력(drag)

양력(lift) 다음은 [그림 6-9]와 같이 3차원 물체에서는 항력(drag)과 양력(lift)이 동시에 존재할 수 있다. 이때 항력은 상류속도와 같은 방향의 힘이고, 양력은 상류속도와 수직인 방향의 힘이다.

따라서 그림과 같이 상류속도 U_∞와 α각 만큼 기울어진 날개에서 작용하는 힘은 압력에 의한 힘과 점성력에 의한 힘의 합이다.

그 크기는 미소면적 dA에 작용하는 dF_x와 dF_y가 있고 이것을 적분하면 합력 F_D와 양력 F_L와 같다.

$$F_x = F_D = \int_A P \sin\theta \, dA + \int_A \tau_w \cos\theta \, dA \tag{6.13}$$

$$F_y = F_L = \int_A P \cos\theta \, dA + \int_A \tau_w \sin\theta \, dA \tag{6.14}$$

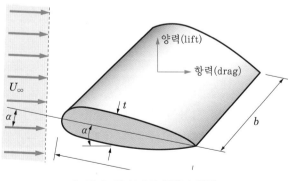

[그림 6-9] 날개의 항력과 양력

2 스토크스 법칙(Stokes law)

구나 원주 주위의 유동에서 전항력은 표면항력(점성항력)과 압력항력이 복잡하게 발생한다. [그림 6-11]은 같은 구와 원형 실린더 주위를 유체가 흐를 때 항력계수를 레이놀즈 수의 함수로 표시한 것이다. 그림에서 $10^5 < Re < 10^6$ 범위에서 C_D가 감소하는 부분이 보인다. 이것은 속도 증가에 따라 실제 항력은 감소하고 이 범위에서 속도 증가가 물체의 안정된 비행 제어를 힘들게 함을 말하는 것이다.

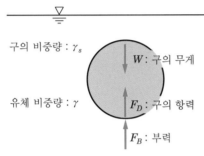

[그림 6-10] 구의 항력

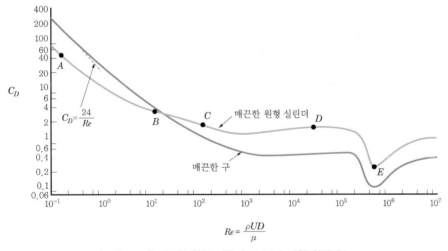

$$Re = \frac{\rho U D}{\mu}$$

[그림 6-11] 매끈한 원형 실린더 및 구에 대한 항력계수

보통 레이놀즈 수 1,000 이하에서는 점성력이 크게 대두되게 된다. 특히 레이놀즈 수가 1 이하인 유동에서는 구로부터 박리가 발생하지 않고 후류도 층류유동이 되어 항력은 역시 표면항력인 마찰항력이 지배한다. 따라서 레이놀즈 수 1 이하에서는 스토크스 해석에 의해 항력이 다음처럼 주어지게 된다.

유체 속의 구의 저항력은 비압축성 점성유동에서 $R_e \leq 1$일 때 F_D가

$$F_D = 3\pi\mu U_\infty d \tag{6.15}$$

여기서, d : 구의 직경

U_∞ : 구의 자유낙하 속도

구에 대한 항력

Re가 1 이하를 제외하고는 다 실험에 의하여 구한 값이고, 식 (6.15)는 구에 대한 항력을 구하는 식이다. 그리고 이 식을 항력계수의 정의식에 적용하면 항력계수 C_D는 다음과 같다.

항력계수

$$C_D = \frac{24}{Re} \tag{6.16}$$

낙하구의 종속도

또 일정 속도로 낙하할 때 낙하구의 종속도 U_∞는 [그림 6-10]으로부터 아래 식과 같이 된다.

$$\sum F_y = 0 \ ;$$
$$W = F_B + F_D$$
$$\gamma_s \frac{\pi d^3}{6} = \gamma \frac{\pi d^3}{6} + 3\pi\mu \cdot d \cdot U_\infty$$
$$\therefore \ U_\infty = \frac{(\gamma_s - \gamma)d^2}{18\mu} \tag{6.17}$$

여기서 γ_s : 구의 비중량, γ : 유체의 비중량

이다. 유선형인 경우 후류영향이 거의 없고 반유선형인 경우 거기에는 많은 후류가 생기는 것을 알 수 있었다. 따라서 전자는 점성력이 항력이 되고 후자인 경우 압력에 의한 항력이 크게 작용하게 된다.

자동차가 등속으로 달리는 경우 차에 걸리는 저항은 공기저항과 타이어와 도로와의 마찰 저항에 의한 구름저항이 있게 된다. 저속유동에서는 구름저항이 크게 되지만 고속으로 갈수록 공기저항이 크게 작용하게 된다.

3 양력(lift force)

앞의 [그림 6-9]에서와 같이 날개에 각도를 주면 상단 윗부분을 흐르는 공기는 가속되고 부압(negative pressure)이 걸리므로 이 압력차에 의해 날개에 양력이 생기게 된다. [그림 6-12]와 같은 그림에서 양력이 발생하는 단계를 알아보면 다음과 같다. 즉, [그림 6-12(a)]는 양력은 없고 뒷 정체점은 윗면에 위치한다. [그림 6-12(b)]는 시동와류가 형성되며 작은 양력이 존재하면서 날카로운

부압(negative pressure)

시동와류

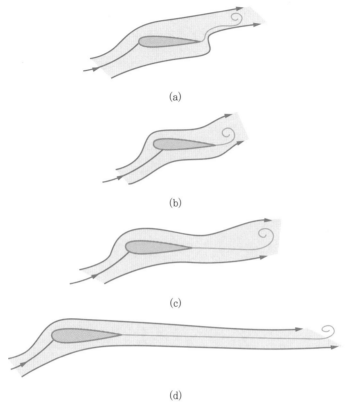

(a)

(b)

(c)

(d)

[그림 6-12] 양력 발생의 단계

후연은 박리를 유발한다. [그림 6-12(c)]에서는 시동와류가 떨어져 나가고 유선
은 후연으로 매끄럽게 흐르면서 약 80% 정도의 양력이 발생된다.

결국 [그림 6-12(d)]에서 시동와류(starting vortex)가 멀리 떨어져 나가고
뒷전와류(trailing vortex)는 매우 매끄러우며 완전히 양력이 발생하게 된다. 따
라서 유동속도 방향과 수직방향으로 작용하는 저항력인 양력의 크기는 다음과
같다.

뒷전와류(trailing vortex)

$$F_L = L = C_L \frac{\gamma U_\infty^2}{2g} A_L$$

$$= C_L \rho A_L \frac{U_\infty^2}{2} \tag{6.18}$$

여기서, U_∞ : 유체의 자유유동 속도(＝물체의 속도)

A_L : 유체 유동방향에 대한 물체의 수직투영면적(날개의 평면 면적)

C_L : 양력계수

양력계수

비행날개의 각도를 높일수록 상단표면에서는 점점 더 가속되고 날개의 상단표면에 최소 압력이 나타나게 된다. 이 과정 동안 박리점은 결국 앞으로 이동하게 된다.

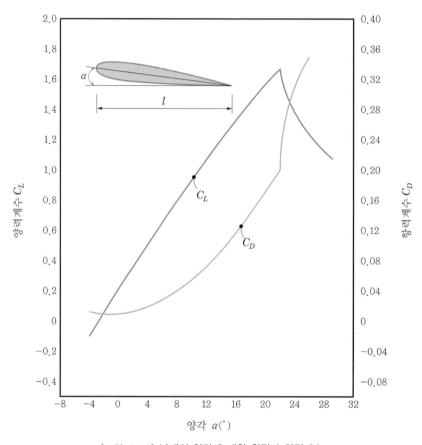

[그림 6-13] 날개의 양각에 대한 항력과 양력계수

어느 각도 이상에서부터는 양력이 감소하는데, 이를 스톨(stall) 또는 실속이라 부른다. 비행날개의 설계와 운전에서는 양력뿐만 아니라 항력도 고려해야 한다. [그림 6-13]은 날개의 양각에 대한 양력계수와 항력계수의 곡선이다.

날개의 양력계수와 항력계수는 모두 레이놀즈 수와 양각 α의 함수이다. 양각이 증가하면 양력계수도 증가한다. 그러나 양각이 계속하여 증가하다가 어느 양각에서 양력계수가 급격히 감소한다. 이와 같이 C_L이 갑자기 떨어질 때 날개가 실속(stall)되었다고 부른다. 실속이란 비행체의 날개표면을 흐르는 기류의 흐름이 날개 윗면으로부터 박리되어 그 결과 양력의 감소를 말하는 것으로 항력증가로 비행유지가 곤란하게 되는 현상이다. 전연과 후연을 잇는 익현선이 대칭이 아닐 때 익형(airfoil)은 캠버(camber)가 있다고 한다. 여기서 캠버란 익형이 위쪽으로 볼록 모양으로 만곡하는 것을 말하고, 캠버 선은 날개의 윗면과 아랫면 사이의 중간되는 선을 말하고 캠버가 있는 날개에서는 양각이 없어도 양력이 발생한다.

캠버(camber)

예제 6.4

크기가 1.8×2.4m인 안내판에 바람이 직각으로 22.5m/s의 속도로 불고 있다. 비중량이 12N/m³일 때 이 안내판에 걸리는 항력[kN]은 얼마인가? (단, C_D=1.20이다.)

풀이 정지된 판에 물제트가 부딪치는 경우, 아래와 같이 힘이 작용함을 알 수 있었다.

$$F_x = \Delta(m V_x) = (\rho A V_x)\cdot(V_x) = \rho A V_x^2$$

정지된 안내판은 많은 공기에 영향을 주게 된다. 물제트와 같이 x − 방향의 운동량이 0이 되지 않는다. 또한, 유체 속을 물체가 움직이는 경우나 유체가 불어오는 경우나 항력은 같게 된다. 중요한 것은 상대속도이다.

항력계수(C_D)의 정의로부터

$$\text{힘 } F = C_D \rho A \frac{U_\infty^2}{2}$$

$$\text{또는 } F = C_D \gamma A \frac{U_\infty^2}{2g}$$

$$\therefore F = 1.20 \times \left(\frac{12}{9.8}\right) \times (1.8 \times 2.4) \times \frac{22.5^2}{2} = 1,606.78\text{N}$$

$$\fallingdotseq 1.61\text{kN}$$

예제 6.5

몸무게 70kg인 사람이 직경 5.5m인 낙하산을 이용해서 비행기로부터 내려오고 있다. 낙하산의 무게는 무시하며 항력계수를 1로 볼 때, 최대 속도[m/s]는 얼마인가? (단, γ=12N/m³이다.)

풀이 낙하산에 작용하는 힘은 몸무게와 항력이 될 것이다.

$$W = C_D \rho A (U_\infty^2/2)$$

$$\rightarrow 70 \times 9.8 = 1.0 \left(\frac{12}{9.8}\right) \left(\pi \times \frac{5.5^2}{4}\right) \times \frac{U_\infty^2}{2}$$

$$\therefore U_\infty = 6.87\text{m/s}$$

예제 6.6

직경 12mm인 전선이 풍속 27.5m/s인 대기 속에 놓여 있다. 단위길이당 걸리는 항력[N]은 얼마인지 계산하라. (단, $\nu = 1.486 \times 10^{-5}$ m²/s이다.)

풀이 상태방정식에서 비중량을 계산하면

$$\gamma = 12.02\text{N/m}^3$$

$$Re = \frac{VD}{\nu} = \frac{27.5 \times 0.012 \times 10^5}{1.486} = 22,200$$

[그림 6-11] 선도로부터 항력계수를 구하면

$$C_D = 1.25$$

$$\therefore \ F_D = C_D \rho A \frac{{U_\infty}^2}{2} = 1.25\left(\frac{12.02}{9.8}\right)(1 \times 0.012)\frac{27.5^2}{2}$$

$$= 6.957\text{N}$$

예제 6.7

무게 18,000N의 비행기가 속력 45m/s로 날고 있다. 날개의 면적은 28m²이며, 양력계수는 양각이 0°일 때 0.35이고, 6°일 때 0.85까지 선형적으로 변할 때 이 비행기 양각은 얼마인가? (단, $\gamma = 12$N/m³이다.)

풀이 수직방향에 대한 힘의 평형을 고려하면

양력 − 무게 = 0 또는

$$W = F_L = C_L \rho A \frac{V^2}{2} \Rightarrow 18,000 = C_L \times \left(\frac{12}{9.8}\right) \times 28 \times \frac{45^2}{2}$$

$$\rightarrow C_L \fallingdotseq 0.52$$

$$C_L = \frac{\alpha}{12} + 0.35 = 0.52$$

$$\therefore \ \alpha = 2.04°$$

예제 6.8

소형비행선 표면적 기준으로 $R_{eL} > 10^6$일 때 항력계수는 대략 $C_D = 0.006$으로 알려져 있다. 이때 소형비행선의 길이가 80m이고 표면적이 3,500m² 정도라면 고도 1km에서 비행속도 20m/s로 비행하는 데 필요한 비행선의 동력(kW)을 예측해 보라. (단, 1,000m 고도에서 공기의 점성계수 $\mu = 1.75 \times 10^{-5}$ kg/m · sec이다.)

풀이 부록 [표 1-6]으로부터 고도 1,000m에서 공기의 밀도는 $\rho = 1.114$ kg/m³ $\left(\dfrac{\rho}{\rho_0} = 0.9075, \rho_0 = 1.2250 \right)$, 공기의 온도는 $T = 281.7$K이다.

먼저, $R_{eL} = \dfrac{\rho U_\infty L}{\mu} = \dfrac{1.114 \text{kg/m}^3 \times 20 \text{m/sec} \times 80 \text{m}}{1.75 \times 10^{-5} \text{kg/m} \cdot \text{sec}}$

$\qquad \fallingdotseq 101.85 \times 10^6 > 10^6$: 주어진 항력계수 값은 유효한 값이다.

따라서 항력 F_D를 구하면,

$$F_D = C_D \rho A \frac{U_\infty^2}{2} = 0.006 \times 1.114 \times 3{,}500 \times \frac{(20)^2}{2}$$

$$= 4{,}678.8 \text{N이다.}$$

$$H_W = F \cdot V = 4{,}678.8 \times 20 = 9{,}3576 \text{N} \cdot \text{m/sec} = 93{,}576 \text{W}$$

$$\therefore H_{kW} = \frac{93{,}576 \text{W}}{1{,}000 \text{W/kW}} \fallingdotseq 93.58 \text{kW}$$

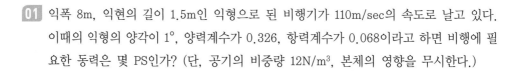
01 익폭 8m, 익현의 길이 1.5m인 익형으로 된 비행기가 110m/sec의 속도로 날고 있다. 이때의 익형의 양각이 1°, 양력계수가 0.326, 항력계수가 0.068이라고 하면 비행에 필요한 동력은 몇 PS인가? (단, 공기의 비중량 12N/m³, 본체의 영향을 무시한다.)

02 높이 8m, 지름이 80cm인 굴뚝이 2m/sec의 속도로 부는 바람을 축심과 수직으로 받을 때 저항은? (단, 항력계수 0.6, 공기의 비중량 12.3N/m³이다.)

03 레이놀즈 수가 0.6보다 작을 때의 구(球)의 항력을 구하는 식과 기름의 $\nu = 1.19 \times 10^{-3} \mathrm{m^2/s}$, $\gamma = 8,400\mathrm{N/m^3}$의 유체 속에서 구의 $d = 5\mathrm{cm}$가 떨어질 때 구에 작용하는 항력의 크기[N]를 구하라. (단, 구의 지름은 d, 구의 속도는 U_∞, 유체의 점성계수는 μ라 한다.)

04 20m/sec의 속도로 공기 속을 지름이 5cm인 공이 날 때 항력[N]은 얼마인가? (단, 공기의 비중량은 12N/m³이고, 항력계수는 0.4이다.)

01 직경이 10cm인 원관 속에 비중이 0.85인 기름이 유량 0.01m³/s로 흐르고 있다. 이 기름의 동점성계수가 1.5×10^{-5}m²/s일 때 이 흐름상태는?

02 $\nu = 15.68 \times 10^{-6}$m²/sec인 공기가 평판 위를 1.5m/sec의 속도로 흐르고 있다. 선단으로부터 30cm되는 곳에서의 R_x는 얼마인가?

03 지름 1cm의 원관에 유속 1.2m/sec의 물이 흐르고 있다. 이때 물의 동점성계수 $\nu = 1.788 \times 10^{-6}$m²/sec라 하면 레이놀즈 수는 얼마인가?

04 실험실 풍동에서 날개의 무게가 220N인 비행날개의 면적을 구하면 몇 m²인가? 이때 풍속은 27m/s이며, 양각 5°, 양력계수 0.725이다. (단, $\gamma = 12$N/m³이다.)

05 매우 낮은 레이놀즈 수에서 구에 걸리는 항력계수를 구하는 식은? 만약 레이놀즈 수 0.9이고 $\nu = 1.1 \times 10^{-3}$m²/s, $d = 6$cm일 때 구의 낙하속도는 몇 m/s인가?

06 크기 1.2×1.2m인 평판에 6.7m/s의 속도로 면에 수직으로 바람이 불고 있다. 표준 대기압의 20℃ 공기가 불어 올 경우 항력은? (단, $\gamma = 12$N/m³이고, $C_D = 1.16$이다.)

07 무게 11N, 면적 0.75m²인 방패연이 속도 9m/s로 불어오는 바람 속에서 양각 8°로 날고 있다. 연줄에 걸리는 장력이 30N일 때 양력계수와 항력계수는 각각 얼마인가? ($\gamma = 11.8$N/m³)

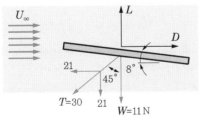

08 투수 C는 야구공을 시속 150km/h까지 던진다고 한다. 야구공의 직경을 6cm로 볼 때, 항력과 소비동력[Ps]을 구하라. (단, 공기의 점성계수 $\nu = 1.4 \times 10^{-5}$m²/s, $\rho = 1.2$kg/m³, 구의 항력계수 $C_o = 0.42$[그림 6-11로 부터]로 한다.)

09 [문제 8]에서 투수에서 포수까지의 거리를 20m로 본다면 얼마의 속도로 포수의 손에 들어오겠는가?

01 폭이 B이고 길이가 L인 매끈한 평판을 평행류 속에 유동방향과 평행하게 놓았을 때 평판 한쪽 면에 작용하는 표면마찰항력[N]을 구하라.

02 폭 2m, 길이 2.4m인 평판이 평행류 속에 평행하게 놓여 있다. 양쪽면에 작용하는 항력[N]을 각 경우에 대하여 구하라.
   (1) 평행류의 속도가 1.2m/s인 경우
   (2) 평행류의 속도가 9m/s인 경우 (단, 여기서 유체는 공기이며, $\rho = 1.24\text{kg/m}^3$, $\mu = 1.789 \times 10^{-5}\text{N·sec/m}^2$이다.)

03 폭 6m, 길이 45m의 밑면을 가진 평저선(flat botlomedbarge)이 정지한 물 15℃ 위에서 16km/hr의 속력으로 예인되고 있다.
   (1) 이 평저선의 밑면에 작용하는 표면마찰항력은 얼마인가?
   (2) 5×10^5을 임계 Reynolds 수라 할 때 배의 선단으로부터 층류 경계층의 길이는 얼마인가?
   (3) 이 층류층의 종단에서 층의 두께는 얼마인가?
   (4) 배 밑바닥 후미에서의 경계층 두께는 근사적으로 얼마인가? (단, $(C_D)_s = 0.00197$이다.)

04 실험실 풍동에서 날개의 무게가 220N인 비행날개의 면적을 구하라. 이때 풍속은 27m/s이며, 앙각 5°, 양력계수 0.725이다. (단, $\gamma = 1.2\text{kgf/m}$이다.)

05 크기 1.2×1.2m인 평판에 6.7m/s의 속도로 이면에 수직으로 바람이 불고 있다.
   (1) 표준대기압의 20℃ 공기가 불어 올 경우 항력[N]은? (단, $\gamma = 12\text{N/m}^3$이다.)
   (2) 15℃의 물일 경우 항력[N]은? (단, $C_D = 1.16$이다.)

06 앙각 12°, 크기 1×1.2m 평판이 13.5m/s로 불어오는 바람 속에 놓여 있다. 항력계수 $C_D = 0.17$, 양력계수 $C_L = 0.72$를 이용해서 각 경우에 대한 값을 구하라.
   (1) 공기가 평판에 미치는 항력[N]
   (2) 평판에서의 마찰력[N]
   (3) 평판이 계속 날기 위한 동력($\gamma = 12\text{N/m}^3$)

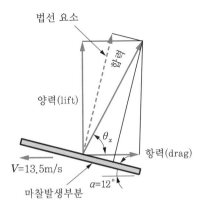

법선 요소

응력

양력(lift)

θ_x

항력(drag)

V=13.5m/s

마찰발생부분

α=12°

07 매우 낮은 레이놀즈 수에서 구에 걸리는 항력계수를 구하는 공식을 보여라.

08 무게 11N, 면적 0.75m²인 가오리연이 속도 9m/s로 불어오는 바람 속에서 앙각 8°로 날고 있다. 연줄에 걸리는 장력이 30N일 때 양력계수와 항력계수는 각각 얼마인가? (단, $\gamma = 11.8$N/m³이다.)

09 국내 C라는 투수는 야구공을 시속 150km/h까지 던진다고 한다. 야구공의 직경을 6cm로 볼 때, 항력[N]과 소비동력[Ps]을 구하라. (단, 공기의 점성계수 $\nu = 1.4 \times 10^{-5}$m²/s, $\rho = 1.2$kg/m³이다.)

10 [문제 9]에서 투수에서 포수까지의 거리를 20m로 본다면 얼마의 속도[km/h]로 포수의 손에 들어오겠는가?

11 높이 22m, 직경이 0.9m인 원통형 굴뚝에 풍속 16m/s의 바람이 불고 있다. 굴뚝 밑면에 걸리는 굽힘 모멘트[N·m]는 얼마인가? (단, $\gamma = 12$N/m³, $\nu = 1.79 \times 10^{-5}$m²/s이다.)

12 직경 0.1mm인 기포가 부력으로 인하여 떠오르고 있다. 이 기포의 상승속도[m/s]는 얼마인가? (단, 물의 동점성계수는 1.4×10^{-6}m/s이며, 기포의 밀도는 무시한다.)

Fluid Mechanics

제 **7** 장

차원해석과
상사법칙

실험장치를 설계하고 주어진 데이터를 정리하기 위해 차원해석법이 주로 사용되나, 이론해석을 연구하는 데에도 많이 사용된다. 근본적으로 어떤 현상을 나타내는 복잡한 변수를 간단한 몇 개의 변수로 나타내는 것을 차원해석법이라 한다.

유체역학에서는 4개의 기본차수가 쓰이며, MLTθ계에서는 질량[M], 길이[L], 시간[T]과 온도[θ]가 쓰이며 FLTθ계에서는 힘[F]이 질량을 대신한다.

비록 차원해석법이 여러 개의 변수를 몇 개의 무차원으로 나타내는 것이 목적이지만, 차원해석법은 여러 가지 유리한 조건들을 가지고 있다.

첫째로, 많은 시간과 노력을 절약할 수 있다.

둘째로, 차원해석은 우리의 사고와 이론 또는 실험설계에 도움을 준다. 또한 여러 개의 변수 중에서 필요없는 항을 버리고 방정식을 무차원으로 표시함으로써 컴퓨터에 드는 비용을 절감할 수 있다.

셋째로, 실제 물건을 제작할 경우 여기에 걸리는 힘이라든지 양력을 구할 경우 실제 모델을 만들게 되면 비용이 많이 든다.

따라서 차원해석법을 쓰면 실제 모형보다 작은 모형을 제작하여도 되므로 많은 원가절감을 할 수 있다. 실제 모형을 어떻게 작은 모형으로 제작하고 주위의 환경을 어떻게 만들 것인가 하는 방법을 차원해석법으로 구할 수 있는 것이다.

예를 들면 비행기 날개를 제작할 경우 실제 모델보다 작은 모델을 만들어서 여기에 걸리는 양력을 계산함으로써 실형 모델에 걸리는 양력을 예측 계산할 수가 있다. 이렇게 실형과 모형 간의 관계를 구하는 법칙을 상사법칙이라 한다.

비록 차원해석법이 수학적인 기초와 물리적 기반이 매우 튼튼하다고 하더라도 능숙하게 사용하기 위해서는 상당한 기술과 숙련이 필요하다.

역사적으로 처음 차원과 단위에 대하여 물리적인 이론을 주구한 사람은 1875년 오일러(Euler)이다. 1877년에는 레일리경이 "음성이론"에서 차원해석을 이용하여 문제를 해결했다.

마지막으로 우리가 잘 알고 있는 π정리가 1914년 버킹햄(Buckingham)에 의해 발표되었다.

7.2 차원 동차성의 원리

물리량의 관련식에 있어서 "우변과 좌변의 차원은 같다"는 동일 차원의 원리 동일 차원의 원리
는 유체역학뿐만이 아니고 모든 분야에 적용할 수 있는 원리로 다음과 같이 설
명할 수 있다.

'만약 물리적인 관계를 표시하는 변수들이 적당한 관계를 갖고 있으면, 더하는
각 항들의 차원은 동일한 차원을 갖는다.'

역학에서 유도되는 모든 식들이 이러한 형태를 갖는다. 예를 들면, 비압축성
유동에서 베르누이 방정식을 생각하면

$$\frac{P}{\gamma} + \frac{V^2}{2g} + Z = c\,(일정) \tag{7.1}$$

첫째 항 : $\dfrac{P}{\gamma}\{=\mathrm{F/L^2/F/L^3}=[\mathrm{L}]\}$

둘째 항 : $\dfrac{V^2}{2g}\{=\mathrm{L^2/T^2/L/T^2}=[\mathrm{L}]\}$

셋째 항 : $Z\{=[\mathrm{L}]\}$

위에서 모든 항들 역시 길이 [L]의 차원을 갖는다.

1 멱-적 방법에 의한 차원해석

멱-적 방법

비압축성 점성유체가 원관 내로 흐를 때 단위길이당 압력강하 $\dfrac{\Delta P}{l}$를 생각해
보자. $\dfrac{\Delta P}{l}$는 실험에 의하면 관의 지름 d가 작을 때, 유속 u가 빠를 때 크게 나
타난다. 또한 유체의 점성계수 μ와 밀도 ρ에 의해서도 크게 영향을 받는다. 이
것을 함수형으로 표시하면

$$\frac{\Delta P}{l} = f(d,\ u,\ \rho,\ \mu) \tag{7.2}$$

위의 식에서 물리량들의 차원은 서로 상이하므로 차원의 동차성원리에 의하여
어떤 물리량을 더하거나 뺄 수가 없다. 따라서 함수 $f(d,\ u,\ \rho,\ \mu)$는 각각 물리
량의 멱수(冪數 ; power)의 곱, 즉 거듭제곱 형식의 다음 식과 같이 나타낼 수 거듭제곱 형식
있다.

$$\frac{\Delta P}{l} = K d^a u^b \rho^c \mu^d \quad (K : \text{무차원 상수}) \tag{7.3}$$

<u>멱수의 곱</u>　위와 같이 함수를 멱수의 곱으로 나타내어 차원해석하는 방법을 멱적방법(power－product method)이라 한다.

식 (7.3)의 좌변과 우변을 기본차원(M.L.T)으로 표시하면

$$\left[\frac{ML^{-1}T^{-2}}{L}\right] = \left[\frac{M}{L^2T^2}\right] = K[L]^a \left[\frac{L}{T}\right]^b \left[\frac{M}{L^3}\right]^c \left[\frac{M}{LT}\right]^d$$

<u>차원방정식</u>　가 된다. 이것을 차원방정식이라 한다. 차원의 동차성원리에 의하면 우변의 차원은 좌변의 차원과 같아야 한다. 즉, 각 차원의 거듭제곱의 지수를 구하면 다음과 같다.

$$1 = c + d,$$
$$-2 = a + b - 3c - d,$$
$$-2 = -b - d$$

위의 방정식을 연립으로 풀면

$$a = -1 - d, \ b = 2 - d, \ c = 1 - d$$

가 되고 식 (7.2)는 다음과 같이 된다.

$$\frac{\Delta P}{l} = K d^{-1-d} u^{2-d} \rho^{1-d} \mu^d = K \left(\frac{\rho u^2}{d}\right) \left(\frac{\mu}{\rho u d}\right)^d \tag{7.4}$$

이것이 차원해석에 의하여 멱적 방법으로 구해진 방정식이다. 따라서 실험에 의해 K, d가 구해지면 이 식은 완전한 실험식으로 사용할 수 있게 된다. 실험결과 $K = 32$, $d = 1$이 된다. 유체역학에서 많이 사용되는 물리량의 차원은 뒤에 있는 [표 7-1]로 주어졌다.

❷ 차원과 무차원수의 결정

물리에서 사용되는 모든 변수는 차원을 갖는다. 때때로 어떤 변수는 무차원을 갖는다. 예를 들면 $P = \gamma h$에서 γ와 h는 알고 있는 차원이고, P의 차원은 모른다고 하면 P의 차원을 F.L.T차원의 형식으로 나타낼 수 있다.

P의 차원은 $[\gamma$차원$] \times [h$의 차원이다$] = [F/L^3][L] = [F/L^2]$

그러므로 P의 차원은 $[\text{F/L}^2]$이 된다.

다음의 [표 7-1]과 같이 물리량의 각종 변수들은 차원을 갖게 된다. 그러나 변수들을 조합하면 무차원수가 생기는데, 이 변수들 중의 특수한 조합을 만든 사람의 이름을 따서 [표 7-2]와 같이 무차원수로 부르게 된다. 무차원수

작은 튜브를 낮은 속도(층류)로 흐르는 유량 Q를 파이프 반경 r_0, 유체의 점성계수 μ와 단위길이당의 압력강하 dP/dx의 함수임을 알았다. 멱적법(power-product method)을 써서 주어진 변수 함수 $Q = f(r,\ \mu,\ dP/dx)$를 무차원의 꼴로 나타내어 보면 다음과 같다.

먼저 변수들을 기본차원으로 표시하면 기본차원

$$Q = \{\text{L}^3\text{T}^{-1}\},\ r = \{\text{L}\},$$
$$\mu = \{\text{ML}^{-1}\text{T}^1\},\ \frac{dP}{dx} = \{\text{ML}^{-3}\text{T}^{-2}\} \tag{7.5a}$$

Q는 유량의 차원이고, 차원의 동차성의 원리에 의해서 함수 f는 유량이 되어야 한다. 함수 f_1을 변수의 곱으로 보면

$$f_1 = (c)(r)^a(\mu)^b\left(\frac{dP}{dx}\right)^c \tag{7.5b}$$

또는 식 (7.5b)의 좌변과 우변을 기본차원(MLT)으로 나타내면

$$\{\text{L}^3\text{T}^{-1}\} = \{\text{L}\}^a\{\text{ML}^{-1}\text{T}^{-1}\}^b\{\text{ML}^{-2}\text{T}^{-2}\}^c$$

이다. 위 식의 각 차원에 대해 거듭제곱의 지수를 풀면 다음과 같다.

길이 : $3 = a - b - 2c$
질량 : $0 = b + c$
시간 : $-1 = -b - 2c$

위의 3개의 미지수를 갖는 방정식 3개를 연립으로 풀면 지수는 다음과 같다.

$$a = 4,\ b = -1,\ c = 1$$

여기서는 다른 무차원수가 있을 수 없다. 오직 한 개의 승적법만 있을 따름이다. 승적법
따라서 식 (7.5a), 식 (7.5b)는

$$Q = (c)\frac{r^4}{\mu}\frac{dP}{dx} \tag{7.6}$$

이 된다. 여기서 상수는 무차원수이며 앞의 5장(식 5.10)에서 $c = \dfrac{\pi}{8}$를 가짐을 알 수 있다.

음파 속도   다음은 물에서의 음파속도 a는 물의 밀도 ρ, 깊이 h, 파장 λ와 중력가속도 g의 함수이다. 이것을 변수형 함수로 쓰면

$$a = f(\rho, \; h, \; \lambda, \; g) \tag{7.7a}$$

이다.

   멱적법(the power-product method)을 써서 위의 식을 무차원 꼴로 나타내고,

기본차원   또 이러한 가정이 제대로 됐는지 판단해보자. 이 양들을 기본차원으로 나타내면

$$a = \{LT^{-1}\}, \; \rho = \{ML^{-3}\},$$
$$h = \{L\} \; \lambda = \{L\}, \; g = \{LT^{-2}\}$$

이다. 이때 함수 f는 속도의 차원을 갖고, 함수 f_1과 같이 변수의 곱으로 나타내면 아래의 식과 같다.

$$f_1 = (c)(\rho)^\alpha (h)^\beta (\lambda)^\gamma (g)^\delta \tag{7.7b}$$

또는 동차성 원리에 따라 좌변과 우변을 차원으로 등식화할 경우는

$$\{LT^{-1}\} = \{ML^{-3}\}^\alpha \{L\}^\beta \{L\}^\gamma \{LT^{-2}\}^\delta$$

이다. 이때 좌변과 우변의 지수를 같게 할 때 지수를 연립방정식으로 풀면 다음과 같다.

길이 : $1 = -3\alpha + \beta + \gamma + \delta$
질량 : $0 = \alpha$
시간 : $-1 = -2\delta$

위에서 4개의 미지수와 식 3개인 방정식이므로 그 해는 일단 다음과 같다.

$$\alpha = 0, \; \beta = \frac{1}{2}, \; \gamma = -\beta + \frac{1}{2}$$

따라서 식 (7.7b)는

$$f_1 = (c)(\rho)^\alpha (h)^\beta (\lambda)^{-\beta + 1/2} (g)^{1/2}$$
$$= (c)(g\lambda)^{\frac{1}{2}} \left(\frac{h}{\lambda}\right)^\beta \tag{7.8}$$

식 (7.8)에서 f_1은 변수 h/λ에 따라 임의로 변한다. 따라서 문제의 식은 다음과 같이 표기된다.

$$\frac{c}{\sqrt{g\lambda}} = F\left(\frac{h}{\lambda}\right) \tag{7.9}$$

이 식에서 밀도가 변수로 들어온다고 한 가정은 틀리게 됨을 알 수 있다. 반면에 파형의 속도는 이론에 의하면 함수 F가

$$F = \left(\frac{1}{2\pi}\tanh\frac{2\pi h}{\lambda}\right)^{\frac{1}{2}} \tag{7.10}$$

이다. 그러나 이 값은 차원해석만으로는 해결할 수가 없다.

[표 7-1] 각종 물리량의 차원(*표는 기본차원)

물리량[변수]	기호	차원	
		M.L.T	F.L.T
면적	A	L^2	L^2
체적	V	L^3	L^3
속도	u	LT^{-1}	LT^{-1}
가속도	a	LT^{-2}	LT^{-2}
각가속도	$^*\omega$	T^{-1}	T^{-1}
힘	$^*F$	MLT^{-2}	F
질량	m	M	FT^2L^{-1}
비중량	γ	$ML^{-2}T^{-2}$	FL^{-3}
밀도	ρ	ML^{-3}	FT^2L^{-4}
압력	P	$ML^{-1}T^{-2}$	FL^{-2}
절대점성계수	μ	$ML^{-1}T^{-1}$	$FL^{-2}T$
동점성계수	ν	L^2T^{-1}	L^2T^{-1}
체적탄성계수	K	$ML^{-1}T^{-2}$	FL^{-2}
동력	P	ML^2T^{-3}	FLT^{-1}
회전력	T	ML^2T^{-2}	FL
유량	Q	L^3T^{-1}	L^3T^{-1}
전단응력	τ	$ML^{-1}T^{-2}$	FL^{-2}

[표 7-1] (계속)

물리량[변수]	기호	차원	
		M.L.T	F.L.T
표면장력	σ	MT^{-2}	FL^{-1}
무게	W	MLT^{-2}	F
길이	$^*l$	L	L

예제 7.1

물리량 A, B, C가 $A = \dfrac{C}{B}$인 관계가 있다. 지금 A가 무차원이라면 B, C의 차원은 어떠한 차원을 갖는가?

풀이 A가 무차원이므로 B와 C의 차원이 같든지 아니면 모두 무차원이어야 한다.

예제 7.2

시간 T 동안에 물체가 자유낙하한 거리 S를 구하라. 거리는 물체의 무게(w)와 중력가속도(g)와 시간(T)의 함수라고 한다.

풀이 거리 $S = f(w,\ g,\ T)$

또는 $S = Kw^a g^b T^c$

여기서 K는 무차원계수이며, 실험적으로 구한다.

이 식에서 차원적으로 동일한 차원을 가지므로 양측의 거듭제곱의 지수가 같아야 한다. 따라서

$$F^0 L^1 T^0 = (F^a)(L^b T^{-2b})(T^c)$$

각 지수에 대하여 풀면

$$0 = a,\ 1 = b,\ 0 = -2b + c$$

위의 식으로부터 연립으로 풀면 $a = 0$, $b = 1$, $c = 2$를 구하게 되고, 이를 대입하면

$$S = Kw^0 g T^2 \text{ 또는 } S = Kg T^2$$

유의할 것은 무게의 지수가 0이며, 이 의미는 무게는 낙하에 아무런 영향을 미치지 않는다는 것이다. 여기서 K값은 물리적인 해석에 의한다든지 또는 실험에 의하여 구해야 할 상수계수이다.

예제 7.3

기체 속의 음파 속도(음속), 즉 속도(a)가 압력(P), 밀도(ρ), 점성계수(μ)와 관계가 있을 때 음속을 구하라. (차원해석 : 멱적법을 이용)

물리량	a	P	ρ	μ
차원	LT^{-1}	$ML^{-1}T^{-2}$	ML^{-3}	$ML^{-1}T^{-1}$

풀이 $LT^{-1} = [ML^{-1}T^{-2}]^\alpha [ML^{-3}]^\beta [ML^{-1}T^{-1}]^\gamma$

$$\left. \begin{array}{l} M : 0 = \alpha + \beta + \gamma \\ L : 1 = -\alpha - 3\beta - \gamma \\ T : -1 - 2\alpha - \gamma \end{array} \right\} \text{연립으로 풀면} \left. \begin{array}{l} \alpha = \dfrac{1}{2} \\ \beta = -\dfrac{1}{2} \\ \gamma = 0 \end{array} \right\}$$

$$\therefore \ a = KP^{\frac{1}{2}} \rho^{-\frac{1}{2}} \mu^\circ = K\sqrt{\frac{P}{\rho}} = \sqrt{\frac{dP}{d\rho}}$$

예제 7.4

펌프에서 동력 P는 유체의 비중량 γ, 유량 Q, 양정 H와 관계가 있다. 펌프 동력 P에 관한 식을 차원해석으로 구하라.

물리량	P	γ	Q	H
차원	FLT^{-1}	FL^{-3}	L^3T^{-1}	L

풀이 $P = f(\gamma, \ Q, \ H) = K\gamma^a Q^b H^c$

$$FLT^{-1} = [FL^{-3}]^a [L^3T^{-1}]^b [L]^c$$

$$\left\{ \begin{array}{l} F : 1 = a \\ L : 1 = -3a + 3b + c \\ T : -1 = -b \end{array} \right\} \text{연립으로 풀면} \left\{ \begin{array}{l} a = 1 \\ b = 1 \\ c = 1 \end{array} \right.$$

$$\therefore \ P = K\gamma HQ = \gamma HQ$$

7.3 각종 무차원수와 무차원 변수

다음과 같은 무차원수는 1883년 영국의 공학자 레이놀즈(Reynolds)에 의해 처음 명명되었다. 레이놀즈 수는 자유표면이 있느냐 없느냐에 관계없이 모든 흐름에서 중요하게 된다. 오로지 무시할 수 있는 경우는 제트류와 같은 고속의 흐름에서만 적용이 가능하다.

레이놀즈 수

$$\text{레이놀즈 수} : R_e = \frac{\rho VL}{\mu} \tag{7.11}$$

또는 입구와 출구의 경계에서는 변수가 없으나 자유표면과 중력, 압력이 작용하는 경계에서는 다음의 3개의 무차원 변수를 갖게 된다. 첫 번째가 오일러 수이다.

오일러 수

$$\text{오일러 수(압력계수)} : E_u = \frac{P_a}{\rho V^2} \tag{7.12}$$

이 수는 오일러에 의해서 명명되었으며, 물방울에서 압력이 기포생성(공동현상)이 될 만큼 낮은 경우 이외에는 별로 중요하지 않다.

오일러 수는 때때로 다음과 같이 쓰기도 하며, 여기서 ΔP가 P_v를 포함하고

캐비테이션 수

있을 때, 이 수를 캐비테이션 수라 한다.

$$C_a = (P_a - P_v)/\rho V^2$$

두 번째 압력 변수로 매우 중요한 변수는 프루드 수이다.

프루드 수

$$\text{프루드 수} : F_r = \frac{V^2}{gL} \tag{7.13}$$

이 수는 영국의 해양 기술자 프루드가 배모양 설계를 하면서 자유표면 흐름에서는 어떤 상사법칙이 있음을 알았다. 프루드 수는 자유표면이 존재할 경우에만 적용할 수 있다. 마지막 변수로는 웨버 수가 있다.

웨버 수

$$\text{웨버 수} : W_e = \frac{\rho V^2 L}{\sigma} \tag{7.14}$$

이것 역시 웨버에 의해서 제창되었으며 표면장력이 크게 작용하는 데서만 쓰이기 때문에 모세관이라든지 작은 파도 등에만 적용시킬 수 있다.

무차원수 중 다른 두 수는 마하 수와 비열비가 있다.

$$\text{마하 수}: M_a = \frac{V}{c} \tag{7.15a}$$ 마하 수

$$\text{비열비}: \kappa = C_p / C_v \tag{7.15b}$$ 비열비

마하 수가 0.3 이상을 넘으면 압축성을 무시할 수 없다. 즉 유동속도가 매우 느린 유동의 경우의 압축성유체라도 비압축성 유체로 취급해도 무방하다.

[표 7-2]는 각종 물리식의 무차원수이다.

[표 7-2] 무차원수

명칭	정의식	물리적 의미	중요성
레이놀즈 수 (Reynolds number)	$R_e = \dfrac{\rho VL}{\mu}$	관성력/점성력	항상 적용
마하 수 (Mach number)	$M_a = \dfrac{V}{a}$	속도/음파속도	압축성 흐름
프루드 수 (Froude number)	$F_r = \dfrac{V}{gL}$	관성력/중력	자유표면 흐름
웨버 수 (Weber number)	$W_e = \dfrac{\rho V^2 L}{\sigma}$	관성력/표면장력	자유표면 흐름
공동 수(Cavitation number, Euler number)	$C_a = \dfrac{P - P_v}{\rho V^2}$	압력/관성력	공동현상
프란틀 수 (Prandtl number)	$P_r = \dfrac{\mu C_p}{\kappa}$	열확산/열전도	열 대류
에케르트 수 (Eckert number)	$E_c = \dfrac{V^2}{C_p T_0}$	운동에너지/엔탈피	확산
비열비 (Specific heat ratio)	$\kappa = \dfrac{C_p}{C_v}$	엔탈피/내부에너지	압축성 흐름
스트로홀 수 (Strouhal number)	$S_t = \dfrac{\omega L}{V}$	진동/평균속도	주기적 흐름
조도비 (Roughness ratio)	$\dfrac{e}{L}$	벽거칠기/몸체길이	난류
그라쇼프 수 (Grashof number)	$G_r = \dfrac{\beta \Delta T g L^3 \rho^2}{\mu^2}$	부양력/점성력	자연 대류
온도비 (Temperature ratio)	$\dfrac{T_W}{T_0}$	벽온도/스팀온도	열전달

1914년 버킹햄이 현재 쓰이고 있는 버킹햄의 π(pi)정리(Buckingham PI theorem)를 발표하였다. 이 파이라는 말은 수학기호 π에서 유래된 말로 어떤 수의 곱을 나타낼 때 쓰인다. 어느 물리계가 n개의 변수와 관련되어 있고, 기본차수가 m일 때, 독립무차원 매개변수 π는 $n-m$개로 나타낼 수 있다.

즉, 주어진 물리적 현상에 관여하는 물리량 사이에

$$F(x_1,\ x_2,\ x_3,\ \cdots,\ x_n)=0 \tag{7.16}$$

와 같은 함수관계가 있으면 차원해석법에 의하여 얻어지는 무차원수 사이의 함수관계는

$$f(\pi_1,\ \pi_2,\ \pi_{n-m})=0 \tag{7.17}$$

이다.

무차원수 $n-m$개는 다음과 같이 주어진다.

$$\left.\begin{array}{l} \pi_1 = x_1^{a_1}\,x_2^{b_1}\cdots x_m^{m_1}\,x_{m-1} \\[2mm] \pi_2 = x_1^{a_2}\,x_2^{b^2}\cdots x_m^{m_2}\,x_{m+2} \\ \qquad\vdots \\ \pi_{n-m} = x_1^{a_{n-m}}\,x_2^{b_{n-m}}\cdots x_m^{m_{n-m}}\,x_n \end{array}\right\} \tag{7.18}$$

위의 식에 $x_1,\ x_2,\ x_3,\cdots x_m$의 차원을 대입하여 M, L, T의 지수가 0이 되도록 한다. 그리고나서 $a,\ b,\ c$를 구하면 $\pi_1,\ \pi_2,\ \pi_{n-m}$이 결정된다. 이때 기본차원수가 2개이면 반복변수도 2개를 택해야 한다.

반복변수　　여기서 $x_1,\ x_2,\ \cdots x_m$은 m개의 반복변수이고 다음 관례에 따라 선정한다.

① 크기를 대표할 수 있는 양(길이)
② 운동학적 조건을 대표할 수 있는 양(속도)
③ 질량이나 힘에 관계되는 양(질량, 무게)
④ 종속변수는 반복변수로 택하지 않는 것이 원칙이다.
⑤ 반복변수는 m개의 기본차원을 포함하여야 한다.

무차원수를 결정하는 방법은 7-2절의 멱적법(power-product method)이 기본이 되고, Bukingham이 이것을 좀더 개선하여 보다 체계적이고 간편한 방법을 제시한 것이다.

예제 7.5

$F(\Delta P,\ l,\ d,\ V,\ \rho,\ \mu,\ Q)=0$인 함수의 무차원 변수 π는 몇 개인가? (단, ΔP는 압력강하, l은 길이, d는 직경, V는 평균유속, ρ는 밀도, μ는 점성계수, Q는 무차원 유량)

(1) 3개　　　　　(2) 4개　　　　　(3) 5개　　　　　(4) 6개

풀이 MLT의 차원으로 표시하면

$$\Delta P=\{ML^{-1}T^{-2}\},\ l=\{L\},\ d=\{L\},\ V=\{LT^{-1}\},$$
$$\rho=\{ML^{-3}\},\ \mu=\{ML^{-1}T^{-1}\},$$

Q는 무차원, 물리량 $n=7$, 기본차원 $m=3$

따라서 독립 무차원수 $\pi=n-m=7-3=4$개

예제 7.6

압력강하 ΔP, 밀도 ρ, 길이 l, 유량 Q에서 얻을 수 있는 무차원수 π를 구하면?

물리량	ΔP	ρ	l	Q
차원	$ML^{-1}T^{-2}$	ML^{-3}	L	L^3T^{-1}

풀이 $F(\Delta P \cdot \rho \cdot l \cdot Q)=0 \rightarrow f(\pi)=0$

독립 무차원수$(\pi)=$변수$(n)-$기본차수$(m)=$물리량의 수$(n)-$기본차원수$(m)=4-3=1$개

$$\pi=\Delta P^x \rho^y l^z Q=[ML^{-1}T^{-2}]^x[ML^{-3}]^y[L]^z[L^3T^{-1}]=M^\circ L^\circ T^\circ$$

$$\begin{cases} M: x+y=0 \\ L: -x-3y+x+3=0 \\ T: -2x-1=0 \end{cases} \quad \text{연립으로 풀면} \quad \begin{cases} x=-\dfrac{1}{2} \\ y=\dfrac{1}{2} \\ z=-2 \end{cases}$$

$$\therefore\ \pi=\Delta P^{-\frac{1}{2}}\rho^{\frac{1}{2}}l^{-2}Q$$
$$=\sqrt{\frac{\rho}{\Delta P}}\cdot\frac{Q}{l^2}$$

원심펌프 출구압력 P는 유량 Q, 임펠러 지름 D, 각속도 ω, 유체의 밀도 ρ, 점성계수 μ에 의존한다고 한다. 이들 관계를 무차원수의 함수로 표시하라.

풀이 이 문제의 함수는 다음과 같이 나타낼 수 있다.

$$f(P,\ Q,\ D,\ \omega,\ \rho,\ \mu) = 0$$

여기에 있는 변수를 M, L, T의 차원으로 표시하면

P	Q	D	ρ	μ	ω
$ML^{-1}T^{-2}$	L^3T^{-1}	L	ML^{-3}	$ML^{-1}T^{-1}$	T^{-1}

여기에는 6개의 변수와 3개의 기본차원이 있으므로 3개의 무차원이 있게 된다. 여기서 기본차원을 유량, 지름, 밀도로 취한다.

$$\pi_1 = (L^{3x_1}T^{-x_1})(L^{y_1})(M^{z_1}L^{-3z_1})ML^{-1}T^{-1}$$
$$\pi_2 = (L^{3x_2}T^{-x_2})(L^{y_2})(M^{z_2}L^{-3z_2})ML^{-1}T^{-2}$$
$$\pi_3 = (L^{3x_3}T^{-x_3})(L^{y_3})(M^{z_3}L^{-3z_3})T^{-1}$$

각 무차원에 대해 풀면

$$\pi_1:\ 3x_1 + y_1 - 3z_1 - 1 = 0,\ -x_1 - 1 = 0,\ z_1 + 1 = 0$$
$$\rightarrow x_1 = -1,\ y = 1,\ z_1 = -1$$

$$\pi_2:\ 3x_2 + y_2 - 3z_2 - 1 = 0,\ -x_2 - 2 = 0,\ z_2 + 1 = 0$$
$$\rightarrow x_2 = -2,\ y_2 = 4,\ z_2 = -1$$

$$\pi_3:\ 3x_3 + y_3 - 3z_3 = 0,\ z_3 = 0,\ -x_3 - 1 = 0$$
$$\rightarrow x_3 = -1,\ y = 3,\ z_3 = 0$$

따라서 각 무차원수 π는

$$\pi_1 = Q^{-1}D^1\rho^{-1}\mu = \frac{D\mu}{\rho Q}$$
$$\pi_2 = \frac{Q^{-2}D^4}{\mu} \cdot p = \frac{PD^4}{\mu Q^2}$$
$$\pi_3 = Q^{-1}D^3 \cdot \omega = \frac{\omega D^3}{Q}$$

따라서 새로운 관계식은 다음과 같이 표기된다.

$$f_1\left(\frac{\mu D}{\rho Q},\ \frac{PD^4}{\mu Q^2},\ \frac{\omega D^3}{Q}\right) = 0$$

7.5 상사율

상사율(similar rate)이란 넓은 의미에서 두 물리현상 사이에 존재하는 모든 상사관계를 표시하는 법칙이다. 실험자료를 얻기 위하여 실형을 가지고 실험하기란 어려울 뿐만 아니라 경우에 따라서는 불가능하다. 그러므로 공학자는 모형실험으로부터 필요한 자료를 얻는다. 상사율은 모형실험으로부터 얻은 자료를 실형에 적용할 때 성립하여야 할 법칙이다. 따라서 유체역학에서 상사율이란 실형유동과 이것과 기하학적으로 상사한 경계면을 갖는 모형유동과의 사이에 존재하는 상관관계를 규명하는 법칙이라 할 수 있다.

실형과 모형실험 사이에 상사율이 성립하려면 다음 세 가지의 법칙이 성립하여야 한다.

상사율(similitude)

모형실험

1 기하학적 상사(geometric similarity)

기하학적 상사 (geometric similarity)

실형과 모형의 대응하는 두 점 사이의 크기의 비가 일정할 때 실형과 모형은 기하학적으로 상사하다고 말한다. 실형(prototype)을 첨자 p, 모형(model)을 첨자 m으로 표시하면

실형(prototype)

모형(model)

$$\frac{(l_x)_m}{(l_x)_p} = \frac{(l_y)_m}{(l_y)_p} = \frac{(l_z)_m}{(l_z)_p} = L_r = 일정 \tag{7.19}$$

여기서 l_x, l_y, l_z는 x, y, z 방향의 임의의 좌표계에서 길이성분이고 L_r는 선형비라 한다.

선형비

기하학적으로 상사한 실형과 모형 사이에는 면적비, 체적비도 일정하다.

면적비

체적비

$$A_r = \frac{A_m}{A_p} = \frac{(l_x l_y)_m}{(l_x l_y)_p} = L_r^2 = 일정 \tag{7.20a}$$

$$V_r = \frac{v_m}{v_p} = \frac{(l_x l_y l_z)_m}{(l_x l_y l_z)_p} = L_r^3 = 일정 \tag{7.20b}$$

2 운동학적 상사(kinematic similarity)

실형과 모형유동 사이에 유선이 기하학적으로 상사할 때, 이 두 유동을 운동학적 상사 또는 운동학적 상사유동(kinematically similar flow)이라 한다. 운동학적 상사유동을 할 때 유선이 상사하므로 대응하는 두 점에서의 속도와 가속도는 방향이 같고 크기의 비가 일정하다.

$$\frac{|\overrightarrow{V_m}|}{|\overrightarrow{V_p}|} = V_r = 일정 \tag{7.21a}$$

$$\frac{|\overrightarrow{a_m}|}{|\overrightarrow{a_p}|} = a_r = 일정 \tag{7.21b}$$

기하학적으로 상사한 실형과 모형 주위를 유체가 운동학적 상사유동을 할 때 유체의 특성분포가 상사하면 대응하는 두 점에서의 관성력비는 일정하다. 즉

$$\frac{(\rho l^2 V^2/2)_m}{(\rho l^2 V^2/2)_p} = \frac{\rho_m}{\rho_p} \frac{l_m^2}{l_p^2} \frac{V_m^2}{V_p^2} = F_{Ir} = 일정 \tag{7.22}$$

3 역학적 상사(dynamic similarity)

실형과 모형유동에서 대응하는 점에 점유되고 있는 유체입자에 작용하는 힘의 방향이 서로 같고, 크기의 비가 일정할 때 이 유동을 역학적 상사 또는 역학적 상사유동(dynamic similar flow)이라 한다. 입자에 작용하는 힘을 압축력 $\overrightarrow{F_p}$, 점성력 $\overrightarrow{F_V}$, 중력 $\overrightarrow{F_G}$, 표면장력 $\overrightarrow{F_r}$, 탄성력 $\overrightarrow{F_E}$라고 하면 다음과 같다.

$$\frac{|(\overrightarrow{F_p})_m|}{|(\overrightarrow{F_p})_p|} = \frac{|(\overrightarrow{F_V})_m|}{|(\overrightarrow{F_V})_p|} = \frac{|(\overrightarrow{F_G})_m|}{|(\overrightarrow{F_G})_p|}$$

$$= \frac{|(\overrightarrow{F_T})_m|}{|(\overrightarrow{F_T})_p|} = \frac{|(\overrightarrow{F_E})_m|}{|(\overrightarrow{F_E})_p|} = F_r = 일정 \tag{7.23}$$

기하학적으로 상사한 실형과 모형 주위를 유체가 운동학적 상사유동을 할 때 역학적 상사가 이루어지면, 이들 유동 사이에는 상사율이 성립한다고 말한다. 두 유동 사이에 상사율이 성립하면 관성력비 F_{Ir} 식 (7.22)와 힘의 비 F_r 식 (7.23)은 같아야 한다.

$$F_{Ir} = F_r \tag{7.24}$$

다시 말해서 무차원수가 같아야 한다.

$$(N_{Re})_m = (N_{Re})_p \rightarrow \left(\frac{\rho V l}{\mu}\right)_m = \left(\frac{\rho V l}{\mu}\right)_p \tag{7.25a}$$

$$(N_{Fr})_m = (N_{Fr})_p \rightarrow \left(\frac{V}{\sqrt{gl}}\right)_m = \left(\frac{V}{\sqrt{gl}}\right)_p \tag{7.25b}$$

$$(N_{We})_m = (N_{We})_p \rightarrow \left(\frac{\rho V^2 l}{\sigma}\right)_m = \left(\frac{\rho V^2 l}{\sigma}\right)_p \tag{7.25c}$$

$$(N_{Eu})_m = (N_{Eu})_p \rightarrow \left(\frac{\rho}{\sigma V^2}\right)_m = \left(\frac{\rho}{\sigma V^2}\right)_p \tag{7.25d}$$

$$(M)_m = (M)_p \rightarrow \left(\frac{V}{\sqrt{\kappa/\rho}}\right)_m = \left(\frac{V}{\sqrt{\kappa/\rho}}\right)_p \tag{7.25e}$$

이상에서 우리는 실형과 모형유동으로부터 기하학적으로 상사하여 운동학적 상사가 된다고 볼 수 없으나, 운동학적 상사는 반드시 기하학적으로 상사함을 알게 되었다. 또 운동학적 상사가 자동적으로 역학적 상사가 된다고 볼 수 없으나, 역학적으로 상사하면 기하학적 또는 운동학적으로 상사함도 알 수 있었다.

예제 7.8

직경 80cm인 관에 원유($\nu = 1 \times 10^{-5}$ m²/s, $S = 0.86$)가 4m/sec로 흐르고 있다. 이 흐름 상태를 조사하기 위해 직경 5cm인 모형관에 물($\nu = 1 \times 10^{-6}$ m²/s)을 흘려보낼 때 물의 평균유속[m/s]을 얼마로 하면 되는가?

풀이 역학적 상사를 만족하려면 모형과 실형 사이에 레이놀즈 수가 같아야 한다. 즉

$$(R_e)_p = (R_e)_m : \left(\frac{Vd}{\nu}\right)_p = \left(\frac{Vd}{\nu}\right)_m$$

$$V_m = V_p \frac{d_p \cdot \nu_m}{d_m \cdot \nu_p} = 4 \times \frac{80}{5} \times \frac{10^{-6}}{10^{-5}} = 6.4\text{m/sec}$$

예제 7.9

상사비가 1 : 80의 강의 모형에서 표면유속이 20cm/sec이었다. 역학적 상사가 이루어지려면 실형의 표면유속은 얼마로 하는 것이 좋은가?

풀이 자유표면을 갖는 유동에서 유동을 지배하는 힘은 관성력과 중력이므로 프루드(Froude) 모형이다. 그러므로 프루드(Froude)의 상사율로부터 $(N_{Fr})_m = (N_{Fr})_p$로 계산할 수 있다.

$$\left(\frac{V}{\sqrt{gl}}\right)_p = \left(\frac{V}{\sqrt{gl}}\right)_m$$

에서

$$V_p = V_m \left(\frac{l_p}{l_m}\right)^{\frac{1}{2}} = (20)\left(\frac{80}{1}\right)^{\frac{1}{2}} = 179\text{cm/sec} = 1.79\text{cm/sec}$$

예제 7.10

코페포드(copepod)는 직경이 1mm인 민물새우이다. 이 새우가 민물에서 천천히 움직일 때 받는 항력을 알고 싶다. 100배 크기의 모델을 만들어 글리세린에서 30m/s의 속도로 실험했을 때 저항이 1.3N이었다. 상사가 성립된다면 새우의 실제 속도와 항력은 얼마인가? (단, 물의 $\mu_p = 0.001$kg/m·s, $\rho_p = 999$kg/m³, 글리세린의 $\mu_m = 1.5$kg/m·s, $\rho_m = 1,263$kg/m³이다.)

풀이 길이의 비가 $L_m = 100$mm, $L_p = 1$mm이다.

우선 모델에서의 레이놀즈 수와 항력비를 구하면

$$Re_m = \frac{\rho_m V_m L_m}{\mu_m} = \frac{(1,263\text{kg/m}^3)(0.3\text{m/s})(0.1\text{m})}{1.5\text{kg/m·s}} = 25.3$$

$$C_{Fm} = \frac{F_m}{\rho_m V_m^2 L_m^2} = \frac{1.3[\text{N}]}{(1,263\text{kg/m}^3)(0.3\text{m/s})^2(0.1)\text{m}^2} = 1.14$$

이 두 수는 무차원수이다. 상사조건이기 때문에 실형에서도 레이놀즈 수가 같아야 한다.

$$Re_p = Re_m = 25.3 = \frac{999 V_p (0.001)}{0.001}$$

그러므로 $V_p = 0.0253$m/s $= 2.53$cm/s (실제 민물새우의 움직이는 속도)

또, $C_{Fp} = C_{Fm} = 1.14 = \dfrac{F_p}{999(0.0253)^2(0.001)^2}$

따라서 $F_p = 7.31 \times 10^{-7}$N이다. 여기서 F_p는 실제 민물새우의 항력이다. 이와 같이 작은 힘이 걸리기 때문에 측정하기가 거의 불가능하다.

01 ρ, g, V, F의 무차원수는?

02 지름이 3cm인 원형 단면에 유체가 비중 0.90이고, 점성계수 μ가 0.10kg/m·sec인 기름 속을 3m/sec의 속도로 움직일 때 레이놀즈 수는 얼마인가?

03 모형비가 1:100인 댐이 있다. 모형댐 최고 위의 한 점에서의 속도가 1m/s이라면 실형에서의 유속[m/s]은?

04 전 길이가 150m인 배가 8m/s 속도로 전진할 때를 모형으로 해서 실험하려면 모형길이 3m일 때의 속도[m/s]는 얼마로 해야 하는가?

05 안지름이 75mm인 관 내부를 온도가 30℃인 물이 평균 15cm/s로 흐를 때 안지름이 25mm인 관에 흐르는 기름(피마자)의 동점성계수 $\nu = 4.5 \times 10^{-4} \text{m}^2/\text{s}$일 때 상사속도[m/s]는 얼마인가? (단, 물의 점성계수 $\mu = 80.0 \times 10^{-5} \text{N·s/m}^2$이다.)

06 대기 속을 30m/s의 속력으로 비행하는 비행기 상태를 파악하기 위해 1/5로 모형을 만들어 실험하려고 한다. 이때 공기속도는 몇 m/s인가?

07 단면이 4각형인 배수로가 있다. 실형의 1/25인 모형의 폭이 1m이면 실형의 높이가 15m일 때 모형의 높이는 몇 m인가?

08 길이 300m인 배를 1:50으로 실험하려 한다. 50km/h로 항해할 때 역학적 상사를 얻으려면 모형 배를 얼마의 속도[km/h]로 끌어야 하는가? (단, 점성마찰은 무시한다.)

09 물 위를 2m/sec의 속력으로 나아가는 길이 2.5m의 모형선에 작용하는 조파 저항이 50N이다. 길이 40m인 실물의 배가 이것과 상사인 조파 상태로 항진하면 실물의 속도[m/s]는?

10 단면이 네모꼴(폭×높이)인 홈통이 있다. 치수비가 1:25인 원형과 모형이 있다. 모형의 나비가 60cm이고 원형의 높이가 1,200cm로 할 때 모형의 높이[cm]는?

11 1:100의 모형 배를 설계속도에서 실험한 결과 12.5N의 조파저항(wave resistance)이 일어났다. 실형 배의 조파저항 값은[N]?

12 $L_m : L_p = 1 : 20$인 모형 잠수함이 모형 실험을 해수에서 하고자 한다. 만일 실형 잠수함을 6m/s로 운전하려 한다면 모형 잠수함의 속도는 몇 m/s로 실험하여야 하는가?

13 어떤 잠수정이 매시 12km의 속도로 잠항하는 상태를 관찰하기 위해서 원형의 1/10인 길이의 모형을 만들어 같은 해수를 넣은 탱크 내에서 실험하려 한다. 모형의 속도는 몇 km/h인가?

14 5m/sec의 속도로 진행하는 배의 전 길이가 100m, 조파저항이 전길이 1m인 모형과 상사되게 하려면 실험하는 모형은 얼마의 속도[m/s]로 움직여야 하는가?

응용연습문제 Ⅰ

Fluid Mechanics

01 공기 속을 속도 15m/s로 운동하고 있는 물체의 길이가 1m이다. 이 물체의 모형실험을 하기 위해 길이 20cm의 모형을 만들어 수중에서 실험을 실시했다. 속도[m/s]를 얼마로 하면 서로 흐름이 상사가 되겠는가? (단, 공기의 동점성계수는 0.15cm²/sec, 물의 동점성계수는 0.01cm²/sec이다.)

02 1 : 15인 모델을 소금물이 담긴 탱크 내에 실험하고 있다. 실형의 잠수함의 속도가 5.36m/s이라면, 모델에서의 속도[m/s]는 얼마로 되어야 하는가?

03 20℃ 공기가 직경 610mm인 파이프를 1.83m/s의 속도로 흐르고 있다. 역학적으로 상사라면, 15.6℃인 물이 1.11m/s의 속력으로 흐르는 관의 직경[cm]은 얼마로 해야 하는가? (단, 물의 동점성계수 $\nu_w = 1.130 \times 10^{-6}$ m²/s, 공기의 동점성계수 $\nu_a = 14.86 \times 10^{-6}$ m²/s 이다.)

04 길이 2.44m인 모형 배가 물에서 1.98m/s의 속도로 움직일 때 항력이 43N이었다. 바닷물에서 실형의 크기가 39.04m인 배의 속도와 항력[kN]은 얼마인가?

05 모델 저장용기가 작은 구멍을 통해 물이 고갈되는 데 4분이 걸렸다. 실형과 모델 간의 비가 225 : 1일 때 실형에서는 몇 분이 걸리겠는가?

06 실형의 1/16인 모형 배가 물 위를 2m/s로 움직일 때 조파항력이 10N이었다. 역학적 상사를 만족하려면 실형 배의 물 위에서 속도[m/s]와 조파항력[kN]을 구하라.

01 이상유체에서 오리피스를 통해 나가는 유량 Q는 유체의 밀도와 오리피스의 직경과 압력차 P에 의존함을 보여라.

02 비압축성 유체에 잠겨 있는 물체에 작용하는 압력은 밀도와 속도의 함수라고 한다. 이들 관계식을 나타내라.

03 펌프의 동력 P(Ps)는 유체의 비중량 γ, 유량 Q와 수두의 함수라고 한다. 차원해석을 써서 관계식을 유도하여라.

04 레이놀즈 수는 밀도, 점성계수, 유체의 속도와 물체의 특성길이의 함수라고 한다. 차원해석법에 의해 이들 관계식을 구하라.

05 간단한 추의 주기 T는 길이 l, 추의 무게 w, 중력가속도 g, 회전각 θ에 의존한다고 한다. 차원해석을 이용해서 무차원수의 함수로 표시하라. 또한 길이가 4배로 되면 주기는 얼마로 되는가?

06 어떠한 원을 돌고 있는 물체가 받는 가속도 a는 속도 v와 반경 R에 관계되는 함수임을 알았다. 차원 동등성에 의해 식을 유도하여라.

07 공기 중에서의 음파의 전달속도 c는 압력 P와 밀도 ρ의 함수임을 알았다. 이들 관계식을 차원해석으로 구하라.

08 깊은 물에서의 잔 파도의 전진속도 c는 물의 밀도 ρ, 파장 λ와 표면장력의 σ의 함수이다. 승적법(power-product method)을 이용해서 무차원 변수를 구하라. 또 표면장력이 두 배로 되면 속도는 어떻게 변하는가?

09 실형과 모델 간에 중력과 관성력만이 상사법칙을 이룬다면 유량 Q는 길이 차원의 5승근에 비례함을 증명하여라.

10 레이놀즈 모델에서 비압축성 유체일 때 시간과 속도에 관한 상사비를 구하라.

11 모델 저장용기가 작은 구멍을 통해 물이 고갈되는 데 4분이 걸렸다. 실형과 모델 간의 비가 225 : 1일 때 실형에서는 몇 분이 걸리겠는가?

12 유체 속에 잠겨 있는 물체에 걸리는 항력은 물체길이 L, 흐름속도 U, 유체의 밀도 ρ, 유체의 점성계수 μ에 관계됨을 알았다. $F = f(L, U, \rho, \mu)$ 정리를 이용해서 무차원으로 표시하여라.

13 튜브에서 액체의 상승높이 h는 관의 직경 d, 중력 g, 액체밀도 ρ, 표면장력 σ와 접촉각 θ의 함수임을 알았다.

(1) 이 관계를 무차원 형태로 나타내시오.

(2) 주어진 실험에서 $h = 3$cm라면 만약 지름과 표면장력이 반의 크기이고 밀도는 두 배, 그리고 접촉각이 같을 때 이 유체의 상승높이[cm]는 얼마인가?

14 수평관에서 비압축성 난류 흐름에서의 손실수두는 관의 직경 d, 유체의 밀도 ρ, 점성계수 μ, 파이프의 길이 L, 유체의 속도 V, 관의 거칠기 ε의 함수라고 할 때 이를 Π 정리를 써서 간단한 함수형태로 나타내시오.

15 개수로에서 소량의 유량을 측정하기 위하여 V노치 위어를 사용한다. 이때 유량 Q는 노치각 θ, 노치 밑면으로부터 액체의 자유표면까지 높이 H, 중력 g, 액체의 유동속도 V와 관계가 있을 때 유량에 관한 식을 구하라.

16 20℃ 공기가 직경 610mm인 파이프를 1.83m/s의 속도로 흐르고 있다. 역학적으로 상사라면, 15.6℃인 물이 1.11m/s의 속력으로 흐르는 관의 직경[cm]은 얼마로 해야 하는가? (단, 물의 동점성계수 $\nu_w = 1.130 \times 10^{-6}$m²/s, 공기의 동점성계수 $\nu_a = 14.86 \times 10^{-6}$m²/s 이다.)

17 동점성계수가 4.645×10^{-5}m²/s인 기름이 중력과 점성력이 주를 이루는 실형에서 사용되고 있다. 크기 1 : 5인 모델에서 프루드 수와 레이놀즈 수를 같게 하기 위해서는 점성[kg/m·s]이 얼마인 기름이 사용되어야 하는가?

18 동점성계수 1.130×10^{-6}m/s인 15.6℃ 수온이 직경 152.4mm인 관을 평균유속 3.66m/s의 속력으로 흐르고 있다. 지금 기하학적으로 같은 관을 동점성계수 2.96×10^{-6}m²/s인 중유가 직경 76.2mm이니 관을 흐를 때, 역학적으로 상사를 가지려면 얼마의 속도[m/s]로 흘러야 하는가?

19 모형 어뢰를 탱크 안에서 24.4m/s의 속도로 실험하고 있다. 실제 어뢰는 15.6℃의 물에서 6.1m/s의 속도로 움직인다. 모델의 크기비는 어느 정도로 사용되어야 하는가?

20 원심펌프가 15.6℃의 공기를 갖고 실험한다. 만약 모델의 지름이 원형의 3배일 때 모델의 각속도는 얼마인가? (단, $\nu_{oil}=175\times10^{-6}m^2/s$, $\nu_{air}=14.86\times10^{-6}m^2/s$이다.)

21 배의 길이가 140m인 배가 7.6m/s로 움직이고 있다.
(1) 프루드 수는 얼마인가?
(2) 역학적 상사일 때, 1 : 30인 모델에서 속도[m/s]는 얼마인가?

22 사각형 형태의 방파제의 크기가 폭 1.22m, 길이 3.66m, 물의 깊이 2.74m이다. 1 : 16인 모델에서 물이 0.76m/s의 속도로 흐를 때 저항이 4N이었다면 실형에서의 속도[m/s]와 저항력[N]을 구하라.

23 길이 2.44m인 모형 배가 물에서 1.98m/s의 속도로 움직일 때 항력이 43N이었다. 바닷물에서 실형의 크기가 39.04m인 배의 속도[m/s]와 항력[N]은 얼마인가?

24 직경 5cm인 구가 20℃ 수온에서 4m/s의 속도로 움직일 때 6.6N의 항력을 나타내었다. 만약 직경 3m의 벌룬(balloon)을 20℃, 1atm 기압 하에서 상사조건으로 움직일 때 벌룬의 속도[m/s]와 항력[N]은 얼마인가?

25 실형의 1/20인 잠수함 모델을 풍동에서 30m/s의 속도로 실험하고 있다. 20℃의 해수에서 역학적 상사를 이룬다면 실형의 속도[m/s]는 얼마인가? 만약 모델에서의 항력이 10N이라면 실형에서의 항력[N]은 얼마인가? (단, $\rho_{air}=1.2kg/m^3$, $\nu_{air}=1.486\times10^{-5}m^2/s$, $\nu_w=0.98\times10^{-6}m^2/s$이다.)

26 직경 8cm인 구를 SAE 30, 20℃ 기름에서 각각 1, 2, 3m/s의 속도로 움직일 때 항력이 1.92, 6.40, 13.2N이다. 같은 구를 20℃의 글리세린에서 4.5m/s의 속도로 움직일 때 항력[N]을 구하라. (단, $\nu_{기름}=443\times10^{-6}m^2/s$, $\nu_{글리세린}=664\times10^{-6}m^2/s$, $S_{글리세린}=1.262$이다.)

27 1 : 80의 작은 모형 비행기가 20℃ 공기에서 46m/s의 속력으로 날고 있다. 이때 20℃의 공기 $\nu_a=14.86\times10^{-6}m^2/s$, 26.7℃의 물 $\nu_w=0.864\times10^{-6}m^2/s$ 상사를 이루려면 다음을 계산하라.
(1) 26.7℃의 물에서는 얼마의 속도[m/s]로 날아야 하는가?
(2) 물속에서 556N이라면 공기 중에서 실형의 항력[N]은 얼마인가?

28 1 : 15인 모델을 소금물이 담긴 탱크에서 실험하고 있다. 실형의 잠수의 속도가 5.36m/s 이라면, 모델에서의 속도[m/s]는 얼마로 되어야 하는가?

29 실형의 1/16인 모형배가 물 위를 3m/s로 움직일 때 조파항력이 10N이었다. 역학적 상사를 만족하려면 실형배의 물 위에서 속도[m/s]와 조파항력[N]을 구하라.

30 중력과 표면장력이 지배하는 유동을 모형실험하고자 한다. 모형비(선형비)는 얼마로 하면 좋은가? 유체의 물성비로 표시하여라.

31 해양방파제를 설계하기 위하여 모형실험을 하려고 한다. 해양파는 평균 10초의 주기를 가지나 실험실 조파기는 1초 주기의 파만을 만들 수 있다. 모형비는 얼마로 하여야 하는가?

32 현의 길이 1m인 비행기 날개가 40.2m/s 속도로 날고 있다. 현의 길이 83mm인 모델을 풍동에서 48.3m/s의 속도로 실험하고 있다. 각 경우 온도가 20℃라면 풍동에서의 압력[Pa]은 얼마인가?

제**8**장

개수로 유동

8.1 개수로

개수로(open channel)

강, 운하, 하수도, 관개용수로, 충만되지 않은 관로 등에서의 우수(rainwater) 흐름 등과 같이 유동이 완전히 고체경계면으로 둘러싸지 않고 경계면 일부가 자유표면을 가지고 흐르는 유동을 개수로(open channel) 흐름이라 부르며, 주로 토목공학에서 많이 다룬다.

이 흐름은 자유표면을 가지며, 밀폐되지 않은 공간에서의 흐름이다. 개수로는 보통 불규칙적이고 단면형상이나 수심이 변하기 때문에 위치에 따라 흐름의 특성이 다르다. 관로에서의 유체 흐름에 관한 일반적인 고찰방법이 개수로에도 적용되지만 자유표면의 형상과 단면의 조건변화들은 개수로 흐름의 해석적 풀이를 매우 어렵게 한다. 따라서 실용적인 공식이나 법칙들은 대부분 실험적 방법에 의해서 얻어진 것들을 사용하고 있다. 문제해결을 논리적으로 전개하기 위해서는 역시 흐름의 여러 형태를 구분하여야 한다. 즉, 시간과 독립된 정상류와 시간과 종속적인 비정상류, 등류와 비등류, 상류(subcritical 또는 tranquil flow)와 사류(supercritical 또는 rapid flow) 등으로 구분하여 연구하게 된다.

개수로에서 층류와 난류를 구분하는 레이놀즈(Reynolds) 수는 다음 식으로 계산한다.

개수로의 레이놀즈 수

$$R_e = \frac{VR_h}{\nu} \tag{8.1}$$

수력반경(hydraulic radius)

여기서 R_h는 수로의 수력반경(hydraulic radius)이고, V는 유체의 평균속도이다. 이 레이놀즈 수가 다음과 같을 때 개수로에서 층류와 난류를 구분한다.

즉

$$R_e < 500 : 층류유동$$
$$500 < R_e < 12{,}500 : 천이유동$$
$$R_e > 12{,}500 : 난류유동$$

이다. 정상유동과 비정상유동은 앞서 정의된 것과 같고

$$정상유동 : \frac{dV}{dt} = 0, \ 비정상유동 : \frac{dV}{dt} \neq 0$$

이다.

등류와 비등류는 다음과 같이 표현할 수 있다. 즉, 등류(uniform flow)란 유체운동에서 단면적과 깊이가 일정하고 유속이 일정한 운동을 말하며, 미분 정의는 $dV/ds = 0$이다.

등류(uniform flow)

비등류(nonuniform flow)는 단면적과 깊이가 일정하지 않고 유속이 변하는 운동을 일컬으며, 미분 정의는 $dV/ds \neq 0$이다.

비등류(nonuniform flow)

개수로 운동은 상류와 사류로도 분류한다. 상류는 하류조건이 상류조건을 변화시키는 운동, 즉 유동속도가 비교적 낮은 운동을 상류(tranquil flow)라 한다. 따라서 $N_F < 1$의 경우가 이에 속한다. 유속은 기본파의 진행속도보다 느린(아임계 흐름) 운동이 된다.

상류(tranquil flow)

사류란, 상류조건이 하류조건을 변화시키는 운동으로써 유동속도가 매우 빨라 하류에서 발생한 교란이 상류로 진행되지 못하고 하류로 씻겨 내려갈 정도로 빠른 운동을 사류(rapid or shooting flow)라 한다. 이때 $N_F > 1$의 경우가 이에 속한다. 이때는 유속이 기본파의 진행속도보다 빠른 초임계 흐름이다. 또한 $N_F = 1$일 때의 운동을 임계운동(critical flow)이라 부른다. 여기서 N_F는 프루드 수(Froude number)이다.

사류(rapid or shooting flow)

임계운동(critical flow)

8.2 등류-체지(Chézy)의 공식

정상 등류(steady uniform flow)는 수로에 따라 흐름의 깊이와 경사가 일정하다. 이때의 자유표면은 수로 바닥면과 평행이며, 유량은 각 단면에서 시간에 관계없이 일정하다. 물론 단면의 모형도 등류로 흐르는 한 같아야 하며, 경사에 따라 낮아지는 위치에너지의 감소가 유체를 흐르게 하는 데 소비되는 에너지이다. [그림 8-1]에서 수로 바닥면의 일정 경사각 θ를 보여주고 있다. 등속이고 일정 깊이이면 $V_1 = V_2$이고, $V_1^2/2g = V_2^2/2g$로서 속도수두는 일정하다. 손실수두를 H_L라고 하면 두 점에서의 베르누이(Bernoulli) 방정식은

정상 등류(steady uniform flow)

$$\frac{V_1^2}{2g} + \frac{P_1}{\gamma} + Z_1 = \frac{V_2^2}{2g} + \frac{P_2}{\gamma} + Z_2 + H_L \tag{8.2}$$

이고, 수로면, 자유표면, 수력구배선, 에너지선은 모두 평행이다. 특히 수력구배선은 자유표면과 일치한다. 이때 자유표면(free surface)이란 액체인 물이 기체인 공기와 만나는 면을 말한다.

자유표면(free surface)

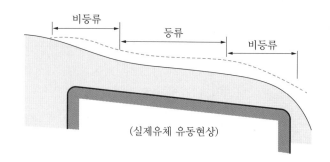

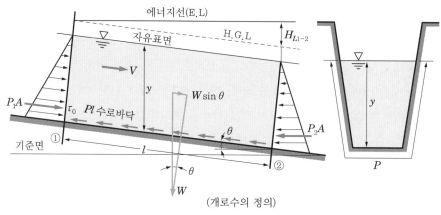

[그림 8-1] 개수로의 등류 흐름

흐름에 관한 방정식을 구하기 위하여 [그림 8-1]과 같은 직사각형 단면의 수로에 대하여 생각해보자. 단면 ①과 ② 사이의 액체를 등류라고 생각하면 이곳에 작용하는 힘들은 단면의 정압, 액체의 중력, 수로저면과 측면에서의 압력 및 수로의 저면과 측면에서 일어나는 저항력이다. 이들의 운동방향으로 힘의 합은 운동량변화가 없으며 단면의 정압은 같으므로 유체의 비중량을 γ, 유동 단면적을 A, 전단응력을 τ, 단면의 수평과의 각을 θ, 수두손실을 H_L, 접수길이를 P라고 한 때, 검사체적 내의 유체에 대한 자유물체도에서 외력의 총합은 0으로서 평형을 이룰 것이므로

$$\gamma A l \sin\theta - \tau P l = 0$$

으로 놓고 정리하면 식 (8.3)을 얻을 수 있다. 여기서 $\sin\theta = H_L/l$, $R_h = A/P$이고, 개수로 바닥의 구배 S는 실제의 경우 0.01 정도이므로 $\tan\theta \fallingdotseq \sin\theta \fallingdotseq S$로 대치할 수 있다. 위의 식에 이들을 대입하여 정리한 결과 평균 전단응력 τ는

$$\tau = \gamma R_h S \qquad (8.3)$$

이다.

실제 액체의 운동은 관 속의 유동과 비슷하고, 따라서 수력반경의 개념이 원관과 개수로의 단면형상의 차이에 대하여 적용될 수 있다고 가정할 때 식 (8.3)은 원관에서의 전단응력의 식 $\tau = f\rho(V^2/8)$과 같게 놓을 수 있다.

즉

$$V = \sqrt{8g/f} \cdot \sqrt{R_h S}$$

여기서 $C = \sqrt{8g/f}$ 라면 위의 식은 다음 식 (8.4)가 된다.

$$V = C\sqrt{R_h S} \qquad (8.4)$$

이 식은 1769년 프랑스 공학자 Antoine Chézy가 실험과 관찰로 이 식을 유도하고 규명하였으며, Chézy 방정식이라 부르고, C를 Chézy 계수라고 한다. 식 (8.4)에 연속방정식을 적용하면

Chézy 방정식

Chézy 계수

$$Q = CA\sqrt{R_h S} \qquad (8.5)$$

이 되며, 개수로 등류일 때 유량을 구할 수 있는 기본방정식이다.

개수로 등류

기본방정식

여기서 Chézy 계수 C의 적절한 결정은 어려운 문제이다. 식에서 관마찰계수 f는 관의 조도와 Reynolds 수의 함수이므로 C도 같은 변수의 함수라고 생각된다. 즉, C는 평균유속, 수력반경, 동점성계수 및 벽의 조도의 함수이다. 개수로 유동은 관유동에 비하여 그 수치가 크고 표면이 거칠다. Chézy에 의하면 C의 값은 작고 거친 수로에서는 30m$^{1/2}$/s로, 매끈한 수로에서는 90m$^{1/2}$/s까지 변한다.

관유동에서는 Reynolds 수가 크면 조도의 영향이 크다. 따라서 C가 f의 함수이므로 실제문제에서 C는 수로의 표면과 단면의 형태에 큰 영향을 받는다.

C의 크기와 다른 변수들에 대한 의존성을 결정하기 위하여 여러 가지 연구와 실험식이 발표되었으며, 가장 많이 사용되는 Manning의 관계식은

Manning의 관계식

$$C = MR_h^{\frac{1}{6}} \qquad (8.6)$$

이다. 이 식은 아일랜드 공학자 Robert Manning에 의해 만들어져 C를 구하는 데 사용되고 있다. 이때 M은 벽의 상태에 따라서 변하며, 그 실험치를 [표 8-1]

에 예시하였다.

유량   따라서 식 (8.6)에 Chézy와 Manning 식을 결합하면 유량은

$$Q = \frac{1}{n} A R_h^{\frac{2}{3}} S^{\frac{1}{2}} \tag{8.7}$$

이 된다.

Manning의 조도계수
수로의 기울기   식 (8.7)에서 $M = \alpha/n$ 이고 n은 Manning의 조도계수, S는 수로의 기울기로 무차원 변수라 한다. 그리고 α는 사용단위에 따른 변수이고 SI단위에서는 $\alpha = 1$이다.

[표 8-1] Manning 계수

벽면의 종류	상태	$M\left(= \dfrac{1}{n}\right)$
목재	대패질을 한 것	90
	대패질을 안 한 것	80
콘크리트	오래 된 것	65~70
	매끈한 표면	90~95
	손질이 안 된 표면	50~100
	자갈이 노출된 것	50
금속	매끈한 표면	90~95
	병접된 표면	55~75
벽돌	표면이 도장된 것(mortar 붙임)	77
	보통 벽돌(mortar 붙임)	67
석조	절석(mortar 붙임)	77
	조석(mortar 붙임)	59

예제 8.1

땅을 파서 만든($n = 0.02$) 사다리꼴 단면의 개수로는 다음의 그림과 같다. 이 개수로의 경사도가 0.0001일 때 유량 Q는 몇 m³/sec인가?

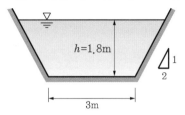

풀이 접수길이 P와 단면적 A는

$$P = 3 + 2 \times 1.8 \sqrt{5} = 11.05\,\text{m}$$

$$A = \frac{[3 + (3 + 2 \times 1.8 \times 2)] \times 1.8}{2} = 11.88\,\text{m}^2$$

수력반경 R_h

$$R_h = \frac{A}{P} = \frac{11.88}{11.05} = 1.075\,\text{m}$$

유량은 다음과 같다.

$$\therefore\ Q = \frac{1}{0.02} \times (11.88) \times (1.075)^{\frac{2}{3}} \times (0.0001)^{\frac{1}{2}}$$

$$= 6.23\,\text{m}^3/\text{sec}$$

8.3 최대 효율단면

많은 경우의 개수로의 최적설계에 있어서, 주어진 단면의 형상과 기울기에 대하여 유량이 최대로 될 때의 수로 단면을 말하며 그렇게 되기를 바란다. 즉 기하학적 형상과 흐름 단면적의 크기가 정해져 있다면 흐름속도가 최대로 될 때 유량이 최대일 것이고, 이 최적조건은 Manning의 공식 (8.6)에서 수력반경(R_h)이 최대일 것이다. 즉 접수길이(P)를 최소로 할 때의 단면을 최대 효율단면이라 한다. **최대 효율단면**

Chézy-Manning 식에서 유량은 $Q = \dfrac{1}{n} A R_h^{\frac{2}{3}} S^{\frac{1}{2}}$ 이다. 따라서 유동 단면적 **유동 단면적** A는 접수길이 P의 $\dfrac{2}{5}$에 비례함을 알 수 있다.

즉

$$R_h^{\frac{2}{3}} = \frac{C}{A}$$

여기서 $C = nQ/s$ 이다.

$$\left(\frac{A}{P}\right)^{\frac{2}{3}} = \frac{C}{A}$$

$$\therefore \ A = CP^{\frac{2}{5}} \tag{8.8}$$

1 사각형 수로단면의 크기 결정

사각형 수로단면   그림과 같은 사각 수로단면에서 유체의 폭을 b, 유체의 깊이를 y라 가정할 때 유동 단면적 A와 접수길이 P는 다음과 같다.

$$A = b \cdot y, \ \ P = 2y + b$$

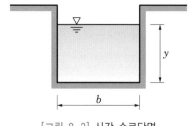

[그림 8-2] 사각 수로단면

따라서

$$A = (P - 2y)y = Py - 2y^2 \tag{a}$$

식 (8.8)을 위의 식 (a)에 대입하면 식 (b)와 같다.

$$Py - 2y^2 = CP^{\frac{2}{5}} \tag{b}$$

최량 수력단면은 P가 최소이면 되므로 식 (b)를 y로 미분하여 $\dfrac{dP}{dy} = 0$ 으로 놓고 y와 b를 결정한다.

$$\frac{dP}{dy} \cdot y + P \cdot 1 - 4y = \frac{2}{5} C P^{\frac{2}{5} - \frac{5}{5}} \frac{dP}{dy}$$

$$\therefore \quad P = 4y \tag{8.9}$$

또 $P = b + 2y$에 위 식 (8.9)를 적용하면

$$4y = b + 2y$$

$$\therefore \quad b = 2y \tag{8.10}$$

이것은 사각수로의 폭 b는 유체깊이 y의 2배로 하는 것이 효율적 수로단면이 됨을 알 수 있다.

> 효율적 수로단면

2 사다리꼴 수로 단면의 크기 결정

> 사다리꼴 단면

앞에서 기술한 식 (8.8)을 다시 쓰면 식 (c)와 같다.

$$A = C P^{\frac{2}{5}} \tag{c}$$

이 사다리꼴 단면의 접수길이 P를 최소로 하는 단면이 최대 효율단면이다.

> 최대 효율단면

따라서 그림 [8-3]으로부터 P는 다음과 같다.

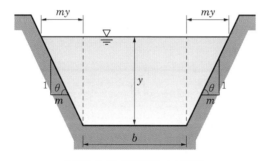

[그림 8-3] 사다리꼴 수로단면

$$P = b + 2\sqrt{m^2 y^2 + y^2}$$
$$= b + 2y\sqrt{1 + m^2}$$

$$b = P - 2y\sqrt{1+m^2} \tag{d}$$

또한

$$A = \frac{b+(b+2my)}{2} = by + my^2$$

$$= Py - 2y^2\sqrt{1+m^2} + my^2 \tag{e}$$

이다. 식 (e)를 식 (c)에 적용하면 다음 식 (f)와 같이 놓을 수 있다.

$$A = Py - 2y^2\sqrt{1+m^2} + my^2 = CP^{\frac{2}{5}} \tag{f}$$

식 (f)의 양변을 y에 관하여 미분(m은 상수로 본다)하여 $\dfrac{dP}{dy}=0$으로 놓고 P를 찾으면

$$P - 4y\sqrt{1+m^2} + 2my^2 = \frac{2}{5}CP^{-\frac{3}{5}}\frac{dP}{dy}$$

이다. 따라서

$$P = 4y\sqrt{1+m^2} - 2my \tag{g}$$

가 된다. 식 (g)의 양변을 m에 관하여 미분(y는 상수로 본다)하여 $\dfrac{dP}{dm}=0$으로 놓고 m을 찾으면

$$\frac{dP}{dm} = 4y\frac{2m}{2\sqrt{1+m^2}} - 2y = 0\left(단, \ \frac{d\sqrt{f(x)}}{dx} = \frac{f'(x)}{2\sqrt{f(x)}}\right)$$

$$\frac{2m}{2\sqrt{1+m^2}} = 1, \ \rightarrow 2m = \sqrt{1+m^2}, \ \rightarrow 4m^2 = 1+m^2, \ \rightarrow 3m^2 = 1$$

$$\therefore \ m = \frac{1}{\sqrt{3}} \tag{8.11}$$

이다. 식 (g)에 식 (8.11)을 대입해서 정리하면 접수길이 P를 식 (8.12)로부터 구할 수 있다.

$$P = 4y\sqrt{1+m^2} - 2my = 4y\sqrt{1+\frac{1}{3}} - \frac{2}{\sqrt{3}}y = 2\sqrt{3}\,y$$

$$\therefore\ P = 2\sqrt{3}\,y \tag{8.12}$$

이 식은 사다리꼴 단면을 가지는 개수로에서 접수길이 P를 유동깊이의 $2\sqrt{3}$ 배로 설계하면 최대 효율단면이 됨을 말해준다.

최대 효율단면

따라서 식 (d)에 식 (8.12)를 대입하여 폭 b를 구하면 다음 식과 같다.

$$b = P - 2y\sqrt{1+m^2} = 2\sqrt{3}\,y - 2y\sqrt{1+\frac{1}{3}} = \frac{2}{3}\sqrt{3}\,y$$

$$\therefore\ b = \frac{2}{3}\sqrt{3}\,y \tag{8.13}$$

식 (8.13)은 바닥의 폭 b의 크기를 말해준다. 이것은 유동 깊이 y의 $\frac{2}{3}\sqrt{3}$ 배로 설계해야 됨을 말해준다.

또 최대 효율단면적은 다음 식 (8.14)와 같다.

$$A = by + my^2 = \frac{2}{3}\sqrt{3}\,y^2 + \frac{1}{\sqrt{3}}y^2 = \sqrt{3}\,y^2$$

$$\therefore\ A = \sqrt{3}\,y^2 \tag{8.14}$$

이상에서 최적 사다리꼴 효율적 수로단면을 통한 최대유량을 보내기 위한 단면의 모양은

$$m = \frac{1}{\sqrt{3}}$$
$$P = 2\sqrt{3}\,y$$
$$b = \frac{2}{3}\sqrt{3}\,y = \frac{P}{3}$$
$$A = \sqrt{3}\,y^2$$
$$\tan\theta = \frac{1}{m} = \sqrt{3},\ \theta = 60°$$

로 결정된다.

[그림 8-3]의 사다리꼴 수로단면의 경우, 최량 수력단면은 밑면과 측면의 길이가 같을 때이고, 그때의 경사각 θ는 60°임을 알 수가 있다.

최량 수력단면

비에너지(specific energy)

1 비에너지(specific energy)

다음 그림은 개수로의 유동단면을 나타내고 y는 물의 깊이, E는 수로 바닥으로부터 측정된 에너지 구배선(E.G.L)의 높이이다.

에너지 구배선(E.G.L)

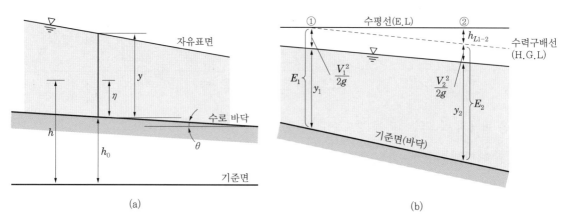

[그림 8-4] 개수로 흐름에서의 비에너지

에너지 선(E.L)

비에너지란 개수로 유동에서 바닥으로부터 에너지 선(E.L)까지의 크기(수두의 합)를 말한다. 물과 같은 비압축성 유동에서 전수두는 압력수두 P/γ와 속도수두 $V^2/2g$와 위치수두 Z의 합이다. 따라서 개수로에서는 수면압력은 모두 대기압이므로 속도수두와 위치수두의 평형이 이루어지고, 이것의 합이 에너지가 되므로 식 (8.15)와 같이 비에너지 E가 된다.

즉, 개수로에서 경사가 개수로 유동에서 임의의 한 단면의 한 유체입자가 갖는 단위중량당 기계적 에너지를 말한다. 그 크기는 어느 점에서나 같고 수로 바닥을 기준으로 한 단위중량당의 기계적 에너지는 다음 식으로 나타낼 수 있다.

단위중량당의 기계적 에너지

$$E = y + \frac{V^2}{2g} \tag{8.15}$$

또는 $Q = AV$ 관계로부터

$$E = y + \frac{1}{2g}\left(\frac{Q}{A}\right)^2 \tag{8.16a}$$

이 식은 다시 단위폭당으로 속도를 $V = q/y$인 관계를 사용하면 비에너지는 비에너지

$$E = y + \frac{1}{2g}\left(\frac{q}{y}\right)^2 \tag{8.16b}$$

이다. 이 식을 q에 대하여 정리하면

$$q = \sqrt{2g(y^2 E - y^3)}$$
$$= y\sqrt{2g(E-y)} \tag{8.17}$$

이다. 이 방정식을 일정한 비에너지가 되게 유량과 깊이를 변화시키면서 무차원 형으로 도시하면 [그림 8-5(b)]와 같다.

2 임계깊이(critical depth)

비에너지를 최소로 할 때의 깊이를 임계깊이라 하고 식 (8.16b)를 미분$\left(\dfrac{dE}{dy}\right)$ 임계 깊이(critical depth)
하여 '0'으로 놓고 y를 찾아서 임계깊이 y_c로 놓으면 된다.

$$\frac{dE}{dy} = 1 - \frac{2 \cdot q^2}{2g \cdot y^3} = 0$$
$$1 = \frac{q^2}{gy^3} \rightarrow y^3 = \frac{q^2}{g}$$

$$\therefore \ y = \sqrt[3]{\frac{q^2}{g}} = \left(\frac{q^2}{g}\right)^{\frac{1}{3}} = y_c \tag{8.18}$$

이 식은 주어진 유량에 대한 임계깊이이다. 따라서 최대 유량 q_{max}은 y_c가 주어지면 계산할 수 있다.

아임계 흐름(subcritical flow)일 때 [그림 8-5(a)]에서 y_c보다 위쪽의 유동 아임계 흐름 (subcritical flow)
$(F_r < 1)$깊이 즉,

$$y > y_c \tag{a}$$

이고, 초임계 흐름(supercritical flow)일 때 [그림 8-5(a)]에서 y_c보다 아래쪽 초임계 흐름 (supercritical flow)
의 유동$(F_r > 1)$깊이, 즉 다음과 같다.

$$y < y_c$$

(b)

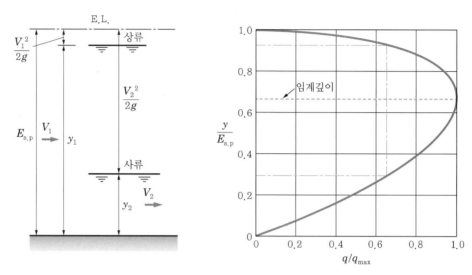

(a) 일정 비에너지에 대한 깊이-유량곡선

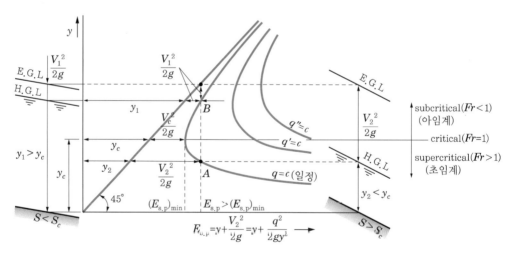

(b) 일정유량에 대한 비에너지 선도

[그림 8-5] 비에너지 선도

3 임계속도(critical velocity)

임계깊이로 유동할 때 유체의 속도를 임계속도라 하고 임계깊이에서 한계유속 임계속도
V_c는 $E = y + \dfrac{V^2}{2g}$ 에 y 대신 y_c를 적용하면 구할 수 있다. 즉, $q = y_c \times 1 \times V_c$
를 식 (8.18)에 대입하여 정리하면 된다.

$$y_c = \left(\frac{q^2}{g}\right)^{\frac{1}{3}} = \left(\frac{y_c^2 \cdot V_c^2}{g}\right)^{\frac{1}{3}} = \frac{y_c^{\frac{2}{3}} V_c^{\frac{2}{3}}}{g^{\frac{1}{3}}}$$

위의 식에서 V_c에 대하여 정리하면 임계속도 V_c를 찾을 수 있다.

$$V_c^{\frac{2}{3}} = \frac{y_c \cdot g^{\frac{1}{3}}}{y^{\frac{2}{3}}} = g^{\frac{1}{3}} y_c^{\frac{1}{3}}$$

$$\therefore \quad V_c = \sqrt{gy_c} \tag{8.19}$$

이 식은 임계깊이 y_c로 유동할 때 유속이며 임계유속이 된다. 또한 유체의 유 임계깊이
동현상이 다음과 같은 경우, 즉 $V > \sqrt{gy_c}$ 이면 사류, $V = \sqrt{gy_c}$ 이면 임계 흐 임계 흐름
름, $V < \sqrt{gy_c}$ 이면 상류라 부른다.

또 프루드 수, 즉 $F_r = \dfrac{V}{\sqrt{gy}}$ 가 다음과 같을 때 $F_r = 1$ 이면 임계 흐름,
$F_r < 1$ 일 때 아임계 흐름(상류), $F_r > 1$ 경우 초임계 흐름(사류)이 된다. 아임계 흐름(상류)

[그림 8-5]의 (b)에서 횡축과 45°를 이루는 직선은 비에너지 선도의 점근선으 초임계 흐름(사류)
로서 유동이 정지상태일 때의 비에너지 선도라 할 수 있다. 경사가 완만한 개수
로 유동에서 정수압이 분포됨을 가정할 때 y축(종축)으로부터 45° 선분까지의
수평거리가 유동깊이를 말해준다. 그리고 횡축인 비에너지의 임의의 지점에서
수직인 선분의 q선상에 점들은 그때의 유동조건을 표시한다. 즉, 유동조건이 아
임계 유동이면 q선의 코 부분보다 위에, 초임계 유동이면 아래에 존재하는 점에
대응할 것이다.

4 임계깊이와 비에너지의 관계

임계깊이 ——

비에너지 ——

최대 유량은 $\dfrac{dq}{dy} = 0$일 때이므로 식 (8.17)을 양변 미분하여 $\dfrac{dq}{dy} = 0$으로 놓고 다음을 구하면 비에너지$(E_{s.p})_{\min}$과 임계깊이 y_c와의 관계식을 찾을 수 있다.
즉,

$$2q\,dq = 2g\,(2Ey - 3y^2)dy$$

$$\frac{dq}{dy} = \frac{g}{q}(2Ey - 3y^2) = 0$$

따라서 $2Ey - 3y^2 = 0$이어야 하므로

$$\therefore\ \ y_c = \frac{2}{3}E_{\min}$$

또는

$$E_{\min} = \frac{3}{2}y_c \tag{8.20}$$

이다. 이때 임계깊이에서의 흐름은 유량이 최대이고 비에너지는 최소인 상태가 된다.

예제 8.2

임계깊이(critical depth)에 대하여 설명하라.

풀이 주어진 유량에 대하여 비에너지를 최소로 하는 깊이 또는 주어진 비에너지에 대하여 유량을 최대로 하는 깊이

예제 8.3

사각수로에서 수심이 1.5m, 유량이 단위폭당 $q = 20.0\text{m}^3/\text{sec·m}$일 때 이 흐름은 어떠한 흐름인가?

풀이 이 유량일 때의 임계깊이를 구하면

$$y_c = \left(\frac{q^2}{g}\right)^{\frac{1}{3}} = \left(\frac{20^2}{9.8}\right)^{\frac{1}{3}} = 3.44\text{m} > 1.5\text{m}\,(\text{수심})$$

따라서 임계깊이보다 적으므로 초임계 흐름이다.

예제 : 8.4

폭이 5.50m, 경사도 0.002인 매끈한 사각수로에서 물 깊이가 1.20m라면 다음의
값은 얼마인가? (단, $n = 0.013$, $R_h = A/P$로 구한다.)

(1) 접수부위에서의 평균 전단력[N/m²]은?

(2) 평균유속[m/s]은?

(3) 흐름의 형태는?

풀이 (1) 식 (8.4)로부터

$$\tau_0 = \gamma R_h S = 9,800 \times \frac{6.6}{7.9} \times 0.002 = 16.37 \mathrm{N/m^2}$$

(2) 체지만닝식으로부터

$$V = \frac{1}{0.013}\left(\frac{6.6}{7.9}\right)^{\frac{2}{3}}(0.002)^{\frac{1}{2}} = 3.05 \mathrm{m/s}$$

(3) $F_r = \dfrac{V}{\sqrt{gy}} = \dfrac{3.05}{\sqrt{9.8 \times 1.20}} = 0.89 < 1$: 아임계 흐름(상류)

예제 : 8.5

사각수로에서 단위폭당 유량이 0.514m³/s·m일 때, 임계깊이[m]와 임계속도
[m/s]를 구하라.

풀이 $y_c = \left(\dfrac{q^2}{g}\right)^{\frac{1}{3}} = \left(\dfrac{0.514^2}{9.8}\right)^{\frac{1}{3}} \fallingdotseq 0.3\mathrm{m}$

$V_c = \sqrt{gy_c} = \sqrt{9.8 \times 0.3} \fallingdotseq 1.71\mathrm{m/s}$

물체가 자유표면에서 움직일 때 액체입자를 교란시켜 입자의 위치수두를 변화시키면 중력의 영향을 받아 입자들이 상하운동을 하게 되어 나타나는 현상이 중력파(gravity wave)이다.

중력파(gravity wave)

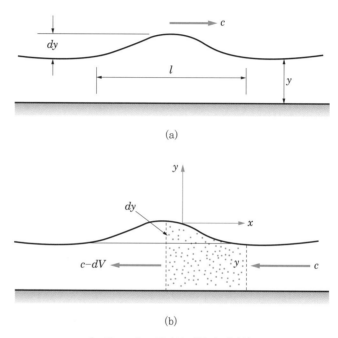

(a)

(b)

표면파

[그림 8-6] 표면파의 이동과 검사역

자유표면을 가지는 액체에 있어서 표면에 발생한 단일파동의 한 방향으로의 이동속도는 연속방정식과 Bernoulli 방정식을 적용하여 간단히 구할 수 있다. [그림 8-6(a)]에서는 파동의 이동방향을 나타내고 있고, [그림 8-6(b)]는 방정식을 적용하는 데 편리하게 생각하기 위해서 파동을 고정시키고 유체가 상대적으로 움직이고 있는 것으로 보게 한 것이다. 수로 내에서 속도 c로 진행하는 수심이 파장에 비하여 낮은 전파수로서 파의 길이 l에 비해 수심 y가 또 y에 비해 dy가 작은 가정 하에 파의 전파속도는 어떻게 주어지는지를 알아보자. 검사역은 [그림 8-6(b)]와 같고 검사역의 폭은 단위폭이다.

정상유동으로 하고 좌표계를 파에 고정시키고 등속유동이라 가정하여 연속방정식을 적용하면 다음과 같다.

$$cy + (c - dV)(y + dy) = 0$$

또는

$$\frac{dV}{V} + \frac{dy}{y} = 0 \qquad\qquad (a)$$

으로 쓸 수 있다. dV에 대하여 정리하면

$$dV = \frac{c\,dV}{y + dy} \qquad\qquad (b)$$

이다. 검사단면 사이에 베르누이(Bernoulli) 방정식을 세우면 다음과 같다.

검사단면 사이에 베르누이 (Bernoulli) 방정식

$$\frac{V^2}{2g} + y = \frac{(c - dV)^2}{2g} + (y + dy) \qquad\qquad (c)$$

또 검사면에서 마찰을 무시한 운동방정식을 세우면

검사면에서 마찰을 무시한 운 동방정식

$$-\left(\gamma \frac{y}{2}\right)y + \left(\gamma \frac{y + dy}{2}\right)(y + dy) = \rho c^2 y - \rho cy(c - dV) \qquad\qquad (d)$$

이 식을 정리하면 다음과 같다. 즉,

$$\gamma y dy + \frac{\gamma(dy)^2}{2} = \rho cy\,dV$$

$$g\left(y\,dy + \frac{dy}{2}\right)(y + dy) = c^2 y \qquad\qquad (e)$$

$(dy)^2$항은 무시하고 c에 대하여 다시 쓰면

$$c = \sqrt{gy}\left(1 + \frac{3}{2}\frac{dy}{y}\right)^{\frac{1}{2}}$$

$$\fallingdotseq \sqrt{gy}\left(1 + \frac{3}{4}\frac{dy}{y}\right) \qquad\qquad (8.21)$$

이 된다. 이 식에서 dy가 y에 비하여 아주 작은 값이면 우측항의 $\frac{3}{4}\frac{dy}{y} < 1$이 되므로 식 (8.21)은 다음과 같이 전파속도 c를 간단히 구할 수 있다.

전파속도

$$c = \sqrt{gy} \qquad\qquad (8.22)$$

식 (8.22)의 속도를 중력파의 전파속도라 부르는데 식을 보아서 알 수 있듯이
액체표면에 발생한 파동의 전파속도는 중력가속도 g와 유체의 깊이 y에 관계되
므로 이 파동을 중력파라고 한다.

파동의 전파속도
중력파

01 단면적 30cm²인 입구로 3m/sec의 속도의 물이 흘러 들어오고 있다. 그리고 단면적이 10cm²인 단면 ②를 통하여 5m/sec의 속도로 흘러 나가고 있다. 단면 ③의 단면적이 20cm²일 때 단면 ③을 통하여 나가는 속도는 몇 m/sec인가?

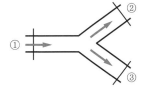

02 30cm(폭)×20cm(높이)의 사각단면 관로를 액체가 반(높이 10cm)이 찬 상태로 흐르고 있다. 이때 수력의 반지름[m]은?

03 유로단면이 30cm×15cm인 폐유로에 액체가 가득 차서 흐르면 수력 지름은[m]?

04 직경이 d인 관에 물이 가득 차서 흐를 때 수력반경은[m]?

05 폭 4m, 깊이 1m인 사각의 개수로에 물이 흐르고 있다. 이 개수로의 수력반경과 평균 전단응력은 각각 얼마인가? (단, 이 개수로의 경사도는 0.0004이다.)

06 사각 수로에 등류가 흐르고 있다. 폭이 3m이고, 깊이가 2m, 마찰계수가 0.014일 때 체지 상수는?

07 폭 50cm, 깊이 20cm의 콘크리트 사각 수로에 물을 흘러가게 할 때 평균 유속은 몇 m/sec가 되는가? 또, 유량 Q[m³/sec]는 얼마인가? (단, 경사도 2°이고 momning의 조도계수 $n = 0.012$이다.)

08 깊이 5m, 폭 8m인 사각 수로의 수력 평균깊이는 몇 m인가?

09 단위폭당의 유량[q]이 2m³/sec·m일 때 임계깊이는[m]?

10 수로 폭이 6m인 사각형 수로에서 11m³/sec의 물이 흐르고 있다. 임계속도는[m/s]?

11 단면적 1m²인 철판의 덕트 속을 10m/sec의 속도로 20℃의 공기가 흐르고 있다. 덕트 도중에 설치한 밸브를 갑자기 닫으면 밸브에 작용하는 힘은[N]? (단, 공기의 비중량 12.20N/m³이다.)

12 $y_1 = 30$cm, $V_1 = 7.0$m/sec로 흐르는 개수로에서의 수력도약이 일어났다. 수력도약 후 깊이 y_2는 몇 cm인가?

01 폭 4m, 깊이 1m인 사각의 개수로에 물이 흐르고 있다. 이 개수로의 수력반경은 몇 m인가? (단, 이 개수로의 경사도는 0.0004이다.)

02 바닥폭이 6m이고, 측면 경사가 $\frac{1}{2}$인 사다리꼴 수로에서의 깊이가 1.0m, 유량이 11m³/sec일 때의 흐름의 비에너지는 얼마인가[m]?

03 조도계수 0.01인 매끈한 사각형 콘크리트 수로에서 폭이 4m, 바닥의 경사각이 0.2°, 수심이 1.5m이다. 이때 유량은 얼마인가[m³/s]?

04 깊이 2m, 유속 7m/s인 개수로에서 비에너지를 구하라[m].

05 유량 5m³/s의 물을 이송하는 수로 단면이 사각형이다. 이 수로의 경사도가 0.001일 때 가장 적절한 수로 치수 폭(b)과 깊이(h)는?

06 사각형 단면의 콘크리트(concrete) 수로의 폭이 2m, 수심이 0.9m, 경사도가 1/1,000이라 할 때 유량[m³/s]은 얼마인가? (단, $n = 0.011$, $C = 82.92$이다.)

07 개울 바닥면으로부터 높이 1.2m인 사각 위어 위에 물이 흐르고 있다. 위어 윗부분에서 에너지 수두가 0.9m이면 상류에서의 수심은 얼마인가[m]?

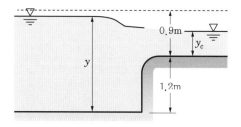

01 조도계수 0.01인 매끈한 사각형 콘크리트 수로에서 폭이 4m, 바닥의 경사각이 0.2°, 수심이 1.5m이다. 이때 유량은 얼마인가[m³/s]?

02 어떤 개수로의 단면이 자유표면에서 폭이 $b = 6$m이고, 중심에서 수심이 $h = 3$m이다. 이 수로벽을 포물선으로 근사시킬 때 수력반지름은 얼마인가[m]?

03 유량 5m³/s의 물을 이송하는 수로단면이 사각형이다. 이 수로의 경사도가 0.001일 때 가장 적절한 수로 치수 폭(b), 깊이(y)를 결정하라.

04 사각형 단면의 콘크리트 수로의 폭이 2m, 수심이 0.9m, 경사도가 1/1,000이라 할 때 유량은 얼마인가[m³/s]? (단, $n = 0.011$, $C = 82.92$이다.)

05 직경 3m인 상수도 관에 물이 깊이 2m로 흐르고 있다. 이 상수도 관의 기울기를 0.001이라 할 때 접수면에 작용하는 평균 전단응력은 얼마인가[N/m²]?

06 밑바닥의 경사도가 0.0005인 사다리꼴 자연수로의 모델이 그림과 같다. 이때 표면의 조도계수=0.01일 때 실형에서의 유량은 얼마인가? 여기서 실형과 모델 간의 비는 1 : 16이다.

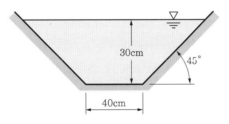

07 그림과 같은 삼각형 수로에서 최대효율 단면이 되기 위한 수심과 폭의 비를 구하라.

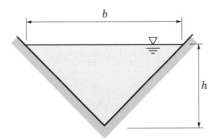

08 폭 3m, 깊이 1.5m인 수로에서 유량이 13.5m³/sec이다. 상류 또는 사류임을 결정하고 같은 비에너지를 갖는 다른 흐름에서의 깊이를 구하라[m].

09 폭 12m인 댐에서 그림과 같이 유량이 흐르고 있다. 이 댐에서의 이론유량을 구하라 [m³/s].

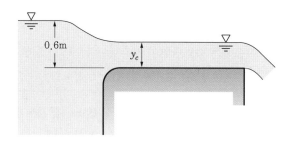

10 개울 바닥면으로부터 높이 1.2m인 사각위어 위에 물이 흐르고 있다. 위어 윗부분에서 에너지 수두가 0.9m이면 상류에서의 수심[m]은 얼마인가?

11 깊이 2m, 유속 7m/s인 개수로에서 비에너지를 구하라[m].

12 삼각형 수로에서는 사잇각이 90°일 때 최대 효율단면이 된다. 사잇각이 90°인 수로에서 임계깊이와 최소 비에너지 비는?

13 그림과 같은 경제단면에서의 임계깊이와 최소 비에너지는 얼마인가?

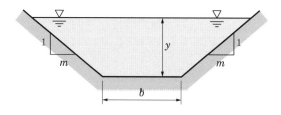

14 사잇각 90°인 삼각 개수로에서 깊이 0.9m로 2.7m³/sec의 초임계 유동을 한다. 이 유동에서 수력도약이 일어난 후 수심은 얼마인가[m]?

15 그림과 같이 융구(hump)가 있는 폭 1.2m의 사각 단면수로에 물이 아임계 등류유동을 한다. 이때 수심은 0.6m라고 한다. 만일 수로 바닥에 0.09m 높이의 융구가 있다고 할 때 융구상에서의 수심[m]을 계산하여라. (단, 유량은 0.8m³/sec이고, 손실은 무시한다. 만일 융구상에서 임계깊이가 되려면 융구의 높이 z[m]는 얼마로 하면 좋은가?)

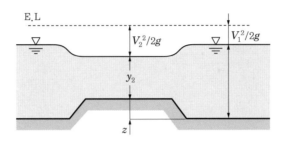

제9장

압축성 유체

Fluid Mechanics

9.1 이상기체에 대한 열역학적 관계식

이상기체 상태방정식 — 잘 알고 있는 이상기체 상태방정식 혹은 완전기체 상태방정식은 다음과 같다.

$$Pv = RT$$

$$또는 \ P = \rho RT \tag{a}$$

여기서, P : 절대압력(absolute pressure)

$\quad\quad\quad T$: 절대온도(absolute temperature)

$\quad\quad\quad \rho$: 밀도(density)

$\quad\quad\quad v$: 비체적(specific volume)

$\quad\quad\quad R$: 기체상수(gas constant)

내부에너지 — J.P.Joule(1818~1889)은 이상기체, 즉 완전기체의 내부에너지는 온도만의 함수임을 증명했다.

$$u = u(T)$$

엔탈피 — 또 엔탈피는 $h = u + pv = u + RT$가 되므로 엔탈피 또한 온도만의 함수이다.

정적비열은 $C_v = (\partial u / \partial T)_v$이고, 정압비열은 $C_p = (\partial h / \partial T)_p$이므로 이상기체는

$$\left. \begin{array}{l} du = C_v dT \\ dh = C_p dT \end{array} \right\} \tag{b}$$

가 된다.

$h = u + Pv = u + \dfrac{P}{\rho} = u + RT$를 미분하고 위의 식 (b)를 대입하면 정압비열 C_p와 정적비열 C_v의 관계식을 만들 수 있다.

$$C_p dT = C_v dT + RdT$$

$$\therefore \ \ C_p = C_v + R \tag{9.1}$$

식 $(9.1) \times \dfrac{1}{C_v}$ 하면 C_v와 비열비 κ와의 관계식이 된다.

$$\kappa = 1 + \frac{R}{C_v}$$

$$\therefore \ C_v = \frac{R}{\kappa - 1} \, [\text{kJ/kg·K}] \ (\text{SI단위})$$

$$= \frac{AR}{\kappa - 1} \, [\text{kg·m/kg·K}] \ (\text{공학단위}) \tag{9.2}$$

위의 식에서 A는 일에 대한 열상당량이다. 여기서 κ(비열비)는 정의에 의해 다음과 같다.   비열비

즉, $\kappa = \dfrac{C_p}{C_v}$ 이고 또 $\dfrac{C_p}{C_v} > 1$ 이다.

그리고 식 $(9.1) \times \dfrac{1}{C_p}$ 하면 C_p와 κ의 관계식을 다음과 같이 만들 수 있다.

$$1 = \frac{1}{\kappa} + \frac{1}{C_p}$$

$$\therefore \ C_p = \frac{kR}{\kappa - 1} \ (\text{SI단위})$$

$$= \frac{\kappa AR}{\kappa - 1} \ (\text{공학단위}) \tag{9.3}$$

엔트로피는 $ds = \delta q / T$로 정의되므로 열역학 제1법칙의 관계식을 다음 식으로 고쳐 쓸 수 있다.

$$Tds = \delta q = du + Pdv \tag{c}$$

열역학적 계가 주위의 어떤 변화를 일으키지 않고, 역의 과정으로 원래 상태로 되돌아가는 과정을 가역 과정(reversible process)이라고 한다. 단열 과정에서는 $\delta q = 0$이 되므로 가역단열 과정에서 $ds = 0$이 되어 s는 일정하다. 이와 같은 가역단열 과정을 등엔트로피 과정(isentropic process)이라고 한다.   가역 과정 (reversible process)

이러한 등엔트로피 과정의 열역학적 관계식은 다음과 같다.   등엔트로피 과정 (isentropic process)

$$\frac{T_2}{T_1} = \left(\frac{P_2}{P_1}\right)^{\frac{\kappa - 1}{\kappa}} = \left(\frac{\rho_2}{\rho_1}\right)^{\kappa - 1} = \left(\frac{v_1}{v_2}\right)^{\kappa - 1} \tag{9.4}$$

질량 5kg의 산소가 초기조건 $P_1 = 130\text{kPa}$, $t_1 = 10℃$, 나중조건 $P_2 = 500\text{kPa}$, $t_2 = 95℃$일 때 엔탈피 변화량[kJ]을 계산하여라. (단, $C_p = 1.004\text{kJ/kg·K}$이다.)

풀이 엔탈피는 이상기체일 경우 온도만의 함수이므로

$$H_2 - H_1 = m \times C_p(T_2 - T_1)$$
$$= 5 \times 1.004(95 - 10) = 426.7\text{kJ}$$

비열비 $\kappa = 1.33$, 기체상수 $R = 196.7\text{kJ/kg·K}$인 이상기체의 정적비열 C_v와 정압비열 C_p는 각각 몇 kJ/kg·K인가?

풀이
$$C_v = \left(\frac{\partial u}{\partial T}\right)_v, \ \ C_p = \left(\frac{\partial h}{\partial T}\right)_p$$

$$C_p - C_v = R, \ \text{비열비} \ \kappa = \frac{C_p}{C_v}$$

$$C_v = \frac{R}{\kappa - 1} = \frac{196.7}{(0.33)} = 596.1\text{kJ/kg·K}$$

$$C_p = \frac{\kappa R}{\kappa - 1} = 1.4 \times C_v = 834.5\text{kJ/kg·K}$$

9.2 정상유동과정의 에너지 방정식

[그림 9-1]에서 단면 ①로 들어온 에너지와 공급열량 $_1\dot{Q}_2$는 단면 ②로 나오는 에너지와 단위시간당 축일(shaft work) $\dot{W}_s$는 같다.

유동계의 에너지 방정식   그림의 검사체적(C.V)에서 유동계의 에너지 방정식은 다음과 같다.

$$\dot{Q}_{c\cdot v} + \sum \dot{m}_1\left(h_2 + \frac{V_1^2}{2} + gz_1\right)$$

$$= \frac{dE_{c\cdot v}}{dt} + \sum \dot{m}_2\left(h_2 + \frac{V_2^2}{2} + gz_2\right) + \dot{W}_{c\cdot v} \tag{9.5}$$

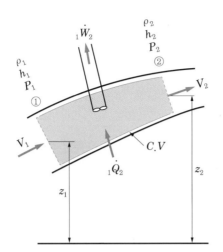

[그림 9-1] 유동계 검사체적에 대한 상태량의 적용

[그림 9-1]의 검사체적($C.V$)의 연속방정식은   연속방정식

$$\frac{dm_{c \cdot v}}{dt} + \sum \dot{m}_2 - \sum \dot{m}_1 = 0$$

이고, 정상유동에서는 $\frac{dm}{dt} = 0$이므로 위의 연속방정식은 다음과 같이 된다.   정상유동

$$\sum \dot{m}_2 = \sum \dot{m}_1 = \sum \dot{m} = c(일정)$$

따라서 식 (9.5)의 양변을 $\dot{m}$로 나누면 단위질량(또는 단위중량)당 유동계 정   단위질량당 유동계 정상유동
의 에너지 방정식
상유동의 에너지 방정식은 다음과 같이 쓸 수 있다.

SI단위에서 :

$$_1q_2 + h_1 + \frac{V_1^2}{2} + gz_1 = h_2 + \frac{V_2^2}{2} + gz_2 + {_1}w_2 [\text{J/kg}] \tag{9.6}$$

공학단위에서 :

$$_1q_2 + h_1 + A\frac{V_1^2}{2g} + Az_1$$

$$= h_2 + A\frac{V_2^2}{2g} + Az_2 + A_1w_2 [\text{kcal/kg}] \tag{9.7}$$

위의 식 (9.6)과 식 (9.7)을 일반 에너지 방정식이라고 한다. 만약 $Z_1 = Z_2$이   일반 에너지 방정식
고 일과 열의 주고받음이 없는 경우에 식 (9.6)은

$$h_1 + \frac{V_1{}^2}{2} = h_2 + \frac{V_2{}^2}{2} \quad : \text{SI단위}$$

이 된다.

9.3 음파(acoustic wave)

만약 [그림 9-2(a)]와 같이 관 안에 기체가 가득 차 있고 관의 왼쪽에 피스톤
이 있다고 가정해보자. 피스톤을 갑자기 오른쪽으로 약간 밀 때 피스톤 바로 옆
의 기체층은 밀려서 압축되고 나머지 기체들도 시간이 흐름에 따라 압력파가 점
차적으로 오른쪽으로 진행하게 된다. 결국에는 모든 기체층이 피스톤의 움직임
을 감지하게 된다. 이때 피스톤에 의해 기체에 가해진 충격이 극히 순간적이면
우리는 이 파를 음파(acoustic wave) 또는 탄성파(elastic wave)라고 부른다.

비압축성 매체 안에서는 밀도의 변화가 거의 없어 파의 속도는 무한대가 되므
로 우리가 알고 있는 음파는 발생하지 않는다고 할 수 있다. 그러므로 압축파가
만들어지려면 교란(disturbance)속도가 매체를 국부적으로 압축시킬 정도로 빠
른 속도이어야 한다.

압축성 유동의 이론을 전개하는 데 있어서 약한 압력파인 탄성파가 생성되었을
때 이 파가 유체 속을 전파하는 속도는 매우 중요한 의미를 갖게 된다.

음파(acoustic wave)

압축파
교란(disturbance)

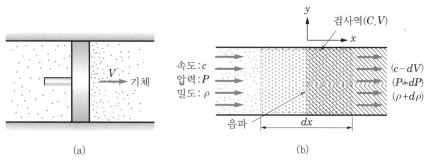

[그림 9-2] 압력파인 음파의 발생과 검사체적 해석

[그림 9-2(b)]와 같은 검사역은 점선으로 둘러싸인 영역이고, 이 검사역을 운
동좌표계에 고정시키면 검사역은 압력파의 진행방향으로 파의 속도 c로 운동하

게 된다. 유동 조건은 검사역의 우측으로부터 좌방향으로 상태량이 압력 P, 밀도 ρ, 유체의 속도 c로 흘러들어 오고, 압력 $P+dP$, 밀도 $\rho+d\rho$인 유체가 검사역 좌측으로부터 속도 $c-dV$로 흘러나가는 것 같이 관찰된다고 할 때 검사역에 연속방정식과 운동방정식을 적용하면 정상 1차원 유동으로 가정하여 다음 식과 같이 전개된다.

연속방정식 :

$$-\rho cA + (\rho + d\rho)(c - dV)A = 0 \qquad \text{(a)}$$

식 (a)를 정리하면 다음과 같다.

$$cAd\rho - \rho A\, dV - Ad\rho\, dV = 0 \qquad \text{(b)}$$

여기서 미분의 곱 $d\rho\, dV$는 2차의 무한소로서 무시하면,

$$dV = \frac{c}{\rho} d\rho \qquad \text{(c)}$$

이다.

운동방정식 :

$$-PA + (P + dP)A = (-c)(-\rho cA) + [-(c - dV)(\rho + d\rho)(c - dV)A]$$
$$= c[\rho cA - (\rho + d\rho)(c - dV)A] + dV(\rho + d\rho)(c - dV)A \qquad \text{(d)}$$

위의 식을 정리하면

$$AdP = \rho cAdV \qquad \text{(e)}$$

또는

$$dV = \frac{1}{\rho c} dp \qquad \text{(f)}$$

이 된다. 위의 식에서 2차 이상의 무한소는 무시하였고, 식 (d)의 우측 1항은 식 (b)의 연속방정식으로부터 0(zero)을 적용하였다.

연속방정식

운동방정식

식 (c)와 식 (f)를 같이 놓으면

$$\frac{c}{\rho}d\rho = \frac{1}{\rho c}dP \tag{g}$$

음속   가 된다. 이 식으로부터 음속 c를 얻을 수 있다. 즉

$$dP = c^2 d\rho$$

$$\therefore \ c = \sqrt{\frac{dP}{d\rho}} \tag{9.8}$$

이 식 (9.8)과 같은 열역학적 완전미분의 성량값을 얻기 위해서는 미분 과정 중 일정하게 유지시켜야 할 성량이 정의되어야 한다. 따라서 탄성파인 음파(압력파)가 생성되는 극히 짧은 과정에서 미세압축이 행해진다고 할 때 열전달 시간이 거의 없는 가역단열 과정이 되어야 한다. 즉, 단열의 등엔트로피 과정이어음속의 미분정의   야 한다. 그러므로 음속의 미분정의는

$$c = \sqrt{\left(\frac{\partial P}{\partial \rho}\right)_s} \tag{9.9}$$

로 표시된다. 이때 압력변화가 급격한 단열과정에서는 완전기체의 경우 $P = c\rho^{\kappa}$가 성립된다. 따라서 양변을 미분하면 $\dfrac{dP}{d\rho} = \kappa c\rho^{\kappa-1} = \kappa \dfrac{P}{\rho^{\kappa}}\rho^{\kappa-1} = \dfrac{kP}{\rho}$이다.

이것을 식 (9.8)에 대입하고 완전기체상태식 $P = \rho RT$를 적용하면 음속 식은단열에서 음속   단열에서 음속은 다음 식과 같이 된다. 즉,

$$c = \sqrt{\kappa RT} \tag{9.10}$$

이다.

여기서 R은 기체상수로써 [kJ/kg·K] 또는 [J/kg·K]의 단위를 갖는다.

9.4 아음속 유동과 초음속 유동

어떤 물체가 공기 중에 어느 속도로 움직이고 있는 경우 공기 속에는 압력 변화가 생기고, 이 변화는 물체로부터 주위 공기 속에 음속으로 전파된다. 이 영향은 균일하며, 물체는 비압축성 유체 속을 진행하고 있는 것과 같다.

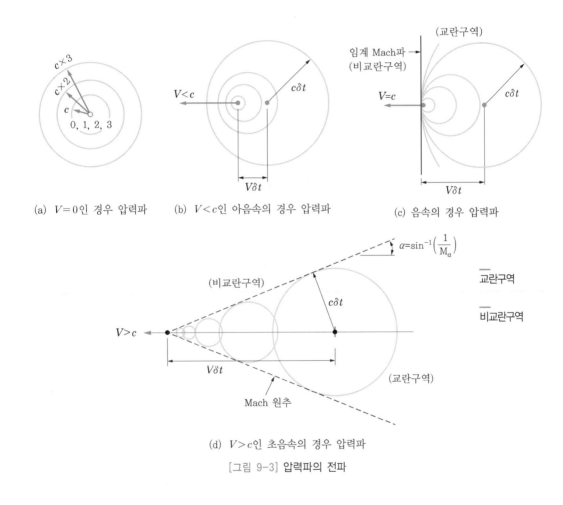

(a) $V=0$인 경우 압력파   (b) $V<c$인 아음속의 경우 압력파

(c) 음속의 경우 압력파

(d) $V>c$인 초음속의 경우 압력파

[그림 9-3] 압력파의 전파

[그림 9-3(a)]는 물체가 정지상태, 즉 $V=0$이며 압축파만이 음속(c)으로 전파되는 상태를 표시한다. [그림 9-3(b)]에서는 물체가 음속(c)보다 느린 속도 V로 진행되는 상태를 나타낸다. [그림 9-3(c)]는 물체의 속도 V가 음속(c)과 같은 경우이다. 그리고 [그림 9-3(d)]는 속도 V가 음속(c)보다 더 빠른 속도로 진행하는 경우이다.

[그림 9-3(b)]의 경우 물체의 속도가 음속보다 작을 때는 움직이는 물체 전방

에도 후방에서 생기는 현상에 영향이 있으며, [그림 9-3(d)]의 경우는 물체의 속도가 음속보다 빠르므로 전방에는 영향이 없다.

예로서 음속보다 빠른 제트기는 지나간 다음에 소음이 귀에 들리는 경우이다. 즉, 물체가 음속 부근의 속도로 운동하든가 또는 정지하고 있는 물체에 음속에 가까운 유체유동이 닿게 되면 유체의 압축과 영향을 무시할 수 없게 된다.

1 마하 수(Mach number)

마하 수(Mach number)

V와 c의 비를 마하(Mach) 수라 하며 M_a으로 표시한다.

$$M_a = \frac{V}{c} = \frac{V}{\sqrt{\kappa RT}} \tag{9.11}$$

마하각

[그림 9-3(c)]에서 α를 마하각이라 하며, $\sin\alpha = \dfrac{1}{M_a}$로 부터

$$\sin\alpha = \frac{c}{V} \tag{9.12}$$

마하파
아음속 유동(subsonic flow)
초음속 유동
(supersonic flow)

점선으로 표시된 직선을 마하파(Mach wave)라 한다. 이때의 속도 V가 음속 c보다 작은 경우를 아음속 유동(subsonic flow)이라 하고, 속도 V가 음속 c보다 큰 경우를 초음속 유동(supersonic flow)이라 한다.

예제 9.3

실험실 풍동에서 20℃의 공기를 갖고 실험하는데 마하각이 30°이면 풍속은 얼마인가? (단, 공기의 $R = 287$J/kg·K이다.)

풀이 마하각의 정의로부터

$$\alpha = \sin^{-1}\left(\frac{1}{M_a}\right) = \sin^{-1}\frac{c}{V}$$

음속 c는

$$c = \sqrt{\kappa RT} = \sqrt{1.4 \times 287 \times 298} = 346\text{m/s}$$

공기의 속도 V는

$$V = \frac{c}{\sin\alpha} = \frac{346}{\sin(30°)} = 692\text{m/s}$$

예제 9.4

0℃ 표준상태의 대기 중에서의 음속을 구하라. (단, 공기의 $R=287$J/kg·K이다.)

풀이 $c = \sqrt{\kappa R T}$
$= \sqrt{1.4 \times 287 \times 273}$
$= 331.2$m/s

예제 9.5

온도 15℃인 대기 속을 제트기가 고도 900m에서 날아가고 있다. 지상에서 제트기가 머리 위를 바로 지나고 1초 후에 비행음을 들었다면 이 비행기의 마하 수는 얼마인가? (단, $R=287$J/kg·K이다.)

풀이 절대온도로 환산하면

$$T_0 = 15\,℃ = 288\text{K}$$

이 온도에서의 음속은

$$c = \sqrt{\kappa R T} = \sqrt{1.4 \times 287 \times 288} = 340.17\text{m/s}$$

그림에서

$$\tan\alpha = \frac{900}{V} \qquad \qquad ⓐ$$

식 (9.12)로부터

$$\sin\alpha = \frac{c}{V} = \frac{1}{M_a} = \frac{340.17}{V} \qquad ⓑ$$

식 ⓐ와 식 ⓑ로부터 V를 소거하면

$$\frac{900}{\tan\alpha} = \frac{340.17}{\sin\alpha}$$

$$\cos\alpha = \frac{340.17}{900} \qquad \qquad \therefore \ \alpha = 67.8°$$

α를 식 ⓑ에 대입하면

$$M_a = \frac{1}{\sin(67.8°)} = 1.08$$

1 압력파의 경우 유동방정식

다음 [그림 9-4]와 같이 관측자가 검사체적($C.V$)과 함께 움직인다고 가정할 때 약한 압력파를 포함하는 검사체적에 대한 상대적인 유동을 생각해보자.

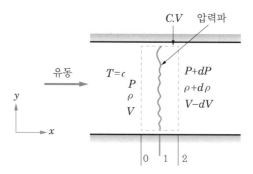

[그림 9-4] 압력파의 검사역

유체는 속도 V와 압력 P, 밀도 ρ로 검사체적의 검사면을 통과한 후 속도는 $V-dV$, 압력은 $P+dP$, 밀도는 $\rho+d\rho$로 검사면을 빠져 나간다.

연속방정식의 경우

$$\frac{dA}{A} + \frac{d\rho}{\rho} + \frac{dV}{V} = 0 \tag{a}$$

식 (9.8)로부터

$$c^2 = \frac{dP}{d\rho} = V^2$$

$$dP = c^2 d\rho \tag{b}$$

또 Euler 방정식 $\dfrac{dP}{\rho} + V\,dV + g\,dz = 0$에서 $z = c$일 때 $dz = 0$이므로 다음과 같다.

$$\frac{dP}{\rho} + V\,dV = 0$$

$$\frac{dP}{\rho} = -V\,dV \tag{c}$$

식 (c)에 식 (b)를 대입하면

$$\frac{c^2 d\rho}{\rho} = -V \, dV$$

$$\frac{dP}{\rho} = -\frac{V}{c^2} \, dV \tag{d}$$

식 (d)를 식 (a)에 대입하면 다음과 같은 방정식을 구할 수 있다. 즉,

$$\frac{dA}{A} - \frac{V}{c^2} \, dV - \frac{dV}{V} = 0$$

$$\frac{dA}{A} = \frac{V}{c^2} \, dV - \frac{dV}{V} = \left(\frac{V}{c^2} - \frac{1}{V}\right) dV$$

정리하면 dA/dV는 다음 식과 같다.

$$V\frac{dA}{A} = \left(\frac{V^2}{c^2} - 1\right) dV$$

$$= (M_a{}^2 - 1) dV$$

$$\therefore \; \frac{dA}{dV} = \frac{A}{V}(M_a{}^2 - 1) \tag{9.13}$$

그리고 베르누이(Bernoulli) 방정식은 식 (9.14)와 같으므로 이것을 식 (9.13), 식 (9.14)에 적용하여 다음에 소개될 축소 및 확대 단면의 아음속과 초음속 유동을 살펴볼 수 있다.

베르누이(Bernoulli) 방정식

$$\frac{P}{\gamma} + \frac{V^2}{2g} + Z = c \tag{9.14}$$

2 축소 및 확대 단면에서 아음속과 초음속 유동

다음과 같은 축소 확대 단면에 식 (9.13), 식 (9.14)를 적용하면 흐름의 상태를 파악할 수 있다. [그림 9-5]와 같은 아음속 유동($M_a < 1$)의 경우 단면적이 감소할 때 속도는 증가하여 아음속 유동을 빠르게 하고 압력은 감소한다. 단면적이 확대될 때는 속도가 감소하고 압력은 증가하게 되며, 이것은 아음속 디퓨저임을 의미한다.

아음속 유동

아음속 디퓨저

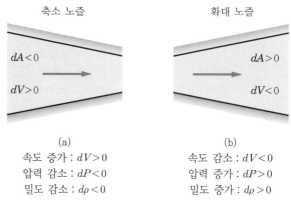

(a)   (b)

속도 증가 : $dV>0$ 속도 감소 : $dV<0$
압력 감소 : $dP<0$ 압력 증가 : $dP>0$
밀도 감소 : $d\rho<0$ 밀도 증가 : $d\rho>0$

[그림 9-5] 단면 축소-확대($M_a<1$)

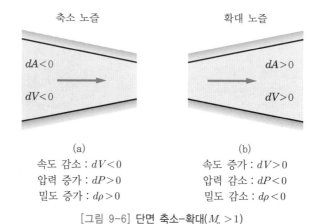

(a)   (b)

속도 감소 : $dV<0$ 속도 증가 : $dV>0$
압력 증가 : $dP>0$ 압력 감소 : $dP<0$
밀도 증가 : $d\rho>0$ 밀도 감소 : $d\rho<0$

[그림 9-6] 단면 축소-확대($M_a>1$)

초음속 유동   [그림 9-6]과 같은 초음속 유동($M_a>1$)의 경우는 단면축소의 경우 초음속 유동을 느리게 하고 압력을 증가시킨다. 단면이 확대될 때는 초음속 유동을 빠르게 하며 압력은 감소하여 초음속 노즐이 됨을 알 수 있다.

축소-확대 노즐   [그림 9-7]의 경우는 축소-확대 노즐의 목부분에서 $dA=0$일 때 속도 dV가 유한하여 $M_a=1$을 향하게 한다.

따라서 목 또는 축소·확대 단면은 아음속 유동을 연속적으로 가속시켜 음속 유동을 거쳐서 초음속 유동까지 이르게 할 수 있다. 이것이 기체를 정체탱크로부터 팽창시켜 초음속 유동을 만들 수 있는 유일한 방법임을 알 수 있게 한다.

최대음속   즉, 축소·확대 노즐만이 초음속이 가능하고, 이때 목에서는 최대 음속($M_a=1$)으로 갈 수 있다.

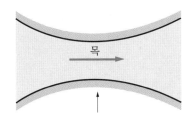

아음속($M<1$) ━━ 음속($M=1$) ━━ 초음속($M_a>1$)

[그림 9-7] 단면 축소-확대관(converging-diverging duct)

이상에서 우리는 유동을 아음속에서 초음속 조건으로 가속시키는 데에는 축소 -확대관이 필요하다는 것을 알 수가 있다.

9.6 단열 유동

완전기체, 즉 이상기체의 등엔트로피 유동 관계식을 사용하여 연속방정식으로 부터 Mach 수만을 포함하는 대수식으로 표현할 수 있다.

등엔트로피 유동 관계식

관이나 덕트 내를 어느 기체가 유속 V_0, 온도 T_0, 압력 P_0, 밀도 ρ_0인 상태 에서 시작하여 온도 T, 유속 V, 압력 P 상태로 단열적으로 변화했을 때 그 에 너지 방정식은 다음과 같다.

$$T + \frac{1}{R} \frac{\kappa-1}{\kappa} \frac{V^2}{2} = T_0 = c\,(\text{일정})$$

여기서 $M_a = \dfrac{V}{\sqrt{\kappa RT}}$를 대입하여 V를 소거한 후 정리하자.

$$\frac{T}{T_0} = \left(1 + \frac{\kappa-1}{2} M_a{}^2\right)^{-1} \tag{9.15}$$

이때 $Pv^\kappa = c$, 또는 $\dfrac{P}{\rho^\kappa} = c$ 관계에 의해 다음 식이 성립한다.

$$\frac{T}{T_0} = \left(\frac{P}{P_0}\right)^{\frac{\kappa-1}{\kappa}} \tag{9.16}$$

$$\frac{P}{P_0} = \left(\frac{\rho}{\rho_0}\right)^\kappa \tag{9.17}$$

그러므로 식 (9.15)에 식 (9.16), 식 (9.17)을 대입하면 단열 유동에서 다음 관계식이 된다. 즉,

$$\frac{P}{P_0} = \left(1 + \frac{\kappa - 1}{2} M_a{}^2\right)^{-\frac{\kappa}{\kappa - 1}} \tag{9.18}$$

$$\frac{\rho}{\rho_0} = \left(1 + \frac{\kappa - 1}{2} M_a{}^2\right)^{\frac{-\kappa}{\kappa - 1}} \tag{9.19}$$

가 된다. 이때 M_a은 임의상태($T,\ P,\ \rho$)에서 Mach 수이다.

위의 식에서 T_0는 점성 기체에 있어서나 비점성 기체 모두에서 일정하므로 식

(9.15)와 식 (9.16)은 언제나 적용된다. 그러나 P_0는 점성에 의한 마찰손실로 인하여

감소되므로 식 (9.18), 식 (9.19)는 비점성 기체에만 적용되며 점성 기체는 적용하지 않는다.

1 등엔트로피 변화에서 에너지 방정식

단열노즐에서 $q = 0$, $w_s = 0$, $z_1 = z_2$이면 일반 에너지 방정식은 다음과 같다.

$$h_1 + \frac{V_1{}^2}{2} = h_2 + \frac{V_2{}^2}{2} \tag{9.20}$$

또는

$$C_p T_1 + \frac{V_1{}^2}{2} = C_p T_2 + \frac{V_2{}^2}{2} \tag{9.21}$$

위의 두 식을 중력단위로 고치면 다음 식과 같다.

$$h_1 + \frac{V_1{}^2}{2g} = h_2 + \frac{V_2{}^2}{2g} \tag{9.22}$$

$$C_p T_1 + \frac{V_1{}^2}{2g} = C_p T_2 + \frac{V_2{}^2}{2g} \tag{9.23}$$

2 임계온도, 임계압력, 임계밀도

단열 유동에서 유체속도가 음속에 가깝게 도달할 때의 상태를 임계조건이라 하며, *로 나타낸다. 이때 $\kappa = 1.4$일 때 임계온도비, 임계압력비, 임계밀도비는 다음 식과 같다.

임계온도비
임계압력비
임계밀도비

$$\frac{T^*}{T_0} = \frac{2}{\kappa+1} = 0.833 \tag{9.24}$$

$$\frac{P^*}{P_0} = \left(\frac{2}{\kappa+1}\right)^{\frac{\kappa}{\kappa-1}} = 0.528 \tag{9.25}$$

$$\frac{\rho^*}{\rho_0} = \left(\frac{2}{\kappa+1}\right)^{\frac{1}{\kappa-1}} = 0.634 \tag{9.26}$$

3 질량 유동률

단열 유동의 최대 질량 유동률은 음속에 도달할 때 얻어진다. 따라서 그 값은 다음 식으로부터 구한다.

최대 질량 유동률

$$\dot{m}_{\max} = \rho^* A^* V^* = \frac{A^* P_0}{\sqrt{T_0}} \sqrt{\frac{\kappa}{R}\left(\frac{2}{\kappa+1}\right)^{\frac{\kappa+1}{\kappa-1}}} \tag{9.27}$$

이때 $\kappa = 1.4$이면 위 식은 간단하게 다음과 같다.

$$\dot{m}_{\max} = 0.686 \frac{A^* P_0}{\sqrt{RT_0}} \tag{9.28}$$

속도가 아음속일 때 질량 유동률은 다음 식과 같다.

아음속 질량 유동률

$$\dot{m} = \rho A V = A \sqrt{2P_0\rho_0 \frac{\kappa}{\kappa-1}\left(\frac{P}{P_0}\right)^{\frac{2}{\kappa}}\left[1-\left(\frac{P}{P_0}\right)^{\frac{\kappa-1}{\kappa}}\right]} \tag{9.29}$$

4 정체온도, 정체압력, 정체밀도

로켓(rocket) 추진체

그림과 같이 열의 출입이 없고, 큰 용기 안에 기체가 들어있다고 가정하자(유속은 무시, 관의 단면적은 변한다). 이러한 대표적인 예는 로켓(rocket) 추진체이다.

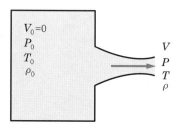

[그림 9-8] 정체-노즐의 유동

용기 내의 유속은 0이므로 식 (9.21)에 $V_1 = V_0 = 0$, $C_p = \dfrac{\kappa R}{\kappa - 1}$, $T_1 = T_0$ 를 대입하면 다음 식과 같이 된다.

$$\text{SI단위}: T_0 = T + \frac{\kappa - 1}{\kappa R} \frac{V^2}{2} \tag{9.30a}$$

$$\text{중력단위}: T_0 = T + \frac{\kappa - 1}{\kappa A R} \frac{V^2}{2g} \tag{9.30b}$$

정체온도
(stagnation temperature)

이때 T_0는 정체온도(stagnation temperature)이다.

위의 식 (9.30a)에 $M_a = \dfrac{V}{c}$와 $c^2 = \kappa R T$를 사용하여 바꾸어 쓰면

$$\frac{T_0}{T} = 1 + \frac{\kappa - 1}{2} M_a^{\,2} \tag{9.31}$$

정체-노즐 유동관계

가 된다. 또 열역학적 관계식에 적용하면 정체-노즐 유동관계에서 다음과 같은 식을 만들 수 있다.

$$\frac{P_0}{P} = \left(1 + \frac{\kappa - 1}{2} M_a^{\,2}\right)^{\frac{\kappa}{\kappa - 1}} \tag{9.32}$$

$$\frac{\rho_0}{\rho} = \left(1 + \frac{\kappa - 1}{2} M^2\right)^{\frac{1}{\kappa - 1}} \tag{9.33}$$

이때 P_0는 정체압력(stagnation pressure)이고, ρ_0는 정체밀도(stagnation density)이다. 이상으로부터 정체-노즐부의 유동에서 온도비, 압력비, 밀도비를 구할 수 있고, 이것의 적용은 로켓의 연소부와 같은 경우에 응용할 수 있다.

정체압력
(stagnation pressure)

정체밀도
(stagnation density)

예제 9.6

축소 노즐의 출구 끝의 단면적이 목(최협소부) 단면적의 크기인 1cm²이다. 이 노즐에 표준상태의 공기가 흐른다고 할 때, 유량유출, 즉 임계유량을 구하라.

풀이 표준상태의 공기이므로 $\kappa = 1.41$, $P_0 = 101.3\text{kPa}$,

$$R = 0.287\text{kJ/kg·K}, \quad T_0 = 0 + 273\text{K} \text{이다.}$$

$$P_0 = 101.3\text{kPa} = 101,300\text{Pa}$$
$$R = 0.287\text{kJ/kg·K} = 287\text{J/kg·K}$$

이므로 식 (9.27)에서

$$\dot{m} = \frac{A^* P_0}{\sqrt{T_0}} \sqrt{\frac{\kappa}{R} \left(\frac{2}{\kappa+1}\right)^{\frac{\kappa+1}{\kappa-1}}}$$

$$\therefore \dot{m} = \frac{1 \times 10^4 \times 101,300}{\sqrt{273}} \times \sqrt{\frac{1.41}{287} \left(\frac{2}{2.41}\right)^{\frac{2.41}{0.41}}}$$

$$= 0.02484\text{kg/s}$$

예제 9.7

압력 1,568kPa인 건포화 증기가 축소 노즐에 의해서 대기로 팽창하였다. 이때 증기유량을 매시 2,000kg이라 하면 출구에서의

(1) 임계압력
(2) 임계비체적
(3) 단면적
(4) 임계속도

를 각각 구하라. (단, $\kappa = 1.135$, $v_1 = 0.126\text{m}^3/\text{kg}$이다.)

풀이 (1) 임계압력

$$P_c = \left(\frac{2}{\kappa+1}\right)^{\frac{\kappa}{\kappa-1}} \times P_1 = \left(\frac{2}{1.135+1}\right)^{\frac{1.135}{1.135-1}} \times 1,568$$

$$= 905.4\text{kPa}$$

(2) 임계비체적

$$v_c = v_1\left(\frac{P_1}{P_2}\right)^{\frac{1}{\kappa}} = 0.126 \times \left(\frac{1,568}{905.41}\right)^{\frac{1}{1.135}} = 0.204 \mathrm{m}^3/\mathrm{kg}$$

(3) 단면적

$$A_c = \frac{\dot{m}_2}{\sqrt{\kappa\dfrac{P_c}{v_c}}} = \frac{2,000/3,600}{\sqrt{1.135 \times \dfrac{905.41 \times 10^3}{0.204}}} \fallingdotseq 2.48 \times 10^{-4} \mathrm{m}^2$$

(4) 임계속도

$$V_c = \sqrt{\kappa P_c v_c} = \sqrt{1.135 \times 905.4 \times 10^3 \times 0.204}$$
$$\fallingdotseq 457.86 \mathrm{m/sec}$$

예제 9.8

어느 파이프에서의 압력, 온도, 속도가 30N/cm², 20℃, 340m/s인 공기가 큰 저장용기로 들어갈 경우 정체압력, 정체온도를 구하라. (단, $R = 287$J/kg·K이다.)

풀이 음속 c를 구하면

$$c = \sqrt{\kappa R T} = \sqrt{1.4 \times 287 \times 293} = 343.1 \mathrm{m/s}$$

마하 수는

$$M_a = \frac{V}{c} = \frac{340}{343.1} = 0.99$$

식 (9.32)로부터

$$\frac{P_0}{P} = \left(1 + \frac{\kappa-1}{2}M_a{}^2\right)^{\frac{\kappa}{\kappa-1}}$$

$$\therefore\ P_0 = 30 \times (1 + 0.2 \times 0.99^2)^{\frac{1.4}{0.4}} = 14 \mathrm{N/cm}^2$$

식 (9.31)로부터

$$\frac{T_0}{T} = 1 + \frac{\kappa-1}{2}M_a{}^2 = 1 + 0.2 \times 0.99^2 = 1.196$$

$$\therefore\ T_0 = 293 \times 1.196 = 350.4 \mathrm{K} = 77℃$$

예제 9.9

어떤 이상기체($\kappa = 1.30$)를 축소 노즐을 써서 가역단열변화하여 분출시킬 때, 외부압력 P_0가 아래 (1)~(3)이 될 때, 노즐 출구에서의 유량속도 V_2의 값을 구하라. (단, 저장용기에서의 압력은 $P = 980\text{kPa}$이며, 비체적 $v = 0.270\text{m}^3/\text{kg}$이다.)

(1) $P_0 = 784\text{kPa}$

(2) $P_0 = 535\text{kPa}$

(3) $P_0 = 392\text{kPa}$

풀이 임계압력 P_c를 식 (9.25)에서 구하면 $P_c = 535\text{kPa}$가 되며 주어진 문제에서 (2)의 경우와 같은 것을 알 수 있다.

경우 (1) : 배기압력이 임계압력보다 낮으므로 압력은 $P_2 = P_0$가 된다.

$$\therefore \quad V_2 = \sqrt{2 \frac{\kappa P_1 v_1}{\kappa - 1} \left\{ 1 - \left(\frac{P_2}{P_1} \right)^{\frac{\kappa - 1}{\kappa}} \right\}}$$

$$= \sqrt{2 \times \frac{1.3 \times 980 \times 10^3 \times 0.27}{0.3} \left\{ 1 - (0.8)^{\frac{0.3}{1.3}} \right\}}$$

$$= 338.6\text{m/s}$$

경우 (2) : $P_0 = P_c$이므로

$$V_2 = V_c = \sqrt{\frac{2\kappa}{\kappa + 1} P_1 v_1}$$

$$= \sqrt{\frac{2 \times 1.3}{2.3} \times 980 \times 10^3 \times 0.27} = 546.9\text{m/sec}$$

경우 (3) : $P_0 < P_c$이므로 $P_2 = P_c$인 경우처럼 된다. 즉, 외압 P_0가 임계 압력 P_c보다 낮을 때는 노즐출구 압력 P_2는 $P_2 = P_c$이며 대기 중에서 압력이 더 낮아지게 된다.

충격파(shock wave)

앞서 언급한 바와 마찬가지로 초음속 흐름($M_a > 1$)이 급작스럽게 아음속 ($M_a < 1$)으로 변할 때 이 흐름에 불연속면이 생기는데, 이 불연속면을 충격파 (shock wave)라 한다. 특히 이 불연속면에서는 압력과 밀도가 급속히 증대한다. 그리고 진공에 가까운 압력을 제외하고는 이 충격파는 매우 얇으며 수 μm이다.

충격파(shock wave)

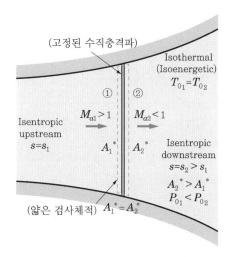

[그림 9-9] 고정된 수직충격파를 지나는 유동

수직충격파
경사충격파

이때 수직충격파는 유동방향에 수직으로 생긴 충격파를 말하고 경사충격파는 유동방향에 경사진 충격파를 말한다. [그림 9-9]는 고정된 수직충격파를 지나는 유동상태의 충격파이다.

압력을 P_1, 온도를 T_1, 유속을 V_1, 밀도를 ρ_1, Mach 수를 M_{a1}이라 하면 Fanno 방정식의 개념을 충격파의 유동해석에 적용할 때 더 잘 이해할 수 있다. 이때 Fanno 유동이란 실제유동의 비등엔트로피 유동(nonisentropic flow)으로, 이상기체가 단면이 일정한 관을 마찰이 존재하고 단열유동할 경우를 고려한 것이다. 반면 이상기체가 단면이 일정한 관을 마찰이 없고 열전달 현상이 존재하는 경우를 고려한 Rayleigh 유동해석이 있다. 따라서 이러한 유동해석을 수직충격파의 해석에 적용하면 다음과 같다.

Fanno 유동

Fanno 방정식

따라서 Fanno 유동에서는 다음 식이 성립하므로 충격파에 적용하면 Fanno 방정식은 다음과 같다.

$$\dot{m} = A\frac{P}{\sqrt{T_0}} \cdot \sqrt{\frac{\kappa}{R}}\, M_a \cdot \sqrt{1 + \frac{\kappa - 1}{2}M_a^2} \quad : \text{(Fanno 방정식)}$$

$$\therefore \frac{P_2}{P_1} = \frac{M_{a1}\sqrt{2 + (\kappa - 1)M_{a1}^{\,2}}}{M_{a2}\sqrt{2 + (\kappa - 1)M_{a2}^{\,2}}} \tag{9.34}$$

단, $\dfrac{P}{\rho} = RT$, $\dfrac{\rho_2}{\rho_1} = \dfrac{P_2}{P_1} \cdot \dfrac{T_1}{T_2}$ 이므로 충격파의 전후 상태량은 다음과 같은 관   <u>충격파의 전후 상태량</u>

계가 성립한다.

$$M_{a2}^{\,2} = \frac{2 + (\kappa - 1)M_{a1}^{\,2}}{2\kappa M_{a1}^{\,2} - (\kappa - 1)} \tag{9.35}$$

$$\left.\begin{array}{l}
\dfrac{P_2}{P_1} = \dfrac{2\kappa M_{a1}^{\,2} - (\kappa - 1)}{\kappa + 1} \\[3mm]
\dfrac{T_2}{T_1} = \dfrac{[2\kappa M_{a1}^{\,2} - (\kappa - 1)][2 + (\kappa - 1)M_{a1}^{\,2}]}{(\kappa + 1)^2 M_{a1}^{\,2}} \\[3mm]
\dfrac{\rho_2}{\rho_1} = \dfrac{(\kappa + 1)M_{a1}^{\,2}}{2 + (\kappa - 1)M_{a1}^{\,2}} \\[3mm]
\dfrac{V_2}{V_1} = \dfrac{2 + (\kappa - 1)M_{a1}^{\,2}}{(\kappa + 1)M_{a1}^{\,2}}
\end{array}\right\} \tag{9.36}$$

예제 9.10

초음속 제트기의 확대노즐에서 수직충격파가 발생되었다. 충격파가 발생되기 전에는 마하 수가 2, 온도 16℃, 압력 19.6kPa라 할 때 수직충격파가 발생된 후 마하 수, 압력, 온도, 속도를 구하라. (단, 공기의 $R = 287 \text{J/kg·K}$이다.)

풀이 충격파 직후의 마하 수는 식 (9.35)에서

$$M_{a2}^{\,2} = \frac{2 + (\kappa - 1)M_{a1}^{\,2}}{2\kappa M_{a1}^{\,2} - (\kappa - 1)} = \frac{2 + (1.4 - 1)2^2}{2 \times 1.4 \times 2^2 - (1.4 - 1)} = 0.33$$

$$\therefore\ M_{a2} = 0.574$$

충격파 직후의 압력은 식 (9.36)으로부터

$$P_2 = P_1 \frac{2\kappa M_{a1}{}^2 - (\kappa - 1)}{\kappa + 1} = (19.6) \cdot \frac{2 \times 1.4 \times 2^2 - (0.4)}{1.4 + 1}$$
$$= 88.2 \mathrm{kPa}$$

충격파 직후의 온도는 식 (9.36)에서

$$T_2 = \frac{T_1}{M_{a1}{}^2} \times \frac{[2\kappa M_{a1}{}^2 - (\kappa - 1)][2 + (\kappa - 1)M_{a1}{}^2]}{(\kappa + 1)^2}$$
$$= \frac{289}{4} \times \frac{[2.8 \times 4 - 0.4][2 + 0.4 \times 4]}{2.4^2}$$
$$\therefore \quad T_2 = 487.7[\mathrm{K}] = 214.7\mathrm{℃}$$

충격파 직후의 음속은

$$c_2 = \sqrt{\kappa R T} = \sqrt{1.4 \times 287 \times (273 + 214.7)}$$
$$= 442.67 \mathrm{m/sec}$$

따라서 수직충격파 직후의 속도는

$$\therefore \quad V_2 = M_{a2} c_2 = 0.574 \times 442.67 \fallingdotseq 254 \mathrm{m/s}$$

01 어떤 물체가 500m/sec의 속도로 상온의 공기 속을 지나갈 때 물체 표면 온도 증가는 이론상 몇 도인가?

02 진공 게이지 압력이 1.0N/cm²이고 온도가 20℃인 기체가 게이지 압력 10N/cm²로 등온 압축되었다. 이때 체적에 대한 최후의 체적비는 얼마인가? (단, 대기압은 720mmHg이다.)

03 온도가 15℃인 공기 속을 비행기가 1020m/sec 속도로 비행하고 있을 때 정체 온도는 얼마인가[℃]?

04 기온 20℃에서 공기($\kappa = 1.4$) 속의 음속을 구하라[m/s].

05 유체가 30m/sec 속도로 노즐로 들어가 500m/s로 나올 때 엔탈피의 변화는[kJ/kg]? (단, 마찰과 열교환은 무시한다.)

06 제트기가 −10℃인 공기 속을 시속 3,000km로 비행한다면, Mach 수는 얼마인가?

07 수중에서 음파의 속도[m/s]를 구하라. (단, 물의 체적 탄성계수는 20.3×10⁸N/m²이다.)

08 어떤 기체가 1kg/sec로 관로를 등온적으로 흐르고 있다. 관의 지름은 20cm, 압력은 300N/m²이다. 기체상수 $R = 196$J/kg·K, 온도 $t = 27$℃일 때 유체의 속도는 얼마인가[m/s]?

09 음속 340m/sec인 공기 중에 총알의 마하각이 45°일 때 총알의 속도는[m/s]?

10 온도 20℃의 질소가 흐르고 있다. 이 유동 내에 놓인 물체의 정면에서의 정체 온도가 30℃로 되었다면 이 관 속에서의 질소의 유동 속도는 몇 m/sec인가? (단, 질소의 정압비열은 $C_p = 1.042$kJ/kg·K이다.)

11 어떤 20℃ 기체가 충격파 바로 전의 음속이 400m/sec이고, 속도가 800m/sec이었다면 충격파 뒤의 속도는 얼마인가[m/s]?

12 30℃인 공기 속을 어떤 물체가 960m/s로 비행할 때 마하각[α]은?

13 온도 50℃이고, 압력이 40N/cm²(abs)인 용기에서 공기가 노즐을 지나 온도 20℃인 대기 중으로 분사될 때 노즐 출구에서의 Mach 수는 얼마인가?

14 매초당 270m로 제트기가 비행하고 있다. 이때 Mach 수는 얼마인가? (단, 기온은 20℃, $R = 287 \text{J/kg·K}$, $\kappa = 1.4$이다.)

15 $\kappa = 1.4$일 때 임계온도비는 얼마인가?

16 온도가 $t = 140$℃이고, 압력이 240N/cm²(abs)인 공기가 어떤 용기 속에 들어 있다. 이 공기가 5cm 속의 축소·확대 노즐을 통해 분출하면, 목에서 $M_a = 1$일 때 P^*, ρ^*, T^*를 구하라.

17 유속 20m/s, 압력이 6.87N/cm², 온도가 38℃인 상태의 공기를 축소 확대관을 통하여 그 조절부, 확대부의 마하 수가 각각 1.2가 되게 하려면 유량은 몇 kg/sec로 되는가? (단, 조절부의 단면적은 930cm²이고, 공기의 점성은 무시한다.)

18 압력 $P_1 = 100$kPa(abs), $t = 20$℃의 공기 5kg이 등엔트로피로 변화하여 315kJ의 열량을 방출하고 160℃로 되었다. 이때 최종 압력은 얼마인가[kPa]? (단, 공기의 비열비 $\kappa = 1.4$이다.)

19 공기의 수직충격파 직전의 Mach 수가 3이면 직후의 Mach 수는 얼마인가?

20 단면적이 1m²인 덕트 내부에 10m/sec의 속도로 20℃의 공기가 흐르고 있다. 덕트 중간에 밸브를 설치하여 갑자기 밸브를 막으면 그 밸브에 작용하는 힘[N]은 얼마인가? (단, 이때 공기의 비중량은 12.25N/m³이다.)

01 온도 40℃, 절대압력 $2 \times 10^5 \mathrm{N/m^2}$인 완전기체의 밀도는 139.16kg/m³일 때 기체상수 $R[\mathrm{kJ/kg \cdot K}]$을 구하라.

02 $C_p = 1.26\mathrm{kJ/kg \cdot K}$, $\kappa = 1.33$인 기체상수는 몇 kJ/kg·K인가?

03 안지름 200mm인 관 속을 흐르고 있는 공기의 평균풍속이 20m/sec이면, 공기는 매초 몇 kg이 흐르겠는가? (단, 관 속의 정압은 $20\mathrm{N/cm^2}$(abs), 온도는 15℃ 또한 공기의 기체상수 $R = 287\mathrm{J/kg \cdot K}$이다.)

04 50m/s로 수증기가 완전 절연된 노즐로 들어가서 나올 때는 600m/sec의 속도로 변한다. 이 노즐의 입구에서 엔탈피가 2850kJ/kg이라면 노즐출구에서의 엔탈피는 몇 kJ/kg이 되는가? (단, SI단위로 한다.)

05 압력이 1atm, 엔탈피 $h_1 = 294\mathrm{kJ/kg}$의 공기가 $V_1 = 60\mathrm{m/s}$의 속도로 압축기로 가서 $P_2 = 35\mathrm{N/cm^2}$(abs), $h_2 = 432.6\mathrm{kJ/kg}$, $V_2 = 120\mathrm{m/s}$가 되어 나온다면 450kg/h의 공기를 압축하는 데 필요한 동력은 몇 PS인가? (단, 열손실은 없다.)

06 수직으로 세워진 노즐에서 초속 15m/s로 물을 뿜는다면 몇 m까지 올라가겠는가? (단, 마찰손실 등을 무시한다.)

07 제트기가 시속 1,050km로 해면상을 비행할 때의 마하 수는 얼마인가? (단, 공기의 기체상수 $R = 287\mathrm{J/kg \cdot K}$, $\kappa = 1.4$, $T = 15$℃이다.)

08 $10\mathrm{N/cm^2}$(abs), 체적 100*l*의 산소를 등엔트로피 과정으로 압력을 3배로 압축하였다. 압축 후의 온도는 얼마인가? (단, $\rho_1 = 1.34\mathrm{kg/m^3}$이다. 즉, $m = 0.134\mathrm{kg}$의 경우이다.)

09 헬륨이 등엔트로피적으로 흐를 때 어느 한 점에서 온도와 속도가 각각 90m/sec, 100℃이었다. 180m/sec의 속도일 때의 온도는 몇 도인가? (단, He(헬륨)의 정압비열 $C_p = 5.194\mathrm{kJ/kg \cdot K}$이다.)

10 지금 실린더 안에 0.14MPa, 5℃인 질소를 등엔트로피로 압축하여 0.3MPa이 되었다. 최종 온도[℃]와 일[J]을 구하라. (단, 실린더 안의 질소의 질량은 2kg이다.)

11 15ata=1,470kPa, 250℃의 공기 5kg이 $Pv^{1.3} = c$에 의해서 팽창비가 5배로 될 때까지 팽창하였다. 이때 내부에너지의 변화는 몇 kJ/kg인가?

12 노즐 내에서 증기가 가역단열 과정으로 팽창한다. 팽창 중 열낙차가 33.6kJ/kg이라면 노즐 입구에서의 증기속도를 무시할 때 출구의 속도는 몇 m/sec인가?

13 노즐에 의해서 압력 200N/cm², 온도 300℃인 증기가 140N/cm²까지 단열팽창할 때, 출구분류의 속도는 얼마인가[m/s]? (단, $v = 0.1281\text{m}^3/\text{kg}$, $\kappa = 1.3$이다.)

14 고도 10km에서 비행기가 평균속도 860km/h로 비행하고 있다. 이때 상공 10km 공기의 온도는 −44℃로 등온이며, $k = 1.4$, $R_u = 8314.4\text{J/kmol} \cdot \text{K}$, $M = 28.97\text{kg/kmol}$일 때 이 비행기의 마하수(M_a)를 구하고, 대류권에서 온도저감률($\beta = 0.00650\text{K/m}$)을 사용한 경우 10km 고도에서의 공기압력 P[kPa]를 계산하라? 단, 공기 STP에서 공기의 온도 15℃, 표준대기압 101.3kPa, 중력가속도 $g = 9.81\text{m/sec}^2$이다.

01 직경이 40mm인 수평관 내를 매시 72kg의 공기가 흐르고 있다. 공기의 압력, 온도는 관 입구에서 20N/cm², 20℃, 관 출구에서는 17.5N/cm², 15℃이다. 관 내를 흐르는 동안 외부로부터 1,260kJ/h의 열량이 가해진다면 공기의 엔탈피 증가는 얼마인가 [kJ/kg]? (단, 마찰일은 무시한다.)

02 노즐 내에서 증기가 가역단열 과정으로 팽창한다. 팽창 중 열낙차가 33.6kJ/kg이라면 노즐 입구에서의 증기속도를 무시할 때 출구의 속도는 몇 m/sec인가?

03 노즐에 의해서 압력 200N/cm², 온도 300℃인 증기가 140N/cm²까지 단열팽창할 때, 출구분류의 속도는 얼마인가? (단, $v = 0.1281\text{m}^3/\text{kg}$, $\kappa = 1.3$이다.)

04 목의 단면적이 6cm인 벤투리미터를 공기가 정상유동을 한다. 목의 압력이 160N/cm²(abs), 단면적이 24cm²인 상류의 압력이 200N/cm²(abs)였다. 상류 단면의 온도가 320℃였다면 질량유량은 얼마인가[kg/sec]? (단, 등엔트로피 유동으로 가정한다.)

05 초음속 풍동은 보통 큰 용기에 공기를 압축시켜 놓았다가 축소 확대노즐을 통해서 초음속을 얻는다. 저장용기가 $P_0 = 200\text{N/cm}^2$, $T_0 = 27℃$인 공기를 사용하여 질량유동이 1kg/s이며, 출구에서의 속력이 마하 3일 때 목의 단면적[cm²], 출구의 단면적 [cm²], 출구에서의 온도[℃]와 압력[N/cm²]을 구하라.

06 78.4kPa(gage), 650℃의 연소가스($\kappa = 1.25$, $R = 298\text{J/kg·K}$)가 출구면적 40cm²의 단면축소 노즐에서 대기압으로 등엔트로피로 팽창할 때 분출속도[m/s] 및 유량[?/sec]을 구하라. (단, 입구속도는 무시한다.)

07 고압가스통(프로판 가스 C₃H₈)이 축소−확대노즐에 연결되어 있다. 압력이 240N/cm², $t = 30℃$, 이 노즐 목의 지름이 2cm이다. 목에서 $M_a = 1$일 때 목에서의 P^*, ρ^*, T^*를 구하라. 또한 $M_a = 2$일 때의 속도, 압력, 밀도, 온도 및 단면지름을 구하라. (단, 이 프로판가스의 $R = 1.679\text{kJ/kg·K}$, $\kappa = 1.138$이다.)

08 비행기의 모형이 고속풍동에서 $M_a = 2$로 실험한다. 풍동노즐은 20℃의 압축탱크로부터 공기가 보내어진다. 실험단면에서의 압력이 102kPa(abs)이었다 한다. 다음을 계산하여라.

(1) 등엔트로피 유동이라 가정할 때 용기압력[kPa]은 얼마인가?

(2) 실험단면에서의 풍속[m/s]은 얼마인가?

(3) 실험단면이 20×20cm라 할 때 질량유량[kg/s]은 얼마인가? (단, 실험단면을 균등하게 흐른다고 가정한다.)

제 **10** 장

유체의 계측

10.1 밀도 및 비중 측정

1 비중병의 이용방법

[그림 10-1]과 같이 비중병에 측정하고자 하는 액체를 넣고 비중을 알아내는 방법으로써 간단히 유체의 밀도 혹은 유체(액체)비중을 알아볼 수 있다.

비중병

이 방식은 비중병에 측정하고자 하는 액체를 집어 넣고 질량을 측정하고 비중병의 질량을 뺀 후 용기의 체적으로 나누어 밀도를 알아내는 방식이다.

즉,

$$\rho = \frac{m_2 - m_1}{V} \tag{10.1}$$

이다.

여기서, ρ : 유체(액체)의 밀도

m_2 : 용기에 액체를 채운 후의 질량

m_1 : 용기의 질량

V : 용기의 체적

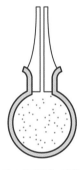

[그림 10-1] 비중병에 의한 비중 측정

2 추를 이용하는 방법

[그림 10-2]와 같이 체적 V를 가진 추를 액체 속에 넣기 전에 질량을 측정하고, 그것을 다시 유체 속에 넣은 후 질량을 측정하여 유체밀도와 비중량 그리고 비중을 계산하는 방법이다.

비중을 계산하는 방법

$$\rho_t = \frac{m_1 - m_2}{V} \tag{10.2}$$

여기서, m_1 : 공기 중에서의 질량

m_2 : 액체 속에 추를 담은 후의 질량

V : 추의 체적

ρ_t : 온도 $t\,℃$에서 액체의 밀도

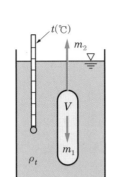

[그림 10-2] 추에 의한 비중 측정

3 비중계를 사용하는 방법

비중계

[그림 10-3]과 같이 가늘고 긴 유리관의 아래 부분을 굵게 하고 최하단에 수은을 넣어 액체 중에 똑바로 세워 액체의 비중을 측정하는 방법이다. 즉, 가는 관을 액체 속에 세웠을 때 액면과 관이 일치하는 점을 읽는다.

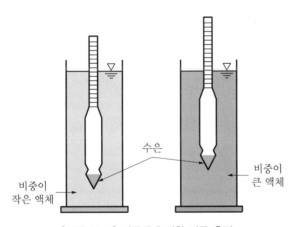

[그림 10-3] 비중계에 의한 비중 측정

4 U자관을 이용하는 방법

[그림 10-4]와 같이 U자관에 비중이 서로 다른 유체를 같이 넣어 눈금 차이를 알아봄으로써 측정 유체의 밀도를 알아내는 방법이다.

U자관

$$\rho_1 = \frac{l_2}{l_1} \cdot \rho_2 \tag{10.3}$$

여기서, ρ_1 : 측정하려는 액체의 밀도

ρ_2 : 마노미터 내의 액체의 밀도

l_2 : 측정하고자 하는 액체의 높이

l_1 : 마노미터 액체의 높이

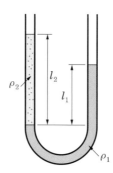

[그림 10-4] U자관에 의한 밀도 측정

예제 10.1

매스실린더의 무게가 10g이고, 여기에 12cc의 액체를 채운 후 무게가 20g이면 이 액체의 비중량은 얼마인가? (단, 1dyne=10⁻⁵N, 1cc=10⁻⁶m³이다.)

풀이 $\gamma = \dfrac{W_2 - W_1}{V} = \dfrac{(20-10)\mathrm{g}}{12\mathrm{cc}} = \dfrac{5}{6}\,\mathrm{g/cc} = 816.67\mathrm{dyne/cc}$

$\qquad = 8,166.67\mathrm{N/m^3}$

예제 10.2

지름이 큰 U자관에 유체를 채웠더니 수은의 면과 액체의 면이 각각 3cm, 40cm이면 이 액체의 비중은 얼마인가?

풀이 $1,000 \times S \times 40 = 13.6 \times 1,000 \times 3$ [식 (10.3)으로부터]

$\qquad \therefore \ S = 1.02$

10.2 점성계수의 측정

점성계수를 측정하기 위한 점도계는 낙구식 점도계, 오스트발트(Ostwald) 점도계, 회전식 점도계, 세이볼트(Saybolt) 점도계들이 있다.

1 Ostwald 점도계

[그림 10-5]가 오스트발트(Ostwald) 점도계이다. 하이겐-포아젤 방정식을 이용한 점도계로써 그 점도 측정은 다음 식과 같은 방법으로 계산한다.

오스트발트(Ostwald) 점도계

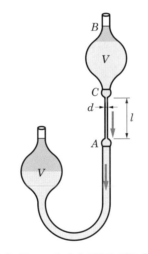

[그림 10-5] 오스트발트 점도계

$$Q = \frac{\pi r_0^4 \Delta P}{8\mu l} \tag{a}$$

여기서, Q : 유량, μ : 점성계수, r_0 : 반경
l : 길이, ΔP : 압력차

[그림 10-5]에서 유리구 위의 B위치까지 시료액을 넣어 가는관을 통과하여 액체가 B의 위치에서 C점까지 내려가는 시간을 측정한다. 이때 BC 간의 유리구에 채워진 액체량을 V라 하고 낙하시간을 t라 하면, CA의 가는관을 통해 빠져나간다.

$$Q = \frac{V}{t} \tag{b}$$

여기서 t : 시간, V : 액체량

이 되고, Poiseuille의 법칙을 이용하여 점도를 계산할 수 있다. 즉, $P = \rho g h$를 식 (a)에 대입하고 식 (b)를 정리하면

$$\mu = \frac{\pi r_0^4 \cdot \rho g h t}{8 l V} = \kappa \rho t \tag{c}$$

여기서 κ는 상수, $\mu = \mu_0$, $\rho = \rho_0$에서

$$\frac{\mu}{\mu_0} = \frac{\rho t}{\rho_0 t_0}$$

$$\therefore \quad \mu = \frac{\rho t}{\rho_0 t_0} \mu_0 \tag{10.4a}$$

또는

$$\nu = \frac{t}{t_0} \nu_0 \tag{10.4b}$$

이 측정방법은 Wilheim Ostwald(1853~1932)에 의해 고안되어 Ostwald 점도 계라고 부르고, 식 (c)의 손실수두 h는 C점에서 A점까지의 손실이나 이 값은 항상 일정하다. 그리고 V, l, r_0 등도 일정하여 점성은 t만을 측정하면 계산할 수 있다.

세이볼트 전도계
(Saybolt viscometer)

② 세이볼트 점도계(Saybolt viscometer)

[그림 10-6]에서 측정기의 밑구멍을 막은 다음 액체를 A점까지 채운 뒤 막은 구멍을 다시 열어 액체가 B점까지 채워지는 데 필요한 시간을 잰다. 이때 배출 관을 통해 용기 B에 60cc 정도가 될 때까지의 시간을 측정하여 다음과 같은 식 으로 계산한다.

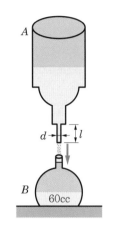

[그림 10-6] 세이볼트 점도계

$$\nu = 0.0022t - \frac{1.8}{t} \ [\text{cm}^2/\text{sec}] \tag{10.5}$$

이 식에서 t의 값이 큰 경우는 선형적인 함수관계가 된다.

3 낙구식 점도계

낙구식 점도계

관 속에 유체를 채우고 일정한 거리에서 크기와 무게가 알려진 구를 낙하시켜 그 시간을 측정하여 점성계수를 측정한다. 이 경우 구가 아주 작고 낙하속도가 $(2RV_t/\nu) < 1$로 되면 Stokes의 법칙을 적용할 수 있고, 따라서 낙구식 점도계 는 스토크스 법칙을 이용한 점도계로서 다음 식으로 계산한다.

스토크스 법칙

$$\mu = \frac{d^2(\gamma_s - \gamma_l)}{18\,V_t} \tag{10.6}$$

여기서, μ : 점성계수

d : 구의 직경

γ_s : 구의 비중량

γ_l : 액체의 비중량

V_t : 낙하속도

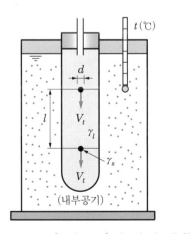

[그림 10-7] 낙구식 점도계 원리

비중 2.55인 알루미늄 구를 비중이 0.8인 기름 속에서 떨어뜨리고 있다. 시간이 얼마 지난 후 기름 속에서의 속도가 3cm/s이면 이 기름의 점성계수는 얼마인가? (단, 구의 직경은 0.6cm이다.)

풀이 먼저 느린 흐름으로 가정하면 항력 $D = 3\pi\mu Vd$

$$부력 + 항력 = 중력$$

$$D - W + F_B = 3\pi\mu Vd - \frac{\pi d^3}{6}\gamma_a + \frac{\pi d^3}{6}\gamma_l = 0$$

$$\mu = \frac{d^2(\gamma_s - \gamma_l)}{18\,V} \quad (단, \ V : 낙하속도)$$

$$= \frac{0.006^2 \times (2.55 - 0.8) \times 9{,}800}{18 \times 0.03} = 1.14\mathrm{N \cdot s/m^2}$$

느린 낙하의 가정이 맞는지 확인하기 위해 레이놀즈 수를 구해보자.

$$R_e = \frac{\rho Vd}{\mu} = \frac{800 \times 0.03 \times 0.006}{1.14} = 0.126 < 1 : 느린 유동임$$

$$\therefore \ \mu = 1.14\mathrm{N \cdot s/m^2}$$

그러나 속도를 재는 것은 매우 어렵다.

10.3 정압 측정

유체의 정압
(static pressure)

　유동상태에 있는 유체의 정압(static pressure)은 피에조미터(piezometer)와 정압관(static tube)으로 측정한다[그림 10-8].

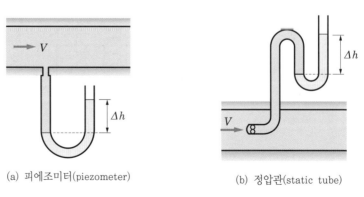

(a) 피에조미터(piezometer)

(b) 정압관(static tube)

[그림 10-8] 피에조미터와 정압관

1 피에조미터 구멍을 이용하는 방법

피에조미터

[그림 10-8(a)]와 같이 액주계 구멍단면은 원관내 유체유동 방향과 평행하게 설치하여 유동유체의 정압을 측정하는 계측 방법이다. 이때 정압의 크기는 액주계의 높이로 측정한다. 설치된 구멍의 크기는 될 수 있는 대로 작고 매끈해야 한다.

2 정압관을 이용하는 방법

이 방법은 [그림 10-8(b)]와 같이 정압관을 유체 속에 직접 넣어 마노미터의 높이 Δh를 측정하여 정압을 알아낸다. 단, 정압관은 유선의 방향과 일치되어야 한다. 이때 측정된 Δh는 식 (10.7)과 같이 손실계수 K와 속도수두의 곱과 같다.

정압관

$$\Delta h = K \frac{V^2}{2g} \tag{10.7}$$

여기서, K는 보정계수 또는 손실계수이다.

정압관이 정확하게 흐름과 평행되지 않으면 측정압이 정압보다 커질 수도 있고 작아질 수도 있다. 즉, 관의 한쪽 압력이 커지면 반대편 압력은 작아진다. 정압관의 피에조 구멍은 적을수록 좋고 구멍의 축이 물체의 표면과 수직이어야 한다. 그리고 구멍의 입구는 매끄러워서 유체 흐름에 저항을 주지 않도록 고려해야 한다.

10.4 유속 측정

1 피토관(pitot tube)

정상 유동유체 속에 직각으로 굽은 피토관을 [그림 10-9]와 같이 세워 놓으면 상류의 한 점 ②에서 흐름이 완전히 정체되어 속도가 0이 된다.

피토관(pitot tube)

이 점을 정체점(stagnation point)이라 하며, 그 점의 압력은 베르누이의 방정식으로부터

정체점(stagnation point)

$$\frac{P_0}{\gamma} + \frac{V_0^2}{2g} = \frac{P_s}{\gamma} \tag{10.8}$$

여기서 $h_0 = \dfrac{P_0}{\gamma}$ 이므로 $\dfrac{P_s}{\gamma} = h_0 + \Delta h = \dfrac{P_0}{\gamma} + \Delta h$ 가 되어 식 (10.8)로부터 유속 V_0를 얻을 수 있다.

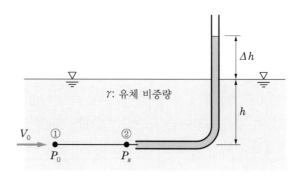

[그림 10-9] 피토관

$$\Delta h = \frac{V_0{}^2}{2g}$$

$$\therefore \ V_0 = \sqrt{2g\Delta h} \tag{10.9}$$

또한, P_s는 정제압이며 정압력 h_0와 동압력 Δh의 합, 즉 $P_s/\gamma = h_0 + \Delta h$이므로 식 (10.8)에서 유속 V_0는 다음 식과 같이 쓸 수도 있다.

$$V_0 = \sqrt{2g(P_s - P_0)/\gamma}$$
$$= \sqrt{2(P_s - P_0)/\rho} \tag{10.10}$$

2 피토-정압관

피토-정압관
(pitot-static tube)

피토관과 정압관을 조합하여 속도를 얻을 수 있는 피토-정압관(pitot-static tube)이 있다. [그림 10-10]은 피토-정압관을 나타낸 것이며 여기에 적용되는 방정식은 다음과 같다.

$$V_0 = C_v \sqrt{2gR'\left(\frac{S_0}{S} - 1\right)} \tag{10.11}$$

속도계수

단, C_v는 속도계수이다.

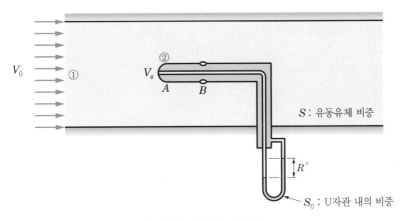

[그림 10-10] 피토 – 정압관

3 열선 속도계(hot-wire)

열선 속도계(hot-wire)

지금까지는 피토관을 이용해서 속도 측정하는 법을 설명하였다. 불행하게도 속도가 시간에 대하여 급격히 변할 때는 피토관으로 속도를 잴 수 없으며, 또한 저속인 경우에도 잴 수가 없게 된다.

예로 난류에서의 난동(fluctuation)속도는 측정할 수 없게 된다. 피토관에서 의 속도는 평균속도인 것이다. 벽면 근처에서 정확한 속도를 측정하자면 피토관 은 부적당하다. 따라서 [그림 10-11(a)]와 같은 핫 와이어는 매우 짧은 반응 (response) 시간을 갖는다. 이 장치는 전기로 가열하는 백금선과 이를 지지하는 두 개의 철사로 되어 있다. 전류가 이 백금선에 흐를 경우 백금선의 온도가 상승 하게 된다. 이때 유체가 흘러 들어오면 대류에 의해 열이 철선으로부터 발산하 게 된다.

난동(fluctuation)속도

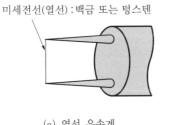

(a) 열선 유속계

(b) 열필름 유속계

[그림 10-11] 각종 유속계

$$I^2 R_w = h A_s (T_w - T_0) \qquad (10.12)$$

여기서 I : 전류

$\quad R_w$: 백금선의 저항

$\quad h$: 백금선과 유체 사이의 열전달 계수(유체속도의 함수)

$\quad A_s$: 백금선 표면적

$\quad T_w$: 백금선의 온도

$\quad T_0$: 유체의 온도

저항 R_w는 T(온도)의 함수, 즉

$$R_w = R_0 [1 + \alpha (T_w - T_0)] \qquad (10.13)$$

여기서 R_0 : T_w(온도)에서의 백금 저항

$\quad \alpha$: 온도 저항계수

열선 측정기에는 두 가지의 형태가 쓰인다. 하나는 전류를 일정하게 하고 온도를 측정하는 법이고, 다른 하나는 철선의 온도를 일정하게 하고 전류를 변화시키는 것이다. 두 가지 다 미리 열전달 계수를 구해야 한다. 이를 calibration 이라 한다.

열전달 계수 — calibration

또한 이 철선 굵기는 $5\mu\mathrm{m}$ 정도의 굵기이므로 어느 곳에나 설치가 가능하다.

예제 10.4

속도계수 $C_v = 0.98$인 피토관이 물의 유속을 측정하는 데 쓰인다. 정체압력 수두가 5.67m이며, 정압 수두가 4.72m이면 속도는 얼마인가?

풀이 만약 튜브가 적절히 잘 놓였다면 B점 앞에서 속도기 0이 될 것이다. A점과 B점 사이에 베르누이 방정식을 적용시키면 다음과 같이 된다.

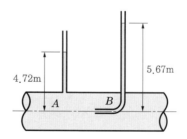

$$\left(\frac{P_A}{\gamma} + \frac{{V_A}^2}{2g} + 0\right) = \left(\frac{P_B}{\gamma} + 0 + 0\right)$$

실제 튜브에서는 속도 보정계수가 필요하게 된다.

$$V_A = C_v \sqrt{2g\left(\frac{P_B - P_A}{\gamma}\right)} = C_v \sqrt{2g(H_B - H_A)}$$
$$= 0.98\sqrt{2 \times 9.81(5.67 - 4.72)} = 4.23\,\text{m/s}$$

여기서 $\gamma = \rho g$, $P_B = \gamma H_B$, $P_A = \gamma H_A$이다.

10.5 유량 측정

유량을 측정하는 장치로는 벤투리미터, 노즐, 오리피스, 위어가 있다.

1 벤투리미터(venturi meter)에 의한 방법

벤투리미터(venturi meter)

[그림 10-12]에서와 같이 한 단면에 축소 부분이 있어서 두 단면의 압력차로 인해 유량을 측정할 수 있도록 되어 있다. 이때 확대부는 손실을 최소로 하기 위하여 그 원추각이 5°~7°로 되어 있다.

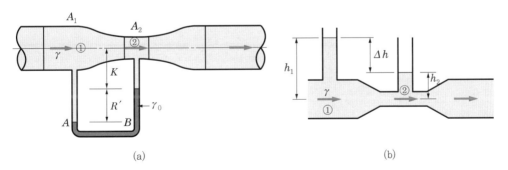

(a)   (b)

[그림 10-12] 벤투리미터

점 ①과 점 ②에 베르누이(Bernoulli) 방정식을 적용하면

$$\frac{P_1}{\gamma} + \frac{V_1{}^2}{2g} + Z_1 = \frac{P_2}{\gamma} + \frac{V_2{}^2}{2g} + Z_2$$

여기서 $Z_1 \fallingdotseq Z_2$이면 위의 식은 다음과 같다.

$$\frac{V_2{}^2 - V_1{}^2}{2g} = \frac{P_1 - P_2}{\gamma} \tag{a}$$

그리고

$$V_1 = \frac{Q}{A_1}, \quad V_2 = \frac{Q}{A_2} \tag{b}$$

식 (b)를 식 (a)에 적용하여 유량 Q를 찾을 수 있다.

$$\frac{Q^2\left(\dfrac{1}{A_2{}^2} - \dfrac{1}{A_1{}^2}\right)}{2g} = \frac{P_1 - P_2}{\gamma}$$

$$\therefore \ Q = \sqrt{\frac{1}{\dfrac{1}{A_2{}^2} - \dfrac{1}{A_1{}^2}} \cdot 2g\left(\frac{P_1 - P_2}{\gamma}\right)}$$

$$= A_2 \cdot \frac{1}{\sqrt{\left(\dfrac{A_2}{A_1}\right)^2 - 1}} \cdot \sqrt{2g\left(\frac{P_1 - P_2}{\gamma}\right)} \tag{10.14}$$

또 $P_A = P_B$이므로 [그림 10-12(a)]에서는

$$P_A = P_1 + \gamma(R' + K)$$
$$P_B = P_2 + \gamma K + \gamma_0 R'$$

을 적용하면 식 (10.14)의 $P_1 - P_2$는

$$P_1 - P_2 = \gamma_0 R' - \gamma R'$$
$$= R'(\gamma_0 - \gamma)$$
$$= R'\gamma_w(S_0 - S) \tag{c}$$

이 된다. 식 (c)를 식 (10.14)에 대입하면 Q의 식은 다음과 같다. 즉,

$$\therefore \ Q = C_v \frac{A_2}{\sqrt{\left(\frac{A_2}{A_1}\right)^2 - 1}} \sqrt{2gR'\left(\frac{S_0}{S} - 1\right)} \qquad (10.15)$$

또는 [그림 10-12(b)]와 같은 벤투리미터에서는

$$Q = C_v \frac{A_2}{\sqrt{\left(\frac{A_2}{A_1}\right)^2 - 1}} \sqrt{2g\Delta h} \qquad (10.16)$$

로 된다. 이때 $\beta\left(= \frac{d_2}{d_1}\right)$는 보통 0.2에서 0.8 사이의 값이다.

여기서 Q : 벤투리미터로부터 측정한 실제 유량

A_2 : 축소단면의 단면적

g : 중력가속도

R' : 액주계의 높이

S_0 : 액주계 액체의 비중, S : 유체의 비중

C_v : 속도계수

d_1, d_2 : 벤투리미터의 ①, ② 단면의 직경이다.

Δh : 시차 눈금자

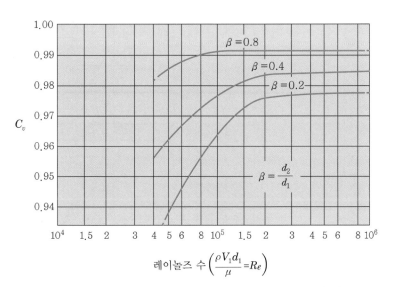

[그림 10-13] 벤투리미터에서의 레이놀즈 수(Re)와 수정계수(C_v)

2 유동노즐에 의한 방법

노즐   유량측정 방법의 하나로서 노즐(nozzle)을 사용하면 오리피스보다 압력손실이 작다. 유량 Q는

$$Q = CA_2\sqrt{2g\frac{P_1 - P_2}{\gamma}}\ [\mathrm{m^3/min}]$$
$$= CA_2\sqrt{\frac{2\Delta P}{\rho}} \tag{10.17}$$

단, $C = \dfrac{C_v}{\sqrt{1 - \left(\dfrac{d_2}{d_1}\right)^4}}$ 이며, $\Delta P = P_1 - P_2$ 이다.

여기서 Q : 노즐에서 측정한 실제 유량

ρ : 유체의 밀도

유량계수 ΔP : 압력차, C : 유량계수

[그림 10-14]에 노즐에 대한 규격이 나와 있다.

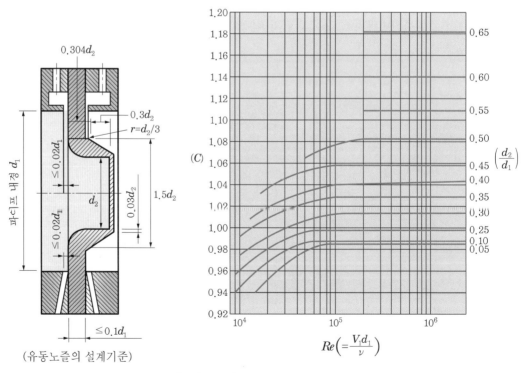

[그림 10-14] 유동노즐과 그 유량계수

3 오리피스(orifice)에 의한 방법

관의 이음매 사이에 얇은 판을 끼워 넣어 설치한 유량을 측정하는 계측기를 오리피스(orifice)
오리피스라고 하며, 구조가 간단하고 값싸게 설치할 수 있다. 따라서 유량 Q는
벤투리미터에서 찾은 식을 그대로 이용할 수 있다. 다만 A_2를 A_0으로 놓으면
식 (10.15)이다.

$$\therefore \quad Q = CA_0 \sqrt{2gR'\left(\frac{S_0}{S} - 1\right)} \tag{10.18}$$

여기서 C : 유량계수

$\quad\quad A_0$: 오리피스의 단면적

$\quad\quad R'$: 액주계의 높이

$\quad\quad S_0$: 유체의 액체 비중

$\quad\quad S$: 유체의 비중

$\quad\quad g$: 중력가속도

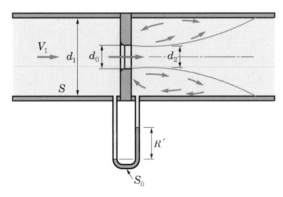

[그림 10-15] 오리피스에 의한 유량 측정

4 위어(weir)에 의한 방법

개수로에서의 유량은 위어로 측정한다. 하천과 같은 유량이 많은 곳의 측정에 위어(weir)
많이 사용되는데, 개수로의 도중에 장애물을 세워 물을 일단 차단시켜 그 위로
물을 넘치게 하여 위어상단에서 수면까지의 높이 H를 측정하여 유량을 구한다.

(1) 예봉위어(sharp crested weir)

[그림 10-16]과 같은 장치로 유량을 측정한다.

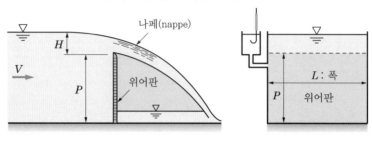

[그림 10-16] 예봉위어

$$Q = KLH^{\frac{3}{2}} \text{ [m}^3\text{/min]} \tag{10.19}$$

유량계수 K는 다음과 같다.

$$K = 107.1 + \left(\frac{0.177}{H} + \frac{14.2H}{P}\right)(1 + \varepsilon)$$

단, $P < 1$m일 때 $\varepsilon = 0$, $P > 1$m일 때 $\varepsilon = 0.55(P-1)$이다.

사각위어 **(2) 사각위어**

$$Q' = KLH^{\frac{3}{2}} \text{ [m}^3\text{/min]} \tag{10.20}$$

유량계수 K는

$$K = 107.1 + \frac{0.177}{H} + \frac{14.2H}{P} - 25.7\sqrt{\frac{(B-L)H}{BP}} + 2.04\sqrt{\frac{B}{P}}$$

이다.

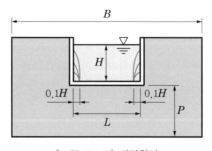

[그림 10-17] 사각위어

(3) V-노치위어(삼각위어)

소량의 유량을 측정하기 위해 사용한다.

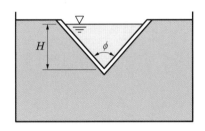

[그림 10-18] V-노치위어

실제유량 Q를 구하는 식은 다음과 같다.

$$Q = KH^{\frac{5}{2}} \ [\text{m}^3/\text{min}] \tag{10.21}$$

이때, 유량계수 K는

$$K = 81.2 + \frac{0.24}{H} + \left(8.4 \frac{12}{\sqrt{P}}\right)\left(\frac{H}{L}\right)^3$$

이다.

V-노치위어의 유량 Q는 다음과 같이 유도된다. 이때 수면으로부터 깊이 y인 곳의 유속은 $V = \sqrt{2gy}$ 이다.

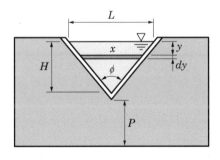

[그림 10-19] V 노치위어의 유량 계산

따라서 Q는 다음과 같이 놓고 적분해보자.

$$Q = \int_A V dA = \int_0^H \sqrt{2gy} \cdot x \, dy \tag{a}$$

$$단, \ dA = x \, dy, \ H : L = H - y : x \ \rightarrow \ x = \frac{(H-y)L}{H} \tag{b}$$

V-노치위어에서 유량   식 (b)를 식 (a)에 대입하여 정리하면 V-노치위어에서 유량 Q를 구하는 식이 된다.

$$\begin{aligned}
Q &= \int_0^H \sqrt{2g} \cdot y^{\frac{1}{2}} \cdot \frac{L}{H}(H-y) \, dy \\
&= \sqrt{2g} \cdot \frac{L}{H}\left[H \cdot \frac{2}{3} \cdot y^{\frac{3}{2}} - \frac{2}{5} \cdot y^{\frac{5}{2}} \right]_0^H \\
&= \sqrt{2g} \cdot \frac{L}{H}\left(\frac{2}{3} H^{\frac{5}{2}} - \frac{2}{5} H^{\frac{5}{2}} \right) \\
&= \frac{8}{15}\sqrt{2g} \cdot \frac{L}{2H} \cdot H^{\frac{5}{2}}
\end{aligned}$$

$$단, \ \tan\frac{\theta}{2} = \frac{L/2}{H} = \frac{L}{2H}$$

$$\therefore \ Q = C\frac{8}{15}\sqrt{2g}\tan\frac{\theta}{2}H^{\frac{5}{2}} \tag{10.22}$$

유량계수   여기서 C는 유량계수이다.

예제 **10.5**

압력수두 5.5m 하에서 직경 25mm인 노즐을 통해 유량 3×10^{-3} m³/s를 내보내고 있다. 지금 노즐에서 수평으로 1.5m 만큼 떨어진 벽에 기름이 수직으로 120mm 만큼 아래로 떨어지고 있다면 유량계수와 속도계수를 구하라.

풀이 $Q = CA\sqrt{2gH} \ \rightarrow \ 3\times10^{-3} = C\left(\frac{\pi}{4}\times0.025^2\right)\sqrt{2g\times5.5}$

$$\therefore \ C = 0.588$$

동역학의 원리로부터 $x = Vt$, $y = \frac{g}{2}t^2$ 이므로

여기서 변수 t를 소거하면 V를 구할 수 있다.

$$x^2 = \left(\frac{2V^2}{g}\right)y$$
$$\rightarrow 1.5^2 = (2V^2/9.81)(0.12)$$

따라서 실제노즐 속도 $V = 9.59\text{m/s}$
또, $9.59 = C_v\sqrt{2g \times 5.5}$

$$C_v = 0.923$$
$$\therefore \ C = 0.588, \ C_v = 0.923$$

직경 102mm인 표준 오리피스를 통해서 물을 내보내고 있다. 오리피스는 수면으로부터 6.1cm 아래에 있다면 유량은 얼마인가? (단, 유량보정계수 $C = 0.594$이다.)

풀이 A와 B점 사이에 베르누이의 방정식을 적용시키면

$$(0+0+6.1) - \left(\frac{1}{C_v^2}-1\right)\frac{V_{jet}^2}{2g} = \left(\frac{V_{jet}^2}{2g} + \frac{P_B}{\rho g} + 0\right)$$

B점에서 $P_B = 0$이므로

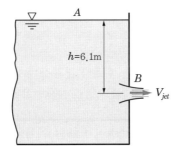

$$V_{jet} = C_v\sqrt{2g \times 6.1}$$

또한 $Q = A_{jet} \cdot V_{jet}$
$$Q = (C_c A_B)C_v\sqrt{2g \times 6.1} = CA_B\sqrt{2g \times 6.1} \ (단, \ C = C_c C_v)$$
$$\therefore \ Q = (0.594) \times \left(\frac{\pi}{4}\right) \times (0.102^2) \cdot \sqrt{2 \times g \times 6.1} = 0.053\text{m}^3/\text{s}$$

01 비중병이 비어 있을 때의 무게는 2N이고, 액체로 채워져 있을 때는 8N이다. 이때 액체의 체적이 $0.5l$ 라면 이 액체의 비중량은 얼마인가[N/m³]?

02 그림과 같은 피토−정압관의 액주계 눈금이 $h = 15$mm이고 관 속의 유속이 6.09m/s로 물이 흐르고 있다면 액주계 액체의 비중은 얼마인가?

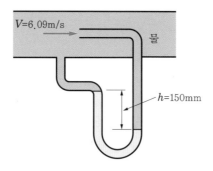

03 U자관에 수은이 채워져 있다. 어떤 액체를 넣었을 때 이 액체 24cm와 수은 6cm가 평행을 이루었다면 이 액체의 비중은? (단, 수은의 비중=13.6이다.)

04 U자관의 양쪽에 기름과 물을 넣었더니 $h_1 = 10$cm, $h_2 = 8$cm가 되었다. 이때 기름의 비중량은 몇 N/m³인가?

05 원관을 통하여 계량수조에 물을 10분 동안 퍼올린 결과 20×10^3N이었다. 원관의 안지름을 50mm라 하면 평균유속은 몇 m/sec인가? (단, 물의 비중량은 9,800N/m³이다.)

06 물이 6m/sec의 속도로 유동하고 있다. 비중이 1.25인 액체를 포함한 시차 액주계가 피토관(pitot tube)에 설치되어 있을 때 게이지 기둥의 차는 몇 m인가? (단, 속도계수는 1이다.)

07 피토관(pitot tube)을 흐르는 물속에 넣었을 때 피토관으로 4cm 올라가 정지되었다. 이때 물의 유속은[m/s]?

08 물이 들어있는 탱크가 있다. 수면에서 20m 깊이에 직경 5cm의 오리피스가 있을 때, 이 오리피스의 속도계수가 0.95라고 한다면 1분간에 흘러나오는 유량은 몇 m³/min인가? (단, 이때 탱크의 수면은 항상 일정하다.)

09 수평원관에 4m/sec의 속도로 물이 흐르고 있다. 여기에 피토관을 설치하면 피토관의 수두[cm]는 얼마가 되겠는가?

10 천천히 흐르는 강의 6m 깊이에 물체를 고정시키고, 그 물체에 작용하는 압력을 측정한 결과 최대 6.8N/cm²의 압력을 받았다. 이 깊이에서 흐르는 물의 속도는 얼마인가[m/s]?

11 피토-정압관(pitot-static tube)에서 R' =1cm일 때 물의 유속은 얼마인가? (단, 속도계수 C_v =1.12이고, 액주계 내의 유체는 S_o =13.6인 수은이다.)

12 유속 3m/sec인 물의 흐름 속에 피토관을 흐름의 방향으로 세웠을 때 그 수주의 높이는[cm]?

13 관 속에 물이 흐르고 있다. 피토관과 수은이 들어있는 U자관을 연결하여 전압과 정압을 측정하였다. 측정 결과 100mm의 액면차가 생겼다. 이때의 유속은 얼마인가[m/sec]?

14 온도 27℃, 기압 570mmHg인 대기의 풍속을 피토관으로 측정하려고 한다. 이때 전압이 대기압보다 500mmHg 높다. C_p =1kJ/kg·K, R =287J/kg·K일 때 풍속은 얼마인가[m/s]?

15 비중량이 12.2N/m³인 공기가 관 내에 흐르고 있다. 피토-정압관에 의한 마노미터는 0.01mHg의 시차를 나타냈다. 공기의 압축성을 무시할 경우 공기의 속도는 얼마 정도인가[m/s]? (단, 마노미터의 액의 비중은 13.6이다.)

16 벤투리관(venturi tube) 입구의 안지름을 30cm, 목부의 안지름을 10cm이라 하고, 유량 0.083m³/sec인 경우의 입구와 목부와의 수두는 얼마인가[cm]? (단, 벤투리의 유량계수를 0.98이라 한다.)

17 그림과 같이 물이 흐르고 있다. 마노미터의 읽음이 H =4cmHg일 때 물의 속도는 얼마인가?

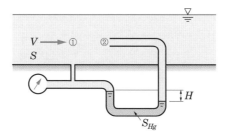

18 그림과 같이 비중 0.85인 기름이 흐르고 있는 개수로에 피토관을 설치했을 때 $\Delta h = 30\text{mm}$, $h = 120\text{mm}$라면 유속 V는 몇 m/sec인가?

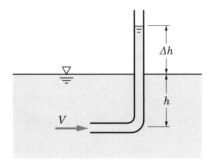

19 수두 1.5m인 지름이 8cm인 수조 오리피스에서 물이 유출된다. $C_v = 0.95$, $C_c = 0.64$ 이면 최대유량은 얼마인가[m³/s]? (단, 이때 수위는 일정하다.)

01 납으로 제조된 추의 무게가 대기 중에서 4N이고 어느 액체 중에서는 2.97N일 때 추에 의해 배제된 체적이 $1.29 \times 10^{-4} m^3$이라면 이 액체의 비중은 얼마인가? (단, 이때 물의 비중량은 $\gamma_w = 9,800 N/m$이다.)

02 물이 4m/sec의 속도로 유동하고 있을 때 비중이 1.25인 액체를 채운 시차 액주계가 피토관(pitot tube)에 설치되어 있다. 게이지 기둥차는 몇 m인가? (단, 이때 속도계수 $C_v = 1$이다.)

03 물속 2.5m인 곳에 원형 오리피스를 만들어 매분 $1.0m^3$의 물을 유출시킬 때 유량계수를 1이라 하면 오리피스 단면의 지름은 얼마가 되겠는가[cm]?

04 물속에 피토관을 삽입하여 압력을 측정하였다. 이때 전압력이 10mAq, 정압이 5mAq가 되었다면 이 위치에 있어서 유속은 몇 m/s가 되겠는가?

05 대기 중의 풍속은 피토관으로 측정할 때에 전압이 대기압보다 52mmAq 만큼 높았다. 공기의 비중량을 $12.2 N/m^3$라고 하면 풍속은[m/s]?

06 그림과 같은 벤투리관에 물이 흐르고 있다. 단면 ①과 단면 ②의 단면적비가 2이고 압력 수두차가 Δh일 때 단면 ②에서의 속도를 구하라.

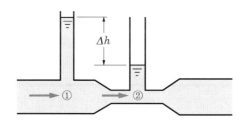

07 내경이 25cm인 원관에 지름이 15cm인 오리피스를 부착하여 이 관을 지나는 물의 유량을 측정하려고 할 때, 오리피스 전과 축소부분의 압력수두 차가 1mAq이라면 유량은 얼마인가? (단, 속도계수는 0.75이다.)

08 지름이 7.5cm인 노즐이 지름 15cm 관의 끝에 부착되어 있다. 비중량이 $11.0 N/m^3$인 공기가 흐르고 있을 때 마노미터의 눈금이 7mmH₂O라면 유량은 얼마인가[m³/s]? (단, 속도계수는 0.97이다.)

09 지름 50mm인 오리피스로부터 유체가 분출할 때 수축부에서의 지름이 45mm라면 수축계수 C_c는 얼마가 되겠는가?

10 그림과 같은 잠수 오리피스에서의 유속은[m/s]?

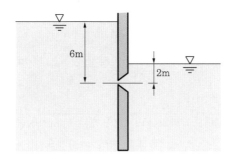

11 그림과 같이 설치된 피토-정압관(pitot-static tube)의 액주계 눈금이 H일 때 이 액주계 눈금높이(H)에 해당하는 유속은 얼마인가[m/s]?

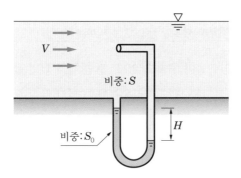

12 쪽 2m, 위어 판의 높이 80cm인 사각위어에 있어서 수두가 50cm였다. 이때 유량은 얼마인가[m³/s]? (단, 유량계수는 116.4이다.)

13 원형 오리피스를 수면 10m에 설치하여 매분 0.36m³의 물을 분출시킬 때 유량계수가 0.6인 오리피스의 지름은 몇 cm인가?

01 길이가 10cm인 입방체의 금속 무게를 공기 중에서 측정하였더니 77N이고, 액체 중에서 측정하니 70N이었다. 이 액체의 비중량은 몇 N/m^3가 되는가?

02 마노미터의 눈금이 $H = 4$cmHg였다면 이때의 물의 유속을 구하라[m/s].

03 지름이 4mm이고, 비중이 11.4인 납으로 된 추가 동점성계수가 $0.003m^2/s$인 어떤 액체($S = 1.27$) 속에서 등속으로 자유낙하하고 있을 때 이 추의 낙하속도를 구하라[m/s].

04 관로의 유속을 피토관으로 측정할 때 마노미터의 높이가 40cm였다. 이때 유속은[m/s]?

05 수면의 높이가 H인 오리피스에서 유출하는 물의 속도수두는? (단, 속도계수는 C_v이다.)

06 온도 15℃, 기압 760mmHg인 대기 중의 풍속을 피토관으로 측정하려 한다. 이때 전압이 대기압보다 52mmAq만큼 높았다. 풍속은 몇 m/sec인가? (단, 피토관의 속도계수가 1이고 공기의 기체상수 $R = 0.287$kJ/kg·K이다.)

07 속도계수 C_v가 0.96이고, 지름이 75mm인 노즐이 지름 200mm인 관에 부착되어 물이 분출되고 있다. 이 200mm인 관의 수두가 8.4m일 때 출구에서의 유속[m/s]을 구하라.

08 수로의 폭이 0.9m인 곳에 삼각위어를 설치하여 유량을 측정하려 한다. 노치를 넘는 높이가 150mm였다면 유량은 얼마인가[m^3/s]? (단, $\theta = 60°$이다.)

09 30℃의 물을 송출시키고 있는 $d_1 \times d_2 = 200 \times 100$cm의 벤투리미터가 있다. 시차 마노미터의 눈금이 70mmHg일 때 유량은 얼마인가[m^3/s]?

10 삼각위어에서 수두가 0.22m일 때 유량을 구하라[m^3/s]. (단, $K = 85.4$이다.)

11 지름이 10cm인 오리피스가 지름이 15cm인 수로 끝에 부착되었다. 내압이 27N/cm^2일 때 유출되는 유량과 레이놀즈 수는 얼마인가? (단, 송출계수 $C_d = 0.67$이고, $\nu = 1.006 \times 10^{-6} m^2/sec$의 물이다.)

부록

Fluid Mechanics

1 유체의 물리적 성질

[표 1-1] 물의 물리적 성질(SI단위)

온도 (℃)	비중량 γ (N/m³)	밀도 ρ (kg/m³)	점성계수 $\mu \times 10^{-3}$ (N·sec/m²)	동점성계수 $\nu \times 10^{-6}$ (m²/sec)	표면장력 $\sigma \times 10^{-2}$ (N/m)	증기압 P_v/γ (m)	체적탄성계수 $K \times 10^{-7}$ (N/m²)
0	9805	999.9	1.792	1.792	7.62	0.06	204
5	9806	1000.0	1.519	1.519	7.54	0.09	206
10	9803	999.7	1.308	1.308	7.48	0.12	211
15	9798	999.1	1.140	1.141	7.41	0.17	214
20	9789	998.2	1.005	1.007	7.36	0.25	220
25	9779	997.1	0.894	0.897	7.26	0.33	222
30	9767	995.7	0.801	0.804	7.18	0.44	223
35	9752	994.1	0.723	0.727	7.10	0.58	224
40	9737	992.2	0.656	0.661	7.01	0.76	227
45	9720	990.2	0.599	0.605	6.92	0.98	229
50	9697	988.1	0.549	0.556	6.82	1.26	230
55	9679	985.7	0.506	0.513	6.74	1.61	231
60	9658	983.2	0.469	0.477	6.68	2.03	228
65	9635	980.6	0.436	0.444	6.58	2.56	226
70	9600	977.8	0.406	0.415	6.50	3.20	225
75	9589	974.9	0.380	0.390	6.40	3.96	223
80	9557	971.8	0.357	0.367	6.30	4.86	221
85	9529	968.6	0.336	0.347	6.20	5.93	217
90	9499	965.3	0.317	0.328	6.12	7.18	216
95	9469	961.9	0.299	0.311	6.02	8.62	211
100	9438	958.4	0.284	0.296	5.94	10.33	207

[표 1-2] 물의 물리적 성질(영국단위)

온도 (℉)	비중량 γ (1b/ft³)	밀도 ρ (slugs/ft³)	점성계수 $\mu \times 10^{-5}$ (1b·sec/ft²)	동점성계수 $\nu \times 10^{-5}$ (ft²/sec)	표면장력 $\sigma \times 10^{-2}$ (1b/ft)	증기압 P_v/γ (ft)	체적탄성계수 $K \times 10^{-3}$ (1b/in²)
32	62.42	1.940	3.746	1.931	0.518	0.20	293
40	62.43	1.940	3.229	1.664	0.514	0.28	294
50	62.41	1.940	2.735	1.410	0.509	0.41	305
60	62.37	1.938	2.359	1.217	0.504	0.59	311
70	62.30	1.936	2.050	1.059	0.500	0.84	320
80	62.22	1.934	1.799	0.930	0.492	1.17	322

[표 1-2] (계속)

온도 (℉)	비중량 γ (1b/ft³)	밀도 ρ (slugs/ft³)	점성계수 $\mu \times 10^{-5}$ (1b·sec /ft²)	동점성 계수 $\nu \times 10^{-5}$ (ft²/sec)	표면장력 $\sigma \times 10^{-2}$ (1b/ft)	증기압 P_v/γ (ft)	체적탄성 계수 $K \times 10^{-3}$ (1b/in²)
90	62.11	1.931	1.595	0.826	0.486	1.61	323
100	62.00	1.927	1.424	0.739	0.480	2.19	327
110	61.86	1.923	1.284	0.667	0.473	2.95	331
120	61.71	1.918	1.168	0.609	0.465	3.91	333
130	61.55	1.913	1.069	0.558	0.460	5.13	334
140	61.38	1.908	0.981	0.514	0.454	6.67	330
150	61.20	1.902	0.905	0.476	0.447	8.58	328
160	61.00	1.896	0.838	0.442	0.441	10.95	326
170	60.80	1.890	0.780	0.413	0.433	13.83	322
180	60.58	1.883	0.726	0.385	0.426	17.33	313
190	60.36	1.876	0.678	0.362	0.419	21.55	313
200	60.12	1.868	0.637	0.341	0.412	26.59	308
212	59.83	1.860	0.593	0.319	0.404	33.90	300

[표 1-3] 표준대기압(1atm) 하에서의 몇 가지 액체의 물리적 성질(SI단위)

	온도 T (℃)	밀도 ρ (kg/m³)	비중 s −	체적탄성 계수 K (kN/m²)	점성계수 $\mu \times 10^{-4}$ (N·sec /m²)	표면장력 σ (N/m)	증기압 P_v (kN/m² abs)
벤젠	20	876.2	0.88	1,034,250	6.56	0.029	10.0
원유	20	855.6	0.86	−	71.8	0.03	−
에틸알코올	20	788.6	0.79	1,206,625	12.0	0.022	5.86
프레온-12	15.6	1345.2	1.35	−	14.8	−	−
	−34.4	1499.8	−	−	18.3	−	−
가솔린	20	680.3	0.68	−	2.9	−	55.2
글리세린	20	1257.6	1.26	4,343,850	14939	0.063	0.000014
수소	−257.2	73.7	−	−	0.21	0.0029	21.4
제트연료 (JP-4)	15.6	773.1	0.77	−	8.7	0.029	8.96
수은	15.6	13555	13.57	26,201,000	15.6	0.51	0.00017
	315.6	12833	12.8	−	9.0	−	47.2
산소	−195.6	1206.0	−	−	2.78	0.015	21.4
소듐	315.6	876.2	−	−	3.30	−	−
	537.8	824.62	−	−	2.26	−	−
물	20	998.2	1.00	2,068,500	10.1	0.073	2.34

[표 1-4] 표준대기압 하에서의 몇 가지 액체의 물리적 성질(영국단위)

	온도 T (°F)	밀도 ρ (slug/ft³)	비중 s −	체적탄성계수 K (psi)	점성계수 $\mu \times 10^{-5}$ (1b·sec /ft²)	표면장력 σ (1b/ft)	증기압 P_v (psi abs)
벤젠	68	1.70	0.88	150,000	1.37	0.0020	1.45
원유	68	1.66	0.86	−	15.0	0.002	−
에틸알코올	68	1.53	0.79	175,000	2.51	0.0015	0.85
프레온-12	60	2.61	1.35	−	3.10	−	−
	−30	2.91	−	−	3.82	−	−
가솔린	68	1.32	0.68	−	0.61	−	8.0
글리세린	68	2.44	1.26	630,000	3120	0.0043	0.000002
수소	−431	0.143	−	−	0.0435	0.0002	3.1
제트연료 (JP-4)	60	1.50	0.77	−	1.82	0.002	1.3
수은	60	26.3	13.57	3,800,000	3.26	0.035	0.000025
	600	24.9	12.8	−	1.88		6.85
산소	−320	2.34	−	−	0.58	0.001	3.1
소듐	600	1.70	−	−	0.690	−	−
	1000	1.60	−	−	0.472	−	−
물	68	1.936	1.00	300,000	2.10	0.0050	0.34

[표 1-5] 대기압(1atm) 하에서 공기의 물리적 성질(SI단위)

온도 T(°C)	T(K)	밀도 ρ(kg/m³)	점성계수 μ(Pa·s)	동점성계수 ν(m²/s)
−50	223	1.582	1.46×10^{-5}	0.921×10^{-5}
−40	233	1.514	1.51×10^{-5}	0.998×10^{-5}
−30	243	1.452	1.56×10^{-5}	1.08×10^{-5}
−20	253	1.394	1.61×10^{-5}	1.16×10^{-5}
−10	263	1.342	1.67×10^{-5}	1.24×10^{-5}
0	273	1.292	1.72×10^{-5}	1.33×10^{-5}
10	283	1.247	1.76×10^{-5}	1.42×10^{-5}
20	293	1.204	1.81×10^{-5}	1.51×10^{-5}
30	303	1.164	1.86×10^{-5}	1.60×10^{-5}
40	313	1.127	1.91×10^{-5}	1.69×10^{-5}
50	323	1.092	1.95×10^{-5}	1.79×10^{-5}
60	333	1.060	2.00×10^{-5}	1.89×10^{-5}
70	343	1.030	2.05×10^{-5}	1.99×10^{-5}
80	353	1.000	2.09×10^{-5}	2.09×10^{-5}
90	363	0.973	2.13×10^{-5}	2.19×10^{-5}
100	373	0.946	2.17×10^{-5}	2.30×10^{-5}
150	423	0.834	2.38×10^{-5}	2.85×10^{-5}
200	473	0.746	2.57×10^{-5}	3.45×10^{-5}
250	523	0.675	2.75×10^{-5}	4.08×10^{-5}
300	573	0.616	2.93×10^{-5}	4.75×10^{-5}

[표 1-6] 미국(US) 표준대기의 성질(SI단위)

고도 (m)	온도 (K)	P/P_0 (−)	ρ/ρ_0 (−)
−500	291.4	1.061	1.049
0	282.2	1.000*	1.000 †
500	284.9	0.9421	0.9529
1000	281.7	0.8870	0.9075
1500	278.4	0.8345	0.8638
2000	275.2	0.7846	0.8217
2500	271.9	0.7372	0.7812
3000	268.7	0.6920	0.7423
3500	265.4	0.6492	0.7048
4000	262.2	0.6085	0.6689
4500	258.9	0.5700	0.6343
5000	255.7	0.5334	0.6012
6000	249.2	0.4660	0.5389
7000	242.7	0.4057	0.4817
8000	236.2	0.3519	0.4292
9000	229.7	0.3040	0.3813
10,000	223.3	0.2615	0.3376
11,000	216.8	0.2240	0.2978
12,000	216.7	0.1915	0.2546
13,000	216.7	0.1636	0.2176
14,000	216.7	0.1399	0.1860
15,000	216.7	0.1195	0.1590
16,000	216.7	0.1022	0.1359
17,000	216.7	0.08734	0.1162
18,000	216.7	0.07466	0.09930
19,000	216.7	0.06388	0.08489
20,000	216.7	0.05457	0.07258
22,000	218.6	0.03995	0.05266
24,000	220.6	0.02933	0.03832
26,000	222.5	0.02160	0.02797
28,000	224.5	0.01595	0.02047
30,000	226.5	0.01181	0.01503
40,000	250.4	0.002834	0.003262
50,000	270.7	0.0007874	0.0008383
60,000	255.8	0.0002217	0.0002497
70,000	219.7	0.00005448	0.00007146
80,000	180.7	0.00001023	0.00001632
90,000	180.7	0.000001622	0.000002588

* $P_0 = 1.01325 \times 10^5 \, \text{N/m}^2$ abs

† $\rho_0 = 1.2250 \, \text{kg/m}^3$

[표 1–7] STP 상태에서 일반기체의 성질

기체	분자식	분자량 M_m	$R^\dagger$ $\left(\dfrac{\text{J}}{\text{kg}\cdot\text{K}}\right)$	C_p $\left(\dfrac{\text{J}}{\text{kg}\cdot\text{K}}\right)$	C_v $\left(\dfrac{\text{J}}{\text{kg}\cdot\text{K}}\right)$	$k=\dfrac{C_p}{C_v}$ $(-)$	$R^\dagger$ $\left(\dfrac{\text{ft}\cdot\text{lbf}}{\text{lbm}\cdot\text{R}}\right)$	C_p $\left(\dfrac{\text{Btu}}{\text{lbm}\cdot\text{R}}\right)$	C_v $\left(\dfrac{\text{Btu}}{\text{lbm}\cdot\text{R}}\right)$
공기	–	28.98	286.9	1004	717.4	1.40	53.33	0.2399	0.1713
이산화탄소	CO_2	44.01	188.9	840.4	651.4	1.29	35.11	0.2007	0.1556
일산화탄소	CO	28.01	296.8	1039	742.1	1.40	55.17	0.2481	0.1772
헬륨	He	4.003	2077	5225	3147	1.66	386.1	1.248	0.7517
수소	H_2	2.016	4124	14,180	10,060	1.41	766.5	3.388	2.402
메탄	CH_4	16.04	518.3	2190	1672	1.31	96.32	0.5231	0.3993
질소	N_2	28.01	296.8	1039	742.0	1.40	55.16	0.2481	0.1772
산소	O_2	32.00	259.8	909.4	649.6	1.40	48.29	0.2172	0.1551
증기	H_2O	18.02	461.4	~2000	~1540	~1.30	85.78	~0.478	~0.368

* STP=standard temperature and pressure, $T=15℃$ and $P=101.325\text{kPa}=1\text{atm abs}$
† $R=R_u/M_m$; $R_u=8314.3\text{J/kmol}\cdot\text{K}$

2 압축성 유동

[표 2-1] 등엔트로피유동(1차원 유동, 이상기체, $\kappa = 1.4$)

M_a : Mach number(마하 수)

M_a	T/T_0	P/P_0	ρ/ρ_0	A/A^*
0.00	1.0000	1.0000	1.0000	∞
0.02	0.9999	0.9997	0.9998	23.94
0.04	0.9997	0.9989	0.9992	14.48
0.06	0.9993	0.9975	0.9982	9.666
0.08	0.9987	0.9955	0.9968	7.262
0.10	0.9980	0.9930	0.9950	5.822
0.12	0.9971	0.9900	0.9928	4.864
0.14	0.9961	0.9864	0.9903	4.182
0.16	0.9949	0.9823	0.9873	3.673
0.18	0.9936	0.9777	0.9840	3.278
0.20	0.9921	0.9725	0.9803	2.964
0.22	0.9904	0.9669	0.9762	2.708
0.24	0.9886	0.9607	0.9718	2.496
0.26	0.9867	0.9541	0.9670	2.317
0.28	0.9846	0.9470	0.9619	2.166
0.30	0.9823	0.9395	0.9564	2.035
0.32	0.9799	0.9315	0.9506	1.922
0.34	0.9774	0.9231	0.9445	1.823
0.36	0.9747	0.9143	0.9380	1.736
0.38	0.9719	0.9052	0.9313	1.659
0.40	0.9690	0.8956	0.9243	1.590
0.42	0.9659	0.8857	0.9170	1.529
0.44	0.9627	0.8755	0.9094	1.474
0.46	0.9594	0.8650	0.9016	1.425
0.48	0.9560	0.8541	0.8935	1.380
0.50	0.9524	0.8430	0.8852	1.340
0.52	0.9487	0.8317	0.8766	1.303
0.54	0.9449	0.8201	0.8679	1.270
0.56	0.9410	0.8082	0.8589	1.240
0.58	0.9370	0.7962	0.8498	1.213
0.60	0.9328	0.7840	0.8405	1.188
0.62	0.9286	0.7716	0.8310	1.166
0.64	0.9243	0.7591	0.8213	1.145
0.66	0.9199	0.7465	0.8115	1.127
0.68	0.9154	0.7338	0.8016	1.110
0.70	0.9108	0.7209	0.7916	1.094

[표 2-1] (계속)

M_a	T/T_0	P/P_0	ρ/ρ_0	A/A^*
0.70	0.9108	0.7209	0.7916	1.094
0.72	0.9061	0.7080	0.7814	1.081
0.74	0.9013	0.6951	0.7712	1.068
0.76	0.8964	0.6821	0.7609	1.057
0.78	0.8915	0.6691	0.7505	1.047
0.80	0.8865	0.6560	0.7400	1.038
0.82	0.8815	0.6430	0.7295	1.030
0.84	0.8763	0.6300	0.7189	1.024
0.86	0.8711	0.6170	0.7083	1.018
0.88	0.8659	0.6041	0.6977	1.013
0.90	0.8606	0.5913	0.6870	1.009
0.92	0.8552	0.5785	0.6764	1.006
0.94	0.8498	0.5658	0.6658	1.003
0.96	0.8444	0.5532	0.6551	1.001
0.98	0.8389	0.5407	0.6445	1.000
1.00	0.8333	0.5283	0.6339	1.000
1.02	0.8278	0.5160	0.6234	1.000
1.04	0.8222	0.5039	0.6129	1.001
1.06	0.8165	0.4919	0.6024	1.003
1.08	0.8108	0.4801	0.5920	1.005
1.10	0.8052	0.4684	0.5817	1.008
1.12	0.7994	0.4568	0.5714	1.011
1.14	0.7937	0.4455	0.5612	1.015
1.16	0.7880	0.4343	0.5511	1.020
1.18	0.7822	0.4232	0.5411	1.025
1.20	0.7764	0.4124	0.5311	1.030
1.22	0.7706	0.4017	0.5213	1.037
1.24	0.7648	0.3912	0.5115	1.043
1.26	0.7590	0.3809	0.5019	1.050
1.28	0.7532	0.3708	0.4923	1.058
1.30	0.7474	0.3609	0.4829	1.066
1.32	0.7416	0.3512	0.4736	1.075
1.34	0.7358	0.3417	0.4644	1.084
1.36	0.7300	0.3323	0.4553	1.094
1.38	0.7242	0.3232	0.4463	1.104
1.40	0.7184	0.3142	0.4374	1.115
1.42	0.7126	0.3055	0.4287	1.126
1.44	0.7069	0.2969	0.4201	1.138
1.46	0.7011	0.2886	0.4116	1.150
1.48	0.6954	0.2804	0.4032	1.163
1.50	0.6897	0.2724	0.3950	1.176

[표 2-1] (계속)

M_a	T/T_0	P/P_0	ρ/ρ_0	A/A^*
1.50	0.6897	0.2724	0.3950	1.176
1.52	0.6840	0.2646	0.3869	1.190
1.54	0.6783	0.2570	0.3789	1.204
1.56	0.6726	0.2496	0.3711	1.219
1.58	0.6670	0.2423	0.3633	1.234
1.60	0.6614	0.2353	0.3557	1.250
1.62	0.6558	0.2284	0.3483	1.267
1.64	0.6502	0.2217	0.3409	1.284
1.66	0.6447	0.2152	0.3337	1.301
1.68	0.6392	0.2088	0.3266	1.319
1.70	0.6337	0.2026	0.3197	1.338
1.72	0.6283	0.1966	0.3129	1.357
1.74	0.6229	0.1907	0.3062	1.376
1.76	0.6175	0.1850	0.2996	1.397
1.78	0.6121	0.1794	0.2931	1.418
1.80	0.6068	0.1740	0.2868	1.439
1.82	0.6015	0.1688	0.2806	1.461
1.84	0.5963	0.1637	0.2745	1.484
1.86	0.5911	0.1587	0.2686	1.507
1.88	0.5859	0.1539	0.2627	1.531
1.90	0.5807	0.1492	0.2570	1.555
1.92	0.5756	0.1447	0.2514	1.580
1.94	0.5705	0.1403	0.2459	1.606
1.96	0.5655	0.1360	0.2405	1.633
1.98	0.5605	0.1318	0.2352	1.660
2.00	0.5556	0.1278	0.2301	1.688
2.02	0.5506	0.1239	0.2250	1.716
2.04	0.5458	0.1201	0.2200	1.745
2.06	0.5409	0.1164	0.2152	1.775
2.08	0.5361	0.1128	0.2105	1.806
2.10	0.5314	0.1094	0.2058	1.837
2.12	0.5266	0.1060	0.2013	1.869
2.14	0.5219	0.1027	0.1968	1.902
2.16	0.5173	0.09956	0.1952	1.935
2.18	0.5127	0.09650	0.1882	1.970
2.20	0.5081	0.09352	0.1841	2.005
2.22	0.5036	0.09064	0.1800	2.041
2.24	0.4991	0.08784	0.1760	2.078
2.26	0.4947	0.08514	0.1721	2.115
2.28	0.4903	0.08252	0.1683	2.154
2.30	0.4859	0.07997	0.1646	2.193

[표 2-1] (계속)

M_a	T/T_0	P/P_0	ρ/ρ_0	A/A^*
2.30	0.4859	0.07997	0.1646	2.193
2.32	0.4816	0.07751	0.1610	2.233
2.34	0.4773	0.07513	0.1574	2.274
2.36	0.4731	0.07281	0.1539	2.316
2.38	0.4689	0.07057	0.1505	2.350
2.40	0.4647	0.06840	0.1472	2.403
2.42	0.4606	0.06630	0.1440	2.448
2.44	0.4565	0.06426	0.1408	2.494
2.46	0.4524	0.06229	0.1377	2.540
2.48	0.4484	0.06038	0.1347	2.588
2.50	0.4444	0.05853	0.1317	2.637
2.52	0.4405	0.05674	0.1288	2.687
2.54	0.4366	0.05500	0.1260	2.737
2.56	0.4328	0.05332	0.1232	2.789
2.58	0.4289	0.05169	0.1205	2.842
2.60	0.4252	0.05012	0.1179	2.896
2.62	0.4214	0.04859	0.1153	2.951
2.64	0.4177	0.04711	0.1128	3.007
2.66	0.4141	0.04568	0.1103	3.065
2.68	0.4104	0.04429	0.1079	3.123
2.70	0.4068	0.04295	0.1056	3.183
2.72	0.4033	0.04166	0.1033	3.244
2.74	0.3998	0.04039	0.1010	3.306
2.76	0.3963	0.03917	0.09885	3.370
2.78	0.3928	0.03800	0.09671	3.434
2.80	0.3894	0.03685	0.09462	3.500
2.82	0.3360	0.03574	0.09259	3.567
2.84	0.3827	0.03467	0.09059	3.636
2.86	0.3794	0.03363	0.08865	3.706
2.88	0.3761	0.03262	0.08674	3.777
2.90	0.3729	0.03165	0.08489	3.850
2.92	0.3697	0.03071	0.08308	3.924
2.94	0.3665	0.02980	0.08130	3.999
2.96	0.3663	0.02891	0.07957	4.076
2.98	0.3602	0.02805	0.07788	4.155
3.00	0.3571	0.02722	0.07623	4.235
3.10	0.3422	0.02345	0.06852	4.657
3.20	0.3281	0.02023	0.06165	5.121
3.30	0.3147	0.01748	0.05554	5.629
3.40	0.3019	0.01512	0.05009	6.184
3.50	0.2899	0.01311	0.04523	6.790

[표 2-1] (계속)

M_a	T/T_0	P/P_0	ρ/ρ_0	A/A^*
3.50	0.2899	0.01311	0.04523	6.790
3.60	0.2784	0.01138	0.04089	7.450
3.70	0.2675	0.009903	0.03702	8.169
3.80	0.2572	0.008629	0.03355	8.951
3.90	0.2474	0.007532	0.03044	9.799
4.00	0.2381	0.006586	0.02766	10.72
4.10	0.2293	0.005769	0.02516	11.71
4.20	0.2208	0.005062	0.02292	12.79
4.30	0.2129	0.004449	0.02090	13.95
4.40	0.2053	0.003918	0.01909	15.21
4.50	0.1980	0.003455	0.01745	16.56
4.60	0.1911	0.003053	0.01597	18.02
4.70	0.1846	0.002701	0.01463	19.58
4.80	0.1783	0.002394	0.01343	21.26
4.90	0.1724	0.002126	0.01233	23.07
5.00	0.1667	0.001890	0.01134	25.00

[표 2-2] Fanno Line 함수(1차원 유동, 이상기체, $k=1.4$)

M_a	P_0/P_0^*	T/T^*	P/P^*	V/V^*	$\bar{\lambda}L_{\max}/D_k$
0.00	∞	1.200	∞	0.0000	∞
0.02	28.94	1.200	54.77	0.02191	1778
0.04	14.48	1.200	27.38	0.04381	440.5
0.06	9.666	1.199	18.25	0.06570	193.0
0.08	7.262	1.199	13.68	0.08758	106.7
0.10	5.822	1.198	10.94	0.1094	66.92
0.12	4.864	1.197	9.116	0.1313	45.41
0.14	4.182	1.195	7.809	0.1531	32.51
0.16	3.673	1.194	6.829	0.1748	24.20
0.18	3.278	1.192	6.066	0.1965	18.54
0.20	2.964	1.191	5.456	0.2182	14.53
0.22	2.708	1.189	4.955	0.2398	11.60
0.24	2.496	1.186	4.538	0.2614	9.387
0.26	2.317	1.184	4.185	0.2829	7.688
0.28	2.166	1.182	3.882	0.3044	6.357
0.30	2.035	1.179	3.619	0.3257	5.299
0.32	1.922	1.176	3.389'	0.3470	4.447
0.34	1.823	1.173	3.185	0.3682	3.752
0.36	1.736	1.170	3.004	0.3894	3.180
0.38	1.659	1.166	2.842	0.4104	2.706
0.40	1.590	1.163	2.696	0.4313	2.309

[표 2-2] (계속)

M_a	P_0/P_0^*	T/T^*	P/P^*	V/V^*	$\overline{\lambda}L_{\max}/D_k$
0.40	1.590	1.163	2.698	0.4313	2.309
0.42	1.529	1.159	2.563	0.4522	1.974
0.44	1.474	1.155	2.443	0.4729	1.692
0.46	1.425	1.151	2.333	0.4936	1.451
0.48	1.380	1.147	2.231	0.5141	1.245
0.50	1.340	1.143	2.138	0.5345	1.069
0.52	1.303	1.138	2.052	0.5548	0.9174
0.54	1.270	1.134	1.972	0.5750	0.7866
0.56	1.240	1.129	1.898	0.5951	0.6736
0.58	1.213	1.124	1.828	0.6150	0.5757
0.60	1.188	1.119	1.763	0.6348	0.4908
0.62	1.166	1.114	1.703	0.6545	0.4172
0.64	1.145	1.109	1.646	0.6740	0.3533
0.66	1.127	1.104	1.592	0.6934	0.2979
0.68	1.110	1.098	1.541	0.7127	0.2498
0.70	1.094	1.093	1.493	0.7318	0.2081
0.72	1.081	1.087	1.448	0.7508	0.1722
0.74	1.068	1.082	1.405	0.7696	0.1411
0.76	1.057	1.076	1.365	0.7883	0.1145
0.78	1.047	1.070	1.326	0.8068	0.09167
0.80	1.038	1.064	1.289	0.8251	0.07229
0.82	1.030	1.058	1.254	0.8433	0.05593
0.84	1.024	1.052	1.221	0.8614	0.04226
0.86	1.018	1.045	1.189	0.8793	0.03087
0.88	1.013	1.039	1.158	0.8970	0.02180
0.90	1.0089	1.033	1.129	0.9146	0.01451
0.92	1.0056	1.026	1.101	0.9320	0.008913
0.94	1.0031	1.020	1.074	0.9493	0.004815
0.96	1.0014	1.013	1.049	0.9663	0.002057
0.98	1.0003	1.007	1.024	0.9832	0.0004947
1.00	1.0000	1.000	1.000	1.000	0.0000
1.02	1.0003	0.9933	0.9771	1.017	0.0004587
1.04	1.0013	0.9866	0.9551	1.033	0.001769
1.06	1.0029	0.9798	0.9338	1.049	0.003838
1.08	1.0051	0.9730	0.9134	1.065	0.006585
1.10	1.0079	0.9662	0.8936	1.081	0.009935
1.12	1.011	0.9593	0.8745	1.097	0.01382
1.14	1.015	0.9524	0.8561	1.113	0.01819
1.15	1.020	0.9455	0.8383	1.128	0.02293
1.18	1.025	0.9386	0.8210	1.143	0.02814
1.20	1.030	0.9317	0.8044	1.158	0.03364

[표 2-2] (계속)

M_a	P_0/P_0^*	T/T^*	P/P^*	V/V^*	$\overline{\lambda}L_{\max}/D_k$
1.20	1.030	0.9317	0.8044	1.158	0.03364
1.22	1.037	0.9247	0.7882	1.173	0.03942
1.24	1.043	0.9178	0.7726	1.188	0.04547
1.26	1.050	0.9108	0.7574	1.203	0.05174
1.28	1.058	0.9038	0.7427	1.217	0.05820
1.30	1.066	0.8969	0.7285	1.231	0.06483
1.32	1.075	0.8899	0.7147	1.245	0.07161
1.34	1.084	0.8829	0.7012	1.259	0.07850
1.36	1.094	0.8760	0.6882	1.273	0.08550
1.38	1.104	0.8690	0.6755	1.286	0.09259
1.40	1.115	0.8621	0.6632	1.300	0.09974
1.42	1.126	0.8551	0.6512	1.313	0.1069
1.44	1.138	0.8432	0.6396	1.326	0.1142
1.46	1.150	0.8413	0.6282	1.339	0.1215
1.48	1.163	0.8345	0.6172	1.352	0.1288
1.50	1.176	0.8276	0.6065	1.365	0.1361
1.52	1.190	0.8208	0.5960	1.377	0.1434
1.54	1.204	0.8139	0.5858	1.389	0.1506
1.56	1.219	0.8072	0.5759	1.402	0.1579
1.58	1.234	0.8004	0.5662	1.414	0.1651
1.60	1.250	0.7937	0.5568	1.425	0.1724
1.62	1.267	0.7870	0.5476	1.437	0.1795
1.64	1.284	0.7803	0.5386	1.449	0.1867
1.66	1.301	0.7736	0.5299	1.460	0.1938
1.68	1.319	0.7670	0.5213	1.471	0.2008
1.70	1.338	0.7605	0.5130	1.482	0.2078
1.72	1.357	0.7539	0.5048	1.494	0.2147
1.74	1.376	0.7474	0.4969	1.504	0.2216
1.76	1.397	0.7410	0.4891	1.515	0.2284
1.78	1.418	0.7345	0.4815	1.526	0.2352
1.80	1.439	0.7282	0.4741	1.536	0.2419
1.82	1.461	0.7218	0.4668	1.546	0.2485
1.84	1.484	0.7155	0.4597	1.556	0.2551
1.86	1.507	0.7093	0.4528	1.566	0.2616
1.88	1.531	0.7030	0.4460	1.576	0.2680
1.90	1.555	0.6969	0.4394	1.586	0.2743
1.92	1.580	0.6907	0.4329	1.596	0.2806
1.94	1.606	0.6847	0.4265	1.605	0.2868
1.96	1.633	0.6786	0.4203	1.615	0.2930
1.98	1.660	0.6726	0.4142	1.624	0.2990
2.00	1.688	0.6667	0.4083	1.633	0.3050

[표 2-2] (계속)

M_a	$P_0/{P_0}^*$	T/T^*	P/P^*	V/V^*	$\overline{\lambda} L_{\max}/D_k$
2.00	1.688	0.6667	0.4083	1.633	0.3050
2.02	1.716	0.6608	0.4024	1.642	0.3109
2.04	1.745	0.6549	0.3967	1.651	0.3168
2.06	1.775	0.6491	0.3911	1.660	0.3225
2.08	1.806	0.6433	0.3856	1.668	0.3282
2.10	1.837	0.6376	0.3802	1.677	0.3339
2.12	1.869	0.6320	0.3750	1.685	0.3394
2.14	1.902	0.6263	0.3698	1.694	0.3449
2.16	1.935	0.6208	0.3648	1.702	0.3503
2.18	1.970	0.6152	0.3598	1.710	0.3556
2.20	2.005	0.6098	0.3549	1.718	0.3609
2.22	2.041	0.6043	0.3502	1.726	0.3661
2.24	2.078	0.5990	0.3455	1.734	0.3712
2.26	2.115	0.5936	0.3409	1.741	0.3763
2.28	2.154	0.5883	0.3364	1.749	0.3813
2.30	2.193	0.5831	0.3320	1.756	0.3862
2.32	2.233	0.5779	0.3277	1.764	0.3911
2.34	2.274	0.5728	0.3234	1.771	0.3959
2.36	2.316	0.5677	0.3193	1.778	0.4006
2.38	2.359	0.5626	0.3152	1.785	0.4053
2.40	2.403	0.5576	0.3111	1.792	0.4099
2.42	2.448	0.5527	0.3072	1.799	0.4144
2.44	2.494	0.5478	0.3033	1.806	0.4189
2.46	2.540	0.5429	0.2995	1.813	0.4233
2.48	2.588	0.5381	0.2958	1.819	0.4277
2.50	2.637	0.5333	0.2921	1.826	0.4320
2.52	2.687	0.5286	0.2885	1.832	0.4362
2.54	2.737	0.5239	0.2850	1.839	0.4404
2.56	2.789	0.5193	0.2815	1.845	0.4445
2.58	2.842	0.5147	0.2781	1.851	0.4486
2.60	2.896	0.5102	0.2747	1.857	0.4526
2.62	2.951	0.5057	0.2714	1.863	0.4565
2.64	3.007	0.5013	0.2682	1.869	0.4604
2.66	3.065	0.4969	0.2650	1.875	0.4643
2.68	3.123	0.4925	0.2619	1.881	0.4681
2.70	3.183	0.4882	0.2588	1.887	0.4718
2.72	3.244	0.4839	0.2558	1.892	0.4755
2.74	3.306	0.4797	0.2528	1.893	0.4792
2.76	3.370	0.4755	0.2499	1.903	0.4827
2.78	3.434	0.4714	0.2470	1.909	0.4863
2.80	3.500	0.4673	0.2441	1.914	0.4898

[표 2-2] (계속)

M_a	P_0/P_0^*	T/T^*	P/P^*	V/V^*	$\overline{\lambda}L_{\max}/D_k$
2.80	3.500	0.4673	0.2441	1.914	0.4898
2.82	3.567	0.4632	0.2414	1.919	0.4932
2.84	3.636	0.4592	0.2386	1.925	0.4966
2.86	3.706	0.4553	0.2359	1.930	0.5000
2.88	3.777	0.4513	0.2333	1.935	0.5033
2.90	3.850	0.4474	0.2307	1.940	0.5065
2.92	3.924	0.4436	0.2281	1.945	0.5097
2.94	3.999	0.4398	0.2256	1.950	0.5129
2.96	4.076	0.4360	0.2231	1.954	0.5160
2.98	4.155	0.4323	0.2206	1.959	0.5191
3.00	4.235	0.4286	0.2182	1.964	0.5222
3.50	6.79	0.3478	0.1685	2.064	0.5864
4.00	10.72	0.2857	0.1336	2.138	0.6331
4.50	16.56	0.2376	0.1083	2.194	0.6676
5.00	25.00	0.2000	0.08944	2.236	0.6938

[표 2-3] Rayleigh Line 함수(1차원 유동, 이상기체, $\kappa = 1.4$)

M_a	T_0/T_0^*	P_0/P_0^*	T/T^*	P/P^*	V/V^*
0.00	0.0000	1.268	0.0000	2.400	0.0000
0.02	0.001918	1.268	0.002301	2.399	0.0009595
0.04	0.007648	1.267	0.009175	2.395	0.003831
0.06	0.01712	1.265	0.02053	2.388	0.008597
0.08	0.03021	1.262	0.03621	2.379	0.01522
0.10	0.04678	1.259	0.05602	2.367	0.02367
0.12	0.06661	1.255	0.07970	2.353	0.03388
0.14	0.08947	1.251	0.1070	2.336	0.04578
0.16	0.1151	1.246	0.1374	2.317	0.05931
0.18	0.1432	1.241	0.1708	2.296	0.07438
0.20	0.1736	1.235	0.2066	2.273	0.09091
0.22	0.2057	1.228	0.2445	2.248	0.1088
0.24	0.2395	1.221	0.2841	2.221	0.1279
0.26	0.2745	1.214	0.3250	2.193	0.1482
0.28	0.3104	1.206	0.3667	2.163	0.1696
0.30	0.3469	1.199	0.4089	2.131	0.1918
0.32	0.3837	1.190	0.4512	2.099	0.2149
0.34	0.4206	1.182	0.4933	2.066	0.2388
0.36	0.4572	1.174	0.5348	2.031	0.2633
0.38	0.4935	1.165	0.5755	1.996	0.2883
0.40	0.5290	1.157	0.6152	1.961	0.3137

[표 2-3] (계속)

M_a	T_0/T_0^*	P_0/P_0^*	T/T^*	P/P^*	V/V^*
0.40	0.5290	1.157	0.6152	1.961	0.3137
0.42	0.5638	1.148	0.6535	1.925	0.3395
0.44	0.5975	1.139	0.6903	1.888	0.3656
0.46	0.6301	1.131	0.7254	1.852	0.3918
0.48	0.6614	1.122	0.7587	1.815	0.4181
0.50	0.6914	1.114	0.7901	1.778	0.4445
0.52	0.7199	1.106	0.8196	1.741	0.4708
0.54	0.7470	1.098	0.8470	1.704	0.4970
0.56	0.7725	1.090	0.8723	1.668	0.5230
0.58	0.7965	1.083	0.8955	1.632	0.5489
0.60	0.8189	1.075	0.9167	1.596	0.5745
0.62	0.8398	1.068	0.9359	1.560	0.5998
0.64	0.8592	1.061	0.9530	1.525	0.6248
0.66	0.8771	1.055	0.9632	1.491	0.6494
0.68	0.8935	1.049	0.9814	1.457	0.6737
0.70	0.9085	1.043	0.9929	1.424	0.6975
0.72	0.9221	1.038	1.003	1.391	0.7209
0.74	0.9344	1.033	1.011	1.359	0.7439
0.76	0.9455	1.028	1.017	1.327	0.7665
0.78	0.9553	1.023	1.022	1.296	0.7885
0.80	0.9639	1.019	1.025	1.266	0.8101
0.82	0.9715	1.016	1.028	1.236	0.8313
0.84	0.9781	1.012	1.029	1.207	0.8519
0.86	0.9836	1.010	1.028	1.179	0.8721
0.88	0.9883	1.007	1.027	1.152	0.8918
0.90	0.9921	1.005	1.025	1.125	0.9110
0.92	0.9951	1.003	1.021	1.098	0.9297
0.94	0.9973	1.002	1.017	1.073	0.9480
0.96	0.9988	1.001	1.012	1.048	0.9658
0.98	0.9997	1.000	1.006	1.024	0.9831
1.00	0.000	1.000	1.000	1.000	1.000
1.02	0.9997	1.000	0.9930	0.9770	1.016
1.04	0.9990	1.001	0.9855	0.9546	1.032
1.06	0.9977	1.002	0.9776	0.9328	1.048
1.08	0.9960	1.003	0.9691	0.9115	1.063
1.10	0.9939	1.005	0.9603	0.8909	1.078
1.12	0.9915	1.007	0.9512	0.8708	1.092
1.14	0.9887	1.010	0.9417	0.8512	1.106
1.16	0.9856	1.012	0.9320	0.8322	1.120
1.18	0.9823	1.016	0.9220	0.8137	1.133
1.20	0.9787	1.019	0.9119	0.7958	1.146

[표 2-3] (계속)

M_a	T_0/T_0^*	P_0/P_0^*	T/T^*	P/P^*	V/V^*
1.20	0.9787	1.019	0.9119	0.7958	1.146
1.22	0.9749	1.023	0.9015	0.7783	1.158
1.24	0.9709	1.028	0.8911	0.7613	1.171
1.26	0.9668	1.033	0.8805	0.7447	1.182
1.28	0.9624	1.038	0.8699	0.7287	1.194
1.30	0.9580	1.044	0.8592	0.7130	1.205
1.32	0.9534	1.050	0.8484	0.6978	1.216
1.34	0.9487	1.056	0.8377	0.6830	1.226
1.36	0.9440	1.063	0.8270	0.6686	1.237
1.38	0.9392	1.070	0.8161	0.6546	1.247
1.40	0.9343	1.078	0.8054	0.6410	1.256
1.42	0.9293	1.086	0.7947	0.6278	1.266
1.44	0.9243	1.094	0.7841	0.6149	1.275
1.46	0.9193	1.103	0.7735	0.6024	1.284
1.48	0.9143	1.112	0.7629	0.5902	1.293
1.50	0.9093	1.122	0.7525	0.5783	1.301
1.52	0.9042	1.132	0.7422	0.5668	1.310
1.54	0.8992	1.142	0.7319	0.5555	1.318
1.56	0.8942	1.153	0.7217	0.5446	1.325
1.58	0.8892	1.164	0.7117	0.5339	1.333
1.60	0.8842	1.176	0.7017	0.5236	1.340
1.62	0.8792	1.188	0.6919	0.5135	1.348
1.64	0.8743	1.200	0.6822	0.5036	1.355
1.66	0.8694	1.213	0.6726	0.4941	1.361
1.68	0.8645	1.226	0.6631	0.4847	1.368
1.70	0.8597	1.240	0.6538	0.4756	1.375
1.72	0.8549	1.255	0.6446	0.4668	1.381
1.74	0.8502	1.269	0.6355	0.4581	1.387
1.76	0.8455	1.284	0.6265	0.4497	1.393
1.78	0.8409	1.300	0.6177	0.4415	1.399
1.80	0.8363	1.316	0.6089	0.4335	1.405
1.82	0.8317	1.332	0.6004	0.4257	1.410
1.84	0.8273	1.349	0.5919	0.4181	1.416
1.86	0.8228	1.367	0.5836	0.4107	1.421
1.88	0.8185	1.385	0.5754	0.4035	1.426
1.90	0.8141	1.403	0.5673	0.3964	1.431
1.92	0.8099	1.422	0.5594	0.3896	1.436
1.94	0.8057	1.442	0.5516	0.3828	1.441
1.96	0.8015	1.462	0.5439	0.3763	1.446
1.98	0.7974	1.482	0.5364	0.3699	1.450
2.00	0.7934	1.503	0.5289	0.3636	1.455

[표 2-3] (계속)

M_a	T_0/T_0^*	P_0/P_0^*	T/T^*	P/P^*	V/V^*
2.00	0.7934	1.503	0.5289	0.3636	1.455
2.02	0.7394	1.525	0.5216	0.3575	1.459
2.04	0.7855	1.547	0.5144	0.3516	1.463
2.06	0.7816	1.569	0.5074	0.3458	1.467
2.08	0.7778	1.592	0.5004	0.3401	1.471
2.10	0.7741	1.616	0.4936	0.3345	1.475
2.12	0.7704	1.640	0.4868	0.3291	1.479
2.14	0.7667	1.665	0.4802	0.3238	1.483
2.16	0.7631	1.691	0.4737	0.3186	1.487
2.18	0.7596	1.717	0.4673	0.3136	1.490
2.20	0.7561	1.743	0.4611	0.3086	1.494
2.22	0.7527	1.771	0.4549	0.3038	1.497
2.24	0.7493	1.799	0.4488	0.2991	1.501
2.26	0.7460	1.827	0.4429	0.2945	1.504
2.28	0.7428	1.856	0.4370	0.2899	1.507
2.30	0.7395	1.886	0.4312	0.2855	1.510
2.32	0.7364	1.917	0.4256	0.2812	1.513
2.34	0.7333	1.948	0.4200	0.2770	1.517
2.36	0.7302	1.979	0.4145	0.2728	1.520
2.38	0.7272	2.012	0.4091	0.2688	1.522
2.40	0.7242	2.045	0.4038	0.2648	1.525
2.42	0.7313	2.079	0.3986	0.2609	1.528
2.44	0.7184	2.114	0.3935	0.2571	1.531
2.46	0.7156	2.149	0.3885	0.2534	1.533
2.48	0.7128	2.185	0.3836	0.2497	1.536
2.50	0.7101	2.222	0.3787	0.2462	1.539
2.52	0.7074	2.259	0.3739	0.2427	1.541
2.54	0.7047	2.298	0.3692	0.2392	1.543
2.56	0.7021	2.337	0.3646	0.2359	1.546
2.58	0.6995	2.377	0.3601	0.2326	1.548
2.60	0.6970	2.418	0.3556	0.2294	1.551
2.62	0.6945	2.459	0.3512	0.2262	1.553
2.64	0.6921	2.502	0.3469	0.2231	1.555
2.66	0.6896	2.545	0.3427	0.2201	1.557
2.68	0.6873	2.589	0.3385	0.2171	1.559
2.70	0.6849	2.634	0.3344	0.2142	1.561
2.72	0.6826	2.680	0.3304	0.2113	1.563
2.74	0.6804	2.727	0.3264	0.2085	1.565
2.76	0.6782	2.775	0.3225	0.2058	1.567
2.78	0.6760	2.824	0.3186	0.2031	1.569
2.80	0.6738	2.873	0.3149	0.2004	1.571

[표 2-3] (계속)

M_a	T_0/T_0^*	P_0/P_0^*	T/T^*	P/P^*	V/V^*
2.80	0.6738	2.873	0.3149	0.2004	1.571
2.82	0.6717	2.924	0.3111	0.1978	1.573
2.84	0.6696	2.975	0.3075	0.1953	1.575
2.86	0.6675	3.028	0.3039	0.1927	1.577
2.88	0.6655	3.081	0.3004	0.1903	1.578
2.90	0.6635	3.136	0.2969	0.1879	1.580
2.92	0.6615	3.191	0.2934	0.1855	1.582
2.94	0.6596	3.248	0.2901	0.1832	1.583
2.96	0.6577	3.306	0.2868	0.1809	1.585
2.98	0.6558	3.365	0.2835	0.1787	1.587
3.00	0.6540	3.424	0.2803	0.1765	1.588
3.50	0.6158	5.328	0.2142	0.1322	1.620
4.00	0.5891	8.227	0.1683	0.1026	1.641
4.50	0.5698	12.50	0.1354	0.08177	1.656
5.00	0.5556	18.63	0.1111	0.06667	1.667

[표 2-4] 수직충격함수(1차원 유동, 이상기체 $\kappa = 1.4$)

M_1	M_2	P_{0_2}/P_{0_1}	T_2/T_1	P_2/P_1	ρ_2/ρ_1
1.00	1.000	1.000	1.000	1.000	1.000
1.02	0.9805	1.000	1.013	1.047	1.033
1.04	0.9620	0.9999	1.026	1.095	1.067
1.06	0.9444	0.9998	1.039	1.144	1.101
1.08	0.9277	0.9994	1.052	1.194	1.135
1.10	0.9118	0.9989	1.065	1.245	1.169
1.12	0.8966	0.9982	1.078	1.297	1.203
1.14	0.8820	0.9973	1.090	1.350	1.238
1.16	0.8682	0.9961	1.103	1.403	1.272
1.18	0.8549	0.9946	1.115	1.458	1.307
1.20	0.8422	0.9928	1.128	1.513	1.342
1.22	0.8300	0.9907	1.141	1.570	1.376
1.24	0.8183	0.9884	1.153	1.627	1.411
1.26	0.8071	0.9857	1.166	1.686	1.446
1.28	0.7963	0.9827	1.178	1.745	1.481
1.30	0.7860	0.9794	1.191	1.805	1.516
1.32	0.7760	0.9757	1.204	1.866	1.551
1.34	0.7664	0.9718	1.216	1.928	1.585
1.36	0.7572	0.9676	1.229	1.991	1.620
1.38	0.7483	0.9630	1.242	2.055	1.655
1.40	0.7397	0.9582	1.255	2.120	1.690

[표 2-4] (계속)

M_1	M_2	P_{0_2}/P_{0_1}	T_2/T_1	P_2/P_1	ρ_2/ρ_1
1.40	0.7397	0.9582	1.255	2.120	1.690
1.42	0.7314	0.9531	1.268	2.186	1.724
1.44	0.7235	0.9477	1.281	2.253	1.759
1.46	0.7157	0.9420	1.294	2.320	1.793
1.48	0.7083	0.9360	1.307	2.389	1.828
1.50	0.7011	0.9298	1.320	2.458	1.862
1.52	0.6941	0.9233	1.334	2.529	1.896
1.54	0.6874	0.9166	1.347	2.600	1.930
1.56	0.6809	0.9097	1.361	2.673	1.964
1.58	0.6746	0.9026	1.374	2.746	1.998
1.60	0.6684	0.8952	1.388	2.820	2.032
1.62	0.6625	0.8876	1.402	2.895	2.065
1.64	0.6568	0.8799	1.416	2.971	2.099
1.66	0.6512	0.8720	1.430	3.048	2.132
1.68	0.6458	0.8640	1.444	3.126	2.165
1.70	0.6406	0.8557	1.458	3.205	2.198
1.72	0.6355	0.8474	1.473	3.285	2.230
1.74	0.6305	0.8389	1.487	3.366	2.263
1.76	0.6257	0.8302	1.502	3.447	2.295
1.78	0.6210	0.8215	1.517	3.530	2.327
1.80	0.6165	0.8127	1.532	3.613	2.359
1.82	0.6121	0.8038	1.547	3.698	2.391
1.84	0.6078	0.7947	1.562	3.783	2.422
1.86	0.6036	0.7857	1.577	3.870	2.454
1.88	0.5996	0.7766	1.592	3.957	2.435
1.90	0.5956	0.7674	1.608	4.045	2.516
1.92	0.5918	0.7581	1.624	4.134	2.546
1.94	0.5880	0.7488	1.639	4.224	2.577
1.96	0.5844	0.7395	1.655	4.315	2.607
1.98	0.5808	0.7302	1.671	4.407	2.637
2.00	0.5774	0.7209	1.687	4.500	2.667
2.02	0.5740	0.7115	1.704	4.594	2.696
2.04	0.5707	0.7022	1.720	4.689	2.725
2.06	0.5675	0.6928	1.737	4.784	2.755
2.08	0.5643	0.6835	1.754	4.881	2.783
2.10	0.5613	0.6742	1.770	4.978	2.812
2.12	0.5583	0.6649	1.787	5.077	2.840
2.14	0.5554	0.6557	1.805	5.179	2.868
2.16	0.5525	0.6464	1.822	5.277	2.896
2.18	0.5498	0.6373	1.839	5.378	2.924
2.20	0.5471	0.6281	1.857	5.480	2.951

[표 2-4] (계속)

M_1	M_2	P_{0_2}/P_{0_1}	T_2/T_1	P_2/P_1	ρ_2/ρ_1
2.20	0.5471	0.6281	1.857	5.480	2.951
2.22	0.5444	0.6191	1.875	5.583	2.978
2.24	0.5418	0.6100	1.892	5.687	3.005
2.26	0.5393	0.6011	1.910	5.792	3.032
2.28	0.5368	0.5921	1.929	5.898	3.058
2.30	0.5344	0.5833	1.947	6.005	3.085
2.32	0.5321	0.5745	1.965	6.113	3.110
2.34	0.5297	0.5658	1.984	6.222	3.136
2.36	0.5275	0.5572	2.002	6.331	3.162
3.38	0.5253	0.5486	2.021	6.442	3.187
2.40	0.5231	0.5402	2.040	6.553	3.212
2.42	0.5210	0.5318	2.059	6.666	3.237
2.44	0.5189	0.5234	2.079	6.779	3.261
2.46	0.5169	0.5152	2.098	6.894	3.285
2.48	0.5149	0.5071	2.118	7.009	3.310
2.50	0.5130	0.4990	2.137	7.125	3.333
2.52	0.5111	0.4910	2.157	7.242	3.357
2.54	0.5092	0.4832	2.177	7.360	3.380
2.56	0.5074	0.4754	2.198	7.479	3.403
2.58	0.5056	0.4677	2.218	7.599	3.426
2.60	0.5039	0.4601	2.238	7.720	3.449
2.62	0.5022	0.4526	2.259	7.842	3.471
2.64	0.5005	0.4452	2.280	7.965	3.494
2.66	0.4988	0.4379	2.301	8.088	3.516
2.68	0.4972	0.4307	2.322	8.213	3.537
2.70	0.4956	0.4236	2.343	8.338	3.559
2.72	0.4941	0.4166	2.364	8.465	3.580
2.74	0.4926	0.4097	2.386	8.592	3.601
2.76	0.4911	0.4028	2.407	8.721	3.622
2.78	0.4897	0.3961	2.429	8.850	3.643
2.80	0.4882	0.3895	2.451	8.980	3.664
2.82	0.4868	0.3829	2.473	9.111	3.684
2.84	0.4854	0.3765	2.496	9.243	3.704
2.86	0.4840	0.3701	2.518	9.376	3.724
2.88	0.4827	0.3639	2.540	9.510	3.743
2.90	0.4814	0.3577	2.563	9.645	3.763
2.92	0.4801	0.3517	2.586	9.781	3.782
2.94	0.4788	0.3457	2.609	9.918	3.801
2.96	0.4776	0.3398	2.632	10.06	3.820
2.98	0.4764	0.3340	2.656	10.19	3.839
3.00	0.4752	0.3283	2.679	10.33	3.857

[표 2-4] (계속)

M_1	M_2	P_{0_2}/P_{0_1}	T_2/T_1	P_2/P_1	ρ_2/ρ_1
3.00	0.4752	0.3283	2.679	10.33	3.857
3.10	0.4695	0.3012	2.799	11.05	3.947
3.20	0.4644	0.2762	2.922	11.78	4.031
3.30	0.4596	0.2533	3.049	12.54	4.112
3.40	0.4552	0.2322	3.180	13.32	4.188
3.50	0.4512	0.2130	3.315	14.13	4.261
3.60	0.4474	0.1953	3.454	14.95	4.330
3.70	0.4440	0.1792	3.596	15.81	4.395
3.80	0.4407	0.1645	3.743	16.68	4.457
3.90	0.4377	0.1510	3.893	17.58	4.516
4.00	0.4350	0.1388	4.047	18.50	4.571
4.10	0.4324	0.1276	4.205	19.45	4.624
4.20	0.4299	0.1173	4.367	20.41	4.675
4.30	0.4277	0.1080	4.532	21.41	4.723
4.45	0.4255	0.09948	4.702	22.42	4.768
4.50	0.4236	0.09170	4.875	23.46	4.812
4.60	0.4217	0.08459	5.052	24.52	4.853
4.70	0.4199	0.07809	5.233	25.61	4.893
4.80	0.4183	0.07214	5.418	26.71	4.930
4.90	0.4167	0.06670	5.607	27.85	4.966
5.00	0.4152	0.06172	5.800	29.00	5.000

[표 2-5] 등엔트로피 유동에 대한 이상기체의 1차원 압축성 유동의 계산식 (단, $M = Ma$)

1. $$\frac{P}{P_0} = \left(1 + \frac{\kappa - 1}{2} M^2\right)^{-\kappa/(\kappa-1)}$$

2. $$\frac{T}{T_0} = \left(1 + \frac{\kappa - 1}{2} M^2\right)^{-1}$$

3. $$\frac{\rho}{\rho_0} = \left(1 + \frac{\kappa - 1}{2} M^2\right)^{-1/(\kappa-1)}$$

4. $$\frac{\rho V^2}{2P_0} = \frac{\kappa M^2}{2}\left(1 + \frac{\kappa - 1}{2} M^2\right)^{-\kappa/(\kappa-1)}$$

5. $$\frac{A^*}{A} = M\left[\frac{2}{\kappa + 1}\left(1 + \frac{\kappa - 1}{2} M^2\right)\right]^{-(\kappa+1)/[2(\kappa-1)]}$$

6. $$\frac{F^*}{F} = \frac{M}{1 + \kappa M^2}\left[2(\kappa + 1)\left(1 + \frac{\kappa - 1}{2} M^2\right)\right]^{1/2}$$

7. $$\frac{V}{a^*} = M\left(\frac{\kappa + 1}{2}\right)^{1/2}\left(1 + \frac{\kappa - 1}{2} M^2\right)^{-1/2}$$

8. $$\frac{\rho V}{P}(RT_0)^{1/2} = M\left[\kappa\left(1 + \frac{\kappa - 1}{2} M^2\right)\right]^{1/2}$$

9. $$\frac{\rho V}{P_0}(RT_0)^{1/2} = M\kappa^{1/2}\left(1 + \frac{\kappa - 1}{2} M^2\right)^{-(\kappa+1)/[2(\kappa-1)]}$$

[표 2-6] 단면적이 일정한 등온유동 과정에서 이상기체의 1차원 압축성 유동의 계산식 (단, $M = Ma$)

1. $$\frac{P_0^*}{P_0} = \kappa^{1/2} M\left[\frac{2\kappa}{3\kappa - 1}\left(1 + \frac{\kappa - 1}{2} M^2\right)\right]^{-\kappa/(\kappa-1)}$$

2. $$\frac{P^*}{P} = \frac{\rho^*}{\rho} = \frac{V}{a^*} = \kappa^{1/2} M$$

3. $$\frac{P_0^*}{P} = \kappa^{1/2} M\left(1 + \frac{\kappa - 1}{2\kappa}\right)^{\kappa/(\kappa-1)}$$

4. $$\frac{T_0}{T_0^*} = \frac{2\kappa}{3\kappa - 1}\left(1 + \frac{\kappa - 1}{2} M^2\right)$$

5. $$\frac{\rho V^2}{2P_0^*} = \frac{1}{2}\kappa^{1/2} M\left(1 + \frac{\kappa - 1}{2\kappa}\right)^{-\kappa/(\kappa-1)}$$

6. $$\frac{F^*}{F} = \frac{2\kappa^{1/2} M}{1 + \kappa M^2}$$

7. $$4\lambda\frac{L_{\max}}{D_\kappa} = \frac{1 - \kappa M^2}{\kappa M^2} + \ln(\kappa M^2)$$

[표 2-7] 단면적이 일정한 무마찰유동에서 이상기체의 1차원 압축성 유동 계산식 (단, $M = M_a$)

1.
$$\frac{P_0^*}{P_0} = \frac{1 + \kappa M^2}{\kappa + 1} \left(\frac{\kappa + 1}{2}\right)^{\kappa/(\kappa-1)} \left(1 + \frac{\kappa - 1}{2} M^2\right)^{-\kappa/(\kappa-1)}$$

2.
$$\frac{P}{P^*} = \frac{\kappa + 1}{1 + \kappa M^2}$$

3.
$$\frac{P}{P_0^*} = \left(\frac{2}{\kappa + 1}\right)^{\kappa/(\kappa-1)} \frac{\kappa + 1}{1 + \kappa M^2}$$

4.
$$\frac{T_0}{T_0^*} = \frac{2(\kappa + 1)M^2}{(1 + \kappa M^2)^2} \left(1 + \frac{\kappa - 1}{2} M^2\right)$$

5.
$$\frac{T}{T^*} = M^2 \left(\frac{\kappa + 1}{1 + \kappa M^2}\right)^2$$

6.
$$\frac{T}{T_0^*} = \frac{2(\kappa + 1)M^2}{(1 + \kappa M^2)^2}$$

7.
$$\frac{\rho^*}{\rho} = \frac{V}{a^*} = \frac{(\kappa + 1)M^2}{1 + \kappa M^2}$$

8.
$$\frac{\rho V^2}{2P_0^*} = \frac{\kappa M^2}{2} \left(\frac{2}{\kappa + 1}\right)^{\kappa/(\kappa-1)} \frac{\kappa + 1}{1 + \kappa M^2}$$

[표 2-8] 단면적이 일정한 단열유동에서 이상기체의 1차원 압축성 유동 계산식 (단, $M = M_a$)

1.
$$\frac{P_0^*}{P_0} = M \left[\frac{2}{\kappa + 1} \left(1 + \frac{\kappa - 1}{2} M^2\right)\right]^{-(\kappa+1)/[2(\kappa-1)]}$$

2.
$$\frac{P^*}{P} = M \left[\frac{2}{\kappa + 1} \left(1 + \frac{\kappa - 1}{2} M^2\right)\right]^{1/2}$$

3.
$$\frac{P_0^*}{P} = M \left(\frac{\kappa + 1}{2}\right)^{(\kappa+1)/[2(\kappa-1)]} \left(1 + \frac{\kappa - 1}{2} M^2\right)^{1/2}$$

4.
$$\frac{T}{T^*} = \frac{\kappa + 1}{2} \left(1 + \frac{\kappa - 1}{2} M^2\right)^{1}$$

5.
$$\frac{\rho^*}{\rho} = \frac{V}{a^*} = M \left[\frac{\kappa + 1}{2} \left(1 + \frac{\kappa - 1}{2} M^2\right)^{-1}\right]^{1/2}$$

6.
$$\frac{\rho V^2}{2P_0^*} = \frac{\kappa M}{2} \left(\frac{2}{\kappa + 1}\right)^{(\kappa+1)/[2(\kappa-1)]} \left(1 + \frac{\kappa - 1}{2} M^2\right)^{-1/2}$$

7.
$$\frac{F^*}{F} = \frac{M}{1 + \kappa M^2} \left[2(\kappa + 1)\left(1 + \frac{\kappa - 1}{2} M^2\right)\right]^{-1/2}$$

8.
$$4\lambda \frac{L_{\max}}{D_\kappa} = \frac{1 - M^2}{\kappa M^2} = \frac{\kappa + 1}{2\kappa} \ln \left[\frac{\kappa + 1}{2} M^2 \left(1 + \frac{\kappa - 1}{2} M^2\right)^{-1}\right]$$

[표 2-9] 수직충격유동 이상기체의 1차원 압축성 유동계산식

1.
$$M_2 = \left[\left(M_1^2 + \frac{2}{\kappa-1}\right)\left(\frac{2\kappa}{\kappa-1}M_1^2 - 1\right)^{-1}\right]^{1/2}$$

2.
$$\frac{P_{0_2}}{P_{0_1}} = \left[\frac{\kappa+1}{2}M_1^2\left(1+\frac{\kappa-1}{2}M_1^2\right)^{-1}\right]^{\kappa/(\kappa-1)}\left(\frac{2\kappa}{\kappa+1}M_1^2 - \frac{\kappa-1}{\kappa+1}\right)^{-1/(\kappa-1)}$$

3.
$$\frac{P_1}{P_2} = \left(\frac{2\kappa}{\kappa+1}M_1^2 - \frac{\kappa-1}{\kappa+1}\right)^{-1}$$

4.
$$\frac{P_1}{P_{0_1}} = \left(1+\frac{\kappa-1}{2}M_1^2\right)^{-\kappa/(\kappa-1)}$$

5.
$$\frac{T_1}{T_2} = \frac{(\kappa+1)^2 M_1^2}{2(\kappa-1)}\left[\left(1+\frac{\kappa-1}{2}M_1^2\right)\left(\frac{2\kappa}{\kappa-1}M_1^2 - 1\right)\right]^{-1}$$

6.
$$\frac{T_1}{T_{0_1}} = \left(1+\frac{\kappa-1}{2}M_1^2\right)^{-1}$$

7.
$$\frac{\rho_1}{\rho_2} = \frac{V_2}{V_1} = \left(\frac{2\kappa M_1^2}{\kappa-1} - 1\right)\left(1+\frac{\kappa-1}{2}M_1^2\right)\left\{\left(\frac{2\kappa M_1^2}{\kappa+1} - \frac{\kappa-1}{\kappa+1}\right)\left[\frac{(\kappa+1)^2}{2(\kappa-1)}M_1^2\right]\right\}^{-1}$$

3 단위 및 환산계산식

[표 3-1] 단위

SI단위	물리량	단위 명칭	SI 기호	정의식
SI기본 단위	Length(길이)	meter	m	—
	Mass(질량)	kilogram	kg	—
	Time(시간)	second	sec	—
	Luminous intensity(광량)	candela	cd	—
	Current(전류)	ampere	A	—
	Temperature(온도)	kelvin	K	—
	Amount of substance(물질량)	mole number	mol	—
SI보조 단위	Plane angle(평면각)	radian	rad	—
	Solid angle(입체각)	steradian	sr	—
SI유도 단위	Energy(에너지)	joule	J	N·m
	Force(힘)	newton	N	kg·m/sec^2
	Power(동력)	watt	W	J/sec
	Pressure(압력)	pascal	Pa	N/m^2
	Work(일)	joule	J	N·m

[표 3-2] SI단위계의 접두어

멱지수	접두어	SI 기호
$1000,000,000,000 = 10^{12}$	tera	T
$1000,000,000 = 10^{9}$	giga	G
$1,000,000 = 10^{6}$	mega	M
$1000 = 10^{3}$	kilo	k
$0.01 = 10^{-2}$	centi	c
$0.001 = 10^{-3}$	milli	m
$0.000001 = 10^{-6}$	micro	μ
$0.000000001 = 10^{-9}$	nano	n
$0.000000000001 = 10^{-12}$	pico	P

[표 3-3] 환산과 정의

기본환산 단위	영국단위	SI값	근사 SI값
길이	1in(1inch)	0.0254m	−
질량	1lbm(1pound max)	0.45359237kg	0.4536kg
온도	1℉(1fahrenhet degree)	5/9K	−
중력가속도	$g = 9.8066m/s^2 (= 32.174ft/s^2)$		
에너지	1Btu = 778.2ft·lbf = 1,055J 1kcal = 4,187J = 3.968Btu		
힘	$1N = 1kg·m/s^2$ 1lbf = 4.448N		
길이	1mile = 5,280ft 1해리 = 6,076.1ft = 1,852m		
동력	1kW = 1,000J/s = 3,413Btu/hr 1hp = 550ft·lbf/s = 746W = 2,545Btu/hr		
압력	$1bar = 10^5Pa$, $1Pa = 1N/m^2$, $1bf/in^2 = 6,895Pa$		
온도	$T_F = \dfrac{9}{5}T_C + 32$ (단, T_c : 섭씨온도) $T_K = T_C + 273.15$ $T_R = T_F + 459.67$ (단, T_F : 화씨온도)		
점도	$1Poise \simeq 0.1kg/m·s$ $1Stoke \simeq 0.0001m^2/s$		
체적	$1gal \simeq 231in^3 \simeq 3.785328l$ (미국) $\simeq 0.003785m^3$ $1ft^3 \simeq 7.48gal$ $1gal \simeq 4.5459627l$ (영국) $1l \simeq 1,000cm^3 \simeq 0.001m^3$ $1m^3 = 1,000l$		

4 면의 기하학적 성질

[표 4-1] 평면의 기하학적 성질

명칭	모양	면적 A	도심의 위치 y_c 또는 x_c	도심축 I_c에 대한 관성모멘트
사각형		$A = ab$	$y_c = \dfrac{a}{2}$	$I_c = \dfrac{ba^3}{12}$
삼각형		$A = \dfrac{ab}{12}$	$y_c = \dfrac{a}{3}$	$I_c = \dfrac{ba^3}{36}$
원		$A = \dfrac{\pi D^2}{4}$	$y_c = \dfrac{D}{2}$	$I_c = \dfrac{\pi D^4}{64}$
반원		$A = \dfrac{\pi D^2}{8}$	$y_c = \dfrac{4r}{3\pi}$	$I_c = \left(\dfrac{1}{4} - \dfrac{16}{9\pi^2}\right) \times \dfrac{\pi r^4}{2}$

[표 4-1] (계속)

명칭	모양	면적 A	도심의 위치 y_c 또는 x_c	도심축 I_c에 대한 관성모멘트
$\dfrac{1}{4}$ 원		$A = \dfrac{\pi D^2}{16}$	$x_c = y_c = \dfrac{4r}{3\pi}$	$I_c = \left(\dfrac{1}{4} - \dfrac{16}{9\pi^2}\right)$ $\times \dfrac{\pi r^4}{4}$
타원		$A = \pi ab$	$y_c = a$	$I_c = \dfrac{\pi a^3 b}{4}$
반타원		$A = \dfrac{\pi ab}{2}$	$y_c = \dfrac{4a}{3\pi}$	$I_c = \left(\dfrac{1}{4} - \dfrac{16}{9\pi^2}\right)$ $\times \dfrac{\pi b a^4}{4}$
$\dfrac{1}{4}$ 타원		$A = \dfrac{\pi ab}{4}$	$y_c = \dfrac{4a}{3\pi}$ $x_c = \dfrac{4b}{3\pi}$	$I_c = \left(\dfrac{1}{4} - \dfrac{16}{9\pi^2}\right)$ $\times \dfrac{\pi b a^3}{4}$
포물선		$A = \dfrac{2ab}{3}$	$y_c = \dfrac{3a}{5}$ $x_c = \dfrac{3b}{8}$	$I_c = \left(\dfrac{3}{7} - \dfrac{9}{25}\right)$ $\times \dfrac{2ba^3}{3}$

5 체적의 기하학적 성질

[표 5-1] 체적의 기하학적 성질

명칭	모양	체적 V	도심 y_c
원통		$V = \dfrac{\pi d^2 a}{4}$	$y_c = \dfrac{a}{2}$
원추		$V = \dfrac{\pi d^2 a}{14}$	$y_c = \dfrac{a}{4}$
구		$V = \dfrac{\pi d^3}{6}$	$y_c = \dfrac{d}{2}$
반구		$V = \dfrac{\pi d^3}{12}$	$y_c = \dfrac{3r}{8}$
포물면체		$V = \dfrac{\pi d^2 a}{8}$	$y_c = \dfrac{a}{3}$

참고문헌

1. Frank M. White, *Fluid Mechanics*, 7th edition, McGraw-Hill.

2. Robert W. Fox et al., *Introduction to Fluid Mechanics*, 7th edition, Wiley, Inc.

3. Munson et al., *Fundamentals of Fluid Mechanics*, 7th edition, Wiley, Inc.

4. William S. Janna, *Design of Fluid Thermal System*, Cengage Learning.

5. Dick Wirz, *Commercial Refrigeration for Air Condition Technicians*, 2nd edition, Cengage Learning.

6. Claus Borgnakke & Richard E. Sonnatag, *Fundamentals of Thermodynamics*, 8th edition, Wiley, Inc.

7. Incropera et al., *Introduction to Heat Transfer*, 7th edition, Wiley, Inc.

8. Andreas N. Alexandrou, *Principles of Fluid Mechanics*, Prentice Hall, 2001.

9. 장태익, 표준 열역학, 성안당.

10. 장태익, 일반기계기사, 성안당.

11. 노오현, 최신 압축성 유체역학, 사이텍미디어.

제1장 유체의 개념과 성질

[기초 연습문제]

01 $\rho = 880\text{kg/m}^3$

02 $\gamma = 13.6 \times 10^3 \text{N/m}^3$

03 $\gamma = 8.3 \times 10^3 \text{N/m}^3$

04 $\mu = 1.8667 \times 10^{-4} \text{dy} \cdot \text{s/cm}^2$
$\qquad = 1.8667 \times 10^{-4} \text{poise}$

05 본문 참조

06 $\rho ≒ 1.204 \text{kg/m}^3$

07 $\nu = 6.25 \times 10^{-6} \text{m}^2/\text{sec}$

08 $\mu [\text{kg/m} \cdot \text{sec} : \text{ML}^{-1}\text{T}^{-1}]$

09 $\nu = 8.889 \times 10^{-4} \text{m}^2/\text{sec}$

10 $\nu = 1\text{cm}^2/\text{sec} = 1\text{stokes}$

11 $\mu = 7.778 \text{N} \cdot \text{S/m}^2$
$\qquad = 77.78 \text{dy} \cdot \text{s/cm}^2$
$\qquad = 77.78 \text{poise}$

12 $\mu = 1.0 \text{N} \cdot \text{s/m}^2$

13 $\nu = 1.301 \text{dy} \cdot \text{s/cm}^2$
$\qquad = 1.301 \text{poise}$

14 $\gamma = 8395.5 \text{N/m}^3$

15 $R = 301.74 \text{J/kg} \cdot \text{K}$
$\qquad = 0.30174 \text{kJ/kg} \cdot \text{K}$

16 $\rho = 3,200 \text{kg/m}^3$
$\qquad v = 3.125 \times 10^{-4} \text{m}^3/\text{kg}$

17 $\rho = 18,000 \text{kg/m}^3$

18 $10\text{N} \cdot \text{s/m}^2 (= \mu)$
$\qquad = 100 \text{dy} \cdot \text{s/cm}^2$
$\qquad = 100 \text{poise}$

19 $R(\text{O}_2) = 259.8 \text{J/kg} \cdot \text{K}$
$\qquad \rho(\text{O}_2) = 13.13 \text{kg/m}^3$

20 $R = 188.96 \text{J/kg} \cdot \text{K}(\text{CO}_2)$
$\qquad P = 426.4 \text{N/m}^2(\text{Pa})$

21 본문 참조

22 본문 참조

23 $C = \sqrt{KRT} [\text{m/s}]$
$\qquad$ 단, $R[\text{J/kg} \cdot \text{K}]$
$\qquad\quad T[\text{K}]$

24 $a = 1438.75 \text{m/s}$

25 $K = 200 \text{N/cm}^2$
$\qquad = 200 \times 10^4 \text{N/m}^2$

26 $\Delta P = 2105.26 \text{Pa}$

27 $\beta = 6.25 \times 10^{-7} \text{cm}^2/\text{N}$

28 $C = 349 \text{m/s}$

29 $C = \sqrt{\dfrac{K}{\rho}} = 1414.2 \text{m/s}$

30 $C = 1414.2 \text{m/s}$

31 $\sigma = 2 \times 10^{-3} \text{N/cm}$

32 $\Delta P = 0.01 \text{N/cm}^2$

33 $h = 6.086 \times 10^{-3} \text{mAq} = 6.086 \text{mmAq}$
$\qquad \therefore$ 실제게이지압은 $400 - 6.086$
$\qquad\qquad\qquad\qquad = 393.9 \text{mmAq}$

34 $\Delta P = 1,924 \text{N/m}^2$ 높다.

35 $\sigma = 2.6 \times 10^{-4} \text{N/cm}$

36 $_1W_2 = 4\pi\sigma(r_2{}^2 - r_1{}^2)$
$\qquad = 109.89 \text{dyne} \cdot \text{cm} = 1.0989 \times 10^{-5} \text{N} \cdot \text{m}$

37 $\sigma = 2 \times 10^{-4} \text{N/cm}$

38 $h = 0.0302 \text{m} = 30.2 \text{mm}$

[응용 연습문제 I]

01 $\gamma = 1.28 \text{kgf/m}^3 = 12.613 \text{N/m}^3$

02 $\rho_w = 1,000 \text{N} \cdot \text{s}^2/\text{m}^4$
$\qquad = 102 \text{kgf} \cdot \text{s}^2/\text{m}^4$
$\qquad = 1,000 \text{kg/m}^3$

03 $\text{SG} = 5$

04 $\tau = 18.925 \text{dyne/cm}^2 = 1892.5 \text{N/m}^2$

05 $\text{SG} = S = 0.8156$

06 $\text{SG} = 0.774$

07 $\text{SG} = 0.826$
$\qquad \rho = 826 \text{N} \cdot \text{s}^2/\text{m}^4$
$\qquad v = 1.21 \times 10^{-3} \text{m}^3/\text{kg}$

08 $\nu = 2.89 \times 10^{-3} \text{m}^2/\text{sec}$
$\qquad = 30 \text{stokes}$

09 $\rho_{O_2} = 7.378 \text{kg/m}^3$

10 $R = 301.057 \text{J/kg} \cdot \text{K}$

$M = 27.617 \text{kg/kmol}$

11 $\left. \dfrac{du}{dy} \right)_{y=20cm} = 0.4a$

$\left. \dfrac{du}{dy} \right)_{y=40cm} = 0.8a$

12 $K = 4 \times 10^9 \text{N/m}^2 = 4 \times 10^5 \text{N/cm}^2$

13 $K = 7 \times 10^8 \text{N/m}^2 (\text{Pa})$

14 $\beta [\text{F}^{-1}\text{L}^2 : \text{M}^{-1}\text{LT}^2]$

15 $K = 1 \times 10^{11} \text{dyne/cm}^2 = 1 \times 10^6 \text{N/cm}^2$

16 $d = 0.0125 \text{cm}$

17 $P = \dfrac{4T}{d}$

18 $h = 2.822 \text{cm}$

제2장 **유체 정역학**

[기초 연습문제]

01 $P = 0.65 \text{N/cm}^2$

02 $P = 9,310 \text{N/m}^2$

03 $F = 39,200 \text{N} = 39.2 \text{kN}$

04 $x(\text{mAq}) = 101.97 \text{mAq}$

05 $\gamma = 15,800 \text{N/m}^3$

06 $P = 26.798 \fallingdotseq 26.8 \text{N/cm}^2 (\text{abs})$

07 $x(\text{mAq}) = 10.196 \text{mAq}$

08 $F_K = 574.8 \text{N}$

09 $F_2 = 0.1962 \fallingdotseq 0.2 \text{kN}$

10 $P = 15,680 \text{Pa}$

$F_f = 62,720 \text{N} = 62.720 \text{kN}$

11 $P_{abs} = 252.075 \text{kPa}$

12 $P \fallingdotseq 104.26 \text{kPa}$

13 $P_{abs} = 21.47 \text{N/cm}^2$

14 $h_w = 680 \text{cmAq}$

15 $P_{AB} = 31,360 \text{Pa}$

16 $P_1 - P_2 = 61,740 \text{Pa} = 61.740 \text{kPa}$

17 $F_f = 15.386 \text{N}$

18 $x \fallingdotseq 0.01386 \text{m} \fallingdotseq 1.386 \text{cm}$

19 $P_A - P_B \fallingdotseq 98,784 \text{Pa} \fallingdotseq 98.784 \text{kPa}$

20 $P_1 - P_2 = \gamma_2 h_2 + (\gamma_3 - \gamma_2)h - \gamma_1 h_1$

21 $P_A = P_o + P_g$

$= 177,373 \text{Pa(abs)}$

$\fallingdotseq 177.37 \text{kPa(abs)}$

또, $P_A = 1330.4 \text{mmHg(abs)}$

22 $F_{AB} = 3.60 \times 10^5 \text{N}$

23 $F_R = 23,520 \text{N} = 23.52 \text{kN}$

24 $F_R = 161,700 \text{N} \fallingdotseq 16483.2 \text{kgf}$

25 $F_R = 3,528 \text{N}$

26 $P_B \fallingdotseq 27447.84 \text{N}$

27 $F = 34,300 \text{N} = 34.3 \text{kN}$

28 $y_p = 0.8$이므로 $y = 1.2 - 0.8 = 0.4$

29 $y_p = h + \dfrac{b^2}{12h}$

30 $F = 666.425 \times 10^3 \text{N} \fallingdotseq 666.43 \text{kN}$

31 $F_V = \gamma \left(2 + \dfrac{\pi}{2} \right)$

32 $F_R = 11,025 \text{N}, \quad y_p = 2 \text{m}$

$\therefore F = 7,350 \text{N}$

33 $W_{ice} = 1828913.03 \text{N} = 1828.9 \text{kN}$

34 $F_A = 1045333.33 \text{N} = 1045.3 \text{kN}$

35 $W = 285.2 \text{N}$

36 물체의 무게$=1.47 \text{N}$

37 $\text{SG} = 3.0$

38 $\dfrac{\Delta V}{V} = 46.96\%$

39 $a_x = 9.8 \text{m/sec}^2$

40 $h = 0.704 \text{m} = 70.4 \text{cm}$

41 $h_o = 2.012 \text{cm}$

42 $P = 90 \text{gr/cm}^2$

43 $\Delta h = 50.3 \text{cm}$

44 $\Delta h = 2.012 \text{m} = 201.2 \text{cm}$

[응용 연습문제 I]

01 $P_{abs} = 270.45 \text{kPa}$

02 $F_R = \gamma h A = 1,372 \text{N} = 1.372 \text{KN}$

03 $\gamma = 7,000 \text{N/m}^3$

04 $P = 88,200\text{Pa}$

05 $h = 72.375\text{m}$

06 $h_w = 10,336\text{mmAq} = 10.336\text{mAq}$

07 $h_{Hg} = 3750.3\text{mmHg}$

08 $P_{abs} = 97325.33\text{Pa}$

09 $P_g = 2.039\text{mAq}$

10 $P = 602,700\text{Pa}$ 크다.

11 $F = 1,372\text{N}$

12 $W_A = 899.3\text{N} = 0.8993\text{kN}$

13 $P_{abs} = 492,480\text{Pa} = 492.48\text{kN}$

14 $h_2 = 25\text{cm}$

15 $\Delta P = 882\text{Pa}(\text{N/m}^2)$

16 $P_x = \gamma_1 h - \gamma l$

17 $S = SG \fallingdotseq 1.8$

18 $W = 470,400\text{N} = \dfrac{470,400}{9.8} \times 10^{-3}\text{ton}$

$\qquad\qquad = 48\text{ton}$

19 $P_A = -3,920\text{Pa}(= P_v)$

(대기압보다 $3,920\text{Pa}$ 낮다.)

20 $W_p = 55483.8\text{N} \fallingdotseq 55.484\text{kN}$

21 $F_R = P = 14.77\text{N}$

22 $y_p = 5.267\text{m}$

23 ㉮ $F_R = P = 184,632\text{N} = 184.632\text{kN}$

㉯ $y_p = 6.042\text{m}$

24 $y_p = 7.6\text{m}$

25 $F_R = P = 3,057,600\text{N} = 3057.6 \times 10^3\text{kN}$

26 $F_R = 676,200\text{N} = 676.2\text{kN}$

27 $y_p = h_c + \dfrac{d^2}{16h_c}$

28 $h = \sqrt{3}\,\text{m}$

29 $S_{oil} \fallingdotseq 0.818$

30 $h_{sub} = 1.814\text{m}$(잠김 깊이)

31 본문 참조

32 $W = 30\text{N}$

33 $P = \gamma\left(1 + \dfrac{a_y}{g}\right)h = \rho g\left(1 + \dfrac{a_y}{g}\right)h$

34 (1) $\omega = 15.7\text{rad/sec}$

(2) $Z_A = 38.3\text{cm}$, $Z_B = 17.07\text{cm}$,

$\qquad P_D = 3.75\text{kPa}$

[기초 연습문제]

01 정상유동 : $\dfrac{\partial F}{\partial t} = 0 \to$ 유체 유동특성이 한

점에서 시간에 대하여 변하지 않는다.

$F = F(T, P, v, \rho, V, \cdots) = C$

$\therefore\ \dfrac{\partial F}{\partial t} = 0;\ \to\ \dfrac{\partial T}{\partial t} = 0,\ \dfrac{\partial P}{\partial t} = 0,\ \dfrac{\partial \rho}{\partial t} = 0,$

$\quad \dfrac{\partial v}{\partial t} = 0,\ \dfrac{\partial V}{\partial t} = 0,\ \cdots$

02 $V = 0.866\text{m/sec}$

03 $\dot{m} = 0.9\text{kg/sec}$, $V = 3\text{m/sec}$

04 $Q = 0.1044\text{m}^3/\text{sec} = 6.246\text{m}^3/\text{min}$

05 $\dot{m} = 25.12\text{kg/sec}$

06 $V_A = 4.333\text{m/sec}$, $V_B = 9.75\text{m/sec}$

07 $\dot{m} = 0.438\text{kg/sec}$

08 $\dot{G} = 246.18\text{N/sec}$

09 $V = 1592.36\text{m/sec}$

10 $V = 1.274\text{m/s}$

11 $V = 1.445\text{m/s}$

12 $Q = 31.4\text{m}^3/\text{s}$

13 $V = 11.287\text{m/sec}$

14 $\dot{m} = 15\text{m/sec}$

15 $V_a = 13.3\text{m/sec}$

16 $V_2{}' = 10.417\text{m/s}$

17 $V_B = 12.52\text{m/s}$

$\dot{Q} = 8846.78\text{m}^3/\text{hour}$

18 $Q = 0.0533\text{m}^3/\text{sec}$

19 $H = 13.51\text{m}$, $V = 16.27\text{m/s}$

20 $V = 18.783\text{m/sec}$

21 $H = 2.45\text{m}$

22 $M_a = 0.93$, $P \fallingdotseq 26.4\text{kPa}$

23 $H = 91.73\text{m}$

24 $H = 2.78\text{m}$

25 $V_1 = \sqrt{\dfrac{2\Delta P}{3\rho}}$

26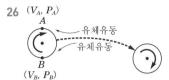

(V_A, P_A)

A

유체유동
유체유동

B

(V_B, P_B)

$$\frac{P}{r} + \frac{V^2}{2g} + Z = C(일정)$$

$V_A \ll V_B \rightarrow P_A \gg P_B$: A점의 압력이 커

진다.

∴ 공은 아래로 떨어진다.

27 E.L(에너지 선)=18.2m

28 H.G.L(수력 구배선)$=\frac{P}{\gamma}+Z$

즉, 압력수두$\left(\frac{P}{\gamma}\right)$+위치수두$(Z)$

29 $V_A = 0.626$m/s, $V_B = 2.504$m/s

30 $H = \frac{P}{\gamma} + \frac{V^2}{2g} + Z(0)$

$= 5.10 + 1.2755 = 11.3755$m

31 $L_{\text{PS}} = 50.94$PS

32 $h = 7.347$m

33 H(속도수두)$= 25.48$m

34 $h_L = 0.1667$m

35 P(PS)$= 10.204$PS

36 $H_{\text{PS}} = 425.6$PS

37 양력의 크기 : $\dfrac{\sqrt{3}}{4}\rho A(V_u^2 - V_d^2)$

38 P(kW)$= 32$kW

39 $V_2 = \sqrt{2g\left[\left(\dfrac{P_1 - P_2}{\gamma}\right) + h\right]}$

40 $L_{\text{pump}} = 29.24$kW

41 H(수두)$= 18$m

42 $L_{\text{PS}} = 1520.58$PS

43 $H_{\text{PS}} = 565.9$PS

44 $H_{\text{PS}} = 133.33$PS, $H_{\text{kW}} = 98$kW

45 $L_{\text{tube}} = 9,800$kW

[응용 연습문제 I]

01 $V = 1.274$m/sec

02 $\dot{Q} = 0.848$m³/sec

03 $\dot{Q} = 3.14 \times 10^{-4}$m³/sec=314cm³/sec

04 $V = 196$m/sec

05 $V_2 = 0.613$m/sec

06 $\dot{m} = 1.5196$kg/sec

07 $V = 6.261$m/sec

$Q = 1.966$m³/sec

08 $d = 0.798$m=798.08mm

09 $V_1 = \sqrt{2g\Delta h}$

10 $V = 2.36$m/s

11 $\Delta P = P_1 - P_2 = 123,480h$(N/m²)

12 ① 속도수두$(H) = 7.347$m

② 압력수두$(H) = 10.856$m

13 $h = 3.265$m

14 $Q = 0.055$m³/sec

15 $\Delta P = P_2 - P_1 = -5.39$Pa

16 $P_A - P_B = -2.06$mAq

17 $V = 0.885$m/sec

18 $P_A - P_B = 75,675$Pa

19 H(전수두)$= 126.53$m

20 $P_2 = 29.6$N/cm²

21 $d_x = 0.2355$m=23.55cm

22 $H_{\text{PS}} = 6.169$PS

23 H(전수두)$= 5.4188$m

$H_{\text{kW}} = 442.535$kW

24 $L_{\text{kW}} = 39$kW

25 $L_{tube} = 98$kW

26 $L_{\text{PS}} = 39.9$PS

제4장 **운동량 방정식과 그 응용**

[기초 연습문제]

01 $F = 8.831$N

02 $Q = 0.019$m³/sec

03 $V = 10.416$m/s

04 $F = 5095.54$N

05 $u = 16.94$m/s

06 $F = 234.56$N

07 $F = 490$N

08 $F=1273.885$N

09 $F=1421.0$N

10 $F=\rho QV\sin\theta$

11 $F=8.831$N

12 $R=\rho QV(\cos\alpha+\cos\beta)$

13 $F_x=4609.188$N

$\quad F_y=1909.188$N

14 $F_x=4906.25$N

15 $F=18,600$N

16 $R=1632.8$N

17 $F=9516.62$N

18 $\dot{W}$(일률)$=1,000$J/S

19 $F_f=60$N

20 $F_{th}=8,080$N

21 $V=294$m/s

22 $F_{th}=30,000$N

23 $F_{th}=9,800$N

24 $Q=\dfrac{\pi}{8}D^2(V_1+V_2)$

25 $F_{th}=3956.4$N

26 $\eta_{th}=66.7\%$

27 $n=100$발/min

28 $F_{th}=3077.2$N

29 $F=2\rho A_o V_o^2$

30 $T=25.478$N $\cdot$ m

31 $H_{kW}=46.607$kW

32 $H_W=1046.66$W$\fallingdotseq1.05$kW

$\quad H_{PS}=1.425$PS

33 $h_L=0.36$m

34 $F=25510.2$N

35 $F=392.5$N

36 $h_L=0.1668$m

[응용 연습문제 Ⅰ]

01 $\dot{m}V'=1,000$N

02 $F=3,925$N

03 $R_x=-7,500$N

04 $F=1,250$N

05 $V_x=2.68$m/s

$\quad u_y=10$m/sec

06 $V_2=626.667$m/s

07 $F_{th}=8,906$N

08 $F_{th}=(\dot{m}_o+\dot{m}_h)\,V_f$

09 $F=\rho Q(V_2-V_1)$

10 $F_{th}=4694.44$N

11 $\eta_{th}=\dfrac{V_1}{V}=89.6\%$

12 $R_x=P_1A_1-P_2A_2\cos\theta+\rho Q(V_1-V_2\cos\theta)$

13 $R_x=-1059.75$N

14 $F=3924.76$N

15 $F=21,645$N

16 $R_x=574.66$N

17 Power$=32$kW

18 $L_{kW}=7.588$kW

19 $h_L=0.1667$m

제5장 관 내에서의 유체유동

[기초 연습문제]

01 $Q=2.11$m^3/sec

02 $R_e=40,000$

03 $\tau_o=147$N/m$^2=0.0147$N/cm^2

04 $V_{av}=2.1$m/s

05 $Q=4.79\times10^{-4}$m^3/sec

06 $V_{av}=2.1$m/s

$\quad h_L=0.843$m

07 $\tau_o=400$N/m^2

08 $f=0.0533$

09 $f=0.0355$

10 $Q=6.28\times10^{-7}$m^3/sec$=0.628$cm^3/sec

11 $V\fallingdotseq1.2$m/sec

12 $h_L=60.62$m

13 $h_L=0.743$m

14 $\Delta P=43,200$Pa

15 $\Delta P=159.375$kPa

16 $Q=3.0646\times10^{-4}\text{m}^3/\text{sec}$

17 $h_L=1.658\text{m}$

18 $\Delta P=584.335\times10^3\text{Pa}$

19 $\Delta P=480.825\times10^3\text{Pa}$

20 $Q=1997.45\text{N/m}^2$

21 $Q=5.1\times10^{-3}\text{m}^3/\text{sec}$

22 $\Delta P=17.834\text{kPa}$

23 $f=1.8856$

24 $L_{kW}=24.44\text{kW}$

25 $L_{kW}=0.024\text{kW}$

26 $f=0.0196$

27 $h_L=0.2\text{m}$

28 $h_L=0.16\text{m}$

29 $V=\sqrt{\dfrac{2gH}{K_1+\dfrac{fl}{d}+K_2}}$

[응용 연습문제 I]

01 $R_e=300<2,100$: 층류

02 $r=\dfrac{r_o}{\sqrt{2}}$

03 $R_e=22251.27$

04 $V_{av}=9.6\text{m/s}$

05 $h_L=2.17\text{m}$

06 $h_L=13.78\text{m}$

07 $V_{max}=6.333\text{m/s}$

08 $\Delta P=135,000\text{Pa}=135\text{kPa}$

09 $h_L=3.79\text{m}$

10 $h_L=0.513\text{m}$

$\Delta P=6.2586\text{Pa}$

11 $h_L=81.773\text{m}$

$\tau_o=28.048\text{N/m}^2$

12 $P_{kW}=720.24\text{kW}$

13 $Q=0.0308\text{m}^3/\text{sec}$

14 $h_L=7.936\text{m}$

15 $h_L=15.683\text{m}$

16 $f=0.02581$

17 $L_{kW}=91.77\text{kW}$

18 $f=0.08533$

19 $f=0.128$

20 $L_e=10\text{m}$

21 $l=4\text{m}$

22 $D=0.1858\text{m}$

제6장 경계층 이론

[기초 연습문제]

01 $H_{PS}=904.7\text{PS}$

02 $F_D=9.64\text{N}$

03 $F_D=3\pi\mu U_\infty d$

$F_D=6.86\times10^{-3}\text{N}$

04 $F_D=0.1922\text{N}$

[응용 연습문제 I]

01 $R_e=8493.33$: 난류

(단, $R_e>4,000$이면 난류)

02 $R_e=28,700$

03 $R_e=6,711$: 난류

04 $A=0.68\text{m}^2$

05 $F_D=3\pi\mu U_\infty d$

$U_\infty=0.0165\text{m/s}$

06 $F_D=45.9\text{N}$

07 $C_D=0.58,\ C_L=0.88$

08 $F_D=1.234\text{N}$

$P=0.07\text{PS}$

09 $V_2=41.17\text{m/s}$

제7장 차원해석과 상사법칙

[기초 연습문제]

01 π(무차원수)$=\dfrac{g^2F}{\rho V^2}$

02 $R_e=8,100$

03 $V_P=10\text{m/s}$

04 $V_m=1.131\text{m/s}$

05 $V_m=253.125\text{m/s}$

06 $V_m = 150\text{m/s}$

07 $L_m = 0.6\text{m}$

08 $V_m = 7.071\text{km/h}$

09 $V_P = 2.53\text{m/s}$

10 $L_m = 48\text{cm}$

11 $F_P = 12.5 \times 10^6\text{N}$

12 $V_m = 120\text{m/s}$

13 $V_m = 120\text{km/h}$

14 $V_m = 0.5\text{m/s}$

[응용 연습문제 Ⅰ]

01 $V_m = 5\text{m/s}$

02 $V_m = 80.4\text{m/s}$

03 $d_m = 76.475\text{mm}$

04 $V_P = 7.92\text{m/s}$

$\quad F_P = 180.531\text{kN}$

05 $T_P = 60\text{min}$

06 $V_P = 8\text{m/s}$

$\quad F_P = 40,960\text{N} = 40.96\text{kN}$

제8장 개수로 유동

[기초 연습문제]

01 $V_3 = 2\text{m/s}$

02 $R_h = 0.06\text{m}$

03 $R_h = 0.05\text{m}$

04 $R_h = \dfrac{d}{4}$

05 $R_h = 0.6667\text{m}$

$\quad \tau = 2.613\text{N/m}^2$

06 $C = 74.833$

07 $V = 3.6\text{m/s}$

$\quad Q = 0.36\text{m}^3/\text{s}$

08 $y = 4.5\text{m}$

09 $y_c = 0.742\text{m}$

10 $V_c = 2.62\text{m/s}$

11 $F = 62.245\text{N}$

12 $y_2 = 1.59\text{m} = 159\text{cm}$

[응용 연습문제 Ⅰ]

01 $R_h = 0.667\text{m}$

02 $E = 1.0965\text{m}$

03 $Q = 31.987\text{m}^3/\text{s}$

04 $E = 4.5\text{m}$

05 $y = 1.2676\text{m}$

$\quad b = 2.535\text{m}$

06 $Q = 3.25\text{m}^3/\text{s}$

07 $y \fallingdotseq 2.07\text{m}$

제9장 압축성 유체

[기초 연습문제]

01 $T_o - T = 124.44\text{K}$

02 $\dfrac{V_2}{V_1} = 0.4387$

03 $T_o = 532.87℃$

04 $c = 343.11\text{m/s}$

05 $h_2 - h_1 = -124.55\text{kJ/kg}$

06 $M_a = 2.56$

07 $a = 1424.78\text{m/s}$

08 $V = 6242.04\text{m/s}$

09 $V = 480.9\text{m/s}$

10 $V_1 = 144.36\text{m/s}$

11 $M_a = 0.574$

$\quad V_2 = 255.86\text{m/s}$

12 $\alpha = 21.31°$

13 $M_a = 0.7$

14 $M_a = 0.787$

15 $\dfrac{T^*}{T_o} = 0.833$

16 $T^* = 344\text{K}$

$\quad P^* = 126.788\text{N/cm}^2(\text{abs})$

$\quad \rho^* = 12.836\text{kg/m}^3$

17 $\dot{m} = 14.643\text{kg/sec}$

18 $P_2 = 392\text{kPa(abs)}$

19 $M_{a2} = 0.4754$

20 $F_o = 105.175\text{kN}$

[응용 연습문제 I]

01 $R \fallingdotseq 4.6 \text{J/kg} \cdot \text{K}$

02 $R \fallingdotseq 0.36 \text{kJ/kg} \cdot \text{K}$

03 $\dot{m} = 1.52 \text{kg/sec}$

04 $h_2 = 2671.25 \text{kJ/kg}$

05 $\dot{W}_s = 24.48 \text{PS}$

06 $H = 11.48 \text{m}$

07 $M_a = 0.857$

08 $T_2 = 393.16 \text{K} = 120.16 \text{℃}$

09 $T_2 = 370.66 \text{K} = 97.66 \text{℃}$

10 $T_2 = 345.97 \text{K} = 72.97 \text{℃}$

11 $u_2 - u_1 = -143.35 \text{kJ/kg}$

12 $V_2 = 259.23 \text{m/s}$

13 $V_2 = 418.03 \text{m/s}$

14 $M_a = 0.943$

$\quad P = 26.31 \text{kPa}$

제10장 유체의 계측

[기초 연습문제]

01 $\gamma_t = 12,000 \text{N/m}^3$

02 $S_o = 13.615$

03 $S_s = 3.4$

04 $\gamma_{oil} = 7,840 \text{N/m}^3$

05 $V = 1.733 \text{m/s}$

06 $R' = 7.346 \text{m}$

07 $V = 0.8854 \text{m/s}$

08 $Q = 2.2148 \text{m}^3/\text{min}$

09 $h = 0.8163 \text{m} = 81.63 \text{cm}$

10 $V = 4 \text{m/s}$

11 $V = 1.76 \text{m/s}$

12 $h = 0.459 \text{m}$

13 $V = 4.97 \text{m/s}$

14 $V = 3.89 \text{m/s}$

15 $V = 4.97 \text{m/sec}$

16 $h = 5.9 \text{m}$

17 $V = 3.143 \text{m/sec}$

18 $V = 0.767 \text{m/sec}$

19 $Q = 0.01656 \text{m}^3/\text{sec}$

[응용 연습문제 I]

01 $S = 0.815$

02 $\Delta h = 0.8163 \text{m}$

03 $d = 0.055 \text{m} = 5.5 \text{cm}$

04 $V = 9.9 \text{m/s}$

05 $V = 28.6 \text{m/s}$

06 $V_2 = 2\sqrt{\dfrac{2g\Delta h}{3}}$

07 $Q = 0.0586 \text{m}^3/\text{sec}$

08 $Q = 0.04888 \text{m}^3/\text{sec}$

09 $C_c = 0.81$

10 $V_{jet} = 8.854 \text{m/sec}$

11 $V = \sqrt{2gH\left(\dfrac{S_o}{S} - 1\right)}$

12 $Q = 82.3 \text{m}^3/\text{min} = 1.372 \text{m}^3/\text{sec}$

13 $d_o = 3.016 \text{cm}$

[응용 연습문제 II]

01 $\gamma_t = 7,000 \text{N/m}^3$

02 $V = 3.143 \text{m/sec}$

03 $V = 0.0231 \text{m/sec}$

04 $V_o = 2.8 \text{m/sec}$

05 속도수두 : $\dfrac{V^2}{2g} = C_v^{\,2} H$

06 $V_o = 28.833 \text{m/sec}$

07 $V = 12.57 \text{m/sec}$

08 $Q = 0.7285 \text{m}^3/\text{min} = 0.01214 \text{m}^3/\text{sec}$

09 $Q = 3.371 \text{m}^3/\text{sec}$

10 $Q = 1.9387 \text{m}^3/\text{min} = 0.0323 \text{m}^3/\text{sec}$

11 $Q = 0.1222 \text{m}^3/\text{sec}$

$\quad R_e = 1.0316 \times 10^6$

찾아보기

표준 유체역학

2019. 2. 18. 초 판 1쇄 발행
2020. 2. 18. 개정증보 1판 1쇄 발행
2023. 3. 8. 개정증보 1판 2쇄 발행

지은이 | 장태익
펴낸이 | 이종춘
펴낸곳 | BM (주)도서출판 성안당

주소 | 04032 서울시 마포구 양화로 127 첨단빌딩 3층(출판기획 R&D 센터)
10881 경기도 파주시 문발로 112 출판문화정보산업단지(제작 및 물류)

전화 | 02) 3142-0036
031) 950-6300
팩스 | 031) 955-0510
등록 | 1973. 2. 1. 제406-2005-000046호
출판사 홈페이지 | **www.cyber.co.kr**
ISBN | 978-89-315-3887-8 (93550)
정가 | 29,000원

이 책을 만든 사람들

기획 | 최옥현
진행 | 이희영
전산편집 | 이다은, 전채영
표지 디자인 | 박현정
홍보 | 김계향, 유미나, 이준영, 정단비
국제부 | 이선민, 조혜란
마케팅 | 구본철, 차정욱, 오영일, 나진호, 강호묵
마케팅 지원 | 장상범
제작 | 김유석

www.cyber.co.kr ★★★
성안당 Web 사이트

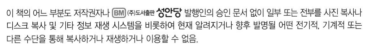

※ 잘못된 책은 바꾸어 드립니다.